PAULO JORGE MAGALHÃES TEIXEIRA

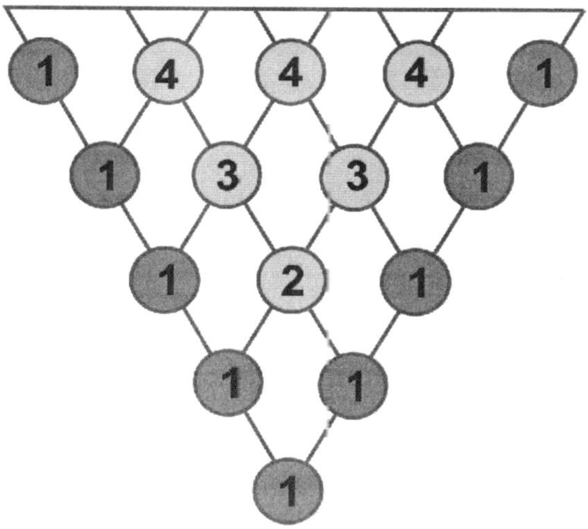

RESOLVENDO PROBLEMAS DE ANÁLISE COMBINATÓRIA

NOS ANOS FINAIS DO ENSINO FUNDAMENTAL

Paulo Jorge Magalhães Teixeira

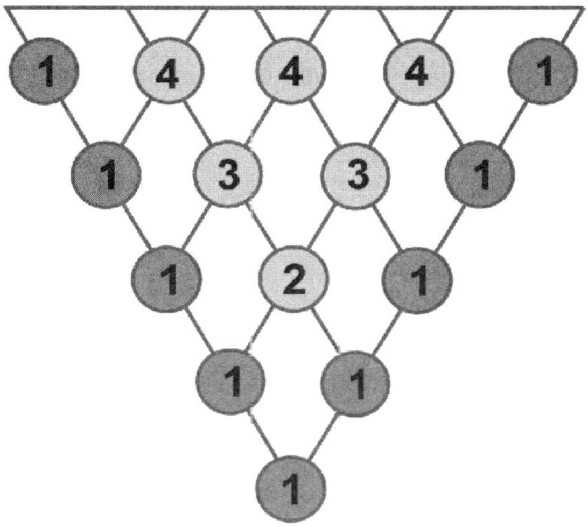

Resolvendo Problemas de Análise Combinatória

nos Anos Finais do Ensino Fundamental

Editora Ciência Moderna

Editor: Paulo André P. Marques
Produção Editorial: Aline Vieira Marques
Capa: Daniel Jara
Diagramação: Paulo Vermelho
Copidesque: Eveline Vieira Machado
Assistente Editorial: Dilene Sandes Pessanha

FICHA CATALOGRÁFICA

TEIXEIRA, Paulo Jorge Magalhães.

Resolvendo Problemas de Análise Combinatória nos Anos Finais do Ensino Fundamental

Rio de Janeiro: Editora Ciência Moderna Ltda., 2018.

1. Análise Combinatória; 2. Método de Ensino
I — Título

ISBN: 978-85-399-0897-4 CDD 511.6
371.3

Editora Ciência Moderna Ltda.
R. Alice Figueiredo, 46 – Riachuelo
Rio de Janeiro, RJ – Brasil CEP: 20.950-150
Tel: (21) 2201-6662/ Fax: (21) 2201-6896
E-MAIL: LCM@LCM.COM.BR
WWW.LCM.COM.BR

01/18

Dedico este trabalho aos meus amados e queridos pais,
FERNANDO TEIXEIRA MALTA (*in memoriam*)
e ANA MAGALHÃES MALTA,
com quem aprendi o caminho da
honestidade, caráter, retidão, luta,
esforço, justiça, amor e trabalho,
razões de minha existência.
E, igualmente, dedico este trabalho aos queridos irmãos
HILDA, LUÍS ANTÔNIO e ELIZABETE
– presentes nesta e em tantas outras realizações.

AGRADECIMENTOS

Desde já quero agradecer a DEUS por me ter dado lucidez e entusiasmo para concluir mais este trabalho.

Este livro é fruto de estudos, reflexões, pesquisas e discussões acerca da prática pedagógica que o autor tem tido a oportunidade de vivenciar, aprender, aprofundar, conhecer, partilhar e pesquisar junto com seus alunos por meio de reflexões pessoais e coletivas.

Também é fruto de reflexões pessoais e coletivas feitas em conjunto com alguns colegas professores da educação básica e do ensino superior quando ministra minicursos e com muitos alunos que se colocaram como sujeitos das pesquisas que foram empreendidas pelo autor.

Ver, ouvir e aprender com os jovens e com os adultos que estão aprendendo é gratificante para o trabalho docente de professores em seu dia a dia escolar, bem como contribui para o desenvolvimento de trabalhos de pesquisa realizados por pesquisadores, orientandos e autores.

São os alunos que remetem esses profissionais a diversas e constantes reflexões sobre questões ligadas à prática docente, à formação de professores, às questões associadas ao ensino e à aprendizagem de conteúdos e a muitas, por vezes profundas, reflexões acerca dos caminhos que as práticas docentes vêm sendo trilhadas e sobre o que é preciso ser (re)significado para melhorar.

Uma vez que o autor desta obra é professor, pesquisador e autor, todas essas possibilidades permitiram o acúmulo de conhecimentos de conteúdo, pedagógicos de conteúdo e curriculares por conta dos estudos que tem feito ao longo de muitos anos, das experiências didáticas vivenciadas e da concretização de pesquisas e seus resultados.

Assim, tomando por base os resultados obtidos com as pesquisas que foram desenvolvidas e concluídas, foi possível ao autor identificar e conhecer um pouco mais acerca de como se dá a apropriação de conceitos, conhecimentos, procedimentos e estratégias que favorecem o desenvolvimento das ações cognitivas de alunos e professores na resolução dos problemas de contagem.

Igualmente, foi possível identificar como os professores se apropriaram das ideias e dos propósitos que justificam a elaboração, proposição e desenvolvimento das atividades, e o reconhecimento deles acerca da importância que as atividades desempenham para o estabelecimento de aprendizagens efetivas.

A espontaneidade de uma criança e um jovem é de grande ajuda para um professor, pesquisador e autor enquanto está atuando em cada uma dessas atividades de observação e identificação dos procedimentos, conhecimentos e saberes.

O trabalho diuturno desses profissionais exige desprendimento e interesse constantes, de maneira que sua atenção esteja voltada para as diversas intenções dos alunos - tarefa que cabe a todos os educadores -, associadas às atividades de ensino e aprendizagem de conteúdos, procedimentos e estratégias na resolução dos problemas.

As reflexões que as crianças, jovens e adultos fazem, em sala de aula ou não; as respostas e questões que eles colocam; o dinamismo nas reflexões e discussões; o modo como falam e escrevem o que pensam e sobre o que estão achando em relação àquilo que está sendo discutido durante as aulas; as "tiradas" que eles provocam para o professor e colegas - por vezes desafiadoras; os encantos pelos acertos; as reações frente às dificuldades; a perseverança nos estudos; o senso de organização; a vontade de acertar, enfim, o jeito criança de ser, constituem-se de imenso oceano de possibilidades com as quais o professor pode crescer e ousar enquanto educador, de maneira a tornar sua prática docente melhor a cada dia.

Essas oportunidades são próprias da prática de um professor e poucas, e talvez nenhuma outra profissão reúna condições tais como essas de oportunizar o ser humano a experimentar agradáveis situações com vistas ao crescimento pessoal e profissional de um sujeito: a aquisição de conhecimentos.

Por essas inúmeras razões é que o autor agradece às crianças, aos jovens e aos adultos (estes de turmas da EJA – Educação de Jovens e Adultos) por terem permitido que ele pudesse ter tido muitas oportunidades para estudar e pesquisar com eles. E também, por contribuírem para que pudesse coletar diversificado material para suas pesquisas que, por sua vez, também permitiram, e ainda permitem, que o autor escreva artigos e textos que objetivam contribuir para a melhoria do ensino e da aprendizagem da Matemática.

Enfim, cabe aqui retribuir a todos que ajudaram nessa jornada oferecendo parte do que foi aprendido nas páginas deste livro. Ele contém vasto e diversificado material didático que serve às formações inicial e continuada da atual geração de professores e alunos, e das novas gerações que estão por vir.

O autor também não poderia deixar de agradecer a todos que tornaram possível concretizar mais este trabalho. Com certeza, cada um se reconhecerá em uma das partes que compõem este livro.

Esta obra tem o propósito de fazer chegar a muitos professores, dos anos iniciais e dos anos finais do ensino fundamental, e a professores do ensino médio desse imenso Brasil, a oportunidade de que cada um conheça e se aproprie de algumas atividades relacionadas com a exploração e a resolução de problemas de contagem básicos.

Assim, os professores podem, agora, dispor de variadas situações-problema de contagem para desenvolvê-las com seus alunos.

Essas situações-problema e atividades são fruto das análises de dados recolhidos em algumas pesquisas empreendidas pelo autor, de minicursos ministrados para alunos e professores, de sua prática pedagógica com alunos do ensino médio e do ensino superior, e de estudos que o autor vem fazendo nos últimos anos.

O autor também gostaria de agradecer aos muitos amigos professores que, em diferentes momentos de sua carreira profissional, motivaram-no a seguir em frente, estudar e ser diligente, de maneira a estar aprendendo, continuamente, sempre um pouco mais sobre a Matemática e a didática da Matemática.

A cada nova experiência coube ao autor estudar com maior profundidade para o exercício docente na educação básica e no ensino superior, bem como para estruturar e consolidar as questões de pesquisas e os desdobramentos que se fizeram necessários encaminhar.

Em particular, não poderia deixar de lembrar-me, hoje e sempre, do querido e saudoso professor Mário Tourasse Teixeira, com quem aprendi algumas lições de Matemática. Mas, e acima de tudo, aprendi muitas e muitas brilhantes lições de vida, humildade, fraternidade, entusiasmo e respeito ao próximo.

As palavras, os exemplos e os ensinamentos do professor Tourasse, como assim o chamava, jamais serão esquecidas. Seu estímulo para que eu fosse melhor a cada dia e sua dedicação como professor e orientador me fizeram ser melhor como estudante de Álgebra, mas também como pessoa e professor. Essas lições de vida vão muito além de algumas poucas questões acadêmicas relacionadas com o estudo de conteúdos para escrever a dissertação de mestrado.

O autor também presta uma homenagem ao querido e saudoso professor Augusto César de Oliveira Morgado.

Tal como alguns amigos e professores também o chamavam, Morgado. Sempre que o autor o encontrava, o saudava com um abraço e perguntava: E aí, grande Morgado, tudo bem? Firme e forte? Como vai a vida?

Morgado foi um brilhante matemático e também um professor incrível, excepcional. Era muito inteligente. Morgado ensinava como poucos. Era objetivo, preciso, prático, sem rodeios, eficiente. Morgado lançava mão de estratégias próprias da resolução de problemas, fossem estratégias para resolver problemas de Geometria, Álgebra, Análise Combinatória, fossem de Probabilidade. Ele tinha uma cultura geral, da Matemática e da história da Matemática, invejável. Dominava conteúdos em diversas áreas da Matemática. Gostava da Teoria dos Jogos, embora não tenha escrito nenhum livro sobre o tema. Era capaz de responder e fazer colocações sobre diversos assuntos, de Matemática ou não, todos bastante pertinentes e interessantes. Tinha uma visão bastante particular sobre algumas questões da vida, até onde o autor pôde desfrutar do seu convívio.

Sobre questões de Matemática, Morgado era capaz de transformar o que era difícil para muitos em explicações mais simples, diretas e de fácil entendimento. Um botafoguense roxo. Um ser humano admirável. A ele, também os meus agradecimentos pelas muitas lições de conteúdos matemáticos e pela amizade incondicional.

O autor também agradece ao professor doutor Ruy César Pietropaolo pela orientação na pesquisa de sua tese de doutorado em Educação Matemática. Algumas questões colocadas neste livro são fruto de reflexões feitas com o professor Ruy e das experiências com professores de Matemática da educação básica em uma sequência de ensino estruturada e desenvolvida no seio do Observatório de Educação Matemática, sob a coordenação do professor Ruy.

A todos os professores(as) que participaram dessa experiência no Observatório, o meu muito e sempre obrigado.

Por fim, o autor gostaria de pedir a todos os leitores que utilizem este livro em seus estudos e aos leitores que não sejam formalmente alunos da educação básica matriculados em cursos regulares, que escrevam para seu endereço eletrônico relatando suas experiências com a resolução das situações-problema propostas no livro. E, igualmente, se sintam à vontade para fazer críticas e sugestões que julguem oportunas para a compreensão, melhoria e/ou complementação deste livro.

Eis os endereços eletrônicos do autor:

pjuff@yahoo.com.br ou paulojorge@id.uff.br

SOBRE O AUTOR

Paulo Jorge Magalhães Teixeira é Doutor em Educação Matemática pela Universidade Bandeirante de São Paulo (UNIBAN) - atualmente denominada de Universidade Anhanguera de São Paulo (UNIAN); doutor em Ciências de la Educación, área de pesquisas em Formação de Professores, pela Universidad Americana; mestre em Matemática - área de Álgebra -, licenciado pleno em Matemática e Bacharel em Matemática, ambos pela Universidade Federal Fluminense (UFF), e Bacharel em Engenharia Elétrica - ênfase em Eletrotécnica - pela Universidade Federal do Rio de Janeiro (UFRJ). Desenvolve pesquisas e estudos na área de Formação de Professores que ensinam Matemática na Educação Básica. É Professor Associado do Instituto de Matemática e Estatística (IME) da Universidade Federal Fluminense (UFF), onde atua nas nas áreas de ensino, pesquisa e extensão com alunos do curso de Licenciatura em Matemática, cursos das Engenharias e do curso de Especialização em Ensino da Matemática. É Professor Titular do Colégio Pedro II, instituição pertencente à rede federal de Ensino Básico, Técnico e Tecnológico do Ministério da Educação onde atua em ensino na Educação Básica: Ensino Médio e Educação de Jovens e Adultos (EJA) e no Ensino Superior: Programa de pós-graduação PRD - Programa de Residência Docente, em nível de especialização, orientando professores-residentes de Matemática (professores vinculados às redes públicas: estadual e municipais do Estado do Rio de Janeiro), além de proferir palestras e ministrar oficinas e minicursos, dentro da programação anual do PRD. É consultor da Fundação CESGRANRIO para atividades relacionadas à formação continuada de professores que ensinam Matemática na Educação Básica. Coordena o projeto de estudos e pesquisas denominado OBSEM - Observatório de Educação Matemática, que investiga práticas relacionadas com o ensino e a aprendizagem de conceitos de matemática por meio de programas de formação continuada, a apresentação de palestras e o desenvolvimento de minicursos e oficinas para professores que ensinam matemática na Educação Básica, bem como na orientação de trabalhos finais de conclusão do curso de especialização oferecido pela Universidade Federal Fluminense (UFF), destinado à formação continuada de professores que ensinam matemática na Educação Básica. O projeto OBSEM tem como objetivo realizar investigações e estudos, e construir e aplicar atividades e jogos próprios para alunos da matemática básica, de maneira a oportunizar que alunos da Educação Básica: Ensino Fundamental e Ensino Médio e da Educação de

Jovens e Adultos (EJA) se apropriem de conceitos, competências, habilidades, estratégias e procedimentos para resolver variados problemas da Matemática e pela Matemática. É autor de alguns artigos que versam sobre o ensino e aprendizagem de conteúdos da Matemática da Educação Básica e outros, que tratam de questões próprias às formações: inicial e continuada de professores de Matemática da Educação Básica. É autor dos seguintes livros: 1. Problemas básicos de Matemática Financeira. Pagar à vista ou pagar parcelado? Qual a taxa de juros? Qual a melhor decisão a tomar? Editora Ciência Moderna, 1ª Edição, Rio de Janeiro, 208p., 2017. 2. Resolvendo problemas de Análise Combinatória nos anos iniciais do Ensino Fundamental, Editora Ciência Moderna, 1ª Edição, Rio de Janeiro, 173p., 2014. 3. Práticas acerca do Raciocínio Combinatório no Ensino Fundamental, NEA – Novas Edições Acadêmicas, 1ª Edição, São Paulo, 456p. 2015. ISBN – 978-3-639-69293-8. Disponível em: https://www.nea-edicoes.com/catalog/search. Acesso em 25 de novembro de 2016. 4. Ensino de Análise Combinatória na Educação Básica: Uma trajetória. 1ª Edição. São Paulo: NEA – Novas Edições Acadêmicas. 376p. 2015. ISBN – 978-3-639-83624-0. Disponível em: https://www.nea-edicoes.com/catalog/search. Acesso em 25 de novembro de 2016.

APRESENTAÇÃO

Este livro apresenta, em algumas partes, recortes da pesquisa intitulada *Um estudo sobre os conhecimentos necessários ao professor de Matemática para a exploração de problemas de contagem no ensino fundamental*, que o autor desenvolveu com o propósito de atender a um requisito parcial para a obtenção do título de doutor em Educação Matemática no programa de *pós*-graduação em Educação Matemática da Universidade Bandeirante de São Paulo (UNIBAN),[1] pesquisa vinculada à linha de pesquisa intitulada *Formação de Professores que Ensinam Matemática.*

O propósito da pesquisa foi o de investigar os conhecimentos de um grupo de 20 professores de Matemática enquanto desenvolviam e partilhavam conhecimentos e experiências, no coletivo, por meio da exploração de uma sequência didática que propunha atividades, jogos e situações-problema de contagem, todos relacionados a alguns conteúdos básicos de Análise Combinatória concernentes à resolução de variados problemas de contagem.

Tal sequência didática também foi proposta aos professores para que eles a desenvolvessem com seus alunos, ao longo dos anos finais do ensino fundamental.

Tomando por base as experiências que experimentaram ao longo da exploração da sequência didática, os professores poderiam fazer modificações e/ou acréscimos que considerassem convenientes e adequados, levando em conta as reflexões e as discussões do grupo, e as concepções e crenças de cada um.

Para tanto, identificaram-se as concepções e as crenças presentes no grupo de professores de Matemática participantes da experiência sobre esse tema, e acerca do seu ensino com alunos da educação básica.

Posteriormente, promoveu-se uma formação continuada com o intuito de discutir inovações a respeito do processo de ensino e aprendizagem das noções concernentes a esse tema.

Cabe ressaltar que a pesquisa foi realizada no âmbito do Observatório da Educação da UNIBAN/CAPES, projeto financiado pela CAPES e

---

[1] Atualmente, a UNIBAN atende pela denominação de UNIAN (Universidade Anhanguera de São Paulo).

coordenado pelo Prof. Dr. Ruy César Pietropaolo.

Tal projeto é constituído por um grupo colaborativo de formação e pesquisas integrado por professores pesquisadores, professores da rede estadual de ensino de São Paulo, mestrandos e doutorandos da Universidade Bandeirante de São Paulo (UNIBAN).

Entre os objetivos de atuação do Observatório da Educação, está o de contribuir para o desenvolvimento profissional dos professores, promovendo reflexões a respeito das inovações curriculares indicadas para as aulas de Matemática do ensino fundamental e do ensino médio.

Analisa, além disso, as possibilidades de promover mudanças nos conhecimentos pedagógicos e curriculares desses professores - no tocante a esse tema - mediante um processo de formação continuada cuja ênfase é a reflexão sobre suas práticas e sobre as inovações propostas nos recentes currículos.

O estudo objeto da pesquisa foi julgado relevante por uma Banca Examinadora composta por cinco membros. O estudo tem como um dos propósitos educacionais o de contribuir para a implementação efetiva desse tema ao longo do ensino fundamental - desde o 4º ano - de modo a favorecer o desenvolvimento do raciocínio combinatório dos alunos, conforme indicam os autores dos Parâmetros Curriculares Nacionais (PCN - 1997, 1998) e currículos posteriores que tomam esses parâmetros como referência, como é o caso dos currículos do município de São Paulo (2007) e do Estado de São Paulo (2010).

Para atingir os objetivos da pesquisa e focar no objeto da investigação, o trabalho de pesquisa começou por fazer a seguinte pergunta principal:

- ✓ *Que experiências um professor de Matemática do ensino fundamental deve vivenciar em sua formação continuada para selecionar e dirigir situações de aprendizagem com vistas a desenvolver o raciocínio combinatório de seus alunos por meio da proposição de problemas de contagem de modo a compreender as dificuldades que os alunos enfrentam na resolução de problemas de contagem e para ajudá-los a superar essas dificuldades e atender às orientações do Currículo do Estado de São Paulo (2010)?*

Prosseguindo nos objetivos da pesquisa, o autor se propusera a responder às seguintes questões específicas, que sustentam respostas para a pergunta principal:

- ✓ *Quais são as inovações propostas pelos Parâmetros Curriculares Nacionais (1998) e pelo atual Currículo do Estado de São Paulo (2010) para os processos de ensino e aprendizagem de conceitos relativos aos problemas de contagem?*

- ✓ *Quais são os conhecimentos dos professores a respeito da resolução dos problemas de contagem e suas concepções sobre o desenvolvimento desse tema no ensino fundamental?*

- ✓ *Uma sequência de atividades que explore a resolução dos problemas de contagem, sem a utilização de fórmulas, pode favorecer a ressignificação dos conhecimentos dos professores sob os pontos de vista do conteúdo, didático e curricular, de noções relativas a esse tema?*

Assim, foram analisadas as inovações propostas pelos autores dos Parâmetros Curriculares Nacionais (1997, 1998, 1999) e dos Currículos do município de São Paulo (2007) e do Estado de São Paulo (2010) no tocante ao ensino e à aprendizagem dos problemas de contagem, bem como em relação às pré-concepções dos professores - sujeitos da pesquisa - a respeito desse tema e, em seguida, das concepções e crenças que eles tinham após o desenvolvimento da sequência didática pelo grupo.

A opção pela análise do documento curricular da Secretaria de Educação do Estado de São Paulo (2010) decorreu do fato de que os professores - sujeitos da pesquisa - estavam, em 2011, incumbidos de implementar, em suas aulas, as recomendações do Currículo de São Paulo (2010) cuja proposta, por sua vez, está fundamentada nas indicações que são apresentadas pelos autores dos PCN (1997, 1998, 1999).

Ademais, considerando que o município de São Paulo já havia implementado seu novo currículo desde 2007 - também fundamentado nas indicações apresentadas pelos autores dos PCN (1997, 1998, 1999) - com a indicação para a inserção de problemas de contagem nos anos finais do ensino fundamental, analisamos os pontos principais dessa inserção e as orientações propostas para o desenvolvimento desses conteúdos com os alunos desse segmento de ensino.

Em outras partes, o livro é fruto das inúmeras experiências que o autor teve a oportunidade de desenvolver e compartilhar com alunos de turmas regulares do ensino fundamental, ensino médio e de turmas da Educação de Jovens e Adultos (EJA) em um colégio pertencente à Rede Federal de Ensino Básico, Técnico e Tecnológico, Ministério da Educação.

Igualmente, o livro também é fruto dos muitos minicursos que o autor ministrou para professores em formação continuada que atuam em turmas da educação básica, lecionando Matemática; em minicursos e disciplinas regulares para alunos na formação inicial dos cursos de licenciatura em Matemática; em minicursos para alunos na formação inicial em cursos de licenciatura em Pedagogia e em disciplinas regulares para professores; e em curso de especialização em Educação Matemática.

O livro segue a seguinte apresentação:

No Capítulo 1 – **Problemas de contagem e o raciocínio combinatório**, apresentam-se brevemente algumas questões relacionadas com a apropriação do raciocínio combinatório. A compreensão, apropriação e o exercício do raciocínio combinatório precisam ser feitos por professores e alunos, bem como o uso apropriado desse raciocínio ao longo da resolução de um problema de contagem, com alunos do Ensino Fundamental, alunos do Ensino Médio e alunos da Educação de Jovens e Adultos (EJA).

No Capítulo 2 – **O que dizem os autores dos PCN e alguns documentos oficiais acerca do ensino e aprendizagem de Problemas de Contagem com alunos da Educação Básica?**, apresentam-se brevemente algumas orientações contidas nos Parâmetros Curriculares Nacionais (PCN) e em outros documentos oficiais, concernentes ao ensino e a aprendizagem dos problemas de contagem com alunos de Ensino Fundamental.

O Capítulo 3 – **O que dizem as pesquisas acerca do ensino e aprendizagem de Problemas de Contagem com alunos da Educação Básica e com professores?** apresenta aspectos relacionados ao ensino e a aprendizagem de problemas de contagem com alunos do Ensino

Fundamental à luz das experiências que o autor vivenciou quando realizou pesquisas relacionadas com a temática, com professores e alunos, considerando sugestões apresentadas pelos autores dos PCN, em Brasil (1997, 1998), bem como um resumo contendo os resultados de pesquisas de outros pesquisadores.

O Capítulo 4 - **Conhecimentos necessários ao professor para desenvolver atividades relacionadas com a resolução de situações-problema básicas de contagem (Análise Combinatória) com alunos do Ensino Fundamental** apresenta aos professores de Matemática, que atuam com turmas do ensino fundamental desde o 4º ano, algumas sugestões para o desenvolvimento do trabalho docente concernentes aos conhecimentos pedagógicos de conteúdo que são necessários para a resolução de situações-problema de contagem para o universo desses alunos. O texto é fruto das experiências que o autor vivenciou com seus alunos nos últimos anos.

O Capítulo 5 - **Sugestão para a apresentação e o desenvolvimento de situações-problema de contagem atividades, com alunos do 4º ao 9º ano do Ensino Fundamental**, apresenta um diversificado leque de situações-problema de contagem e sugestões de atividades concernentes à apropriação e ao desenvolvimento de conceitos próprios da temática - acompanhadas dos respectivos objetivos – com as quais o professor pode contar para desenvolver com seus alunos, desde o 4º ano do Ensino Fundamental. O Capítulo apresenta, ainda, sugestões para a proposição e a resolução de algumas situações-problema de contagem, em conjunto com probabilidade e, igualmente elas têm o propósito de oportunizar que professores e alunos se apropriem de conceitos, procedimentos e estratégias, que favorecem o encaminhamento da resolução, para cada problema proposto, com vistas à obtenção de êxito ao final. Durante a proposição das situações-problema, para cada ano escolar, são colocadas e discutidas questões que devem merecer reflexões pessoais e coletivas tanto por professores quanto por alunos. Igualmente, tais reflexões devem ser feitas com o propósito de os envolvidos discutirem a respeito de quais encaminhamentos, procedimentos, estratégias, competências são mais ou menos favoráveis a encaminhar a resolução daquela situação-problema, e quais delas estariam em consonância com a apropriação adequada dos conceitos durante as etapas da resolução.

O Capítulo 6 - **Considerações finais** apresenta uma síntese das questões que foram tratadas ao longo de todo o livro levando em conta a importância de o professor fazer reflexões pessoais e promover reflexões coletivas com os seus pares acerca da dimensão e da importância que o seu trabalho em sala de aula alcança à medida que ele oportunize seus alunos a se apropriarem do raciocínio combinatório, e promova o exercício do raciocínio combinatório com frequência enquanto professor e aluno se debruçam para resolver diferentes problemas de contagem.

O autor espera que a obra oportunize o leitor, alunos e professores de Matemática a conhecer, compreender e apropriar-se de conceitos básicos da Análise Combinatória necessários à resolução de alguns tipos de problemas de contagem - desde os anos iniciais do ensino fundamental -, desmitificando a crença geral de que a Análise Combinatória é difícil de aprender e ensinar.

O autor pode garantir ao leitor que a compreensão dos conceitos da Análise Combinatória relativos à resolução dos problemas de contagem exige de cada um as seguintes posturas:

- A leitura atenta do enunciado de uma situação-problema de contagem, de maneira a identificar que características terão de ser atendidas pelos agrupamentos-solução a serem formados e, portanto, os conceitos que estão por detrás das palavras presentes no enunciado;
- O uso recorrente do raciocínio combinatório;
- A necessidade de o leitor julgar a conveniência/importância de gerar ao menos um agrupamento-solução e, em seguida, a importância de identificar quais características todos os demais agrupamentos-solução devem atender, de modo a encontrar a solução;
- A importância de verificar se a troca de posição entre os elementos pertencentes a um agrupamento-solução gera ou não um novo agrupamento-solução;
- A importância de refletir acerca de haver ou não necessidade de se fazer o rascunho de um esquema, possivelmente com o auxílio de uma representação gráfica – preferencialmente a construção de parte de uma árvore de possibilidades – de maneira a estabelecer uma ou

mais estratégias que possam contar todos os agrupamentos-solução (possibilidades);

- A importância de refletir a respeito de haver ou não a necessidade de repartir a resolução do problema em tantas partes quanto julgar adequado, de modo a encaminhar a resolução final da situação-problema;
- A necessidade de refletir acerca das ferramentas combinatórias, das estratégias e dos procedimentos que permitem encaminhar a resolução de maneira adequada e efetiva;
- A importância de refletir sobre a não necessidade (talvez a inconveniência) de lançar mão de alguma fórmula.

Todas as considerações feitas ao longo do livro - e as sugestões que são apresentadas - expressam a interpretação do autor a respeito de diversos aspectos relacionados com o ensino e a aprendizagem dos problemas de contagem (problemas básicos de Análise Combinatória) com alunos do ensino fundamental e da Educação de Jovens e Adultos (EJA), após o autor ter experimentado mais de 30 anos de prática pedagógica e de considerar os resultados de algumas pesquisas por ele realizadas com respeito à temática em questão.

Igualmente, o livro apresenta considerações pertinentes à formação inicial de futuros professores - licenciandos de Matemática e Pedagogia – que ensinarão Matemática na educação básica.

O autor espera que a obra se torne um livro de cabeceira para todos os leitores e que ofereça contribuições para a melhoria do ensino da Matemática na educação básica.

Uma preocupação que acompanha o autor, por muitos anos, é em relação à fragilizada formação de professores que ensinam Matemática na educação básica concernente aos conhecimentos de conteúdo.

De modo geral, o professor de Matemática chega despreparado ao mercado de trabalho docente.

O que mais preocupa é que esse professor tem sido absorvido pelo mercado sem que uma seleção adequada seja feita por conta do número pequeno de formandos, a consequente falta de professores de Matemática disponíveis e o aumento no número de alunos na educação básica nos últimos anos.

Quantos alunos de licenciatura em Matemática têm a oportunidade de estudar Análise Combinatória em alguma disciplina de seu curso de formação inicial?

O autor não está levantando aqui a questão relativa a quais conteúdos devem ou não ser ensinados no curso de licenciatura em Matemática (essa é outra questão que também precisa ser discutida), mas acerca de que, uma vez que essa disciplina tenha sido ofertada, se foram feitas reflexões e discussões sobre os aspectos relacionados a "Como ensinar Análise Combinatória (problemas de contagem) a alunos da educação básica?" e quais professores estariam preparados para mediar essas questões.

Quantos alunos de licenciatura em Pedagogia têm a oportunidade de estudar os conceitos básicos da Matemática com razoável profundidade em alguma disciplina de seu curso? Quantos têm a oportunidade de refletir e discutir no coletivo acerca de "Como ensinar Matemática para os alunos da educação básica considerando a não familiaridade com a disciplina, desde os tempos de estudante?".

São questões bastante importantes, mas que precisam ser discutidas no seio dos cursos de formação de professores e nos fóruns próprios das licenciaturas.

O autor pede a atenção do leitor quanto à necessidade dele refletir - individual e coletivamente - sobre as questões que estão presentes por toda a obra.

É propósito do autor que as questões favoreçam discussões relacionadas com a apropriação de conhecimentos de conteúdo, conhecimentos pedagógicos desses conteúdos e conhecimentos curriculares - saberes necessários à prática docente.

Por fim, o autor solicita a atenção do leitor quanto à necessidade de que é preciso um olhar diferenciado em relação à questão da formação continuada de professores que ensinam Matemática para alunos da educação básica: é preciso que cada professor faça reflexões continuamente, que esteja sempre estudando e aprendendo com sua prática e na prática docente, pois só assim seu trabalho docente será mais efetivo.

Uma preocupação recorrente do autor é quanto à necessidade de colocar em discussão uma questão muito importante:

O professor precisa estar constantemente estudando e aprendendo. Ele precisa reaprender a aprender, hoje e sempre, diversas maneiras de como ele deve ensinar os seus alunos a pensar, refletir e a se apropriar de novos conteúdos, conhecimentos, procedimentos e estratégias, de modo que eles sejam partícipes efetivos de sua própria aprendizagem. Os conhecimentos aprendidos pelo aluno jamais serão esquecidos.

Nos dias de hoje, não há mais espaço para o ensino tradicional da Matemática, que se baseava na apresentação do conteúdo oralmente pelo professor por meio de definições, propriedades, resultados, teoremas, demonstrações e exemplos, seguidos de exercícios de fixação e aplicação, pois tal prática pressupunha que o aluno devesse aprender pela reprodução.

Assim, cada vez que o aluno fizesse uma reprodução tal qual a que foi apresentada pelo professor, ela era considerada correta ,tinha valoração máxima e com louvor e, aos olhos do professor, ficava a evidência de que, para esse aluno, ocorrera a aprendizagem do conteúdo.

Tal prática está totalmente ultrapassada, como pode ser constatada na orientação dos autores dos PCN, em Brasil (1997):

> [...] Essa prática de ensino mostrou-se ineficaz, pois a reprodução correta poderia ser apenas uma simples indicação de que o aluno aprendeu a reproduzir, mas não apreendeu o conteúdo.
> É relativamente recente, na história da Didática, a atenção ao fato de que o aluno é agente da construção do seu conhecimento, pelas conexões que estabelece com seu conhecimento prévio num contexto de resolução de problemas.
> Naturalmente, à medida que se redefine o papel do aluno perante o saber, é preciso redimensionar também o papel do professor que ensina Matemática no ensino fundamental (Brasil, 1997, p. 39-40).

Por outro lado levantamos as seguintes questões:

Em nosso País, quantos professores da educação básica não têm tempo (e talvez dinheiro) para ler um livro?

Quantos professores da educação básica não têm tempo de ler um artigo científico?

Quantos professores da educação básica não têm tempo (e talvez dinheiro) de participar de encontros de formação continuada?

É preciso que os dirigentes educacionais reservem mais tempo no planejamento escolar para o professor estudar, refletir e aprender com seus pares, para aprofundar e trocar conhecimentos.

Uma máquina precisa parar para fazer manutenção, de tempos em tempos. Assim também deve ser o trabalho do professor: por vezes deve dar uma parada para refletir sobre sua prática docente, em conjunto com seus pares. É preciso oxigenar a prática dos professores.

Só assim será possível vislumbrar sonhos que tornem realidade melhorar a qualidade do ensino que se oportuniza aos nossos alunos.

Ao escrever esta obra, o autor espera que ela oportunize o professor quanto à necessidade que ele deve ter no tocante à melhoria de sua formação continuada. Igualmente, que ela o ajude a refletir, diuturnamente, acerca da importância de que é preciso que se prepare para os desafios de lecionar Matemática nos dias de hoje frente à tecnologia disponível para os alunos, desde os anos iniciais.

O autor espera que o professor tenha este livro como seu grande aliado, uma ajuda constante, um livro de cabeceira e de bolso, tanto para as reflexões pessoais quanto coletivas, com seus pares.

Para o autor, escrever esta obra constituiu-se de um importante momento pessoal em que ele procura trazer para as palavras aquilo que sente: a necessidade que tem de contribuir um pouquinho para a melhoria do ensino e aprendizagem desses conteúdos da Matemática, e a felicidade de comunicar a todos os leitores quanto conhecimento ele pôde cumular nestes anos de estudo e trabalho, repartindo-o com todos.

O autor se coloca à disposição dos leitores para críticas e sugestões que tornem melhor a comunicação das ideias e dos conhecimentos por meio dos endereços eletrônicos: paulojorge@id.uff.br ou pjuff@yahoo.com.br

PREFÁCIO

(RE)PENSANDO A MATEMÁTICA NO ENSINO BÁSICO

De há muito que se denuncia o distanciamento da universidade com relação aos ensinos fundamental e médio. Tem havido inúmeras tentativas, sob a forma de projetos-piloto e outros tipos de experiências, que visam eliminar ou, pelo menos, minimizar essa falta de integração. O sucesso desses empreendimentos tem sido bastante relativo, embora não negligenciável.

Algumas políticas públicas têm buscado incentivar as licenciaturas nas universidades e, indiretamente, a profissão de professor do ensino básico. Muito ainda precisa ser feito – os salários aviltados, as precárias condições de trabalho, a desvalorização social da profissão constituem entraves ao maior sucesso dessas importantes iniciativas.

Ao mesmo tempo, outras políticas públicas de valorização da ciência (e dos cientistas) nos órgãos de fomento da pesquisa (alguns participando dos incentivos tratados acima) afetam, sobremaneira, a vida acadêmica e a formação de professores nas universidades.

As duas formas de atuação são necessárias e têm levado a significativos progressos na ciência brasileira. Mas sempre aparecem efeitos não desejados em ações que não contam com tais externalidades.

Um professor com dupla, tripla (e às vezes mais) inserções na vida profissional, com atuação nos níveis fundamental, médio e superior, é problemático do ponto de vista pessoal e profissional. A sobrecarga de afazeres diversos, as múltiplas exigências, a necessidade de publicar e a participação em congressos tornam a dedicação exclusiva quase uma necessidade. Oferecer a tranquilidade para trabalhar em um ambiente único torna a vida de qualquer profissional mais harmoniosa, menos tensa, mais produtiva. Entretanto, com isso, perde-se uma vinculação entre o ensino superior e o básico, feita na prática, por um número expressivo de profissionais.

Se levarmos em consideração outro processo (integrado aos anteriores), que já há algum tempo vem marcando as novas gerações de universitários quando, após se graduarem, ingressam imediatamente no mestrado e, daí, no doutorado e pós-doutorado, chega-se à conclusão de que boa parte dos alunos universitários é absorvida pelo próprio sistema superior de ensino.

Então, surge um problema cada vez mais evidente: professores universitários que nunca saíram do sistema, isto é, não têm experiências fora da universidade. As políticas públicas destinadas a criar melhores condições de trabalho e de estudo favorecem o *gap* entre os níveis de ensino, sem que isto seja seu objetivo, por óbvio. Faltam, cada vez mais, professores com experiência nos ensinos fundamental e médio para ministrar as disciplinas de formação de professores para a escola básica. Esse quadro é de difícil reversão.

É nesse *framework* que se inscreve mais este livro do professor Paulo Jorge Magalhães Teixeira.

Com larga experiência no ensino superior (Instituto de Matemática e Estatística (IME) da Universidade Federal Fluminense (UFF)) e nos ensinos fundamental e médio (Colégio Pedro II), apresenta-nos uma proposta de trabalho muito interessante, baseada em numerosos cursos que ministrou para professores de ensino básico em vários Estados brasileiros. Neles, é possível pesquisar os maiores "gargalos" no ensino da Matemática e com base na sua vivência em sala de aula e no diálogo com esses professores, ir desenvolvendo uma metodologia de ensino que auxilia - tanto alunos quanto professores - a ultrapassar alguns desses entraves. Essa metodologia está expressa no livro *Resolvendo problemas de Análise Combinatória nos anos finais do ensino fundamental*, que ora prefaciamos.

Como escreve o próprio autor, este livro destina-se preferencialmente a professores dos anos finais do ensino fundamental (também a professores que atuam na Educação de Jovens e Adultos) que desejam desenvolver em seus alunos o raciocínio combinatório e, para tanto, de maneira a atingir este propósito, gostariam de contar com sugestões de atividades e situações-problema que possam aplicar. Aí está a chave do sucesso anunciado para esta obra: sugestões de atividades que permitam, ao professor dos ensinos fundamental e médio, aplicar a metodologia proposta pelo autor diretamente em sala de aula.

Trabalhos como este são raros, mas muito necessários, pois estabelecem uma ligação entre os diferentes níveis de ensino e favorecem a ultrapassagem dos "hiatos", fruto, em muitos casos, da falta de experiência, com classes do ensino básico, por parte dos docentes das licenciaturas do nível superior.

Acompanho há muitos anos o trabalho do meu querido primo Paulo Jorge, seus progressos no mestrado, no doutorado e, principalmente, suas angústias a respeito da separação entre os ensinos universitário, fundamental e médio. Ao publicar este livro, desenvolvo um projeto que espero ter prosseguimento em outros produtos intelectuais que auxiliem o professor do ensino básico a se sentir apoiado por experientes especialistas do ensino superior.

Fico feliz de participar desse projeto, com o qual me identifico profundamente, em termos metodológicos, na minha área de atuação, o que me faz recomendar o livro a todos que se interessam pela temática.

João Rua
Coordenador de pós-graduação do
Departamento de Geografia e Meio Ambiente da PUC-Rio.
Pontifícia Universidade Católica do Rio de Janeiro

Sumário

CAPÍTULO 1

CAPÍTULO 2

CAPÍTULO 3

CAPÍTULO 5

Capítulo I

Problemas de contagem e o raciocínio combinatório

1.1 Problemas de contagem

Por situação-problema, o autor entende ser um desafio a ser enfrentado pelo leitor, aluno ou professor - desde que ainda não tenha experimentado resolver algo similar ao que lhe é proposto ou, ainda, quando não viu algo parecido ter sido resolvido por alguém.

Assim, uma situação-problema se constitui em um desafio com o qual o autor o enuncia: o desafiante tem o propósito de oportunizar que o desafiado em resolvê-la se aproprie de um ou mais conceitos[2] subjacentes ao enunciado.

O desafiante tem o propósito de que o desafiado produza/atribua significado(s) para a(s) operação(ões) que utilizar, com ou sem o uso de alguma(s) representação(ões) gráfica(s) ou numérica(s) enquanto se debruça na resolução.

---

[2] Vergnaud (1996) considera que o núcleo do desenvolvimento cognitivo é a conceitualização. O autor destaca que é preciso dar toda atenção aos aspectos conceituais dos esquemas e à análise conceitual das situações nas quais os aprendizes desenvolvem seus esquemas na escola ou na vida real. Essa ideia leva à definição de **conceito** segundo a Teoria dos Campos Conceituais como um tripleto de conjuntos: C = {S, I, R}, onde **S** é um conjunto de situações que dão sentido ao conceito - o conjunto de situações é referente ao conceito; **I** é um conjunto de invariantes (objetos, propriedades e relações) sobre os quais repousa a operacionalidade do conceito; o conjunto de invariantes operatórios é referente ao significado do conceito e os invariantes estão associados ao conceito, ou ainda, o conjunto de invariantes que podem ser reconhecidos e usados pelos sujeitos para analisar e dominar as situações do primeiro conjunto; **R** é um conjunto de representações simbólicas (linguagem natural, gráfica, diagramas) e de sentenças formais que podem ser usadas para indicar e representar esses invariantes. E, consequentemente, representar as situações e os procedimentos para lidar com elas. O conjunto de representações simbólicas é referente ao significante. Então, para estudar a apropriação, o desenvolvimento e o uso de um conceito ao longo da aprendizagem ou de sua utilização, são necessários considerar esses três conjuntos, simultaneamente.

Assim, as situações-problema diferem de problemas porque estes exigem do leitor que ele mobilize estratégias e procedimentos para resolvê-lo, diferentemente de uma situação-problema que acrescenta um pouco mais que isso: a apropriação do(s) conceito(s), representações e invariantes.

Por situações-problema de contagem o autor se refere àquelas cujo propósito é de conhecer todas as possibilidades (ou apenas a totalidade delas) que satisfazem ao enunciado do problema, oportunizando ao leitor/aluno que se aproprie dos conceitos básicos da Análise Combinatória - necessários e suficientes à resolução.

Portanto, para resolver uma situação-problema de contagem, será preciso a apropriação de conceitos básicos da Análise Combinatória oriundos da aplicação de dois princípios básicos da contagem, a saber: o Princípio Fundamental da Contagem[3] (Princípio Multiplicativo ou, ainda, Princípio da Multiplicação) e o Princípio da Adição[4] (ou Princípio Aditivo).

Os conceitos relacionados às possibilidades que atendem à solução de um problema de contagem são apropriados pelo leitor/aluno quando ele faz uso apenas do Princípio Multiplicativo ou quando aplica os dois princípios em conjunto, em associação com estratégias e procedimentos próprios para a resolução - conhecidos como ferramentas combinatórias.

Para a enumeração dos agrupamentos-solução de uma situação-problema de contagem, poderá ser construída uma representação gráfica: esquema, enumeração de todas as possibilidades, produto cartesiano, tabela de dupla entrada, árvore de possibilidades.[5]

---

[3] Princípio Multiplicativo: Se uma decisão d1 pode ser tomada de m maneiras, e uma vez que a decisão d1 foi tomada, se a decisão d2 pode ser tomada de n maneiras, então, o número de maneiras de tomar as decisões d1 e d2 uma a seguir da outra é m.n. Esse princípio pode ser generalizado para mais de duas decisões. O Princípio Multiplicativo também é conhecido na literatura acadêmica, e em livros didáticos, como o Princípio da Multiplicação ou como o Princípio Fundamental da Contagem – PFC.

[4] Princípio Aditivo: Se A e B são conjuntos disjuntos com, respectivamente x e y elementos, então, $A \cup B$ possui x + y elementos. Esse princípio pode ser generalizado para mais de dois conjuntos. No caso de três conjuntos, por exemplo, A, B e C, respectivamente com x, y e z elementos, desde que os conjuntos sejam, dois a dois, disjuntos entre si, ou seja, $A \cap B = \emptyset$, $A \cap C = \emptyset$, $C \cap B = \emptyset$, e também desde que os conjuntos sejam, três a três, disjuntos entre si, isto é, $A \cap B \cap C = \emptyset$, então, o conjunto $A \cup B \cup C$ possui x + y + z elementos.

[5] Uma pesquisa de Fischbein e Gazit (1988) identificou que crianças de 10 anos podem aprender ideias combinatórias explorando situações-problema cuja árvore de possibilidades se constituiu em uma representação gráfica adequada para introduzir ideias relativas ao raciocínio combinatório.

Já para a obtenção do quantitativo de possibilidades (total de agrupamentos-solução, soluções) de uma situação-problema de contagem, poderá ser utilizada uma representação numérica (formada por operações numéricas) ou, ainda, as duas representações em conjunto.

Uma solução (agrupamento-solução) de um problema de contagem é resultante da "combinação"[6] entre dois ou mais objetos do universo do problema. De maneira a efetuar todas as "combinações" possíveis entre objetos, letras, algarismos, pessoas etc., é preciso que o sujeito que está resolvendo o problema de contagem se coloque na posição da pessoa que executará as ações e mobilize um particular raciocínio, conhecido como "raciocínio combinatório" – raciocínio que caracteriza o universo da temática Análise Combinatória - imprescindível para que o sujeito obtenha desenvoltura e sucesso na resolução dos problemas de contagem.

[6] Por "combinações", entende-se o ato de combinar ações de associação, arrumação ou agrupamento de objetos, em diferentes quantidades, de fazer correspondência entre um objeto e outro de modo a construir todos os agrupamentos-solução que atendem à solução para uma situação-problema de contagem proposta, ou seja, que o conjunto formado por meio dessas "combinações" entre dois ou mais objetos dê origem a um agrupamento-solução ou, simplesmente, um agrupamento. Assim, um agrupamento-solução é um agrupamento de objetos, letras, algarismos, nomes etc., uma parte integrante da solução de um problema de contagem, cuja resolução está sendo encaminhada. Ao realizar tais ações, o sujeito está aperfeiçoando maneiras de contabilizar todos os agrupamentos-solução possíveis por meio da operação de classificação, identificando as características próprias a esses agrupamentos-solução por meio da leitura atenta do enunciado. Por sua vez, essas ações exigem do sujeito ter de exercitar e desenvolver o raciocínio combinatório (o raciocínio que o permite fazer todas as "combinações" possíveis). Assim, um agrupamento-solução é simplesmente uma "combinação" possível entre objetos, letras, algarismos, nomes etc., que atende às condições impostas no enunciado da situação-problema em questão. Na maioria das vezes, quando se resolve um problema de contagem, se quer determinar o total de agrupamentos-solução. Ou seja, se quer determinar o total de agrupamentos-solução que atendem às condições impostas pelo enunciado da situação-problema. Em outros casos, o que se quer é conhecer (enumerar) todos os agrupamentos-solução que satisfazem o problema de contagem considerado. Optamos por utilizar aspas nas palavras "combinação" e "combinações" de modo que o leitor não faça confusão com outros tipos de agrupamentos de objetos da Análise Combinatória, bastante conhecidos pelas características que guardam entre si: agrupamentos que se caracterizam pela formação de grupos e conhecidos na literatura como uma combinação simples (grupos formados por objetos distintos) ou combinações com repetição (grupos formados com a repetição de pelo menos um dos elementos).

1.2 O que significa raciocínio combinatório?

Antes de refletirmos sobre as potencialidades para o desenvolvimento do raciocínio combinatório com crianças (desde os anos iniciais do ensino fundamental) e também com os jovens (nos anos seguintes desse segmento), é importante oferecer condições ao leitor para que conheça e aproprie-se dos conceitos e significados acerca da apropriação, exercício e desenvolvimento do raciocínio combinatório.

Para as crianças que estão estudando nos anos iniciais do ensino fundamental, recomenda-se que os professores, pais e responsáveis façam a leitura de outros livros deste autor, a saber: *Resolvendo problemas de Análise Combinatória nos anos iniciais do ensino fundamental*, Teixeira (2014), e *Práticas acerca do raciocínio combinatório no ensino fundamental*, Teixeira (2015).

Ainda em relação à apropriação e ao desenvolvimento do raciocínio combinatório, há a possibilidade de que situações-problema de contagem que utilizam o material didático conhecido como "Blocos Lógicos" - presentes no Anexo A – possam ser propostas e desenvolvidas com esse universo de crianças, tanto por professores quanto por pais e responsáveis.

Também há outras situações-problema – presentes no Capítulo 5 - que podem ser selecionadas para ser propostas (no todo ou em parte) e desenvolvidas pelo professor em sala de aula, ou fora dela, para esse universo de alunos.

Assim, com a ajuda das atividades propostas no Anexo A, o leitor poderá refletir acerca das potencialidades do uso do material didático "Blocos Lógicos" para o exercício e o desenvolvimento do raciocínio combinatório de crianças, de 9 a 10 anos de idade.

Parece-nos que o exercício, compreensão, desenvolvimento e significado acerca do raciocínio combinatório devem ser bastante simples para os autores de livros didáticos, uma vez que eles não têm tido a preocupação de dar o destaque devido quanto à importância de sua apropriação e do entendimento pelo aluno.

Por vezes, o indicativo de "raciocínio combinatório" sequer merece uma menção por esses autores em suas obras.

Nesses casos, para os alunos, por vezes fica a certeza de que para resolver um problema de contagem, basta escrever um ou mais produtos e efetuar os cálculos para obter a solução.

E para corroborar com essa maneira de desenvolver o conteúdo básico da Análise Combinatória, ainda repartem o conteúdo em diversas "gavetas" contendo exercícios de certos tipos de agrupamentos de objetos "exclusivos" àquele particular "compartimento".

O que esperar de um ensino e aprendizagem assim?

O que dizer, então, sobre a importância que eles emprestam ao exercício do raciocínio combinatório para que o aluno compreenda os conceitos básicos da contagem?

Por outro lado, em relação àqueles autores que fazem alguma menção do raciocínio combinatório, parece não haver preocupações por parte deles quanto à necessidade de caracterizá-lo e de mencionar suas potencialidades, com o propósito de permitir a ampliação conceitual dos alunos.

O leitor pode ter certeza de que esse não é o caso em relação a este autor, nesta e em outras obras de sua autoria.

Nesta obra, o raciocínio combinatório merece destaque, e muito destaque. Merece destaque em relação à importância que seu entendimento, exercício, desenvolvimento e utilização pelo leitor, aluno e professor têm por meio de uma relação direta com o sucesso que se obtém no encaminhamento da resolução dos problemas de contagem - mais simples ou mais complexos - e na obtenção da solução.

O raciocínio combinatório é uma ferramenta combinatória básica necessária para estabelecer o(s) tipo(s) de agrupamento(s)-solução, uma vez que após o leitor ter feito a leitura atenta do enunciado do problema, ele continua a mobilizá-lo enquanto encaminha a resolução de um problema de contagem por meio de uma ou mais estratégias adequadas.

E mais ainda, é preciso que o leitor identifique e certifique-se sobre a importância de exercitar o raciocínio combinatório para se apropriar dos conceitos próprios da Análise Combinatória. Esses conceitos, por sua vez, estão relacionados aos diversos tipos de agrupamentos-solução formados por conta da relação direta que há entre estes e os diversos tipos de problemas de contagem.

Igualmente, é preciso que enquanto o leitor estabelece as estratégias e os procedimentos adequados para a resolução de um problema de contagem, ele se certifique e dê ênfase à importância e à necessidade de exercitar o raciocínio combinatório em vários momentos, debruçando-se na resolução de um problema de contagem.

Neste livro, sempre que julgar conveniente, o autor fará menção aos leitores com relação à importância atribuída ao exercício do raciocínio combinatório; em especial, chamará a atenção dos alunos da educação básica quando eles estiverem construindo uma árvore de possibilidades, por exemplo.

Nas situações iniciais da pintura de bandeiras, em relação às escolhas das cores que devem ser usadas para pintar cada uma das listras, o exercício do raciocínio combinatório faz-se necessário ser exercitado para dar garantias de efetividade da solução.

Caso contrário, possivelmente a sequência das pinturas será feita por meio de tentativas, com riscos de cometer erros.

Em alguns livros didáticos (em sua maioria do ensino médio), nos exemplos iniciais, por vezes o desenho de uma árvore de possibilidades já totalmente construída é apresentado aos leitores, por completo. O autor considera oportuna essa opção didática, pois a árvore mostra todas as possibilidades que atendem à solução do problema em questão. O problema é que o leitor não participa de sua construção, não exercita o raciocínio combinatório e não compreende quais estratégias foram mobilizadas.

Por conta disso, por vezes o leitor acaba não sabendo que o raciocínio combinatório foi exercitado ali pelo sujeito que construiu a referida árvore, em todas as etapas constitutivas da árvore "galho a galho" até chegar às "folhas", pois tampouco é feita qualquer referência quanto à sua utilização pelo autor da obra.

Essa questão talvez explique o abandono que os alunos fazem em relação à construção de uma representação gráfica, preferindo o uso de fórmulas e a representação numérica.

Por outro lado, nos livros didáticos do ensino fundamental, poucos são os autores que fazem alguma abordagem, por menor que seja, dos conteúdos básicos próprios para a resolução dos problemas de contagem.

Os autores de livros didáticos para os alunos do ensino fundamental, que fazem alguma abordagem da resolução dos problemas de contagem, o fazem de maneira bastante parecida com a que é feita nos livros didáticos do ensino médio, em suas páginas iniciais, no que se refere à apresentação de um ou mais exemplos de contagem com resoluções que mostram uma árvore de possibilidades construída.

Em seguida, esses autores mostram a representação numérica do produto entre as quantidades de objetos (claramente indicados no enunciado) que devem ser "combinados" e calculam o produto entre os fatores.

A representação numérica tem o propósito de enunciar formalmente o Princípio Fundamental da Contagem (PFC), logo, em seguida, valendo-se do exemplo que foi apresentado e dos fatores do produto.

Por vezes, o PFC é enunciado em destaque no texto, em letras maiúsculas, coloridas e no interior de um quadro.

Assim, em nenhum momento é dado ao leitor a oportunidade para que ele (re)conheça o que vem a ser o raciocínio combinatório e quais estratégias são necessárias para construir a árvore de possibilidades.

Tampouco foi oportunizada ao leitor a possibilidade dele poder identificar quando e como o referido raciocínio combinatório foi sendo exercitado ali na árvore de possibilidades enquanto ela estava sendo construída.

Ou seja, o leitor não é informado que o raciocínio combinatório esteve imbricado ali durante a fase de construção da árvore de possibilidades e que ele foi exercitado algumas vezes durante sua construção, uma vez que autor não faz nenhuma menção nesse sentido, não só durante esse momento de apresentação da árvore de possibilidades como no decorrer de todo o texto restante.

O raciocínio combinatório é o raciocínio base para a mobilização de procedimentos e estratégias usados na resolução dos problemas de contagem (os problemas básicos da Análise Combinatória), problemas mais complexos da Análise Combinatória e problemas gerais no universo de uma área da Matemática, a Matemática Discreta, que tem avançado muito nos últimos anos.

No que se refere a este livro, o autor considera que o raciocínio combinatório está imbricado com as ações de construir uma representação gráfica ou uma representação numérica.

Assim, por conta da proposição de situações-problema de contagem (Capítulo 5) e da necessidade do leitor ter que mobilizar uma ou mais estratégias e procedimentos de resolução, os momentos de aprendizagem são oportunos para aprofundar as questões relacionadas com o exercício do raciocínio combinatório, bem como a importância que o leitor deve emprestar ao exercício continuado do raciocínio combinatório sempre que tenha que resolver problemas de contagem.

Durante a resolução de um problema de contagem, o leitor tem a oportunidade de exercitar e desenvolver o raciocínio combinatório e constatar a importância que ele tem para obter, de maneira efetiva, a solução.

O autor atribui à apropriação e ao exercício do raciocínio combinatório uma significativa parcela do sucesso que o leitor obterá quando se debruçar na resolução das situações-problema de contagem que são propostas no Capítulo 5.

O raciocínio combinatório é o elemento encorajador para que o leitor reflita sobre como os agrupamentos-solução devem ser formados. Dessa forma, todo o desenrolar da resolução de um problema de contagem passa, necessariamente, pelo exercício permanente do raciocínio combinatório.

O raciocínio combinatório é o fio condutor que desencadeia os procedimentos e as estratégias que conduzem à decisão quanto ao tipo de agrupamento-solução dos objetos que deve ser considerado na resolução de um problema de contagem, ou seja, o raciocínio combinatório é uma ferramenta combinatória básica necessária para estabelecer o(s) tipo(s) de agrupamento(s)-solução, uma vez que após o leitor ter feito a leitura atenta do enunciado do problema, ele precisa mobilizá-lo para encaminhar a resolução do problema de contagem, mobilizando também uma ou mais estratégias.

E mais ainda, é preciso que o leitor identifique e certifique-se da importância de exercitar o raciocínio combinatório para se apropriar dos conceitos próprios da análise combinatória.

Os conceitos, por sua vez, estão relacionados aos diversos tipos de agrupamentos-solução que são formados de modo a atenderem à solução do problema e por conta da relação direta que há entre os tipos de agrupamento-solução e as características que identificam as diferentes classes de problemas de contagem.

Igualmente, é preciso que enquanto o leitor estabelece a estratégia e os procedimentos adequados para a resolução de um problema de contagem, ele se certifique e dê ênfase à importância e à necessidade de exercitar o raciocínio combinatório, em vários momentos, enquanto se debruça na resolução de um problema de contagem.

1.3 Como se apropriar do raciocínio combinatório?

O raciocínio combinatório é desenvolvido pelo leitor/aluno quando, por exemplo, ele compreende a necessidade de utilizar ações e procedimentos que o levem à obtenção da totalidade de maneiras diferentes de "combinar" objetos, letras, algarismos, pessoas etc., conforme a proposta da situação-problema.

Por exemplo, considere a situação-problema a seguir:

> De quantas maneiras diferentes é possível que Maria esteja vestida se ela possui duas saias nas cores verde e azul, e três blusas nas cores branca, amarela e laranja?

O que se quer é conhecer e quantificar as maneiras como Maria pode vestir-se.

Para tal, basta que o leitor/aluno compreenda a necessidade de realizar todas as "combinações" possíveis entre as saias e as blusas disponíveis, formando diferentes conjuntos de saia e blusa.

Em outras situações-problema nas quais é preciso estabelecer um modo sistemático de proceder à contagem de todas as possibilidades, uma vez que se faz necessário esse estabelecimento por conta da diversidade de agrupamentos-solução, é preciso que o leitor esteja atento à formação dos agrupamentos-solução de modo a não correr o risco de realizar contagens de agrupamentos a menor ou de fazer contagens a maior.

O autor entende que, muito mais que as ações de "combinar" objetos, é preciso oferecer condições para que o leitor compreenda os procedimentos que encaminham na direção dessas ações. Ou seja, é preciso propor situações-problema nas quais o leitor se aproprie do raciocínio combinatório e se envolva nessas adequadas ações de "combinar objetos" por meio do exercício do raciocínio combinatório segundo as quais tenha de fazer todas as "combinações" possíveis entre os objetos envolvidos.

Entre essas ações, situa-se a correspondência "um-para-muitos"[7].

---

[7] "um-para-muitos" refere-se a um termo, segundo Nunes e Bryant (1997), para distinguir uma situação multiplicativa, base para o entendimento do conceito de proporção.

No exemplo acima, a cada saia disponível escolhida, o sujeito faz uma correspondência com três diferentes blusas disponíveis, formando, então, três diferentes conjuntos de saia e blusa, todos com a mesma saia.

Neste caso, em cada um dos conjuntos, a saia escolhida é sempre a mesma e as blusas diferem entre si. Veja o esquema apresentado a seguir, com a escolha da saia de cor azul e as respectivas "combinações" com todas as blusas que estão disponíveis, formando conjuntos de saia e blusa com a saia de cor azul:

Saia	Blusa	Conjunto de saia e blusa formado
	Blusa branca	Saia azul-Blusa branca
Saia azul	Blusa amarela	Saia azul-Blusa amarela
	Blusa laranja	Saia azul-Blusa laranja

O que se espera é que o leitor compreenda que, neste caso, a escolha da saia de cor azul também poderia recair sobre a escolha da saia de cor verde, uma vez que não há nenhuma restrição a esse respeito no enunciado da situação-problema.

Portanto, para o caso da escolha da saia recair sobre a de cor verde, os seguintes conjuntos de saia e blusa são formados:

Saia	Blusa	Conjunto de saia e blusa formado
	Blusa branca	Saia verde-Blusa branca
Saia verde	Blusa amarela	Saia verde-Blusa amarela
	Blusa laranja	Saia verde-Blusa laranja

Uma vez que só há duas saias disponíveis para fazer as "combinações" com as três blusas disponíveis, as situações apresentadas nas figuras acima configuram todas as "combinações possíveis", isto é, elas podem ser apresentadas por meio de uma única árvore de possibilidades, como a árvore que está desenhada a seguir:

A partir da constatação da necessidade de fazer as "combinações" de cada saia com todas as possíveis blusas, será preciso que o leitor exercite o raciocínio combinatório e que compreenda que esses procedimentos se encaminham na direção de possibilitar que venha a conceituar ideias diretamente relacionadas com aquelas que sustentam a aplicação de um princípio básico da análise combinatória, conhecido como Princípio Multiplicativo ou da Multiplicação (PM), ou Princípio Fundamental da Contagem (PFC).

Esse princípio permite resolver um número considerável de problemas de contagem e pode ser utilizado tanto por alunos do ensino fundamental quanto por alunos do ensino médio e por todos que precisam resolver problemas de contagem.

A seguir, será apresentado um novo problema de contagem com o propósito de fazer novas e importantes considerações, tanto quanto as que foram apresentadas na situação-problema acima.

Nas páginas iniciais do capítulo destinado ao estudo dos problemas de contagem de um livro didático (usualmente livros para alunos do ensino **médio**), alguns autores apresentam uma situação-problema de contagem tal qual a que está enunciada a seguir:

> Quando se dispõe dos algarismos 1, 2 e 3, é possível formar números com três algarismos, com a condição de que os algarismos que ocupam as posições das centenas simples e das dezenas simples devam ser algarismos diferentes. Quais e quantos são esses números?

Em situações-problema como esta, por vezes o professor fica na expectativa, logo de início, de apresentar no quadro de giz apenas a reprodução da árvore de possibilidades (que normalmente está presente no livro texto), acompanhada da operação multiplicativa 3 x 2 x 3 = 18, que dá conta de contabilizar o total de números possíveis de ser formados.

Mesmo que o professor se utilize de um exemplo que está presente no livro-texto, é importante que ele peça aos alunos para não abrir o livro didático na página correspondente ao exemplo apresentado pelo autor.

O professor deve fazer isso com o propósito de oportunizar que os alunos façam reflexões pessoais e que sejam travadas discussões no coletivo, sobre a resolução.

Assim, o professor terá condições de mediar as discussões e fazer intervenções adequadas, enquanto todo o coletivo se debruça em resolver a situação-problema proposta.

Daí, resulta uma diferença didática importante para a apropriação dos conceitos básicos associados à resolução das situações-problema de contagem: fazer com que os alunos reflitam sobre os procedimentos e as estratégias que precisam ser feitos e o fato do professor dar a oportunidade de exercitar o raciocínio combinatório desde o início com problemas de contagem.

Infelizmente, essas oportunidades não são ofertadas pelos autores de livros didáticos de modo que o leitor aproveite para fazer reflexões pessoais em relação a quais procedimentos e estratégias teria o autor se valido para obter os resultados durante a fase de resolução do problema de contagem em questão.

Assim, para que todo o coletivo possa fazer reflexões, o professor deve questioná-los, perguntando:

- Tomando por base a leitura que fizeram do enunciado, o que vocês acham que precisa ser feito?

Se os números a serem formados contiverem três algarismos, então, serão feitas escolhas para os possíveis algarismos que ocupar**ão** a posição das centenas simples, possíveis algarismos para a posição das dezenas simples e possíveis algarismos para a posição das unidades simples.

- Qualquer dos três algarismos poderá ocupar qualquer das três posições no número a ser formado?

- Esses três algarismos escolhidos podem repetir ou têm de ser distintos entre si?

- Há alguma restrição quanto ao uso de qualquer dos algarismos em qualquer das três posições dos números a serem formados e que devem atender à solução?

Feitos os questionamentos iniciais, o professor deve deixar que os alunos façam reflexões pessoais e no coletivo menor, de até quatro alunos.

De maneira a iniciar a resolução da situação-problema pelo coletivo, o professor deve recomendar aos alunos que:

- O grupo A inicia a enumeração de todos os números que atendem à solução da situação-problema utilizando um procedimento similar ao que é feito quando se escreve qualquer número com três algarismos: iniciando pela posição das centenas simples;

- Os outros grupos de alunos devem iniciar a enumeração pela posição das dezenas simples; e

- Os outros grupos devem iniciar pela posição das unidades simples.

Assim, o professor pede a atenção dos alunos quanto ao que pode ser feito de início: "Se o grupo A está tomando a decisão inicial de escrever os números com três algarismos começando pela posição das centenas simples, a primeira ação deve ser a de escolher um algarismo que possa ocupar essa posição e, então, é preciso que cada um dos membros do grupo A decida acerca de quais algarismos poderiam ocupar a posição das centenas simples. O mesmo se aplica aos outros grupos em relação às respectivas posições."

Diante das reflexões que os alunos fazem, o professor deve pedir que eles representem todas as possibilidades por meio de um desenho (um esquema), como o que está apresentado a seguir (grupo A), que se assemelha aos "galhos" de uma árvore de possibilidades, pedindo que um aluno representante do grupo faça a representação no quadro de giz.

A representação gráfica acima, quando completa, permite que se conheçam e contabilizem todos os números que atendem à solução.

Por outro lado, essa representação favorece à construção do restante do esquema (ou árvore de possibilidades), passo a passo, dos possíveis números que devem ser contabilizados e é uma maneira sistemática de computar todas as possibilidades sem que o aluno corra o risco de esquecer de computar alguma possibilidade ou de contar mais que uma vez algumas delas.

Em seguida, o professor explica: "Essas setinhas têm origem no tronco da árvore e, assim, pode-se dizer que se tratam de três galhos da árvore que estão presos diretamente ao tronco da árvore."

Em continuidade, o professor esclarece que essa árvore é chamada de árvore de possibilidades por conter todas as possibilidades que atenderão à solução da situação-problema proposta quando ela estiver concluída.

Uma vez que a árvore contém, de início, todas as três possibilidades em que a posição das centenas simples pode ser ocupada para a formação de todos os números com três algarismos, continuar a construção da árvore está diretamente associado às escolhas dos algarismos das dezenas simples e das unidades simples.

Prossegue o professor: "Os alunos do grupo A precisam tomar uma segunda decisão, ou seja, precisam saber de quais maneiras a posição das dezenas simples (ou das unidades simples) poderá ser ocupada levando em conta cada uma das escolhas feitas em relação ao algarismo que ocupa a posição das centenas simples - a primeira decisão feita."

Para os alunos dos outros grupos, a segunda escolha de alguns grupos deve recair nas posições das centenas simples (ou unidades simples) e de outros grupos deve recair nas posições das dezenas simples (ou centenas simples).

Em prosseguimento, o professor esclarece: "Para os alunos do grupo A, **é preciso** refletir acerca de quais algarismos poderão ocupar a posição das dezenas simples para cada escolha que seja feita em relação ao algarismo que ocupa a posição das centenas simples."

Para tal, os alunos do grupo A devem utilizar o símbolo de interrogação (?) na posição das dezenas simples, conforme a figura a seguir, como uma maneira de refletir a respeito, aguardando a manifestação de todos do grupo a esse respeito de modo a apagar o símbolo quando tiverem certeza de quais algarismos poderão ocupar essa posição.

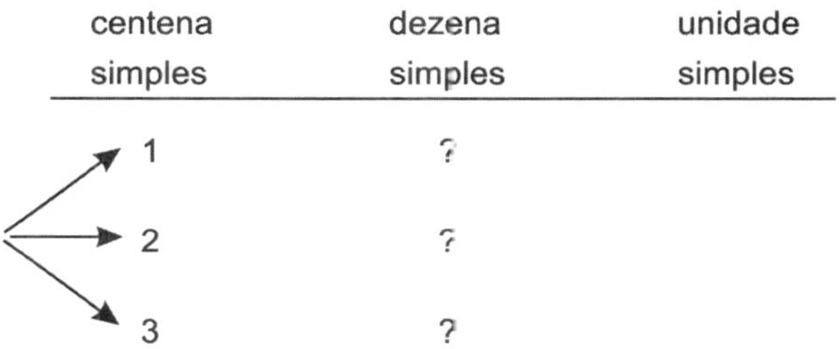

O indicativo da interrogação (?) considera a questão do "depende", ou seja, depende de qual escolha foi feita para a posição das centenas simples, considerando que os algarismos das posições das centenas simples e das dezenas simples devem ser distintos entre si.

Ou seja, os alunos precisam refletir quanto à questão do "depende", da dúvida em prosseguir na construção da árvore, das decisões que podem ser tomadas diante da questão referente à presença do símbolo (?) - de interrogação.

Ora, a decisão a ser tomada, em cada caso, depende naturalmente da escolha que foi feita em relação ao algarismo escolhido para a posição das centenas simples, uma vez que esse algarismo não poderá ser utilizado para a posição das dezenas simples, conforme o enunciado.

Após esses momentos de reflexão coletiva, o professor pede que os alunos complementem a árvore de possibilidades para esta etapa construtiva da árvore, considerando as restrições que precisam ser respeitadas, caso a caso.

Os alunos, então, complementam essa etapa construtiva da árvore de possibilidades conforme, por exemplo, a figura a seguir:

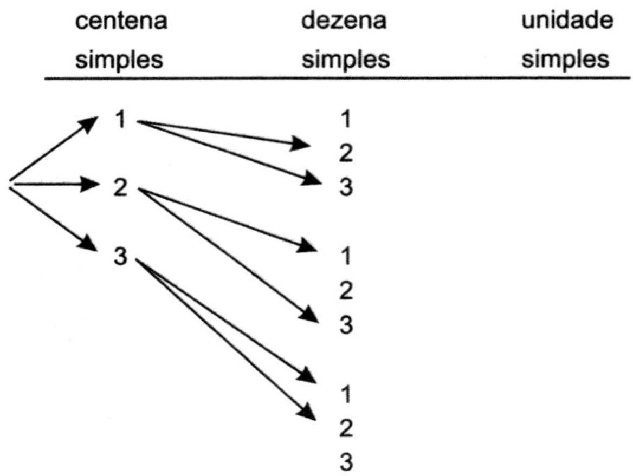

Após o desenho parcial da árvore de possibilidades ter sido apresentado no quadro de giz, o professor questiona os alunos quanto ao significado das seis setinhas que foram acrescentadas ao desenho.

O professor deve pedir que os alunos reflitam sobre cada uma das ações que eles acabaram de fazer: "Vocês "combinaram" cada um dos algarismos da posição das centenas simples com os possíveis algarismos que podem estar presentes na posição das dezenas simples."

"Assim, vocês exercitaram um raciocínio de maneira a combinar as possibilidades entre cada um dos algarismos das centenas simples com cada um dos algarismos das dezenas simples. Esse raciocínio é o raciocínio combinatório, ou seja, o raciocínio derivado das possíveis "combinações" que vocês fizerem entre a escolha do algarismo das centenas simples com os possíveis algarismos que podem ocupar a posição das dezenas simples."

Agora, de modo a completar a árvore de possibilidades, uma última decisão precisa ser tomada: estabelecer quais algarismos podem ocupar a posição das unidades simples levando em conta as duas decisões conjuntas anteriores, ou seja, considerar cada uma das escolhas entre os algarismos das centenas simples e das dezenas simples para "combinar" com as possíveis escolhas do algarismo das unidades simples.

Assim, o professor volta a questionar os alunos, perguntando:

- Quais algarismos poderão ocupar a posição das unidades simples, em cada caso?

- Há alguma restrição imposta em relação às possíveis escolhas dos algarismos que poderão ocupar a posição das unidades simples?

Diante das reflexões individuais e coletivas que os alunos fazem, o professor pede que cada um complemente sua árvore de possibilidades, em construção.

Depois, pede que um dos alunos complemente a árvore de possibilidades que está desenhada no quadro de giz. A árvore de possibilidades pode ser complementada e apresentada, por exemplo, conforme a seguir:

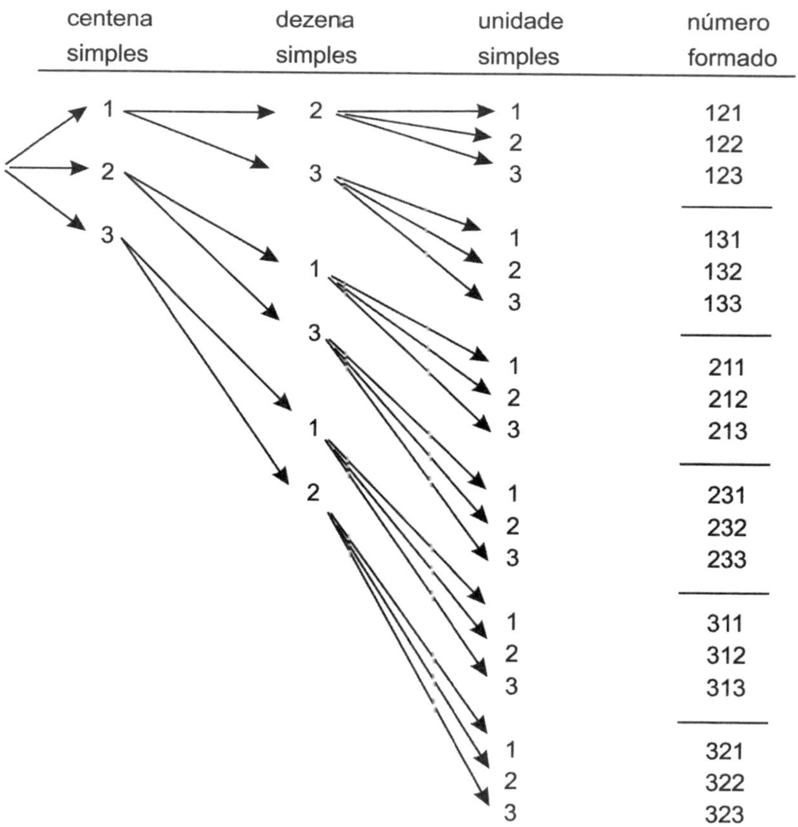

O professor pede, então, que os alunos façam a contagem total de números que satisfazem à solução da situação-problema proposta.

Essa é a oportunidade para que o professor mostre aos alunos como o

Princípio Aditivo pode ser aplicado: a contagem de todos os agrupamentos-solução (os números formados), todos disjuntos entre si, que permitem que a contagem seja feita diretamente entre todas as possibilidades listadas nas "folhas" da árvore de possibilidades, via somatório: um a um ou em blocos.

Também oportuniza que o professor mostre que a contagem pode ser feita como 3 + 3 + 3 + 3 + 3 + 3, resultante da soma de 6 parcelas, com cada uma delas de valor igual a 3 ou, então, da forma 6 x 3 ou, ainda, como 6 + 6 + 6 = 18.

O professor questiona: "De onde vêm essas seis parcelas iguais a 3?"

Ora, essas seis parcelas são resultantes das seis "combinações" entre os algarismos escolhidos para as posições de centena simples e dezena simples.

Para cada uma dessas seis "combinações", é possível escolher qualquer um dos três algarismos para a posição das unidades simples.

O professor tem a oportunidade, também, de mostrar que a contagem pode ser feita como 6 + 6 + 6, da forma 3 x 6.

O professor questiona: "De onde vêm essas três parcelas iguais a 6?"

Ora, essas três parcelas são resultantes das três possibilidades de escolha do algarismo que pode ocupar a posição das centenas simples.

Para cada algarismo na posição das centenas simples, podem ser feitas as "combinações" possíveis entre os dois algarismos que poderão ocupar a posição das dezenas simples com os três algarismos que poderão ocupar a posição das unidades simples, resultando em seis "combinações".

Assim, para cada uma das três escolhas possíveis do algarismo que ocupará a posição das centenas simples, é possível escolher qualquer uma das seis "combinações" entre os algarismos que podem ocupar as posições das dezenas simples e das unidades simples, e escrever seis números distintos.

Portanto, a árvore de possibilidades permite a compreensão de que a totalidade de números de três algarismos que satisfazem à solução da situação-problema pode ser determinada por meio das seguintes operações:

3 + 3 + 3 + 3 + 3 + 3 = 6 x 3 = (2 x 3) x 3 = 2 x 3 x 3 ou, então, 6 + 6 + 6 = 3 x 6 = 3 x (2 x 3) = 3 x 2 x 3.

As igualdades acima são suficientes para mostrar ao aluno que a escolha da primeira decisão a ser tomada para determinar quais são e quantos são os números que atendem à solução da situação-problema, não é, obrigatoriamente, a de fazer a escolha inicial recair sobre a posição das centenas simples, mas que a estratégia de resolução escolhida independe da escolha feita de início e das duas escolhas seguintes.

Portanto, para este exemplo, a decisão inicial pode ser tomada em quaisquer das posições do número a ser formado, bem como as duas decisões seguintes.

A afirmação acima é uma importante conclusão que contribui para ampliar a visão conceitual dos alunos em relação ao exercício do raciocínio combinatório.

Qualquer que seja a decisão de iniciar a contagem das possibilidades, em determinada posição do número, para esta situação-problema, constitui-se de equivalente dificuldade a ser vencida pelo aluno.

Voltemos à situação-problema inicial e consideremos, por exemplo, a seguinte estratégia de resolução: a primeira ação deverá recair sobre a escolha dos possíveis algarismos para ocupar a posição das dezenas simples.

Nesse caso, qualquer um dos três algarismos, 1, 2 ou 3, poderá ocupar essa posição. Qualquer que tenha sido a opção de escolha do algarismo que ocupará a posição das dezenas simples, só há duas possibilidades para a escolha do algarismo que ocupará a posição das centenas simples: um algarismo diferente daquele que foi escolhido para a posição das dezenas simples.

Há, portanto, 3 x 2 = 6 "combinações" possíveis entre os algarismos das posições dezena simples e centena simples.

Para cada uma dessas seis "combinações" entre os algarismos das posições da dezena simples e centena simples, há três possibilidades de escolha para o algarismo que ocupará a posição das unidades simples. Assim, há um total de (3 x 2) x 3 = 18 números.

A estratégia e os procedimentos aplicados na resolução acima são similares ao caso da primeira escolha recair sobre a posição das dezenas simples, em seguida, recair sobre a posição das unidades simples e, por último, a escolha recair sobre a posição das centenas simples. Nesse caso, teríamos a seguinte representação numérica da operação: (3 x 3) x 2 = 18 números.

Finalmente, consideremos a seguinte estratégia: que a primeira ação recaia sobre a posição das unidades simples.

Nesse caso, qualquer um dos 3 três algarismos poderá ocupar essa posição. Qualquer que tenha sido a opção de escolha do algarismo para ocupar a posição das unidades simples há três possibilidades para a escolha do algarismo que ocupará a posição das centenas simples e duas possibilidades para a escolha do algarismo que ocupará a posição das dezenas simples: um algarismo diferente daquele que foi escolhido antes para a posição das centenas simples (o mesmo valeria se a escolha tivesse recaído na posição das dezenas simples e, em seguida, para a posição das centenas simples).

Há, portanto, 3 x 3 = 9 "combinações" possíveis entre os algarismos das posições da unidade simples e centena (ou dezena) simples. Para cada uma dessas nove "combinações" entre os algarismos das posições - unidade simples e centena (ou dezena) simples -, há duas possibilidades de escolha para o algarismo que ocupará a posição das dezenas (ou centenas) simples.

Assim, há um total de (3 x 3) x 2 = 18 números.

Em algumas situações de contagem, porém, pode ser verdade que importa a posição do número na qual se começará a contabilizar as possibilidades, o que acarreta enfrentar outras dificuldades a serem vencidas.

Assim, pode até ficar inviável continuar avaliando (em algumas situações-problema de contagem, inclusive) as possibilidades em outras posições de números a ser formados devido à estratégia de solução escolhida, necessitando modificar a estratégia inicialmente escolhida.

Por exemplo, se nesta mesma situação-problema, substituirmos no enunciado o algarismo 3 pelo algarismo 0, esse algarismo não poderá ocupar a posição das centenas simples pelo fato do número a ser construído, com essa indicação, não ser um número com três algarismos.

Muito embora reconheçamos que os diversos procedimentos que foram apresentados acima possam ter sido cansativos para o leitor, consideramos importante que o professor oportunize os alunos de modo que eles possam conhecer, reconhecer, identificar e compreender as diversas estratégias com que um mesmo problema de contagem pode ser resolvido.

Nessa situação-problema, as diferentes estratégias que se diferenciam pela sequência com que as ordens do número a ser formado foram sendo escolhidas e as possíveis ações que podem ser feitas relativas às escolhas dos algarismos para as respectivas posições dos números.

E, mais ainda, o professor precisa mostrar para seus alunos que essas diferentes estratégias de resolução de um problema de contagem se estendem a muitos outros tipos de problemas de contagem que são propostos ao longo de toda a educação básica e que eles terão a responsabilidade de resolvê-los considerando as estratégias boas e adequadas ou não - exigindo reformulações.

Ademais, é oportuno que o aluno compreenda e reconheça que a variedade e a quantidade de procedimentos e estratégias da resolução de situações-problema de contagem são derivadas das múltiplas possibilidades de tomar decisões, que o sujeito que está resolvendo o problema de contagem tem que fazer.

E também, por vezes essas tomadas de decisão independem da ordem em que são tomadas, em relação às diferentes ações cognitivas que o raciocínio combinatório oportuniza ao sujeito exercitar para que ele encaminhe a resolução de um problema de contagem.

Tomando essas iniciativas, o professor oportuniza o aluno a adquirir confiança em relação às decisões que pode e deve tomar, inclusive as decisões em sua vida pessoal.

É preciso analisar as possibilidades disponíveis para tomar determinada decisão e avaliar as consequências que cada uma das decisões pode acarretar adiante.

Mais ainda, essa iniciativa oportuniza que o aluno compreenda todas as variantes estratégicas acerca daquilo que está em questão quando da resolução dos problemas de contagem, principalmente aquela na qual o sujeito que está resolvendo um problema de contagem deve colocar-se na posição de quem fará cada ação pedida pelo problema, passo a passo, levantando hipóteses sobre todos os modos possíveis em que essa decisão pode ser tomada e, para cada decisão, certificar-se das consequ**ências** que acarretam essa tomada de decisão, avaliando-as e quantificando-as.

Essas mesmas decisões, de levantamento de hipóteses e possibilidade de tomadas de decisão, devem ser tomadas pelo aluno quando ele faz a opção de construir uma árvore de possibilidades.

Considere o seguinte problema de contagem:

Quantos números de três algarismos são possíveis formar com os algarismos 1, 2 e 3?

Três "ramificações" da árvore de possibilidades devem ser construídas, conforme a escolha do algarismo que ocupará a posição das centenas simples recaia sobre o algarismo 1, o algarismo 2 ou o algarismo 3, como a seguir:

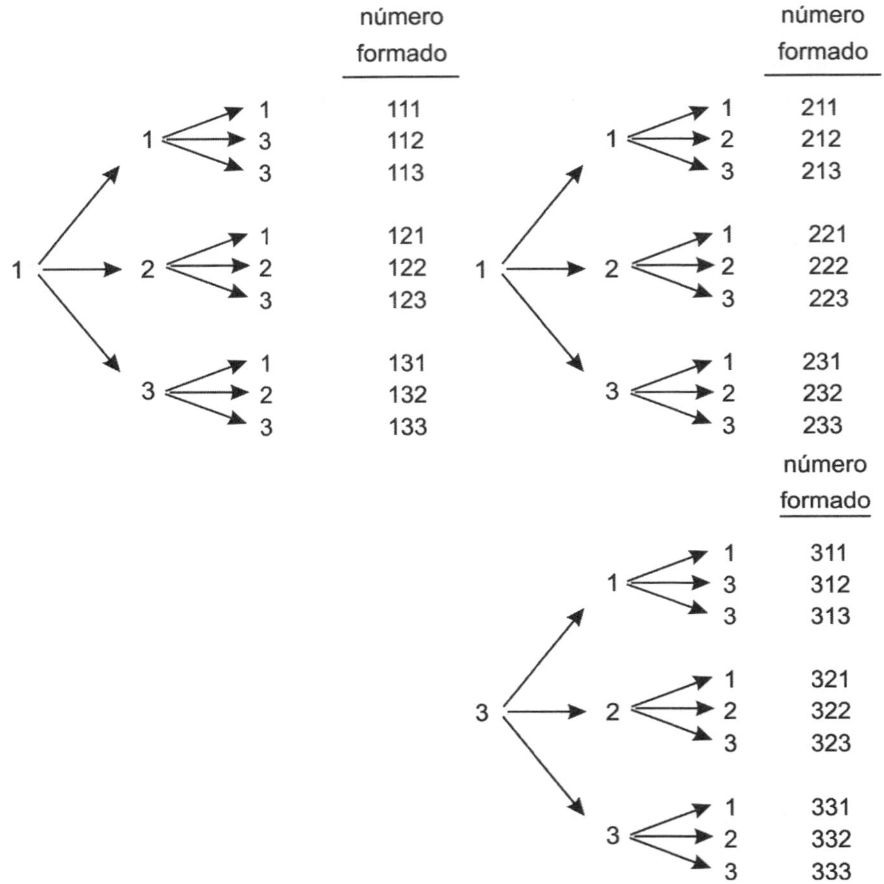

Cada uma dessas "ramificações" são partes componentes da árvore de possibilidades.

Fica claro que, nesta situação-problema, um esquema ou um duplo produto cartesiano daria conta de responder a questão. Já no caso da escolha recair na construção de tabelas de dupla entrada, seria preciso a construção de duas tabelas de dupla entrada.

Nos enunciados de algumas (muitas) situações-problema, dificilmente há a indicação de que o que precisa ser feito são "combinações" entre os objetos. No caso da situação-problema acima, os objetos são os algarismos 1, 2 e 3.

Portanto, as "combinações" serão feitas entre os algarismos 1, 2 e 3, de modo a formar todos os números com três algarismos obtidos com a utilização desses algarismos. E esses números, por sua vez, constituem cada um dos agrupamentos-solução do problema de contagem em questão.

Por outro lado, para a maioria das situações-problema propostas será preciso apenas calcular o total desses "agrupamentos-solução de objetos" por meio de uma representação numérica que mostre uma ou mais operações de multiplicação, por exemplo.

Algumas situações-problema não exigem que o leitor utilize algum procedimento específico ou uma representação gráfica para enumerar todas as possibilidades, formar todos os agrupamentos-solução, mas apenas que ele lembre que o esboço de construção de uma árvore de possibilidades pode ser feito e que esse esboço dá conta de resolver o problema por meio de uma representação numérica.

Mas, se for o caso, tal qual o exemplo apresentado acima, é possível fazer a contagem de todas as possibilidades, diretamente a partir da aplicação do Princípio Aditivo.

Assim, e quando muito, em muitos casos basta apenas que o leitor construa uma árvore de possibilidades como a única representação gráfica (ou apenas um esboço de como ela seria construída) - que ele pode lançar mão quando precisa resolver uma situação-problema de contagem – e, em seguida, fazer uso de uma representação numérica para determinar a solução quantitativa de todas as possibilidades que satisfazem o problema proposto.

Ademais, construir uma árvore de possibilidades (ou apenas um esboço de como ela seria construída) é um procedimento simples, exercita o raciocínio combinatório e o resultado final é bastante ilustrativo, fácil de entender e oportuniza estabelecer uma série de hipóteses que podem ser levantadas à vista de sua representação – árvores em construção ou árvores completamente concluídas.

A apresentação de uma árvore de possibilidades é bastante atraente e a razoável facilidade com que ela pode ser construída possibilitará que o leitor a utilize, mais adiante, como uma árvore de probabilidades.

A construção de árvores de possibilidades como coadjuvantes das soluções de muitas situações-problema tem árvores de dois tipos:

- árvores simétricas: aquelas com iguais distribuições de "galhos terminais", as "folhas", como é o caso das árvores de possibilidades que foram desenhadas acima;

- árvores de possibilidades não simétricas: aquelas assimétricas, como é o caso da árvore desenhada a seguir, resultante da formação de todos os grupos com duas amigas cada um, que podem ser escolhidas dentre as amigas Ana, Bia, Carla e Diva:

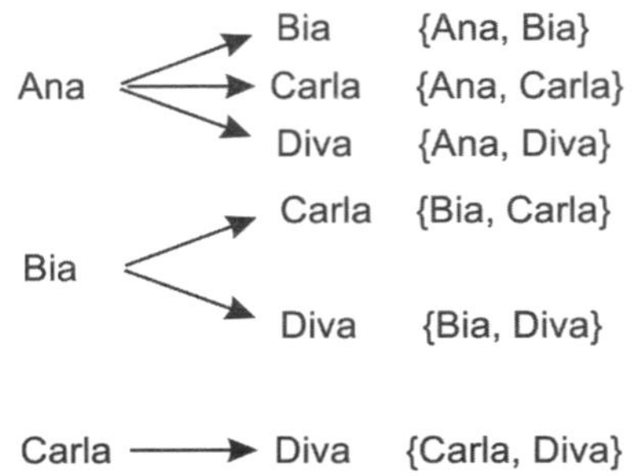

Portanto, há seis grupos, com duas amigas em cada, que podem ser formados com as quatro amigas. A árvore é assimétrica, pois há três "galhos" iniciais: o primeiro "galho" possui três "folhas" terminais, o segundo "galho" possui duas "folhas" terminais e o terceiro "galho" possui uma "folha" terminal.

1.4 O processo de transposição didática

Alguns autores de livros didáticos podem passar para os alunos a *falsa ideia* de que para resolver problemas de contagem, basta apenas fazer o produto entre as quantidades de objetos envolvidos no enunciado que já se obtém a resposta do problema de imediato.

Tal fato ocorre quando esses autores apresentam apenas a operação multiplicativa resultante do produto entre as quantidades de objetos descritos nos enunciados dos primeiros exemplos relacionados com os problemas de contagem e por conta da afirmação de que tais objetos devem ser "combinados" e que os fatores indicam as respectivas quantidades.

Por isso, alguns alunos se referem aos problemas de contagem como fáceis de ser resolvidos, uma vez que para eles, "basta apenas determinar o resultado do produto com os valores presentes no enunciado".

É preciso, pois, que o professor fique atento a essas concepções que alguns alunos teimam em se apropriar desde os primeiros exemplos.

Por vezes, alguns autores de livros didáticos mostram a árvore de possibilidades já construída, por completo, e a seguir, o cálculo do produto e seu resultado, como se quisessem justificá-lo por conta da comparação direta com o total das possibilidades presentes na árvore de possibilidades e dão destaque aos quantitativos de objetos "combinados", presentes no enunciado.

Em alguns exemplos, não são feitas considerações acerca do número de modos possíveis para tomar cada uma das decisões - "nó a nó da árvore" - em relação às etapas necessárias para construir por completo a árvore de possibilidades.

O autor deste livro abre um espaço aqui para destacar a importância do trabalho construtivo que é feito quando se faz a "passagem" entre o conhecimento científico de conteúdos, presentes na literatura científica, e o conhecimento pedagógico do conteúdo feito pelo professor com o propósito de que o leitor/aluno seja capaz de compreender e aprender, preferencialmente apenas contando com a mediação do professor.

Assim, o saber científico pesquisado, estudado, desenvolvido e divulgado passa por um processo de adaptação pela "academia" (pesquisadores e estudiosos que desenvolvem pesquisas em universidades e institutos de pesquisas) de modo que seja "transformado" em um conjunto formado por conteúdos escolares.

Os conteúdos escolares são parte integrante dos programas das escolas e dos colégios via currículos escolares, e são apresentados aos alunos por meio de livros didáticos, mas não somente por eles.

A escola tem muitas responsabilidades a cumprir, com toda a sociedade, enquanto instituição indispensável à formação de cidadãos.

Por sua vez, o livro didático é apenas uma parte de um dos contributos para a formação de cidadãos, não necessariamente indispensável.

Para tal, a contribuição dos professores em relação à escolha do livro didático, seleção dos conteúdos e análises críticas que antecedem seu uso em sala de aula reveste-se de grande importância para eles ofertarem uma aprendizagem efetiva e de qualidade.

Todo o trabalho que é feito pelo professor (individualmente ou com seus pares) tem o propósito de estabelecer o *saber escolar:* o saber que é desenvolvido e aprendido nas escolas.

Mas, não apenas, e necessariamente, o professor tem de desenvolver os conteúdos presentes no livro didático e estar obrigado a seguir à *risca* a apresentação dos conteúdos conforme foi proposta pelo(s) autor(es) do livro didático.

Na literatura científica, o processo de adaptação do saber científico conforme acima é conhecido como processo de *Transposição Didática.*

A *Transposição Didática* encontra em Chevallard (1996) um dos autores e pesquisadores que identificam e caracterizam todas as fases que constituem esse processo.

O autor salienta, porém, que a questão da transposição didática é bastante complexa e polêmica. Assim se refere Chevallard (1996) a esse respeito:

> [...] A partir deste esquema, podemos então desenvolver uma teoria generalizada da transposição didática-institucional, que constitui um tema de estudo apaixonante para o investigador, e crucial para a sociedade, mas que apenas considerarei, no que se segue, e para terminar, sob uma forma mais particular, que nos é familiar, e à qual estamos certamente, do ponto de vista coletivo, bem mais ligados (Chevallard, 1996, p. 151).

De maneira a colocar o leitor mais próximo dessa questão e para mostrar o quanto a temática transposição didática é bastante abrangente, continuamos valendo-nos das ideias de Chevallard (1996) para melhor caracterizá-la, conforme a citação a seguir:

> O esquema **E** anteriormente exposto vale a priori para qualquer instituição **I.** [...] Mas tomarei aqui por instituição **I** = **S**, designando por S essa instituição particular que é a sociedade. O que é então $\mathbf{E}_S$? É a escola de que a sociedade se dota para "fabricar" bons sujeitos empiricamente, *é a escola hoje abrangida pelo ensino obrigatório.* O leitor verá, de passagem – seria igualmente possível percebê-lo no exemplo precedente, a outro nível de organização social -, que surge um problema essencial para a sociedade, e ao

> qual os desenvolvimentos recentes da teoria da transposição didática podem levar algumas luzes: o problema da identificação e da escolha dos saberes S que a sociedade quer ver ensinados na sua escola (Chevallard, 1996, p. 151) (grifos do autor).

Em prosseguimento, Chevallard (1996) situa a transposição didática em relação aos saberes escolares, como a seguir:

> Trata-se de um problema particularmente sensível, porque a "escola da sociedade" está consideravelmente mais *exposta* aos olhares do que, por exemplo, a escola de uma dada profissão. Mas, do ponto de vista da teoria aqui apresentada, este problema constitui um caso particular, entre outros, de um problema completamente geral – qualquer instituição é confrontada com o problema da "escolha" dos sabres que considera pertinentes para a formação destes sujeitos.
>
> No ensino obrigatório, tal como, na realidade, *em qualquer instituição*, as respostas dadas ao problema da escolha dos saberes a ensinar são necessariamente polêmicas, historicamente provisórias, e concretizam-se numa "carta" dos saberes ensinados que é por natureza evolutiva (Chevallard, 1996, p. 151) (grifos do autor).

No último parágrafo da citação acima, de Chevallard (1996), o autor chama atenção para o fato de as escolhas dos saberes a ensinar serem polêmicas e historicamente provisórias por conta de diretrizes e currículos que avançam em conjunto com novas questões que a sociedade quer ver respondidas pela escola.

Ainda com respeito à transposição didática, Perrenoud (1993) a trata como um processo essencial para o trabalho docente do professor, enquanto ele ensina. Para esse autor, trata-se da ação de

> [...] fabricar artesanalmente os saberes, tornando-os ensináveis, exercitáveis e passíveis de avaliação no quadro de uma turma, de um ano, de um horário, de um sistema de comunicação e trabalho (Perrenoud, 1993, p. 25).

Portanto, por conta das ideias apresentadas acima, conforme as citações de Chevallard (1996) e Perrenoud (1993), o leitor tem condições de refletir acerca do importante papel que o professor tem de desempenhar quando da aplicação da transposição didática por conta da preparação de suas aulas, diariamente.

Um questão preocupante é que, por conta de uma série de fatores extraclasse que não permitem que o professor tenha tempo de se preparar de maneira adequada para o trabalho docente, alguns professores baseiam suas aulas unicamente no que o(s) autor(es) de um livro didático apresenta(m).

Ao proceder assim, diz-se que esses professores confiam na transposição didática que o(s) autor(es) aplicou(aram) em sua obra.

Portanto, por conta do professor não fazer reflexões (individual e coletivamente) a esse respeito, ele não se sente em condições de saber se pode/deve confiar ou não na transposição didática que foi feita considerando os propósitos a que se destina o saber escolar estabelecido em seu planejamento.

Eis, portanto, uma questão bastante séria e que precisa da intervenção direta do professor quanto ao estabelecimento de parâmetros que oportunizem uma aprendizagem efetiva para os alunos.

1.5 Retomando questões associadas ao exercício do raciocínio combinatório

Retomando às questões de como os livros didáticos apresentam os conteúdos dos problemas de contagem, por vezes essa é uma das causas do porquê alguns alunos e professores cometem erros quando estão resolvendo problemas de contagem: tomar como princípio básico para a resolução dos problemas de contagem que todos os problemas são resolvidos por meio de um cálculo direto com um produto, no qual os fatores são obtidos diretamente do enunciado.

Os tipos de exemplos e exercícios propostos nas listas que habitualmente são apresentadas nos livros didáticos reforçam a errônea crença que leitores, alunos e professores passam a ter de que um produto é a única ferramenta matemática que dá conta de resolver todos os problemas de contagem.

A resolução por meio de um produto até resolve uma parcela dos problemas de contagem, mas não todos eles.

Eis aí um grande problema relacionado à aprendizagem dos problemas de contagem: quando o(s) autor(es) de um livro didático só propõe(m) exercícios nos quais essa ferramenta matemática dá conta de resolvê-los, e não menciona outros tipos de problema de contagem que somente podem ser resolvidos com o uso de outras estratégias e outras ferramentas combinatórias, e ao leitor/aluno essa certeza se torna cada vez mais forte.

Os leitores de livros didáticos, desavisados, fazem de tudo para encontrar uma maneira de apresentar um produto fazendo uso dos dados colhidos no enunciado do problema e ficam frustrados quando constatam que o resultado está errado após a comparação da resposta que obteve com a resposta que é correta – quando apenas o valor final da resposta é colocado na parte final do livro.

Quando o(s) autor(es) apresenta(m) as respostas dos exercícios propostos por meio de um produto - para cada problema -, ao final do livro didático, essa crença dos leitores fica muito mais fortalecida.

Em alguns problemas de contagem, é preciso que a resolução seja dividida em duas ou mais partes, o que acarreta a aplicação do Princípio Aditivo. Nestas situações, a resposta para esse tipo de problema é apresentada por meio de adições de produtos - não possível de ser escrita como um só produto.

Se o(s) autor(es) de livros didáticos propusesse(m) ao menos um exercício desse tipo em sua lista, cairia por terra a crença do aluno de que a resposta para um problema de contagem obrigatoriamente tem de ser obtida por meio de um produto. E uma vez que as respostas apresentadas ao final do livro didático são escritas apenas com a indicação do resultado final da contagem de todas as possibilidades, isso obrigaria o aluno a ter de refletir sobre essa questão.

A questão é mais aguda devido ao fato de os problemas de contagem, cuja resolução exige a divisão em duas ou mais partes, ser pouco explorados pelos autores de livros didáticos, o que aprofunda ainda mais essa errônea crença por parte dos alunos, embora essa questão possa ser resolvida se o professor propuser um problema deste tipo.

Assim, por vezes, mesmo considerando que o leitor de livros didáticos tenha acostumado-se a resolver a maioria dos problemas de contagem apenas obtendo os resultados por meio de um produto, o fato de que possivelmente para um pequeno número de problemas de contagem ele tenha obtido uma resposta errada, favorece discutir a questão relacionada com a importância de exercitar o raciocínio combinatório, e não as resoluções de problemas que se tornariam repetitivas, mecanizadas, burocráticas, do tipo a conta pela conta.

Também é fato que o erro desestabiliza o aluno, gera insegurança, ele se vê perdido, o desânimo toma conta e, por vezes, ele não sabe o que fazer para sair dessa situação, uma vez que já estava acostumando-se ao sucesso com esse tipo de procedimento na resolução de alguns problemas de contagem, cujos objetivos seriam sempre os mesmos. Assim, como o exercício do raciocínio combinatório ficou distante e ele não sabe o que fazer, possivelmente nem se lembre que seria preciso mobilizar outra estratégia para encaminhar a resolução.

Essa constatação foi feita pelo autor deste livro em pesquisa[8] realizada com um grupo de vinte professores de Matemática que atuam no ensino fundamental (dois deles), no ensino médio (seis deles) e em ambos os segmentos (12 deles).

Alguns professores, sujeitos da pesquisa em questão, cometeram erros na resolução e nos resultados de duas das situações-problema propostas. Nesses dois casos, os valores dos fatores de um possível produto (ou não) não estavam explicitamente escritos no enunciado ou até continham alguns valores, mas que, para eles, pareciam desencontrados quando tentavam formar o produto.

Considerando que o pesquisador apenas informava aos sujeitos da pesquisa que os resultados que eram apresentados, em cada caso, estavam errados, eles continuavam insistindo em escrever um produto em que o resultado fosse a solução correta para essas situações-problema, sem se preocuparem, ou fazerem esforços efetivos, em mobilizar novas alternati-

---

[8] Uma parcela de professores apresentou esse tipo de erro em algumas situações-problema de contagem propostas. A pesquisa completa encontra-se em Teixeira (2012b) e um resumo dela será apresentado aqui, neste livro, no Capítulo 3. Eis as duas situações-problema que apresentaram muitas dificuldades para a obtenção da resposta correta, e que acarretaram as dificuldades acima:
O último jogo entre Vasco e Flamengo apresentou o resultado Vasco 5 x 2 Flamengo. De quantos modos os gols dessa partida podem ter ocorrido?; Paulo tem quatro brinquedos para presentear um ou mais de seus três irmãos. De quantos modos essa distribuição pode ser feita?

vas de resolução.

Ora, em algumas situações-problema de contagem, mesmos nos casos em que os valores numéricos estejam implícitos no enunciado por conta do tipo de problema de contagem envolvido, o resultado não pode ser encontrado por meio de um só produto.

Essa postura radical e insistente do sujeito que está começando a aprender as noções iniciais relativas à resolução dos problemas de contagem, de querer resolvê-los por meio de um produto, acarretou alguns erros e a frustração com os frequentes insucessos.

Isso ocorreu quando, errada e inadvertidamente, eles trouxeram à tona a concepção anterior de que, pelo fato de "se acostumarem" a resolver alguns problemas de contagem simples por meio de cálculos multiplicativos, insistiam em generalizar esse procedimento para qualquer tipo de problema de contagem.

Para alguns dos sujeitos da pesquisa que se frustraram por ter errado um ou outro problema de contagem, por vezes simples (depois que conheciam a solução, eles faziam essa afirmação), e pelo fato de achar que tinham de resolver o problema por meio de um produto, ficava a sensação de que o ensino da Análise Combinatória é tal qual uma "Caixa de Pandora": uma grande surpresa que ocorre a cada problema proposto.

Até então, eles não haviam esboçado reações desse tipo, e até se sentiam bem à vontade com a resolução dos problemas de contagem, embora com estratégias de resolução limitadas.

Para esses sujeitos, e naquela oportunidade, desde então ficou a sensação de que uma surpresa viria a cada problema que fosse proposto pelo pesquisador: de que eles deveriam enfrentar a resolução do problema sem que soubessem exatamente o que deveria ser feito de início, por conta de que o enunciado possivelmente não fosse similar a nenhum outro que tinham visto e de julgarem que, por isso, o procedimento que deveria ser encaminhado não seria, necessariamente, o mesmo que o utilizado nas situações anteriores.

De fato, e com respeito a essa questão, o autor considera muito bom que tal sensação que ocorreu nessa pesquisa também ocorra em sala de aula com os alunos da educação básica, pois esse é um dos propósitos quando se prepara o enunciado de um problema de contagem: que o aluno faça uma leitura atenta do enunciado, que ele reflita sobre aquilo que leu no enunciado e que exercite o pensamento acerca de qual estratégia deverá mobilizar para encaminhar a resolução.

Ou seja, o autor considera que para que o leitor resolva com desenvoltura uma situação-problema de contagem, será preciso que tome algumas precauções, entre as quais as listadas a seguir:

- Ler atentamente o enunciado de cada nova situação-problema proposta, pois na maioria dos casos, o problema é um novo e diferenciado problema em relação àquele que ele acabou de fazer, principalmente quando os enunciados forem similares, uma vez que a resolução poderá exigir a mobilização de outra estratégia;
- É preciso extrair as informações importantes do enunciado, sobre as quais será preciso refletir a respeito, pensar de maneira combinatória e mobilizar uma ou mais estratégias de resolução;
- Para uma nova situação-problema, possivelmente será preciso pensar segundo uma nova maneira de encaminhar o raciocínio - que deverá ser elaborado para dar conta de encaminhar a resolução. Ou seja, será preciso pensar a respeito do tipo de agrupamentos-solução que precisarão ser considerados conforme seja o texto do enunciado;
- Ou seja, será preciso refletir acerca da leitura feita do enunciado e pensar a respeito da(s) estratégia(s) a ser(em) tomada(s) para encaminhar a resolução;
- Será preciso, também, certificar-se do(s) procedimento(s) que será(ão) preciso(s) para dar início à resolução do problema;
- Se necessário, mesmo que somente para dar início à resolução do problema, talvez seja conveniente lançar mão de alguma representação gráfica (por exemplo, uma árvore de possibilidades) que ajude o leitor a pensar a respeito da resolução a ser encaminhada, por meio do raciocínio combinatório;
- É preciso identificar se o problema exige fazer considerações a respeito da necessidade de que um ou mais casos particulares de agrupamentos-solução devem ser considerados à parte e depois contados, diferentemente de outros agrupamentos-solução que podem ser contados segundo raciocínios próprios que abarcam um conjunto maior de possibilidades ou todas elas;
- Se a resolução do problema for feita por partes, será preciso certificar-

se de que todos os casos possíveis estão sendo considerados e contados, sem duplicidade.

Para alguns alunos, resolver um problema de contagem ainda é algo que ele trata tal qual um "jogo de enigmas" e para o qual será preciso desvendar o mistério que está por detrás de sua resolução - mesmo que alguns outros exemplos de problemas de contagem tenham sido compreendidos e resolvidos por ele com desenvoltura e efetividade.

Como iniciar a resolução? O que fazer em termos de estratégia que precisa ser mobilizada? Para esses alunos, nada parece ser similar a tudo aquilo que foi feito antes, tanto por ele quanto por seu professor.

Mas, fica aqui a seguinte questão: Os problemas teriam necessariamente de ser parecidos? Se fosse o caso, não haveria novos desafios a ser vencidos?

Experiências com professores mostram que nestes casos, o aluno ainda não se apropriou adequadamente dos conceitos básicos da contagem, mas insiste em querer utilizar certos procedimentos que considera padrões e que dão conta de resolver este ou aquele tipo de problema de contagem, e de enquadrá-los segundo uma ótica particular de encaminhar a resolução de todo e qualquer problema de contagem.

Relatos de alguns professores que lecionavam à época da pesquisa para os alunos do ensino médio, segundo Teixeira (2012b), dão conta de que alguns de seus alunos faziam o seguinte questionamento: Se nos exemplos que foram resolvidos pelo professor e os que estão presentes no livro didático bastou fazer um produto para obter a solução do problema, por que agora eu não consigo/posso resolver esse problema com o uso de um produto?

Um dos problemas causados pela transposição didática, presente em alguns livros didáticos, é que os textos não são suficientemente claros quanto à representação numérica na forma de um produto. Assim, o texto de alguns livros "deixa" para o leitor a "sensação e entendimento" de que para resolver os problemas de contagem (como os que são propostos como exercícios - e talvez para todo e qualquer problema de contagem), basta que o leitor faça os cálculos por meio de um ou mais produtos cujos fatores sejam quantitativos de objetos que devem ser identificados com a leitura do enunciado -a exemplo do que foi feito durante o desenrolar de todo o texto - para que a solução do problema seja obtida.

Devido a essa indefinição do texto, o raciocínio que deveria ser mobilizado sobre as "combinações" que poderiam ser feitas entre os objetos presentes nos exemplos passaria ao largo.

Assim, segundo a visão deste autor, nos parece que o entendimento acerca do tipo de agrupamentos-solução que satisfazem a solução do problema é uma questão secundária. Por conta disso, parece que o objetivo da resolução simplesmente recai sobre o uso de um procedimento de cálculo pelo cálculo, em si.

Segundo o entendimento do autor, para aprofundar ainda mais essas distorções sobre "o falso entendimento e a falsa sensação de compreensão na qual o leitor pode se ver envolvido", com respeito aos procedimentos de escrever e calcular, um produto sempre permite que se encontre a solução de um problema de contagem; em alguns livros didáticos, todos os exercícios que são propostos podem, de fato, ser resolvidos por meio de um único produto. Portanto, nesses casos, fica mais difícil para o professor mostrar para o aluno que nem sempre é possível fazer a resolução desse modo, pois o livro didático se reveste de grande importância para o aluno.

Para aumentar mais ainda essas distorções, o(s) autor(es) do livro didático apresenta(m) todas as respostas dos exercícios, ao final do livro, por meio da apresentação na forma de produto ou o resultado total, o que reforça esse entendimento pelo aluno.

Alguns autores de livros didáticos não se preocupam em dar ênfase à utilização do raciocínio combinatório em alguns dos exemplos que são apresentados - principalmente quando apresentam a construção de alguma representação gráfica ou numérica, tanto direta quanto indiretamente -, mas apenas em relação à forma subliminar em que todas as possíveis "combinações" entre os objetos, algarismos ou letras devem ser feitas, de modo sistemático.

É fato que o raciocínio combinatório (assim como o raciocínio geométrico) é algo que não é inato ao ser humano, mas enquanto ser pensante, é preciso que o sujeito se torne motivado e apto a exercitá-lo, sempre que for preciso fazê-lo.

Tal raciocínio deve ser compreendido, construído, exercitado e desenvolvido constantemente pelo leitor, aluno ou professor, não somente quando está diante da necessidade de resolver um problema de contagem, didático ou não. Situações do dia a dia, como escolher as roupas que irá vestir, exigem do sujeito o exercício do raciocínio combinatório.

Muitos problemas do cotidiano exigem que o ser humano exercite o raciocínio combinatório em situações diversas - não necessariamente nas situações em que é preciso resolver um problema de contagem.

As "combinações" entre os objetos presentes no cotidiano das pessoas são bastante comuns para exercitar o raciocínio combinatório. Em muitos casos, o cidadão comum nem percebe que está exercitando o raciocínio combinatório pelo fato de que as tomadas de decisões cotidianas se tornam casos rotineiros que não exigem dele fazer diversas "combinações" e reflexões mais aprofundadas.

Portanto, no cotidiano de qualquer pessoa, o raciocínio combinatório está constantemente presente, e ela o exercita bastante - mesmo que, às vezes, o faça de maneira tão natural que não o associe ao fato de estar pensando de modo combinatório.

Assim, por vezes, uma pessoa nem leva em conta ter de avaliar todas as possibilidades quando tem de tomar alguma decisão. Ela toma a decisão em função de duas ou três possibilidades.

Em algumas ocasiões, a decisão que é tomada por uma pessoa é feita de maneira impulsiva, assim: "Eu tenho essa possibilidade de fazer algo e vou fazê-lo, mas não avaliei outras possibilidades possíveis que eu poderia levar em conta para ter tomado a decisão", afirmam algumas pessoas.

O exercício do raciocínio combinatório por alunos ou professores é perceptível a partir do enfrentamento de situações-problema de contagem nas quais os enunciados pedem que seja feita a enumeração de todas as soluções (os agrupamentos-solução) ou naquelas em que é pedido que o quantitativo de soluções seja determinado. Nesses casos, é preciso exercitá-lo para dar conta de obter as respostas.

Para tal, será preciso utilizar estratégias e procedimentos que estejam relacionados diretamente com o exercício do raciocínio combinatório. Mas, quais seriam essas estratégias e esses procedimentos?

Navarro-Pelayo (1996) aponta a maneira como o raciocínio combinatório opera com as possibilidades, embora o chame de raciocínio hipotético-dedutivo, conforme a citação a seguir:

> De acordo com Inhelder e Piaget (1955), o raciocínio hipotético-dedutivo opera com as possibilidades que o sujeito descobre e avalia, por meio de operações combinatórias. Esta capacidade

> pode relacionar-se com os estágios descritos na teoria de Piaget: depois do período das operações formais, o adolescente descobre procedimentos sistemáticos de construção combinatória, ainda que para as permutações seja necessário esperar a idade de 15 anos (Navarro-Pelayo, 1996, p. 2).

Os resultados de uma pesquisa feita por Fischbein (1975) mostram que a "capacidade de resolver situações-problemas que envolvem o raciocínio combinatório (problemas combinatórios)" nem sempre se alcançará no nível das operações formais se um ensino específico do assunto não for oferecido.

Ou seja, ainda que indiretamente, Fischbein (1975) aponta que o raciocínio combinatório precisa ser exercitado, estimulado e desenvolvido pelo professor enquanto ele propõe que seus alunos resolvam situações-problemas de contagem e faça as mediações necessárias para que eles encontrem as soluções.

Ademais, o próprio professor deve dar o exemplo de exercitar o raciocínio combinatório quando apresenta exemplos de resolução dos problemas de contagem no quadro de giz e durante as reflexões e discussões coletivas que ele promove enquanto exerce o papel de mediador.

Portanto, de maneira a acompanhar a apropriação e o exercício adequado e correto do raciocínio combinatório por seus alunos, o professor precisa fazer um diligente acompanhamento de como ele está sendo apropriado e desenvolvido por cada um deles, durante a resolução dos problemas propostos.

Assim é que para os nossos propósitos, presentes neste livro, é possível dizer que o raciocínio combinatório é um conjunto de ações cognitivas, não inatas ao sujeito, as quais permitem que ele encaminhe procedimentos sistemáticos de seleção, partição ou colocação de objetos, pessoas, números ou letras, combinando-os adequadamente de modo que o resultado dessas ações tenha significado e obedeça às sistematizações necessárias à garantia de obtenção de todas as possibilidades (agrupamentos-solução) que satisfazem ao problema de contagem proposto.

Além do mais, o resultado final das "combinações" é obtido com a exploração e o exercício continuado do raciocínio combinatório de maneira recursiva em relação ao que antes já havia sido "combinado".

As "combinações" feitas, passo a passo, podem ser visualizadas por meio da construção de uma representação gráfica ou compreendidas por meio de uma ou mais operações numéricas.

Por sua vez, essas representações podem ser apresentadas com a utilização de diferentes linguagens - língua materna (a primeira língua que se aprende, não necessariamente falada), verbal, matemática, gráfica ou na forma de tabelas ou esquemas, como um meio de produzir, expressar e comunicar ideias de maneira a interpretar as diferentes intenções e situações.

Portanto, se pode então caracterizar o raciocínio combinatório como sendo o raciocínio que é derivado do ato de "combinar" (o mesmo que associar, juntar, compor) objetos (ou pessoas, letras, algarismos) com outros, de igual natureza ou não.

Por exemplo, na seguinte situação da contagem:

- Para determinar o total de placas que podem identificar um novo modelo de carro a ser lançado, em quantidade limitada, o departamento de trânsito utilizará as letras A, B e C, e os algarismos 6, 7, 8 e 9.

Quantos carros podem ser emplacados nessas condições?

Primeiramente, é preciso considerar todas as possíveis combinações entre as letras A, B e C. Uma vez que letras repetidas são aceitas, há três possibilidades de escolha da primeira letra da placa. Para cada escolha da primeira letra da placa há, igualmente, três possibilidades para a escolha da segunda letra da placa. Por fim, para cada escolha das duas primeiras letras da placa há três possibilidades de escolher a terceira letra da placa. Assim, há 3 x 3 x 3 = 27 possibilidades de combinar as letras que formarão a placa de um carro.

A árvore de possibilidades desenhada a seguir mostra as nove possibilidades de "combinar" as letras A, B e C para formar as "letras da placa", quando a primeira letra escolhida é a letra A.

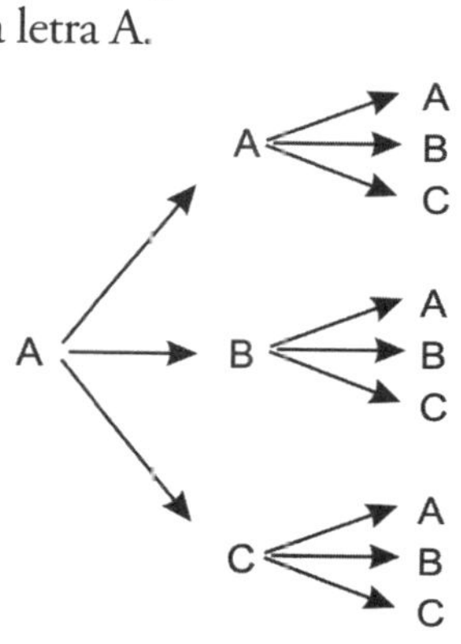

Como valem as mesmas "combinações de letras" quando a primeira letra é trocada pela letra B ou pela letra C, o total de "combinações das letras" A, B e C é de 9 + 9 + 9 = 27 ou, então, 3 x 9 = 27 "combinações de letras".

Como em cada bloco de nove "agrupamentos" (sequência de três letras), todos os componentes do bloco são distintos entre si, independentemente do "agrupamento" ter iniciado pela letra A, B ou C e, por uma razão mais forte, que os" blocos de agrupamentos" também são distintos entre si (pois cada bloco se inicia com uma letra distinta da outro bloco), todos os "agrupamentos" formados são distintos entre si.

Assim, o Princípio Aditivo pode ser aplicado e o resultado desta aplicação é a contagem ilustrada pelo somatório 9 + 9 + 9 = 27. Ou seja, há nove "agrupamentos" de três letras iniciados pela letra A, mais nove "agrupamentos" de três letras iniciados pela letra B e mais nove "agrupamentos" de três letras iniciados pela letra C, todos distintos entre si, totalizando 3 x 9 = 27 agrupamentos distintos, de três letras cada.

Em prosseguimento, será preciso considerar todas as possíveis "combinações entre os algarismos" 6, 7, 8 e 9.

Uma vez que os algarismos repetidos também são aceitos para a formação de placas de automóveis, há quatro possibilidades de escolha do primeiro algarismo da placa. Para cada escolha do primeiro algarismo da placa, há, igualmente, quatro possibilidades para a escolha do segundo algarismo da placa. Para cada escolha do primeiro e do segundo algarismos da placa, há, igualmente, quatro possibilidades para a escolha do terceiro algarismo da placa. Por fim, para cada escolha dos três primeiros algarismos da placa, há quatro possibilidades de escolher o quarto algarismo da placa.

Assim, há 4 x 4 x 4 x 4 = 256 possibilidades de combinar os algarismos para formar a placa.

Igualmente ao que foi feito com a aplicação do Princípio Aditivo no caso das letras da placa, se o mesmo fosse feito para o caso dos algarismos, o produtório acima poderia ser substituído pelo somatório 64 + 64 + 64 + 64, no qual cada parcela corresponde à escolha do primeiro algarismo, sendo o algarismo 1, 2, 3 ou 4.

Agora, para finalizar a contagem total das placas, deve-se "combinar" agrupamentos de naturezas distintas: agrupamentos de letras com agrupamentos de algarismos de maneira a obter o total de placas, conforme as indicações fornecidas pelo enunciado. Assim, para cada agrupamento de três letras, tem-se um total de 256 agrupamentos de quatro algarismos. Como há 27 agrupamentos distintos de letras, o total de placas é dado pelo produto 3 x 3 x 3 x 4 x 4 x 4 x 4 = 27 x 256 = 6912 distintas placas de automóveis que podem ser atribuídas ao modelo de carro a ser lançado.

1.6 A importância do raciocínio combinatório na resolução de problemas de contagem

O raciocínio combinatório faz parte do universo cognitivo e simbólico da mente humana e da Matemática.

Seu cultivo é uma arte tanto quanto o bem falar.

O raciocínio combinatório é parte da linguagem do pensamento e das combinações de diferentes "objetos". É no raciocínio combinatório que germinam conjecturas que se transformam em tomadas de decisões, possibilidades, ações e "combinações" entre "objetos", vitais na construção de representações gráficas, como também nas aplicações do Princípio Multiplicativo e nas representações numéricas.

É com o raciocínio combinatório que se elaboram a estratégia de resolução de um problema de contagem, os procedimentos a seguir e a apropriação do conceito.

É por meio da experiência do raciocínio combinatório que as pessoas compreendem melhor os enunciados dos problemas de contagem, envolvem-se e participam na formação dos tipos de agrupamentos de objetos, na inteireza da análise combinatória.

O sujeito, mergulhado em breves momentos de reflexão e raciocínio, experimenta a ação vigorosa e objetiva do pensar, abre a mente, coloca-se na posição da pessoa que executará a ação e pergunta-se de quantos modos pode executá-la para, em seguida, fazer o registro desse valor como um fator do uso do Princípio Multiplicativo.

O raciocínio combinatório reflético e participativo é fruto do exercício constante de experiências anteriores e de correlações com as características dos agrupamentos - conceitos envolvidos. É fruto da compreensão de todas as possibilidades para a formação dos agrupamentos de objetos, da incorporação de particularidades gerais dos tipos de agrupamentos e de reflexões acerca da necessidade, ou não, de repartir as análises para considerar a melhor maneira de incorporar todas as possibilidades e efetuar a contagem (ou contagens parciais). O raciocínio combinatório é uma atitude pessoal do ser humano que inspira a compreensão. Felizmente, o raciocínio combinatório é transferível para outras pessoas e é capaz de contagiar quem o passa a compreendê-lo e dele se apropria.

Resolver problemas de contagem não é um exercício mecânico, burocrático e repetitivo de aplicação de procedimentos similares e correlações com situações do tipo padrão, como se faz com alguns exercícios de Álgebra, por exemplo. Muito menos são exercícios de mera aplicação direta de uma fórmula.

Para resolver um problema de contagem, é preciso fazer uma cuidadosa leitura do enunciado e criteriosa análise sobre o tipo de agrupamentos de objetos que estão envolvidos de maneira que cada sujeito, exercitando o raciocínio combinatório, mobilize a estratégia de resolução que considere mais conveniente e adequada.

É conveniente evitar, ao máximo, a aplicação de fórmulas, pois o uso delas não é garantia de que todas as possibilidades que devem ser consideradas foram computadas com a aplicação das mesmas.

O Capítulo 2, a seguir, apresenta um resumo acerca do que os documentos oficiais retratam em relação ao ensino e aprendizagem dos problemas de contagem para os alunos e professores da educação básica.

CAPÍTULO 2

O QUE DIZEM OS AUTORES DOS PCN E ALGUNS DOCUMENTOS OFICIAIS ACERCA DO ENSINO E APRENDIZAGEM DE PROBLEMAS DE CONTAGEM COM ALUNOS DO ENSINO FUNDAMENTAL?

O ensino da Matemática por meio da resolução de problemas começou a despertar a atenção de pesquisadores em educação matemática dos principais centros mundiais há pouco mais de 30 anos, quando foi editada a publicação do National Council of Teachers of Mathematics (NCTM) intitulada *An Agenda for Action: Recommendations of School Mathematics of the 1980s*, convocando interessados a se unirem em um esforço visando buscar uma melhor educação matemática para todos.

A primeira das recomendações sugeria que a resolução de problemas deveria ser o foco da Matemática escolar para os anos 1980.

Nas resoluções da Agenda, também ficou transparente a relevância de aspectos sociais, antropológicos, linguísticos e cognitivos na aprendizagem da Matemática.

A partir de meados da década de 1980, aqui no Brasil, surgiram as primeiras ideias nesse sentido, com publicações feitas por professores da Secretaria Estadual de Educação de São Paulo (CENP) tais como: Cadernos de Atividades Matemáticas; Proposta Curricular de Matemática, de 1986, em São Paulo; Experiências Matemáticas e Prática Pedagógica.

Quanto à resolução de problemas, os autores dos Parâmetros Curriculares Nacionais (PCN), em 1997, 1998, 1999, posicionavam-se favoravelmente à sua inclusão na educação básica desde os anos iniciais do ensino fundamental.

No Brasil, destacou-se, desde então, a ênfase que explora a Matemática a partir da proposição e da resolução de problemas vividos no cotidiano dos alunos, e aqueles encontrados em outras áreas do conhecimento.

Assim, a partir de meados da década de 1980, integrarão o bloco Tratamento da Informação estudos relativos a noções de Estatística e de

Probabilidade, além dos problemas de contagem - que envolvem o Princípio Multiplicativo.

Nos últimos anos, as noções básicas de Análise Combinatória têm merecido destaque nos currículos de Matemática do ensino fundamental, a partir dos anos iniciais, desde que esses conteúdos foram sugeridos para ser ensinados neste segmento de ensino pelos autores dos PCN, conforme Brasil (1997).

Segundo os autores dos PCN, esses conteúdos fazem parte do novo Bloco de Conteúdos denominado "Tratamento da Informação". Juntam-se a eles, também os conteúdos básicos de Probabilidade e de Estatística.

Junto com esse novo "Bloco de Conteúdos", têm-se os já tradicionais e conhecidos blocos: "Números e Operações", "Espaço e Forma" e "Grandezas e Medidas", igualmente presentes nos PCN (1997, 1998, 1999).

A inserção desses conteúdos no novo bloco "Tratamento da Informação", segundo os autores dos PCN, em Brasil (1997), justifica-se em razão de que

> A demanda social é que leva a destacar este tema como um bloco de conteúdo, embora pudesse ser incorporado aos anteriores. A finalidade do destaque é evidenciar sua importância, em função de seu uso atual na sociedade. Integrarão esse bloco estudos relativos a noções de Estatística, Probabilidade e Combinatória (Brasil, 1997, p. 56).

Por outro lado, com a sugestão da criação desse novo bloco, a partir de 1997, impõem-se novos desafios que precisam ser vencidos pelos profissionais da educação responsáveis por prescrever novos currículos para a educação básica desde então, por dirigentes escolares e por professores, uma vez que consideram a adoção das sugestões feitas pelos autores dos PCN. Alguns desses desafios são conhecidos pelos próprios autores dos PCN, em Brasil (1997), conforme se pode constatar a seguir:

> O desafio que se apresenta é o de identificar, dentro de cada um desses vastos campos, de um lado, quais conhecimentos, competências, hábitos e valores são socialmente relevantes; de outro, em que medida contribuem para o desenvolvimento intelectual do aluno, ou seja, na construção e coordenação do pensamento lógico-matemáti-

> co, da criatividade, da intuição, da capacidade de análise e de crítica, que constituem esquemas lógicos de referência para interpretar fatos e fenômenos. Um olhar mais atento para nossa sociedade mostra a necessidade de acrescentar a esses conteúdos aqueles que permitam ao cidadão "tratar" as informações que recebe cotidianamente, aprendendo a lidar com dados estatísticos, tabelas e gráficos, a raciocinar utilizando ideias relativas à probabilidade e à combinatória (Brasil, 1997, p.53).

Destacam-se aqui, diretamente relacionadas com os propósitos que motivaram escrever este livro, as questões presentes no último parágrafo, a saber: "tratar as informações que recebe cotidianamente, aprendendo a lidar com dados estatísticos, tabelas e gráficos, a raciocinar utilizando ideias relativas à probabilidade e à combinatória" (Brasil, 1997, p. 53).

Em aditamento à sugestão acima, o autor deste livro ressalta a importância que o professor deve conferir à necessidade de fazer reflexões - individualmente e em conjunto com seus pares - acerca da seleção dos conteúdos que devem ser desenvolvidos e como o coletivo considera adequado que eles sejam trabalhados em sala de aula.

Que as reflexões não se restrinjam somente ao período de planejamento escolar, no início de cada semestre letivo, mas enquanto as atividades programadas estejam sendo desenvolvidas, em diferentes momentos do planejamento didático.

Os professores devem levar em conta que as escolhas didático-pedagógicas que fazem têm de considerar o sentimento profissional que norteia a missão de um professor, qual seja a de buscar, incessantemente, oportunizar o que de melhor seja possível oferecer em termos de atividades, jogos e resultados de pesquisas para que seu aluno reúna condições de aproveitar ao máximo o ensino e a aprendizagem que lhe são ofertados, com o propósito de que amplie sua visão conceitual e aproprie-se de novos conhecimentos, contando com a mediação do professor.

Essa preocupação se dará em uma perspectiva mais ampla enquanto o professor leva em conta que não somente devem ser consideradas as questões conceituais que emergem da prática de cada docente, mas, sobretudo, e não menos importante, os procedimentos e atitudes desenvolvidos em sala de aula e fora dela.

De fato, artigos de pesquisas e documentos oficiais têm relatado que embora seja objeto de sugestões pelos autores dos PCN (1997, 1998, 1999) e estejam presentes em currículos para a educação básica, há uma enorme distância entre o que é prescrito pelos currículos para ser desenvolvido pelo professor com seus alunos e aquilo que, de fato, ocorre em salas de aula Brasil afora.

Na sala de aula, o professor gerencia as ações e toma o rumo que considera mais adequado à realidade escolar tomando por base os propósitos do Projeto Político-Pedagógico (quando existe) da escola ou colégio em que atua e o que foi planejado com seus pares, por vezes destoantes do que está prescrito no currículo da rede escolar em que atua.

Estes propósitos, por sua vez, podem ser diferentes de uma escola para outra, até mesmo em uma mesma Rede Educacional de Ensino, considerando a autonomia pedagógica existente, se for o caso.

Quanto aos conteúdos básicos de análise combinatória, segundo os autores de Brasil (2008), há a recomendação de:

> O estudo da Combinatória e da Probabilidade é essencial neste bloco de conteúdo, pois os alunos precisam adquirir conhecimentos sobre o levantamento de possibilidades e a medida da chance de cada uma delas. A combinatória não tem apenas a função de auxiliar o cálculo das probabilidades, mas tem inter-relação estreita com as ideias de experimento composto a partir de um espaço amostral discreto e as operações combinatórias. Por exemplo, ao extrair aleatoriamente três bolas de uma urna com quatro possibilidades, este experimento aleatório tem três fases, que podem ser interpretadas significativamente no espaço amostral das variações. *A utilização do diagrama de árvores é importante para clarear a conexão entre os experimentos compostos e a combinatória, pois permite que visualizemos a estrutura dos múltiplos passos do experimento* (Brasil, 2008, p. 79) (grifo nosso).

Também em relação aos conteúdos da Estatística na educação básica, o exercício do raciocínio combinatório se fará presente quando for preciso coletar dados, organizá-los e fazer a representação destes em tabelas e gráficos, conforme se pode constatar no texto dos autores de Brasil (2008):

> Durante o ensino médio, os alunos precisam adquirir entendimento sobre o propósito e a lógica das investigações estatísticas, bem como sobre o processo de investigação. Deve-se possibilitar aos estudantes o entendimento intuitivo e formal das principais ideias matemáticas implícitas em representações estatísticas, procedimentos ou conceitos. Isso inclui entender a relação entre síntese estatística, representação gráfica e dados primitivos (Brasil, 2008, p. 79).

É neste arcabouço de ideias que o raciocínio combinatório pode ser explorado ao longo da educação básica para a apropriação dos conceitos e seus significados, como é sugerido pelos autores dos PCN, em Brasil (1997), como a seguir:

> A aprendizagem em Matemática está ligada à compreensão, isto é, à apreensão do significado; aprender o significado de um objeto ou acontecimento pressupõe vê-lo em suas relações com outros objetos e acontecimentos (Brasil, 1997, p. 19).

Quanto ao papel que a Matemática desempenha no ensino fundamental, os autores dos PCN, em Brasil (1997) assim se manifestam:

> A Matemática comporta um amplo campo de relações, regularidades e coerências que despertam a curiosidade e instigam a capacidade de generalizar, projetar, prever e abstrair, favorecendo a estruturação do pensamento e o desenvolvimento do raciocínio lógico. Faz parte da vida de todas as pessoas nas experiências mais simples como contar, comparar e operar sobre quantidades. [...] a Matemática se apresenta como um conhecimento de muita aplicabilidade. [...] Essa potencialidade do conhecimento matemático deve ser explorada, da forma mais ampla possível, no ensino fundamental. Para tanto, é importante que a Matemática desempenhe, equilibrada e indissociavelmente, seu papel na formação de capacidades intelectuais, na estruturação do pensamento, na agilização do raciocínio dedutivo do aluno, na sua aplicação a problemas, situações da vida cotidiana e atividades do mundo do trabalho e no apoio à construção de conhecimentos em outras áreas curriculares (Brasil, 1997, p. 29).

Segundo os autores dos PCN, em Brasil (1999), a proposição e a resolução dos problemas de contagem para os alunos da educação básica, desde os anos iniciais do ensino fundamental, vão além das "combinações entre objetos, letras, algarismos etc." provenientes do raciocínio combinatório ter sido empreendido em alguns momentos.

Ademais, prosseguem os referidos autores, tal prática estende-se às ideias conceituais associadas com a Probabilidade, em estreita correlação com dois importantes conteúdos da Matemática, a saber: Análise Combinatória e Probabilidade.

Os referidos autores fazem alusão às possibilidades de desenvolvimento do raciocínio combinatório, conforme Brasil (1999), a seguir:

> [...] *A contagem, ao mesmo tempo em que possibilita uma abordagem mais completa da Probabilidade por si só, permite o desenvolvimento de uma nova forma de pensar em Matemática, denominada raciocínio combinatório*. Ou seja, decidir sobre a forma mais adequada de organizar números ou informações para poder contar os casos possíveis *não deve ser aprendido como uma lista de fórmulas, mas como um processo que exige a construção de um modelo simplificado e explicativo da situação* (Brasil, 1999, p. 54) (grifo nosso).

Na citação acima, naquilo que foi grifado, destaca-se a importância do exercício do raciocínio combinatório, igualmente destacado ao longo de todo este livro, como um modo diferenciado de pensar e com o qual é possível construir um modelo simplificado e explicativo da situação em questão - uma representação gráfica ou uma representação.

No Capítulo 1, o leitor já pode constatar a importância do exercício do raciocínio combinatório para a apropriação dos conceitos básicos de combinatória e durante a resolução dos problemas de contagem.

No Capítulo 3, a seguir, apresentamos um resumo sintético dos resultados de pesquisas que tratam do ensino e da aprendizagem de problemas de contagem e que foram desenvolvidas com a participação de alunos da Educação Básica e por professores que atuam neste segmento de ensino.

CAPÍTULO 3

O QUE DIZEM AS PESQUISAS ACERCA DO ENSINO E APRENDIZAGEM DOS PROBLEMAS DE CONTAGEM COM ALUNOS DA EDUCAÇÃO BÁSICA E COM PROFESSORES QUE ATUAM NESTE SEGMENTO ?

Inicio este capítulo apresentando um resumo de como se desenvolveram duas pesquisas conduzidas pelo autor deste livro acerca da temática Problemas de Contagem, e os principais resultados obtidos.

Em prosseguimento, apresentam-se os resultados das pesquisas de conceituados pesquisadores e que tratam de questões relacionadas ao ensino e aprendizagem da Análise Combinatória (problemas de contagem), desenvolvidas com alunos da educação básica ou com professores que atuam nesse segmento de ensino.

3.1 Resultados de uma pesquisa desenvolvida com professores

O primeiro entre os trabalhos de pesquisa de autoria do autor deste livro intitulado *Um estudo sobre os conhecimentos necessários ao professor de Matemática para a exploração de problemas de contagem no ensino fundamental*, foi desenvolvido nos anos de 2010 e 2011, e concluído em 2012.

Os resultados da pesquisa foram fundamentais para motivar o autor a escrever este livro, porquanto algumas situações-problema presentes no Capítulo 4 foram propostas aos sujeitos dessa pesquisa em uma sequência didática.

Portanto, muitas das questões que o autor apresenta nesta obra são resultantes das conclusões que obteve com o desenvolvimento da pesquisa, das muitas reflexões pessoais do autor e das experiências vivenciadas com os sujeitos da pesquisa: professores que atuavam, à época da pesquisa, em sala de aula com alunos da educação básica.

Cabem aqui os agradecimentos a todos os sujeitos da pesquisa, uma vez que com responsabilidade, dedicação, motivação e entusiasmo, cada um a seu modo contribuiu para que o autor levasse a bom termo os percursos da pesquisa.

3.1.1 Considerações iniciais acerca da pesquisa

O propósito do estudo objeto da pesquisa foi o de investigar os conhecimentos de professores de Matemática para explorar as noções concernentes aos problemas de contagem e que podem ser desenvolvidas com alunos ao longo dos quatro anos finais do ensino fundamental, sem o uso de fórmulas.

Para tanto, identificaram-se as concepções e as crenças de um grupo de professores de Matemática sobre esse tema e sobre seu ensino com os alunos da educação básica.

Posteriormente, promoveu-se uma formação continuada com o intuito de discutir inovações a respeito do processo de ensino e aprendizagem das noções concernentes a essa temática.

O estudo teve como finalidade contribuir para a implementação efetiva desse tema ao longo dos quatro últimos anos do ensino fundamental, de modo a favorecer o desenvolvimento do pensamento combinatório dos alunos, conforme indicam os Parâmetros Curriculares Nacionais (PCN - 1997, 1998) e currículos posteriores - que tomam esses parâmetros como referência, como é o caso do currículo do Estado de São Paulo (2010).

3.1.2 As questões da pesquisa

Para atingir os objetivos da pesquisa, o autor começou por fazer a seguinte pergunta principal, objeto da investigação:

- Que experiências um professor de Matemática do ensino fundamental deve vivenciar em sua formação continuada para selecionar e dirigir situações de aprendizagem com vistas a desenvolver o raciocínio combinatório de seus alunos por meio da proposição dos problemas de contagem de modo a compreender as dificuldades que os alunos enfrentam na resolução dos problemas de contagem e para ajudá-los a superar essas dificuldades e atender às orientações do Currículo do Estado de São Paulo (2010)?

- Prosseguindo com os objetivos da pesquisa, o autor se propôs a responder às seguintes perguntas específicas:
- Quais são as inovações propostas pelos Parâmetros Curriculares Nacionais (1998) e pelo atual Currículo do Estado de São Paulo (2010) para os processos de ensino e aprendizagem dos conceitos relativos aos problemas de contagem?
- Quais são os conhecimentos dos professores a respeito da resolução dos problemas de contagem e suas concepções sobre o desenvolvimento desse tema no ensino fundamental?
- Uma sequência de atividades que explora a resolução dos problemas de contagem, sem a utilização de fórmulas, pode favorecer a ressignificação dos conhecimentos dos professores sob os pontos de vista do conteúdo, didático e curricular, de noções relativas a esse tema?

3.1.3 Os sujeitos da pesquisa

Toda a sequência de ensino foi desenvolvida com um grupo de 20 sujeitos de pesquisa, professores que atuam no ensino fundamental e/ou ensino médio de uma rede estadual de ensino de uma grande cidade, divididos em grupos menores de até quatro professores, tendo cada um desses grupos sido constituídos por afinidades existentes entre seus membros, sem a interferência do pesquisador.

3.1.4 Tipo de pesquisa

Cabe destacar que, ao formular suas questões de pesquisa, o pesquisador já sabe *a priori* alguma coisa em relação a elas. No entanto, apesar do pesquisador possuir um pré-conhecimento acumulado por conta de suas vivências, ele procura compreensões para sua investigação a partir das análises realizadas e das perspectivas presentes nos sujeitos da investigação.

Por conta disso, o pesquisador se prepara para a investigação procurando estabelecer estratégias e escolher procedimentos metodológicos, passando a adotar referenciais teóricos que permitam a ele melhor compreender o objeto da pesquisa e estabelecer as relações entre seus pressupostos e o que é (será) revelado pelos sujeitos da pesquisa.

Sendo assim, por admitir que o estudo não estivesse isento da maneira do autor ver e compreender o fenômeno educativo, é que ele, pesquisador, considerou necessário expor, no início do trabalho, as motivações pessoais decorrentes dos fatos "históricos" vivenciados como participante para justificar a problemática do tema a ser pesquisado.

Este caminho remete à subjetividade do estudo da qual o pesquisador não pode e nem quis escapar e, portanto, por admiti-la como parte integrante e essencial da investigação, considerou essencial caminhar segundo critérios claros na busca do rigor científico de modo a alcançar, tanto quanto possível, a objetividade necessária e indispensável.

3.1.5 A metodologia da pesquisa

A utilização da metodologia Design Experiments segundo Cobb *et alii* (2003), para atender aos propósitos da pesquisa se consubstanciaram nas características presentes nos dois primeiros momentos explicitados pelos autores e que, na investigação, se desdobraram em três momentos, a saber:

- Primeiro momento: definição dos documentos diagnósticos acerca da experiência docente, dos conhecimentos de conteúdo e dos conhecimentos pedagógicos de conteúdos dos sujeitos da pesquisa, e a elaboração das respectivas questões para compor as atividades desses três documentos introdutórios;

- Segundo momento: elaboração e aplicação da proposta da sequência didática de ensino que foi apresentada aos sujeitos da pesquisa durante os encontros de ensino, no seio do Projeto Observatório da Educação da UNIBAN/CAPES, ambiente em que a pesquisa se desenvolveu; e

- Terceiro momento: o pesquisador elaborou um questionário para identificar as concepções e as crenças dos professores em relação à ressignificação dos conhecimentos do conteúdo, pedagógicos de conteúdo e curriculares propostos após a aplicação da sequência didática.

A sequência didática (de ensino) foi realizada ao longo de oito encontros, com fichas de atividades contendo diversas situações-problema, aplicadas em cada um dos encontros, cada encontro com uma duração média de 260 minutos.

Os registros notacionais e verbais feitos pelos sujeitos da pesquisa e as observações de registro feitas pelo pesquisador têm o objetivo de possibilitar análises mais consistentes acerca dos processos de interação entre os sujeitos da pesquisa ocorridos no interior dos grupos menores e nas discussões que todo o grupo promoveu em conjunto, em todos os encontros, com a mediação do pesquisador.

3.1.6 Resultados da pesquisa

A pesquisa mostrou que os professores precisam certificar-se de que o fato de disporem de fórmulas, definições e procedimentos já exaustivamente utilizados por eles na resolução de outros problemas de contagem, *não é* suficiente para, por vezes, ter a garantia de sucesso na empreitada da solução de alguns problemas de contagem nos quais a mobilização de novas estratégias e procedimentos se faz necessária com o uso do raciocínio combinatório, do Princípio Multiplicativo ou do Princípio Aditivo junto com o Princípio Multiplicativo, quando for o caso.

Além disso, a pesquisa favoreceu um princípio de reflexão, uma atitude crítica a respeito das orientações pedagógicas – não apenas a atitude que examina o material disponível para compreender os conteúdos que são indicados ou as estratégias sugeridas, mas a que toma posse da liberdade de tornar possível poder esquadrinhar, avaliar, concordar, discordar, sugerir, aceitar, recusar, modificar ou decidir acerca de todo e qualquer material para o ensino e a aprendizagem da temática, presentes em livros didáticos ou não.

Os resultados da investigação mostram, além disso, que os conceitos concernentes aos problemas de contagem - em toda a sua complexidade e abrangência - precisariam ser tratados com os alunos ao longo das diferentes etapas da escolaridade, e não em um único módulo, como o foi na formação continuada para os professores objeto da pesquisa.

Não obstante, ressalta-se que a investigação não foi capaz de provocar significativas alterações no que diz respeito às concepções individuais de alguns professores relativamente aos aspectos pedagógicos e curriculares desse conteúdo.

Como exemplo, alterações no que se refere à prevalência do aspecto algorítmico presente no uso de uma fórmula, durante a resolução de um problema de contagem, em detrimento aos aspectos intuitivo e formal.

E, também, o fato de alguns professores não considerarem que o uso de uma representação gráfica para obter a solução de um problema de contagem representasse uma alternativa viável e oportuna, uma vez que suas concepções e crenças, neste caso, consideram que a Matemática, aí utilizada, é menor.

Para esses casos, esses professores creem que uma solução matematicamente correta deve vir acompanhada da aplicação de uma fórmula que legitime o resultado obtido.

Os resultados mostraram que alguns professores ainda precisam refletir e conhecer um pouco mais sobre as noções básicas de combinatória, de maneira que venham a aprofundar seus conhecimentos e convencerem-se de que o fato de não estarem utilizando uma fórmula para proceder à contagem total das possibilidades que atende à solução para um problema de contagem, não significa que ele não esteja utilizando os princípios próprios da Matemática no que diz respeito ao rigor matemático.

Mais uma vez - quanto aos professores referidos acima -, eles não devem achar que por utilizarem uma representação gráfica e efetuarem a contagem direta das possibilidades, não estão ensinando Matemática com o adequado rigor.

Mais ainda, não devem achar que, ao utilizarem uma representação gráfica, essa maneira de proceder não esteja correta do ponto de vista da postura de um professor de Matemática comprometido com a qualidade do ensino que oportuniza para seus alunos.

Ou, então, que o ensino da Matemática que eles utilizariam, quando ensinarem dessa maneira, seja mais "enfraquecido" em comparação com quando o fazem por meio do uso de uma fórmula para determinar a solução para um problema de contagem.

É importante que o professor convença-se de que a construção de uma representação gráfica para obter a solução de alguns problemas de contagem tem um papel fundamental e significativo para compreender de que maneira os tipos de agrupamentos-solução de objetos envolvidos têm de ser formados.

Ademais, é preciso convencer-se sobre como a totalidade dos agrupamentos-solução poderá ser obtida por meio da contagem direta vinda da construção completa de uma representação gráfica ou da contagem indireta (quando, por exemplo, uma árvore de possibilidades não necessita ser construída por completo para que seja possível determinar a totalidade de possibilidades que atendem ao problema proposto).

O professor precisa, também, estar convencido de que o elo que liga a representação gráfica à fórmula não é necessário e suficiente, ou seja, que ambos podem ser utilizados de maneira isolada sem prejuízo de um ou de outro para a obtenção da solução para um problema de contagem.

Consideramos que a utilização da fórmula é legítima e aceitável, e não condenamos seu uso, tomando como propósito o aspecto algorítmico tal qual Fischbein (1994) se refere, mormente quando se trata de uma situação-problema em que o quantitativo de objetos é grande.

3.1.7 Considerações do autor em relação aos resultados da pesquisa

Um dos grandes "nós" que afligem os educadores matemáticos é tornar acessível ao professor compreender que a apropriação e a compreensão de um dado conceito não se dão unicamente com a apresentação de um tipo de situação (não emerge daí, somente) e, por outro lado, que uma dada situação pode vir a envolver mais de um só conceito, por mais simples que possa ser aos nossos olhos.

Portanto, os conceitos matemáticos têm significado para o aluno quando são percebidos por ele a partir de uma variedade (tão extensa quanto necessário) de situações-problema nas quais pode ser sentida sua importância.

Por outro lado, uma dada situação-problema pode apresentar diferentes conceitos envolvidos. Ou seja, ela necessita mais do que um conceito para ser analisada e compreendida.

Assim, um único conceito fechado em si e uma única situação não são suficientes para dar conta da aquisição de um dado conhecimento de forma plena e consistente capaz de proporcionar segurança no seu uso em diferentes contextos.

Combinar objetos, como o que foi feito ao longo de toda a sequência didática objeto da pesquisa, é de tal sorte tão importante na fase inicial da concepção do conceito da multiplicação quanto no início das atividades que visam o desenvolvimento do raciocínio combinatório.

Porém, a não vivência desse tipo de situação, quando da sistematização dos conceitos e significados da multiplicação e divisão - como explicitado antes –, pode acarretar outras dificuldades oriundas do conceito não ter sido bem trabalhado ou quando o conhecimento não foi construído pelo aluno.

Assim, o raciocínio combinatório favorece possibilidades para o aluno levantar hipóteses, questionar, deduzir, tirar conclusões e expressar-se, oralmente ou por escrito, sobre o que está pensando e, igualmente, prepa*rá*-lo para ser capaz de tomar decisões de modo mais consciente.

A cada novo padrão de procedimentos e estratégias que o pesquisador identificou quando em uso por algum professor (sujeito da pesquisa) para obter o quantitativo de soluções (ou a descrição delas) a uma dada situação -problema de contagem, há um novo e diferenciado olhar desse professor em relação à resolução dos problemas de contagem.

O professor passa a considerar que não há necessidade de ter de usar uma fórmula e passa a explorar mais o raciocínio combinatório e a utilizar a construção de alguma representação gráfica (mesmo que parcialmente) como ferramentas combinatórias básicas para encaminhar a procura da solução ou soluções para um problema de contagem.

Por conta de tudo que o grupo de professores pôde vivenciar nesta formação continuada, acreditamos que esse conjunto de ações, procedimentos e conceitos que eles puderam conhecer, compreender e se apropriar ao longo da sequência didática enquanto refletiam, discutiam e encaminhavam as soluções para os problemas de contagem, serviu de parâmetro para que eles reúnam instrumentos para selecionar, organizar, preparar, encaminhar e mediar reflexões e discussões com seus alunos, com o propósito de também resolver situações-problema de contagem ao longo dos anos finais do ensino fundamental enquanto ensinam os conceitos básicos da combinatória.

Para cada situação-problema que foi resolvida por todo o grupo, foram oferecidas oportunidades para reflexões e discussões sobre quando e como os problemas de contagem podem ser úteis para introduzir algum novo conceito de Matemática no ensino fundamental - quando oportuno –, considerando que foram exemplificadas sugestões para introduzir alguns conceitos, em cada um dos os anos finais desse segmento.

Os resultados desta investigação mostram, além disso, que os conceitos concernentes aos problemas de contagem, em toda a sua complexidade e abrangência, precisariam ser tratados ao longo das diferentes etapas da escolaridade pelos alunos, e não em um único módulo de formação continuada para os professores.

Consideramos importante ressaltar, também, que os dados obtidos da aplicação do questionário Q4 (questionário aplicado ao final da sequência didática) foram importantes no sentido de que a análise destes permitiu que se pudesse computar o grau de avanço de cada professor no que se refere ao conteúdo específico e aos conhecimentos pedagógicos do conteúdo, mostrando que alguns professores avançaram em relação à *imagem conceitual* que tinham à época da aplicação dos primeiros questionários.

Não obstante, ressalta-se, essa investigação não foi capaz de provocar significativas alterações no que diz respeito às concepções individuais de alguns professores em relação aos aspectos pedagógicos e curriculares desses conteúdos como, por exemplo, em relação à prevalência do aspecto algorítmico presente no uso de uma fórmula quanto aos aspectos intuitivo e formal.

E, também, pelo fato de alguns professores não considerarem que o uso de uma representação gráfica para obter a solução de um problema de contagem representasse uma alternativa viável e oportuna, pois suas concepções e crenças, neste caso, consideram que a Matemática, aí utilizada, é menor.

Esses professores creem que uma solução matematicamente correta deve vir acompanhada da aplicação de uma fórmula que legitime o resultado obtido.

Portanto, tomando como referência os dados obtidos nesta investigação, consideramos que, tendo sido respeitados o ritmo e o potencial de cada um, o grupo avançou – como grupo.

Alguns professores ainda precisam refletir e conhecer um pouco mais acerca das noções básicas de combinatória, de maneira que possam aprofundar seus conhecimentos e se convencer de que o fato de não estarem utilizando uma fórmula para proceder à contagem total das possibilidades para obter a solução de um problema de contagem, não significa que não estejam utilizando os princípios próprios da Matemática no que diz respeito ao rigor matemático.

Mais uma vez, quanto aos professores referidos acima, o pesquisador entende que eles não devem achar que por utilizarem uma representação gráfica e efetuarem a contagem direta das possibilidades, não estejam ensinando Matemática a seus alunos. Não achem que por agirem assim, dessa maneira, o que fazem não seja Matemática com qualidade.

Ou, então, que a Matemática que utilizam quando estão ensinando dessa maneira "seja mais enfraquecida" que aquela de quando fazem uso de uma fórmula para apresentar a solução de um problema de contagem.

É importante que o professor se convença de que a construção de uma representação gráfica para obter a solução para diversos problemas de contagem tem um papel fundamental e significativo para que seus alunos compreendam como os tipos de agrupamentos-solução dos objetos envolvidos na solução vão sendo formados e como a totalidade deles poderá ser obtida por meio da contagem direta ou indireta de todas as possibilidades que atendem ao problema.

Assim, mesmo que uma árvore de possibilidades, por exemplo, não precise ser construída por completo para, em seguida, determinar a totalidade de possibilidades que atendem a um problema de contagem, conhecer como ela poderia ser construída possibilita ao aluno obter a solução.

O professor precisa também se convencer de que o elo que liga a representação gráfica a uma fórmula não é um elo necessário e suficiente.

Ou seja, que tanto a representação gráfica quanto a fórmula podem ser utilizados de maneira isolada, sem prejuízo de um ou do outro para obter a solução para um problema de contagem.

O autor considera que a utilização da fórmula é legítima e aceitável e, portanto, não condena o seu uso quando se considera como propósito o aspecto algorítmico tal qual Fischbein (1994) se refere, mormente quando se trata de uma situação-problema em que o quantitativo de objetos é grande o bastante para inviabilizar a construção de uma representação gráfica.

Ademais, também serviram de reflexões e discussões do autor, para cada situação-problema proposta na sequência didática da pesquisa, quais objetivos deveriam fazer parte, a abrangência que estes conteúdos de contagem contemplam, em conjunto com outros conteúdos da Matemática do ensino fundamental e do ensino médio, e as possíveis dificuldades que os sujeitos da pesquisa poderiam enfrentar quando da resolução de algumas delas, a exemplo de quando elas foram pensadas pelo pesquisador enquanto elaborava os enunciados.

Essas situações-problema também serviram para reflexões e discussões do autor deste livro em relação àquelas que deveriam ou não ser propostas na sequência do ensino presente no Capítulo 5, no que se refere à pertinência das considerações objeto da análise dos dados da pesquisa quanto aos objetivos que o autor se propõe a atingir, com cada uma delas, e à sua efetiva aplicação.

O pesquisador considerou sugestões - para cada ano do ensino fundamental - dos autores dos PCN (1997, 1998), bem como as recomendações que estão prescritas no novo Currículo da Secretaria Estadual de Educação de São Paulo (2010).

O pesquisador considera oportuno marcar posição quanto às características da metodologia que foi utilizada nesta formação continuada de professores no que se refere às reflexões, desenvolvimento e discussões acerca da proposição e resolução de problemas de contagem para alunos dos anos finais do ensino fundamental.

Entre as características principais, destacam-se o não uso de fórmulas; o uso intensivo do raciocínio combinatório a cada ação (durante várias vezes em uma mesma busca da solução para a situação-problema) objeto da identificação de uma nova sistemática utilizada na resolução de problemas de contagem como um modo de comparar as resoluções que os sujeitos da pesquisa apresentavam no quadro branco; a aplicação do Princípio Multiplicativo, durante e após a construção de uma representação gráfica ou na maneira de apresentar uma expressão multiplicativa e/ou aditiva para mostrar o cálculo de todas as possibilidades.

Ou, então, por meio da apresentação e discussão acerca de alguma outra resolução resultante de discussões mediadas pelo pesquisador, com a qual os professores puderam identificar-se, compreendê-la e apropriar-se.

Resolução essa que, de pronto, os professores não perceberam como viável, mas que, por sua vez, também é uma maneira de obter a solução para a referida situação-problema.

Por conta disso, cada professor pode extrair dessa experiência formativa algumas concepções pessoais - alinhadas com os conhecimentos de conteúdo, pedagógicos de conteúdo e curriculares - com respeito aos tipos de situações-problema de contagem que podem (e talvez devam) ser consideradas por ele no sentido de vir a ser proposta para seus alunos.

Em cada particular momento do ensino de determinado conteúdo de Matemática (quando for o caso), ao longo dos anos finais do ensino fundamental, o professor pode lançar mão dessas novas concepções por ele apropriadas e relacionar os conteúdos entre si.

Finalmente, e em virtude de todo o exposto, o pesquisador entende que dada a importância que os problemas de contagem (noções básicas de combinatória) têm, como parte básica integrante de um campo da Matemática conhecido como Matemática Discreta, o estudo desses conteúdos por crianças, desde os anos iniciais, configura-se em uma valiosa contribuição para a compreensão e a ampliação conceitual de outros tipos de problemas de contagem.

Portanto, a ampliação dos conceitos para a resolução de outros tipos de problemas de contagem com agrupamentos-solução de objetos que dão conta de resolver alguns problemas de otimização começa, desde muito cedo, com a resolução dos problemas de contagem que estão propostos neste livro.

Por conta disso, o autor entende que o estudo das noções básicas de combinatória, desde os anos iniciais do ensino fundamental, não pode receber atenção apenas superficial, em nenhuma das etapas da escolaridade, a partir de sua introdução, ainda que se considere toda a complexidade inerente à construção desses conhecimentos por professores e por alunos, e a apropriação deles.

Mais ainda, entende o autor deste livro: Como conceber um estudo de Matemática para os alunos da educação básica que não contemple a resolução dos problemas de contagem?

Ainda a esse respeito, o autor considera necessário reiterar sobre a importância de distribuir o estudo dos problemas de contagem (noções básicas de Análise Combinatória) não apenas na 2ª série do ensino médio - como desde muito tempo tem sido feito -, mas também ao longo de todos os anos finais do ensino fundamental, desde o 4º ano, e nos cursos de licenciatura em Matemática e licenciatura em Pedagogia.

A sugestão de distribuir os conteúdos tem o propósito de oportunizar desde cedo que os alunos exercitem o raciocínio combinatório e para que se deem a consolidação e a ampliação desses conhecimentos nas etapas escolares subsequentes. Assim, nos anos seguintes do ensino fundamental, os estudantes terão a oportunidade de desenvolver novas habilidades por conta do desenvolvimento do raciocínio combinatório multiplicativo e do raciocínio combinatório aditivo, e conhecer novos procedimentos - como a construção de representações gráficas - e novas estratégias de resoluções de diversos problemas de contagem necessários à compreensão e ao aprofundamento dos conceitos básicos da Análise Combinatória.

3.2 Resultados da pesquisa feita com alunos dos anos iniciais

Esta seção tem o propósito de apresentar considerações acerca dos resultados da pesquisa **Construção da linguagem matemática no ensino fundamental: reflexões e práticas relativas ao raciocínio combinatório**, do autor deste livro.

Todo o desenvolvimento da pesquisa e os resultados que foram obtidos e as correspondentes análises dos dados estão presentes em Teixeira (2012a).

No livro *Práticas acerca do Raciocínio Combinatório no Ensino Fundamental*, publicado por Novas Edições Acadêmicas (NEA), 1ª edição em 2015, em Teixeira (2015), o autor apresenta algumas considerações sobre os resultados obtidos com essa pesquisa, bem como algumas sugestões de atividades para que os professores que trabalham em turmas dos anos iniciais do ensino fundamental possam desenvolvê-las com segurança e efetividade com seus alunos.

Naquela obra, um dos propósitos do autor ao escrever o livro foi de colocar à disposição do professor diversificado e abrangente material para o ensino e a aprendizagem das noções básicas da Análise Combinatória, de modo que o professor o desenvolva em sua de sala de aula com alunos dos anos iniciais do ensino fundamental.

3.2.1 Considerações iniciais acerca da pesquisa

Relativamente à pesquisa, o mote principal que motivou o pesquisador - também autor deste livro - a desenvolvê-la deveu-se à necessidade que tinha de identificar e conhecer que desdobramentos e consequências resultariam do desenvolvimento de uma sequência de atividades que abordasse diversas questões relacionadas ao significado dado à multiplicação e à divisão com números naturais, notadamente aquela referida ao quarto grupo (ideia de combinatória), conforme os autores dos PCN sugerem que seja desenvolvida, em Brasil (1997, p. 111).

Por conta disso, a questão principal da pesquisa que norteou o trabalho teve como razão principal a de conhecer e compreender como ocorrem os processos de apropriação e aprendizagem das ideias básicas iniciais relacionadas com a obtenção e a contagem das possibilidades que atendem à solução das situações-problema de contagem simples propostas para os alunos da 4ª série/5º ano do ensino fundamental.

3.2.2 As questões da pesquisa

A questão principal da pesquisa objeto da investigação anunciou-se assim:

> De que maneira ocorre o processo de apreensão dos padrões de sistematização para a tomada de decisões relacionadas com o exercício do raciocínio combinatório com alunos da 4ª série/5º ano do ensino fundamental, quando as noções iniciais relacionadas à apropriação do Princípio Multiplicativo estão envolvidas, durante a resolução de situações-problema sob condições de intervenção do professor?

De modo a subsidiar a problemática da pesquisa com diferentes aspectos que a envolvem e, assim, contribuir para viabilizar a obtenção de algumas possíveis respostas à questão da pesquisa, foram anunciadas quatro questões específicas, a saber:

- ❖ Que relações existem entre a busca de sistematização própria de um padrão de raciocínio usado para efetuar a pintura de listras (faixas) de bandeiras (podendo ou não haver listras sem ser pintadas), quando se dispõe de algumas cores de bastões de giz de cera, e a apropriação, exercício e desenvolvimento do raciocínio combinatório de crianças da 4ª série/5º ano do ensino fundamental?

- ❖ Como se caracterizam as soluções e as interpretações das crianças quanto aos aspectos gestuais, verbais e notacionais enquanto resolvem situações-problema de contagem nas quais o raciocínio combinatório esteja sendo exercitado direta ou indiretamente, de modo a contabilizar e/ou apresentar todas as possibilidades?
- ❖ Que influências o manuseio de material concreto exerce sobre crianças da 4ª série/5º ano do ensino fundamental durante a resolução de situações-problema de contagem que favorecem à tomada de decisões quando da construção de uma árvore de possibilidades?
- ❖ Quais maneiras intervencionistas caracterizaram o trabalho do pesquisador quando ele assumiu o papel de professor, enquanto fazia registros de observações em sala de aula com um pequeno grupo de crianças da 4ª série/5º ano do ensino fundamental que resolviam situações-problema de contagem propostas em uma sequência de ensino?

3.2.3 Os sujeitos da pesquisa

Os sujeitos da pesquisa foram estudantes de dois segmentos de ensino, educação básica e ensino superior, e duas professoras em exercício em turmas dos anos iniciais, a saber:

- Estudantes do curso de licenciatura em Pedagogia (destinado à formação inicial de professores para o exercício docente com alunos dos anos iniciais do ensino fundamental: pré-escola e do 1º ao 4º ano) e estudantes que cursavam, à época da pesquisa, a 4ª série/5º ano do ensino fundamental, e
- Professoras das crianças caracterizadas acima, as quais, por sua vez, não só participaram como sujeitos da pesquisa respondendo um questionário semiestruturado (enquanto seus respectivos alunos participavam de todas as atividades propostas em uma sequência de ensino) como atuaram como pesquisadoras observadoras - contribuíram para a coleta de dados e com informações de observação, importantes para o trabalho do pesquisador.

3.2.4 Os instrumentos de coleta de dados utilizados na pesquisa

A pesquisa contou com alguns instrumentos destinados à coleta de dados, conforme as características de cada grupo de sujeitos da pesquisa.

A primeira parte da coleta de dados da pesquisa - pesquisa de campo – está relacionada com a coleta feita por meio da aplicação de um questionário semiestruturado para os alunos de dois cursos superiores de licenciatura em Pedagogia.

Um só questionário semiestruturado foi aplicado aos alunos de duas universidades privadas: uma das universidades está localizada na Zona Norte da cidade de São Paulo e a outra está localizada na cidade de São Caetano (região metropolitana da cidade de São Paulo).

A segunda parte da coleta de dados da pesquisa de campo está relacionada com a aplicação de uma sequência de ensino com alunos da 4ª série/5º ano do ensino fundamental, estruturada com o propósito de identificar e compreender como se dá o desenvolvimento dos padrões de raciocínio que favorecem a apropriação do raciocínio combinatório durante a resolução de situações-problema que envolveu os conceitos básicos iniciais de Análise Combinatória. A sequência de ensino será detalhada mais adiante.

A terceira parte da coleta de dados da pesquisa de campo relaciona-se à coleta feita por meio da aplicação de um questionário semiestruturado aplicado às professoras regentes dos alunos da 4ª série/5º ano do ensino fundamental caracterizados acima, e tinha como propósito conhecer o perfil das professoras regentes das turmas nas quais as crianças – sujeitos da pesquisa – estudam, identificar e conhecer os conhecimentos de conteúdos e os conhecimentos pedagógicos de conteúdo relacionados às noções básicas da Análise Combinatória.

3.2.5 Procedimentos para viabilizar a participação dos sujeitos de pesquisa

O autor fez contato com uma colega de trabalho - professora que atua no 2º ciclo do ensino fundamental de um colégio de ensino privado pertencente à mesma mantenedora da universidade na qual os outros alunos participantes como sujeitos da pesquisa estudam no curso de licenciatura em Pedagogia. Esses alunos do curso de licenciatura participaram da pesquisa respondendo a um questionário semiestruturado contendo questões de conteúdos e questões relacionadas às experiências pedagógicas com a temática.

O contato com a colega teve como propósito verificar a possibilidade de contar com sua participação como sujeito da pesquisa e também indagar acerca da possibilidade de ela convidar outras colegas para participarem da pesquisa.

A colega ficou de conversar com a coordenadora pedagógica de Matemática do colégio sobre a possibilidade de realizar a pesquisa de campo no referido colégio.

Dias depois, a colega entrou em contato com o pesquisador informando que recebeu o aval da coordenadora, de modo que seria possível realizar a pesquisa de campo no colégio, portanto, que o pesquisador poderia avaliar as condições favoráveis para colocar em prática os trabalhos da pesquisa de campo.

Um dos primeiros pedidos do pesquisador foi no sentido de que a colega professora procedesse à escolha aleatória de seis crianças (três meninas e três meninos) matriculadas no colégio, fossem eles alunos seus ou não, cursando a 4ª série/5º ano do ensino fundamental. Caso possível, seria oportuno contar com a colaboração de outra colega professora e que ela indicasse três crianças, além da indicação de mais três crianças pela colega professora.

Mais tarde, a colega contatou o pesquisador informando que uma colega professora também participaria da pesquisa, com seus três alunos.

O pesquisador pediu que as referidas professoras solicitassem autorização aos pais e/ou responsáveis pelos alunos para que eles pudessem participar da pesquisa. Também pediu que a pesquisa fosse feita em turno oposto àquele em que as aulas regulares para esses alunos ocorriam.

As crianças que participaram da pesquisa como sujeitos da pesquisa foram autorizadas por seus pais e/ou responsáveis (convite esse feito pela própria colega professora, que os conhecia de reuniões escolares e com os quais mantinha relações de amizade).

A distribuição dos alunos por cada professora não foi igual: quatro das crianças eram de uma mesma turma e duas delas de outra turma; todas as crianças estudavam no turno da manhã e tinham idades entre 9 e 10 anos completos.

Seus pais e/ou responsáveis se dispuseram a levar as crianças ao colégio no turno da tarde, das 15h00min às 16h00min, sempre às terças-feiras, ao longo de cinco semanas seguidas, de modo que elas pudessem participar da pesquisa. Todas as crianças compareceram a todos os cinco encontros de ensino, com duração média aproximada de 60 minutos cada encontro.

Os encontros de ensino ocorreram em uma sala do próprio colégio e contaram com a presença das seis crianças, suas respectivas professoras e do pesquisador.

3.2.6 Tipo de pesquisa

A investigação reuniu forte cunho descritivo, incluindo transcrições dos diálogos ocorridos entre os sujeitos da pesquisa, gravações em áudio e relatórios de observações feitas em sala de aula ao longo da sequência de ensino, tanto pelo pesquisador quanto pelas professoras dos alunos participantes.

O pesquisador procurou estar atento a todos os elementos presentes nas situações pesquisadas, sabendo de antemão que aspectos por vezes considerados triviais e aparentemente considerados sem importância podem transformar-se em informações valiosas para compor o conjunto de dados da pesquisa.

Portanto, nenhum elemento que foi observado, identificado e ouvido foi descartado, uma vez que eles são carregados de significados que ajudam na compreensão dos fenômenos em questão.

Assim, considerando alguns aspectos básicos que caracterizam uma investigação qualitativa, como os apresentados por Menezes (1995), a pesquisa em questão caracteriza-se como uma investigação de natureza qualitativa.

Os ambientes em que a pesquisa foi desenvolvida, em diferentes momentos, foram ambientes naturais (salas de aula), nos quais as coletas diretas de dados foram feitas e onde o pesquisador exerceu alguns diferentes papéis, os quais o colocaram como instrumento central da pesquisa.

Então, nesses ambientes, o pesquisador não se valeu do propósito de recriar experimentalmente questões de pesquisa que não aquelas propostas no início do trabalho investigativo e sobre as quais se propôs observar e coletar os dados da pesquisa, estudando-os em seguida.

Portanto, os dados analisados - tanto aqueles oriundos dos questionários semiestruturados quanto os de observações e registros coletados ao longo dos cinco encontros do ensino objeto da sequência de ensino proposta - não foram situações criadas especificamente para a pesquisa em questão, pois eles poderiam ser, a qualquer tempo, aplicados e analisados dentro de uma programação regular de tais cursos nos quais os sujeitos da pesquisa estudam e em um ambiente escolar tal qual o que foi objeto dos encontros.

Ou seja, tanto o local em que os dados coletados dos alunos do curso de formação inicial de professores da licenciatura em Pedagogia, a sala de aula em que os sujeitos da pesquisa estudavam regularmente à época da pesquisa, quanto os dados obtidos em uma sala de aula da 4ª série/5º ano do ensino fundamental, na qual os alunos poderiam estudar, guardam similaridade em relação aos ambientes em que a pesquisa de campo foi realizada. Como tal, na análise dos dados, leva-se em conta esses particulares contextos que, por sua vez, exercem influência sobre o fenômeno a ser estudado.

3.2.7 Metodologia da pesquisa

A sequência de ensino foi desenvolvida ao longo de cinco encontros de ensino e contou com a aplicação de uma Ficha de Atividades para cada um dos encontros de ensino. Cada ficha contém os enunciados e a proposição de algumas situações-problema de contagem.

Toda a sequência de ensino foi desenvolvida com a presença de todo o grupo, em cada um dos encontros de ensino, composto de seis crianças que foram divididas em dois grupos com três crianças cada, as duas professoras regentes e o pesquisador.

Os grupos das crianças foram constituídos por afinidades existentes entre seus membros, sem a interferência do pesquisador ou das professoras, e mantiveram-se inalterados em todos os encontros de ensino.

Os registros notacionais e verbais feitos pelos sujeitos da pesquisa e as observações de registro feitas pelas professoras e pelo pesquisador tiveram o propósito de possibilitar que as análises dos dados coletados fossem as mais consistentes e fidedignas possíveis com relação a todo o desenrolar das atividades desenvolvidas.

Também teve o propósito de coletar informações acerca dos processos de interação que ocorreram no interior de cada um dos dois trios de alunos e nas discussões de todo o grupo - ocorridas em todos os encontros, com a mediação do pesquisador.

3.2.8 Resultados da pesquisa

No que se segue, apresentam-se considerações sobre os dados colhidos durante o desenvolvimento da sequência de ensino objeto da pesquisa em questão.

Os alunos tiveram a oportunidade de vivenciar descobertas, refletir - pessoal e coletivamente -, questionar e discutir com os colegas durante a resolução de 18 diversificadas situações-problema de contagem.

A análise dos dados permitiu ao pesquisador identificar um razoável número de variadas estratégias de resolução - próprias dos alunos - quando da construção de representações gráficas ou por meio de algumas representações numéricas - cálculos utilizados para obter a totalidade de possibilidades.

As diversificadas estratégias de resolução motivaram os sujeitos da pesquisa e permitiram ao pesquisador conhecer, identificar, aprender e acompanhar com atenção e diligência todo o desenrolar das atividades.

Quando investido no papel de professor, em poucas vezes, o pesquisador interveio no processo de aprendizagem dos sujeitos da pesquisa (enquanto alunos), orientando-os para que fizessem a releitura de alguns poucos enunciados com dúvidas de interpretação, esclarecendo o que era preciso ser feito e pedindo que, nos grupos menores, eles refletissem e conversassem entre si a respeito de alguma questão colocada por outra colega e/ou interrogando, questionando, provocando e fazendo-os tomar iniciativas próprias.

O desenrolar das atividades de resolução das situações-problema de contagem permitiu aos alunos exercitarem atitudes de reflexão, análise, questionamento e elaboração de hipóteses acerca da leitura do enunciado de cada situação-problema.

A postura dos alunos independe do grupo ser formado por um pequeno quantitativo ou por todos os alunos de uma mesma turma em uma sala de aula, uma vez que ela está diretamente associada à maneira como o pesquisador se posiciona em relação aos alunos, isto é, devolvendo as perguntas feitas por eles ou questionando-as, sem respondê-las.

Em sua maioria, os alunos estabeleceram relações com os conhecimentos prévios e acerca das reflexões que fizeram por conta da leitura atenta do enunciado de cada situação-problema.

Esses conhecimentos, por sua vez, permitiram que eles estabelecessem o confronto de ideias pessoais com as ideias resultantes das reflexões com os colegas do grupo, e em respostas aos questionamentos e provocações feitas pelo pesquisador/professor.

O confronto de ideias favoreceu a construção e a reconstrução dos conceitos - implícita ou explicitamente presentes nos enunciados - por conta dos propósitos que nortearam o autor quando da elaboração de cada uma das situações-problema.

Como salientado no Capítulo 1, essas ações estão em consonância com as recomendações presentes na literatura científica no que diz respeito à importância do professor envidar esforços no trabalho de conhecer, valorizar e valorar estratégias próprias de resoluções pelo aluno e em relação à maneira como ele efetua os cálculos para determinar a solução (ou soluções) para os problemas de contagem, também com respeito às ações que oportunizam condições favoráveis para os alunos compreenderem, de maneira efetiva, os conceitos próprios da Matemática. Em particular, aqueles conceitos que estão relacionados com a apropriação e o exercício constante do raciocínio combinatório e dos dois princípios de contagem, por se tratarem de importantes ferramentas combinatórias que devem ser utilizadas tanto por alunos quanto por professores durante a resolução dos problemas de contagem.

A referência básica para essas ações baseia-se nos conhecimentos e nas experiências prévias dos alunos e na disponibilidade de o professor mediar aspectos didáticos presentes no processo de ensino e aprendizagem de maneira a oportunizar que seus alunos tornem-se partícipes efetivos de suas próprias aprendizagens.

Assim é que se pode creditar que o estilo intervencionista do pesquisador, enquanto investido no papel de professor, por vezes, permitiu que pudesse conhecer e acompanhar o processo de aprendizagem dos alunos, mormente nos momentos em que fez pertinentes intervenções que favoreceram a apropriação de conceitos, estratégias e procedimentos por eles.

Também pode identificar as reações dos alunos no momento em que pediu que os alunos buscassem fazer correlações entre o padrão de sistematização que foi estabelecido por cada um enquanto pintavam as listras das bandeiras com as etapas das ações decorrentes do exercício do raciocínio combinatório durante a construção de uma árvore de possibilidades, por exemplo.

Por conta da interferência, o pesquisador também pode identificar que quando o aluno se apropria de um padrão próprio de sistematização de pinturas de faixas (listras) de bandeiras, ele o transfere de modo direto e natural às ações da tomada de decisões necessárias para percorrer as etapas construtivas de uma representação gráfica, por conta do exercício frequente do raciocínio combinatório.

Os procedimentos utilizados e as representações notacionais feitas pelos alunos foram possíveis de ser identificados por conta do pesquisador ter feito registros das ações realizadas pelos alunos enquanto eles construíam uma representação gráfica para determinar as possibilidades de pintar uma bandeira sem que todos os desenhos estivessem disponíveis.

Também foi possível identificar os procedimentos que os alunos utilizaram quando fizeram representações notacionais dos cálculos que serviram para justificar a quantidade de bandeiras que podiam ser pintadas de maneiras diferentes.

Os alunos conseguiram transferir conhecimentos acerca do padrão sistemático de pintura que cada um estabeleceu para pintar as bandeiras - independentemente da quantidade de listras (faixas) e das cores disponíveis - para decidirem, de maneira independente, quais seriam as ações que deveriam ser tomadas durante as etapas construtivas de uma representação gráfica, em especial, a construção de uma árvore de possibilidades.

Foi gratificante para o pesquisador poder acompanhar esses momentos. A partir dessas constatações, o pesquisador certificou-se de que o exercício e a apropriação do raciocínio combinatório pelos alunos começavam a se consolidar.

A partir desse momento, os alunos passaram a pensar de modo combinatório, ou seja, a exercitar o raciocínio combinatório de modo adequado e correto enquanto faziam as "combinações" entre os objetos envolvidos - determinação dos agrupamentos-solução.

Por conta disso, o pesquisador estabeleceu a seguinte "correlação combinatória" (expressão criada por ele):

"combinações possíveis" entre os objetos envolvidos

$\leftrightarrow$

exercício do raciocínio combinatório

Ou seja, para estabelecer todas as "combinações" possíveis entre os objetos envolvidos em uma situação-problema de contagem, é preciso exercitar corretamente o raciocínio combinatório.

Por outro lado, o exercício continuado do raciocínio combinatório objetiva identificar e estabelecer todas as "combinações" possíveis entre os objetos envolvidos em uma situação-problema de contagem, determinando os agrupamentos-solução (agrupamentos de objetos que satisfazem à solução de um problema de contagem).

Portanto, estabelece-se uma relação direta entre as ações envolvidas, a saber:

Quanto mais exercita corretamente o raciocínio combinatório (o pensar combinatório), melhor o aluno se prepara para considerar e estabelecer todas as "combinações" que devem ser feitas entre os objetos envolvidos em uma situação-problema de contagem, de modo a obter todos os agrupamentos-solução.

O estabelecimento de uma "combinação" possível entre os objetos que atendem à solução de um problema de contagem é o que se considera como a ação de construir e identificar um particular agrupamento-solução.

Porém, é importante salientar que o fato de um sujeito saber estabelecer e conhecer um agrupamento-solução que atende à solução de um problema de contagem, não implica em garantir que ele saiba determinar todos os agrupamentos que devem ser computados de modo a determinar a solução quantitativa para o problema de contagem em questão.

Por conta do exercício continuado do raciocínio combinatório, o aluno se prepara, com propriedade e segurança, para mais adiante ser capaz de saber decidir quais "combinações" devem ser feitas e quais não podem.

Ou seja, é preciso estar atento sobre quais "combinações" entre os objetos não podem ser feitas, por não atenderem às condições estabelecidas no enunciado da situação-problema de contagem, de modo a não computá-las como agrupamentos-solução.

3.2.9 Considerações do autor em relação aos resultados da pesquisa

No que se segue, apresenta-se um resumo das análises que foram feitas com os dados colhidos durante o desenvolvimento da sequência do ensino objeto da pesquisa em questão.

Todos os sujeitos da pesquisa apresentaram excelente rendimento qualitativo frente às atividades propostas e um responsável senso de organização e atitudes para trabalhar em grupo.

Possivelmente, tais posturas decorrem de experiências e práticas que os alunos experimentam em seu colégio, em sala de aula, com os colegas de turma, e o trabalho que seu professor desenvolveu.

Salientamos que grande parte do sucesso com o engajamento dos sujeitos da pesquisa nesta etapa de desenvolvimento da sequência de ensino deve-se à perspectiva de trabalho desenvolvida no colégio em que essas crianças estudam.

Essa perspectiva, por sua vez, está próxima da proposta pedagógica desenvolvida na sequência de ensino que foi desenvolvida, o que favoreceu muito o trabalho do pesquisador.

As crianças compreenderam bem o papel que foi reservado a elas, segundo as posturas ativas que deveriam desempenhar ao longo de todos os encontros e quanto à importância de se empenharem no sentido de construir seus próprios conhecimentos.

Fica claro, portanto, que a proposta pedagógica objeto da pesquisa difere de outras propostas nas quais a experiência se desenvolve com um grupo de alunos que experimentam o papel passivo, por vezes apático, de assistirem às aulas possivelmente baseadas, única e exclusivamente, na transmissão oral dos conteúdos e na resolução dos exercícios.

Com respeito a essas propostas pedagógicas - caso ainda existam, mas se acredita em pequeno número -, os alunos são "convidados" a copiar o que o professor escreve no quadro de giz e, em seguida, o professor propõe que os alunos façam exercícios de aplicação similares aos exemplos que acabara de apresentar e resolver, ou seja, exercícios de repetição e imitação.

Na experiência objeto da pesquisa em questão, não foi preciso esforço algum do pesquisador para convencer os alunos acerca do papel que cada um deveria desempenhar: assumir, por inteiro, o papel de construtores de seus próprios conhecimentos, enquanto refletem, resolvem e discutem com seus colegas a resolução dos problemas propostos e apropriam-se dos conceitos, procedimentos e estratégias de resolução.

No último encontro da sequência de ensino, quando o pesquisador propôs a utilização do material pedagógico "Blocos Lógicos", os alunos se sentiram bastante à vontade para manuseá-lo, não só porque já o conheciam de outras experiências, mas porque o colégio tem por ação pedagógica a utilização de diferentes materiais pedagógicos em diversas experiências de ensino e aprendizagem que desenvolve com seus alunos.

A combinação entre o manuseio do material concreto (as peças dos "Blocos Lógicos"), a separação das peças em grupos e a correspondente construção de uma árvore de possibilidades que mostra as peças que foram selecionadas e as quantidades destas mostrou-se efetiva para a obtenção da solução para a situação-problema proposta.

Na situação inversa em que a árvore de possibilidades já é apresentada aos alunos totalmente construída e é pedido que identifiquem os elementos constituintes dos respectivos "galhos da árvore" e seus quantitativos com as peças dos "Blocos Lógicos", foi possível que o pesquisador identificasse a compreensão dos alunos em relação à maneira como a árvore foi construída e as considerações daí decorrentes, feitas por eles.

Outras abordagens que tratam de introduzir as ideias iniciais básicas relacionadas aos conceitos da Análise Combinatória (problemas de contagem) nos anos iniciais do ensino fundamental, das quais o autor tem conhecimento, iniciam por trabalhar com situações-problema envolvendo "combinações" entre os objetos do cotidiano das pessoas, como saias, blusas e sapatos em sua maioria, diferentemente do que foi feito na sequência do ensino objeto da pesquisa.

A sequência de ensino aborda, de início, a pintura de listras de bandeiras e dá ênfase à importância que as representações gráficas têm para a apropriação dos conceitos, princípios básicos de contagem e procedimentos de resolução, pelas crianças.

Pequenos enganos foram cometidos pelos sujeitos da pesquisa, todos contornáveis. Atribuir a esses enganos como sendo dificuldades dos alunos seria uma visão exagerada e incoerente, uma vez que nas reflexões coletivas, foi possível identificar avanços significativos acerca da apropriação dos conceitos e das estratégias de resolução.

Considerando os resultados obtidos por outros alunos na mesma faixa etária, em avaliações de larga escala, e os obtidos na sequência de ensino, os alunos apresentaram pouquíssimas dificuldades, resumidas em simples dúvidas.

As professoras regentes dos alunos relataram que, até então, nenhum deles havia experimentado atividades que envolvessem o estudo de problemas de contagem.

Assim, é natural que, por conta do não entendimento preciso de algum enunciado de um problema, bastasse um esclarecimento do pesquisador, quando solicitado, que logo a seguir os alunos se debruçavam na tarefa de procurar obter as soluções para as situações propostas. Não obstante, desde o início da sequência de ensino, os alunos já conversavam entre si no interior dos grupos menores acerca de como deveriam encaminhar as resoluções.

Ao longo do desenvolvimento das situações-problema da sequência de ensino, o pesquisador elencou algumas concepções que os alunos traziam para os encontros - identificadas enquanto eles se dedicavam às resoluções.

Essas concepções foram classificadas pelo pesquisador como elementos que dificultavam a apropriação dos conceitos básicos iniciais, bem como em relação aos procedimentos necessários para encaminhar as resoluções dos problemas.

No que se segue, apresentam-se as dificuldades que os sujeitos da pesquisa tiveram durante o desenvolvimento da sequência de ensino:

- Alguns alunos demoraram a perceber que já tinham apropriado-se de um padrão próprio de pintura para procederem às pinturas das listras (faixas) das bandeiras, uma vez que não estava explícito que eles deveriam estabelecer um padrão, mesmo que implicitamente;
- De início, um aluno apresentou pequenas dificuldades decorrentes da falta de um padrão sistemático de pintura e por conta disso, em algumas situações, ele não encontrou todas as possibilidades de pintura das bandeiras;

- Sem ter estabelecido um padrão próprio consistente de pintura para as listras das bandeiras, faltou confiança a esse aluno quando ele utilizava procedimentos para construir uma representação gráfica de modo consistente e efetivo para obter todas as diferentes pinturas das bandeiras, corrigindo-se algumas vezes;
- Um dos alunos partiu para determinar as soluções por meio da enumeração das possibilidades utilizando procedimentos de tentativa e erro, mas apresentou dificuldades na continuidade da tarefa, principalmente na situação-problema em que a formação de todas as possibilidades obrigava-o a estabelecer um quantitativo razoavelmente grande de possibilidades;
- As dificuldades que o aluno indicado acima apresentou, considerando que a enumeração de possibilidades demandava um quantitativo razoavelmente grande de possibilidades, justifica-se também pelo fato de se constituir de uma tarefa exaustiva que o levou à falta de concentração e posterior desistência;
- Em um único caso, esse aluno apresentou a resposta errada sem que soubesse explicar o porquê de tal resposta, e o que fazer para encontrar saídas para uma nova procura. Nesse caso, o aluno ficou quieto e não respondeu às questões que o pesquisador colocou, procurando trocar ideias com outro colega de grupo;
- Quando questionados pelo pesquisador, dois alunos responderam que não viam necessidade de apresentar uma operação aritmética que contabilizasse a totalidade de soluções pelas bandeiras que estavam pintadas, já que podiam fazer a contagem direta do total de possibilidades. Ressalta-se que tal postura não foi cobrada e/ou incentivada, em nenhum momento, pelo pesquisador. *A priori*, o pesquisador levantou a hipótese de que esse procedimento pudesse ser comum de ser feito pelos alunos sem que houvesse esse pedido no enunciado da situação-problema, uma vez que ele levou em conta que em momentos de sala de aula - em situações escolares similares e por conta de um possível contrato didático -, os alunos teriam tido a oportunidade de experimentar essa prática. Portanto, julgou o pesquisador que tal prática poderia ser habitual e, por isso, considerou que devesse verificar se tal procedimento era ou não comum de ocorrer;

- Ademais, ressalta-se que o fato dos dois alunos não considerarem necessário ter de apresentar uma operação aritmética, tal decisão não se configurou como uma dificuldade que eles tinham de fazê -la, conforme eles afirmaram, mas que não fizeram porque o enunciado não pedia que devessem fazer;
- Nas situações-problema em que apenas foi pedido o quantitativo de possibilidades, nenhum dos alunos fez uso de uma árvore de possibilidades ou da tabela de dupla entrada para obter o resultado. Indagados pelo pesquisador, afirmaram não considerar ser qualquer uma das duas representações gráficas a ferramenta com a qual poderiam certificar-se de que todas as possibilidades estariam sendo consideradas e computadas;
- A construção de uma representação gráfica, árvore de possibilidades ou tabela de dupla entrada, foi feita pelos alunos somente quando o pesquisador assim sugeria que eles fizessem, em alguma situação -problema. Ou então, nas situações-problema em que o enunciado solicitava e não porque o aluno entendesse que sua construção iria ajudá-lo para determinar a solução quantitativa;
- Apenas um dos alunos fez a construção de uma árvore de possibilidades, solicitada no enunciado, de maneira inadequada. Talvez decorrente de uma distração, pois a árvore mostrava agrupamentos-solução repetidos;
- Na situação anterior, é possível justificar essa construção inadequada da árvore de possibilidades pelo reduzido número de situações -problema que exigiam a construção de uma árvore (um total de três) para dar conta de obter a solução dos problemas de contagem, em curto espaço de tempo, e de modo que os alunos se apropriassem corretamente dos procedimentos necessários à sua construção.

A análise dos dados que foram obtidos com as respostas dos alunos - presentes nos registros feitos em todas as Fichas de Atividades - mostrou resultados satisfatórios, se considerarmos:

- A complexidade dos conteúdos;
- O pouco tempo que os alunos tiveram para se apropriar dos conceitos;
- O quantitativo de situações-problema propostas e a complexidade para resolver cada uma delas;

- A presença de uma pessoa desconhecida dos alunos, o pesquisador, e o ambiente no qual as atividades foram desenvolvidas, diferenciado de uma sala de aula com todos os alunos da turma, resultando em novidades para todos.

Assim, quando se considera a novidade que os conteúdos básicos da Análise Combinatória representaram para essas crianças, os resultados obtidos são significativos, pois se configuram em apropriação de conceitos e na ampliação conceitual. Portanto, dignos de elogios.

A análise dos dados coletados para uma pesquisa tem de ser rigorosa. Ela segue rígidos padrões estabelecidos pela academia em relação ao que se espera de um trabalho científico e deve tomar como referências os trabalhos de pesquisa desenvolvidos por renomados pesquisadores e por grupos de pesquisa consolidados.

Assim, uma vez que os dados de uma pesquisa tenham sido coletados, a análise deles independe de quais sujeitos da pesquisa estão envolvidos.

Por outro lado, a análise dos dados e os resultados obtidos são justificados por se tratar de resultados de uma pesquisa científica segundo a qual cabe ao investigador apresentar e analisar todos os dados por ele identificados e recolhidos.

A análise dos dados coletados apresentou maior complexidade e ganhou evidência no trabalho do pesquisador com os dados colhidos ao final do terceiro encontro de ensino, a partir do qual o pesquisador pode fazer comparações entre os dados coletados nesse encontro e os resultantes de experiências com situações-problema similares - presentes nos encontros anteriores.

Na ocasião, o pesquisador também fez comparações entre os resultados obtidos pelos sujeitos da pesquisa com as experiências de alguns de seus alunos do ensino médio com a resolução de algumas poucas situações-problema presentes na sequência de ensino, revelando significativas questões do ponto de vista do exercício do raciocínio combinatório.

Os alunos do ensino médio, de modo geral, e em particular um pequeno grupo de quatro alunos do pesquisador, depois de algumas atividades relacionadas com a construção de árvores de possibilidades e tabelas de dupla entrada, abandonam essas representações gráficas para se utilizarem, quase que exclusivamente, de representações numéricas sob a forma de uma ou mais operações aritméticas para dar conta da totalidade de possibilidades que atendem à solução de um problema de contagem.

Ademais, esses quatro alunos do ensino médio, por se sentirem mais seguros usando uma representação numérica para a resolução de situações-problema de contagem simples, em comparação com o trabalho de ter de construir uma árvore de possibilidades, por vezes cometem erros e não percebem o que estão fazendo, além de terem muitas dificuldades para identificar onde o erro foi cometido, pois repetem os mesmos procedimentos ao refazerem a situação -problema em questão.

Em algumas situações-problema, a construção de uma árvore de possibilidades seria rápida, adequada e suficiente para dar conta de resolver a situação -problema, mas alguns alunos do ensino médio não tomam essa decisão, uma vez que preferem quase sempre a resolução via uma representação numérica por julgarem ser ela mais econômica.

A constatação acima foi feita pelo pesquisador com seus quatro alunos do ensino médio. Tal constatação também já havia sido feita em uma das pesquisas desenvolvidas por Navarro-Pelayo, Batanero e Godino (1996), como se pode constatar na seguinte afirmativa feita pelos autores acerca da construção de uma árvore de possibilidades por alunos quando estes resolviam situações-problema de contagem: "o escasso uso que os estudantes fazem da árvore de possibilidades e, quando a utilizam, têm pouco êxito" (tradução nossa) (Navarro-Pelayo, Batanero e Godino, 1996, p. 3).

Retomando às análises dos resultados da pesquisa feita com as seis crianças, salientam-se as ampliações conceitual e procedimental obtidas por elas ao longo do desenvolvimento de toda a sequência de ensino, passo a passo, a cada encontro, e como elas se apropriaram de maneira espontânea e natural com respeito à construção das representações gráficas quando solicitado pelo pesquisador ou no enunciado - considerando a novidade da tarefa para todas elas.

Foram igualmente significativas as valiosas discussões havidas entre os alunos, tanto nos grupos menores como no grupo inteiro. A mediação encaminhada pelo pesquisador propiciou que houve interessantes falas dos alunos e discussões entre si.

Como já foi dito, por vezes o papel do pesquisador confundiu-se com o papel de professor e orientador, com o propósito de estimular os alunos para que prosseguissem na busca das soluções para as situações propostas.

O pesquisador credita parte do sucesso no encaminhamento das situações -problema ao engajamento dos alunos à metodologia de ensino empregada durante toda a sequência de ensino.

A metodologia seguiu uma abordagem que envolveu os alunos em situações bastante próximas do seu cotidiano escolar, uma vez que as crianças foram distribuídas em grupos menores e, depois, com todo o grupo, tiveram a oportunidade de fazer colocações, apresentar suas soluções, refletir sobre as soluções dos colegas e opinar quando julgavam que deveriam fazer.

O sucesso também pode ser creditado ao pequeno número de alunos em sala de aula e ao ambiente propício para que tais comportamentos se fizessem presentes, uma vez que as respectivas professoras dos alunos assistiam a tudo, próximas das crianças.

Um dado importante é que em muito poucas vezes os alunos apresentaram dificuldades na interpretação dos enunciados, o que credencia a preocupação do pesquisador em apresentar textos de maneira clara e concisa em relação àquilo que precisava ser feito, não deixando margem para que os alunos tivessem dúvidas com a leitura e a compreensão.

Igualmente merecem destaques as maneiras como os alunos se empenharam na busca das soluções para as situações-problema propostas, a saber:

- ✓ Expondo suas ideias e dúvidas;
- ✓ A disponibilidade de todos em expor suas soluções no quadro de giz, apresentando algumas poucas dúvidas e inquietações;
- ✓ A defesa, quando necessário, que cada aluno fez sobre a solução que estava apresentando no quadro de giz;
- ✓ A facilidade com que os alunos se apropriaram dos procedimentos para a construção de uma árvore de possibilidades e as interpretações que faziam a partir da construção feita, no quadro de giz; Finalmente,
- ✓ A percepção acerca da importância que os alunos passaram a creditar acerca de exercitar constantemente o raciocínio combinatório - principalmente a partir da resolução da sexta situação-problema proposta.

O autor credita as dificuldades que os alunos tiveram para resolver algumas poucas situações propostas (elas foram muito poucas) ao amadurecimento cognitivo em Matemática - em ascensão - das crianças frente às novidades presentes em todas as situações-problema propostas, por conta da faixa etária e, ainda, por conta de todo o processo de desenvolvimento cognitivo, em construção, no que refere ao exercício do raciocínio combinatório.

A proposição de situações-problema de contagem para crianças dessa faixa etária dá início a um novo olhar que elas passam a ter: a de que há situações-problema em Matemática cuja solução pode ser obtida por meio de diversas estratégias de resolução e que as questões podem ser resolvidas sem que seja preciso fazer alguma "continha" de somar ou multiplicar, por exemplo.

Nesse aspecto, a construção de uma árvore de possibilidades, por exemplo, se apresenta como uma alternativa atrativa e interessante. Acrescentamos o fato de que para os alunos dessa faixa etária, a determinação dos divisores de um número natural não nulo por meio de uma similar árvore parece-nos ser uma alternativa interessante.

Portanto, a alternância de tipos de resolução de um problema de contagem é significativa para a ampliação do campo conceitual das crianças.

Em relação às expectativas relacionadas com a competência cognitiva - não somente em relação aos conteúdos de Matemática –, é significativo que as crianças reconheçam a existência de alternativas para a solução de problemas que são propostos a elas na escola, por vezes problemas que a vida cotidiana apresenta para cada um de nós.

Ao longo da aplicação da sequência de ensino da pesquisa, foi possível que o pesquisador confirmasse que o ensino oferecido segundo uma perspectiva de trabalho docente com o qual o aluno tem a oportunidade de construir seu próprio conhecimento, ou seja, um processo de ensino e aprendizagem que considera o aluno como protagonista da construção de sua própria aprendizagem, mostra que o papel do professor ganha contornos que transcendem as ações de ensinar apenas conteúdos.

Proporciona o alcance de novas e abrangentes dimensões acerca do trabalho docente às quais se somam a dimensão de educador. Portanto, não cabe ao professor apenas o papel de ensinar, mas o de ser o organizador da aprendizagem, preparar o material didático, aplicar e moderar jogos e atividades, além do papel de mediador de reflexões e discussões de todo o grupo.

Organizar o processo de aprendizagem exige que o professor conheça seus alunos segundo perspectivas socioculturais, de acordo com o ambiente escolar - considerando as diferentes dimensões que o envolvem e as expectativas que ele tem e espera de seus alunos. E, também, não menos importante, a tarefa de conhecer o amadurecimento cognitivo de seus alunos e o que eles podem render com as atividades que vier a propuser para eles.

Com todo esse arsenal de informações à mão, o professor terá condições de selecionar adequadamente os problemas que considera oportunos e interessantes propor aos seus alunos com base em sua experiência docente, com o propósito de que eles se transformem em instrumentos com os quais poderão contar para se apropriarem dos conceitos e dos procedimentos e estratégias de resolução.

Portanto, para cada problema de contagem selecionado, o professor deve considerar os objetivos que o problema se propõe atingir, o amadurecimento conceitual dos alunos para resolvê-lo de modo que a resolução contribua para a ampliação do campo conceitual e, por fim, as conexões que podem ser feitas por conta das estratégias e dos procedimentos de resolução utilizados pelos alunos.

Feito isso, o professor oportuniza os alunos a experimentar diferentes estratégias e procedimentos durante o processo de resolução de um problema de contagem, considerando a importância que as ferramentas combinatórias têm para a solidificação dos conhecimentos pelos alunos.

Assim, enquanto o aluno estiver empenhado em obter a solução para um dado problema de contagem, ele terá a oportunidade de "se alimentar" de novos procedimentos e estratégias enquanto "saboreia" o conceito por ele apropriado e efetivamente construído.

Alguns autores tratam das questões relacionadas às funções atribuídas a um professor mediador como aquelas que levam o aluno a uma aprendizagem significativa.[9]

O autor considera que o papel do professor mediador é importante e decisivo para uma aprendizagem significativa. Portanto, esse papel precisa

[9] Aprendizagem significativa, neste contexto, toma o sentido de perspectivas de um trabalho em que o professor oportuniza seus alunos no sentido de que eles compreendam e apropriem-se de significados associados aos conceitos matemáticos envolvidos, levando em conta as experiências anteriores dos alunos, condições socioculturais, competência cognitiva e vivências pessoais, permitindo que eles possam expor suas soluções, levantar questões, questionar fatos, contestar situações, formular argumentos e validá-los, além de possibilitar que eles formulem novos problemas. E, dessa maneira, queiram aprender mais.

ser incentivado de modo que mais professores possam assumi-lo, com o propósito de incentivar a aprendizagem de seus alunos.

Os resultados obtidos com a pesquisa, aliados aos crescimentos pessoal, profissional e o amadurecimento do pesquisador em relação à prática docente que desempenha no diuturno trabalho de sala de aula credenciam-no a prosseguir com propostas de trabalho docente que têm o propósito de promover o desenvolvimento de conceitos próprios da Matemática segundo uma perspectiva de trabalho que visa uma aprendizagem significativa.

Ademais, o autor considera que a experiência foi proveitosa sob o ponto de vista da apropriação de conceitos, procedimentos e estratégias de resolução pelas crianças - desde os anos iniciais -, e que tal experiência pode (e deve) ter continuidade nos anos seguintes da educação básica.

Por sua vez, experiências como essa possibilitam formar cidadãos mais independentes e conscientes de seu papel na sociedade, cuja experiência solidifica atitudes cooperativas que acompanharão os alunos por toda a vida.

É possível que outros professores tenham desenvolvido experiências similares com crianças dos anos iniciais, as quais, sem dúvida alguma, têm um valor inestimável para a formação delas, mas não foi possível ao autor identificar e quantificar.

Uma proposta de sequência de ensino, como a que foi objeto da pesquisa, segundo uma abordagem que envolveu a efetiva participação do aluno na construção de seu próprio conhecimento ao longo de ações de ensino e aprendizagem dos conceitos próprios da Matemática e que explora e incentiva o uso de representações gráficas para resolver situações-problema de contagem (por vezes reais e tão próximas do cotidiano escolar, familiar e comunitário da criança), ganha novas dimensões e obtém alcances que vão além de somente oportunizar o aluno para a apropriação dos conceitos básicos da Análise Combinatória.

A proposta da pesquisa, cujos resultados ora se avalia, traz consigo a alegria de ver o engajamento dos alunos ao trabalharem com situações próprias da Matemática; o papel e a responsabilidade que a escola tem com a formação da personalidade das crianças; o valor que a escola representa em suas vidas; a constatação acerca da importância das crianças não se afastarem da escola; a importância do ensino da Matemática para o crescimento pessoal de cada criança enquanto cidadão; e a responsabilidade que as crianças devem ter com os estudos, adquirida desde cedo com a ajuda de seus pais e seus professores - considerando que todos os sujeitos da pesquisa estiveram presentes em todos os cinco encontros, chegando antes do horário estabelecido e fora do turno das aulas normais.

Ademais, o trabalho de pesquisa em questão contou também, e principalmente, com o incentivo das professoras dos alunos e com a disponibilidade que elas sempre emprestaram para tornar possível consolidar a proposta da sequência de ensino como um importante instrumento de pesquisa.

O pesquisador/autor acredita firmemente nos propósitos que empreendeu nesta pesquisa com o encaminhamento pedagógico. Os resultados obtidos com esse grupo de alunos confirmaram suas expectativas e hipóteses de pesquisa, segundo as quais a escolha da metodologia utilizada na proposição da sequência de ensino da pesquisa oportuniza o aluno para a apropriação de conhecimentos relacionados ao ensino e à aprendizagem dos conceitos básicos da Análise Combinatória.

A metodologia oportunizou aos alunos condições de se apropriarem de conceitos, procedimentos e estratégias que emergem durante a resolução das situações propostas durante e após a leitura atenta dos enunciados.

O pesquisador está convencido de que este é o caminho a ser trilhado para uma efetiva aprendizagem dos conceitos básicos da Análise Combinatória, considerando os resultados que foram obtidos nessa investigação.

Essa mesma escolha metodológica também pode ser feita por professores que atuam no ensino fundamental, não somente com alunos que estão cursando a 4ª série/5º ano, mas também em séries posteriores, possivelmente com ênfases diferenciadas e a seleção de situações-problema com complexidade compatível com as ações cognitivas dos alunos envolvidos, inclusive com alunos da Educação de Jovens e Adultos.

Por fim, o pesquisador/autor também está convencido de que o ensino e a aprendizagem da Análise Combinatória (problemas de contagem) nos anos iniciais do ensino fundamental devem necessariamente ser desenvolvidos com a utilização de ações metodológicas incentivadoras e abordagens significativas e efetivas que contribuam para que os alunos apreciem a temática. Tais abordagens devem contemplar e ser tais que:

- ✓ O professor incentive os alunos para o exercício constante do raciocínio combinatório durante a resolução de situações-problema de contagem desafiadoras e atraentes;
- ✓ O professor deve incentivar o aluno para que ele fique atento ao fato de que, a cada instante, desde a leitura atenta do enunciado de um problema de contagem, o raciocínio combinatório é empregado para a determinação de cada um dos tipos diferentes de agrupamentos-solução entre os objetos (letras, pessoas, algarismos etc.) envolvidos em uma situação-problema de contagem;
- ✓ O incentivo do professor para que o aluno faça a construção de uma representação gráfica ou apenas utilize parte dela;
- ✓ O professor deve considerar que o ponto de partida de uma atividade matemática é a situação-problema proposta e não a definição ou a conceitualização precoce dos conceitos, de modo massificado;
- ✓ O professor deve considerar que a nomeação e a utilização de rótulos para os diversos tipos de agrupamentos de objetos não favorecem uma aprendizagem efetiva dos conceitos básicos da Análise Combinatória;
- ✓ O professor deve considerar que o uso de fórmulas é inadequado para alunos do ensino fundamental;
- ✓ O professor deve considerar que no processo de ensino e aprendizagem das noções básicas da Análise Combinatória, conceitos, conteúdos, procedimentos e ideias sejam abordados enquanto os alunos exploram a resolução de um problema de contagem e que será preciso que eles mobilizem alguma estratégia e apropriem-se desses conhecimentos;
- ✓ O professor deve proporcionar aos alunos um ambiente que os estimule a criar, discutir, refletir, rever, comparar, perguntar, questionar e ampliar seu campo conceitual;

  E, por fim,
- ✓ O professor deve incentivar a apropriação de conceitos e estratégias apropriadas da resolução de problemas de contagem pelos alunos sem a necessidade de formalizar os conceitos, mas pela proposição de problemas desafiadores e interessantes.

3.3 Resultados das pesquisas de alguns autores acerca do ensino e aprendizagem da Análise Combinatória com alunos da educação básica

No que se segue, apresenta-se uma síntese de artigos que contêm os resultados das pesquisas relacionadas à temática "Problemas de contagem (noções básicas da Análise Combinatória)" com alunos dos anos iniciais do ensino fundamental.

O autor deste livro considerou relevante, e em consonância com os propósitos deste livro, apresentar um resumo dos resultados das pesquisas que foram apresentadas pelos autores dos artigos selecionados - e também de outros autores, em textos aqui não mencionados.

Igualmente, os resultados das pesquisas serviram de balizador para que o autor se certificasse ainda mais sobre a importância de propor situações-problema que objetivam ensinar o leitor a raciocinar de modo combinatório, bem como em relação à tarefa de selecionar e estruturar as atividades apresentadas neste livro.

Conforme Inhelder e Piaget (1955), "o raciocínio hipotético-dedutivo opera com as possibilidades que o sujeito descobre e avalia, por meio de operações combinatórias".

Esta capacidade pode relacionar-se com os estágios descritos na Teoria de Piaget, conforme se pode constatar na citação a seguir: "Depois do período das operações formais, o adolescente descobre procedimentos sistemáticos de construção combinatória, ainda que para as permutações seja necessário esperar a idade de 15 anos" (Navarro-Pelayo, Batanero e Godino 1996, p. 2).

Todavia, os resultados de uma pesquisa de Fischbein (1975) *apud* Navarro-Pelayo, Batanero e Godino (1996) mostram que a "capacidade de resolver situações-problemas que envolvem o raciocínio combinatório (problemas combinatórios) nem sempre se alcançará no nível das operações formais se um ensino específico do assunto não for oferecido" (Navarro-Pelayo, Batanero e Godino, 1996, p. 2).

Ademais, Fischbein e Gazit (1988) identificaram em suas pesquisas que:

> Crianças de 10 anos puderam aprender ideias combinatórias explorando situações-problema em que a árvore de possibilidades se constituiu em uma representação adequada para introduzir ideias relativas ao raciocínio combinatório (Fischbein e Gazit (1988)).

Tall e Vinner (1981) ressaltam a "importância da construção da imagem conceitual por alunos, em qualquer momento da escolaridade".

Segundo Tall e Vinner (1981) (*apud* Teixeira (2012b)), é importante que o professor conheça e oportunize seus alunos a ampliarem a imagem conceitual. Esses autores definem *imagem conceitual* como:

> Imagem conceitual é uma estrutura cognitiva total que é construída na mente de uma pessoa a respeito de determinado conceito matemático abrangendo todas as ideias, imagens mentais, impressões, representações visuais e descrições verbais relativas a propriedades e processos que envolvem aquele determinado conceito (Tall e Vinner, 1981, p. 2).

Mais ainda, segundo Tall e Vinner (1981) (*apud* Teixeira (2012b)) tem-se que:

> Como resultado e por meio de experiência de todos os tipos que uma pessoa se vê envolvida ao longo do tempo a imagem de um conceito vai se constituindo e se transformando continuamente quando ela passa pelo enfrentamento de novos estímulos (Tall e Vinner, 1981, p. 2).

Assim, é preciso que o professor proponha diversos problemas com o propósito de oportunizar o aluno a ampliar a visão conceitual que ele tem acerca daquele determinado conceito envolvido na situação-problema.

Por outro lado, pesquisas têm apontado para as dificuldades presentes no trabalho que o professor desenvolve em sala de aula de maneira que seus alunos se apropriem de conceitos e procedimentos próprios da Matemática, desde as séries iniciais, conforme relatam Placha e Moro (2009):

> Outro ponto a destacar nessas pesquisas refere-se ao que Piaget (1973) já assinalava como o principal problema do ensino da Matemática: o ajuste entre as estruturas inteligentes da criança e o método utilizado pelo professor para o ensino dos conceitos. Conforme essa posição, é indispensável a intervenção do professor para, em sala de aula, levar os alunos à reflexão e à descoberta de noções, relações e propriedades

> matemáticas, fazendo-os, assim, evoluir sua compreensão dos conceitos trabalhados (Placha e Moro, 2009, p. 7).

Prosseguindo, Placha e Moro (2009) assim se manifestam:

> Um dos pontos que merecem destaque neste quadro é a preocupação dos pesquisadores em conhecer, compreender e explicar o caráter ativo da aprendizagem de conteúdos matemáticos escolares, indicando a necessidade de uma aprendizagem matemática com compreensão dos conceitos (Placha e Moro, 2009, p. 7).

Em relação *à* essa questão, toma-se, a seguir, considerações de Starepravo (1997) (*apud* Placha e Moro (2009)) relativas a essa questão, a saber:

> Starepravo (1997) pontua que a ação mental é empobrecida quando as crianças recebem informações prontas e, em seguida, aplicam essas informações em exercícios escolares; a ação mental só ocorre quando a criança coloca o novo em relação com aquilo que já conhece e vivenciou (Placha e Moro, 2009, p. 8).

De maneira a considerar uma aprendizagem significativa, nos valemos das considerações feitas por Papert (1994) (*apud* Placha e Moro (2009)), a esse respeito:

> Papert (1994) sublinha que a aprendizagem significativa ocorre a partir da solução de problemas e do estabelecimento de relações com as experiências vividas. O autor ressalta que os conhecimentos que as crianças têm devem conectar-se aos problemas propostos em sala de aula; caso contrário, a aprendizagem não será significativa (Placha e Moro, 2009, p. 8).

Com o propósito de conhecer como as crianças dos anos iniciais do ensino fundamental apresentam soluções para os problemas de contagem por meio do produto cartesiano, consideraram-se os resultados de uma pesquisa de Placha e Moro (2009), cujas considerações finais acerca da pesquisa são apresentadas a seguir.

Quanto ao trabalho intitulado "Problemas de Produto Cartesiano, Raciocínio Combinatório e Intervenção do Professor" de Placha e Moro (2009), o objetivo principal da pesquisa foi o de

> [...] descrever a natureza das soluções de crianças para os problemas de produto cartesiano conforme os níveis de raciocínio combinatório ali implicado, de modo a identificar a aprendizagem ocorrente e a natureza das intervenções de ensino (Placha e Moro, 2009, p. 1).

Participaram da pesquisa cinco crianças de nove anos, alunos da 3ª série de uma escola municipal. As autoras identificaram os seguintes níveis de solução presentes nas resoluções apresentadas pelos alunos, sujeitos da pesquisa:

> Resposta contextualizada sem indício de combinação;
> Primeiras aproximações à solução combinatória;
> Obtenção de algumas combinações; e
> Presença de solução combinatória (Placha e Moro, 2009).

As autoras fizeram as seguintes indicações para os professores e pesquisadores da área de educação matemática:

> [...] a relevância das estratégias de solução próprias das crianças, em particular suas interpretações a respeito de quando aprendem Matemática na escola.
> [...] dá força à ideia de que, nas séries iniciais do ensino fundamental, deve-se trabalhar com problemas de produto cartesiano para ativar o raciocínio combinatório e sempre com base no patamar de compreensão em que as crianças se encontram.
> [...] sublinha a provável importância e a necessidade de os professores conhecerem o conceito matemático com o qual trabalham, e os patamares de sua construção, para que possam auxiliar seus alunos nessa construção em situações de aprendizagem (Placha e Moro, 2009, p. 15).

No trabalho intitulado "Psicogênese do raciocínio combinatório e problemas de produto cartesiano na escola fundamental", de autoria de Soares e Moro (2006), o objetivo da pesquisa foi o de

> [...] verificar a possibilidade de descrição psicogenética do raciocínio combinatório; as autoras descreveram níveis e subníveis da construção inicial do raciocínio combinatório de alunos de 5ª e 6ª séries do ensino fundamental (Soares e Moro, 2006, p. 1).

O trabalho contou com a participação de 60 alunos pertencentes a uma escola pública localizada na periferia de uma grande cidade, sendo 31 deles da 5ª série e 29 da 6ª série, com idades entre 10 anos e 7 meses e 11 anos e 11 meses, na resolução de quatro problemas de contagem.

Segundo as autoras:

> Os problemas envolvem ideias de produto cartesiano com duas e três variáveis; dados com valores numéricos pequenos e grandes, e contendo ou não valores distratores (valores que não fazem parte dos dados utilizados para resolver a questão), distribuídos entre eles (Soares e Moro, 2006).

Para a análise dos dados coletados das resoluções apresentadas pelos alunos, as autoras categorizaram quatro níveis de construção de raciocínio combinatório, a saber:

> [...]
> Ausência de solução combinatória;
> Primeiros indícios de soluções combinatórias;
> Alguma aproximação de soluções combinatórias; e Presença de soluções combinatórias (Soares e Moro, 2006).

Por conta dos dados colhidos, as autoras puderam quantificar as frequências e os percentuais das soluções apresentadas pelos participantes, em cada um dos níveis de raciocínio combinatório que haviam categorizado.

Os resultados revelaram "indícios de relação negativa no avanço da escolaridade (soluções de nível mais adiantado obtidos na 5ª série, e não na 6ª série)" (Soares e Moro, 2006).

Mas, segundo as autoras, esses

> [...] indícios são muito perturbados pela alta incidência de soluções de nível 1, ou seja, de ausência de solução combinatória, em ambas

as séries, independentemente do problema, com percentuais que variaram de 60% a 82,8% (Soares e Moro, 2006).

Por outro lado, ressaltam as autoras:

> [...] não são claros os indícios de relação entre os níveis de solução e o tipo de problema trabalhado, pois, para qualquer um deles, há percentuais relativamente altos de soluções correspondentes ao nível 1 (Soares e Moro, 2006).

Por fim, as autoras destacam os limites do estudo relatado e seus resultados, tais como. "a amostra restrita de grupos pequenos de alunos de 5ª e 6ª séries, escolhidos por conveniência" (Soares e Moro, 2006). Assim, as autoras concluem:

> [...] ser necessário um trabalho escolar com problemas de produto cartesiano desde as séries iniciais, devendo ocorrer em um crescendo entre as séries em atenção ao seu significado matemático específico, como circunstância de construção do raciocínio combinatório, entre outras relações significativas ao desenvolvimento cognitivo do aluno, com prováveis reflexos em outras áreas de sua aprendizagem escolar (Soares e Moro, 2006).

No Capítulo 4, a seguir, apresentam-se considerações acerca dos conhecimentos necessários ao professor para desenvolver atividades relacionadas com a resolução de situações-problema básicas de contagem (Análise Combinatória) com alunos dos anos finais do ensino fundamental.

Capítulo 4

Conhecimentos necessários ao professor para desenvolver atividades relacionadas com a resolução de situações-problema básicas de contagem (análise combinatória) com alunos do ensino fundamental

Neste capítulo, serão apresentadas sugestões para os professores de Matemática que atuam com turmas do ensino fundamental, desde o 4º ano, concernentes aos conhecimentos pedagógicos de conteúdo necessários para a resolução das situações-problema de contagem presentes no Capítulo 5, de maneira que eles tenham condições de desenvolver o conteúdo de maneira efetiva.

As sugestões são fruto dos conhecimentos pedagógicos de conteúdo que o autor tem tido a oportunidade de vivenciar com seus alunos nos últimos anos e igualmente repartidos com os professores por meio de minicursos que ministra com frequência.

4.1 Saberes do professor para sua prática

Para cada sequência de situações-problema sugeridas para ser propostas e desenvolvidas com os alunos de determinado ano do ensino fundamental, escolhidas entre as que serão apresentadas no Capítulo 5, são apresentados os objetivos que o autor considera desejáveis para ser alcançados. levando em conta o amadurecimento cognitivo dos alunos e as experiências anteriores com a temática.

O professor deve fazer uma leitura atenta desses objetivos e do enunciado de cada situação-problema que irá propor a seus alunos, de maneira a identificar até onde o autor considera importante explorar aquele (ou aqueles) conceito(s) que está(ão) subjacente(s) em cada item da situação

-problema para que seu aluno também o identifique e dele possa apropriar-se, em diferentes significados.

Considerando as experiências presentes na Zona de Desenvolvimento Proximal (ZDP), segundo a perspectiva de Gérard Vergnaud (1996), é conveniente que o professor proponha que os seus alunos se dividam em grupos de, no máximo, quatro, de modo a desenvolverem as atividades.

Essa sugestão metodológica objetiva que o aluno reflita sobre a leitura do enunciado de cada situação-problema proposta e decida sobre as estratégias que adotará para encaminhar a resolução do problema; que os alunos discutam entre si nos grupos menores e que cada grupo apresente a solução no quadro de giz (se for o caso), de maneira a socializar as discussões entre todos por meio da mediação do professor e, assim, oportunizando que todo o grupo reflita acerca das soluções apresentadas.

Esta prática metodológica permite que cada aluno compare a resolução que fez para uma dada situação-problema com aquela(s) que o grupo decidiu como sendo a(s) mais adequada(s) e certifique-se sobre qual solução é a correta (ou se ambas estão corretas), questionando e refletindo com seus colegas e com o professor.

Por vezes, não é conveniente que o professor peça que um representante de cada grupo menor de alunos apresente a solução do seu grupo no quadro de giz, uma vez que uma solução correta já tenha sido apresentada no quadro por um dos grupos, mas o professor pode perguntar se os alunos têm outra solução diferente daquela.

Em seguida, o professor procede à mediação das discussões acerca da estratégia que foi escolhida para a resolução e quanto aos procedimentos utilizados, questionando os alunos sobre a possibilidade ou não de usar outra(s) estratégia(s).

Pesquisas têm mostrado resultados relevantes na apropriação de conhecimentos quando se oportuniza ao aluno poder refletir e discutir com seus colegas acerca do desenvolvimento de determinadas tarefas em diferentes atividades e quando da resolução de problemas.

Ademais, é preciso dar voz aos alunos. Ouvir suas explicações, justificativas e conclusões a que chegaram é importante para o crescimento do aluno, uma vez que elas podem não ter sido contempladas nas discussões do grupo.

Sobre essa questão valemo-nos das proposições de um grande e respeitado educador e intelectual do século XX, Paulo Freire (2013), contidas na teoria ou como ele mesmo preferia dizer, "certa compreensão ético-crítico -política da educação" conforme a citação a seguir:

> [...] uma das tarefas mais importantes da prática educativo-crítica é propiciar as condições em que os educandos em suas relações uns com os outros e todos com o professor ou a professora ensaiam a experiência profunda de assumir-se. Assumir-se como ser social e histórico, como ser pensante, comunicante, transformador, criador, realizador de sonhos, capaz de ter raiva porque é capaz de amar. Assumir-se como sujeito porque é capaz de reconhecer-se como objeto. A assunção de nós mesmos não significa a exclusão dos outros. É a "outredade" do "não eu", ou do *tu*, que me faz assumir a radicalidade de meu *eu* (Paulo Freire, 2013, p. 42).

Assim, não é conveniente que o professor resolva cada uma das situações-problema propostas no Capítulo 5 no quadro de giz e o aluno apenas copie em seu caderno, pois desse modo, o professor não estará oportunizando o aluno a ler o enunciado com atenção, a enfrentar as dificuldades iniciais de entendimento acerca de quais características os agrupamentos-solução devem atender; a tomar a decisão sobre qual estratégia considera mais adequada para a resolução.

Por fim, o professor não estará dando a oportunidade do aluno apropriar-se dos conhecimentos: identificar o conceito, estabelecer a estratégia que considera adequada utilizar e se deve ou não fazer uso de uma representação gráfica, possivelmente escolhendo a representação numérica. E, em caso de ter decidido por uma representação gráfica, explicitar qual poderá/deverá escolher por considerá-la ser a adequada para resolver a situação proposta.

4.2 Considerações preliminares acerca do ensino e aprendizagem dos problemas de contagem

O autor considera oportuno esclarecer aos leitores, em particular os professores que atuam diretamente com alunos do ensino fundamental em sala de aula, que a metodologia sugerida a seguir para ser aplicada e as possibilidades que ela oferece tem o propósito de oferecer alternativas ao professor em relação ao tratamento tradicional relacionado com o ensino da Análise Combinatória e Probabilidades, usualmente presentes no ensino médio.

O tratamento tradicional possivelmente é o mesmo que o professor experimentou quando aluno da educação básica e/ou quando cursou disciplinas com estes conteúdos no curso superior de formação inicial, mas agora, no universo dos alunos do ensino fundamental, requer um tratamento diferenciado, mormente no que concerne ao não uso de fórmulas para resolver os problemas de contagem.

Portanto, o trabalho do professor para ensinar as noções básicas de Análise Combinatória aos alunos do ensino fundamental ganha novas dimensões: ele precisa conhecer as expectativas e a competência cognitiva de seus alunos de modo a selecionar e organizar as atividades – a escolha das situações-problema –, e definir a maneira adequada como irá desenvolvê-las, para elas oportunizem o aluno a apropriar-se do(s) conceito(s).

Ademais, o professor deve disponibilizar as ferramentas combinatórias adequadas para alimentar o processo de resolução de cada situação-problema considerando os objetivos pensados *a priori*, os quais espera que devam ser atingidos por seus alunos.

Assim, cabe ao professor conhecer os fundamentos teóricos dos conteúdos acerca da temática que será desenvolvida e os conhecimentos pedagógicos desses conteúdos, de modo que esteja em condições de disponibilizar todas as informações suficientes para o aluno desenvolver a atividade sem sua ajuda, mas apenas esclarecendo algo que não tenha acesso, ofertando materiais (concretos ou não) ou fichas, e não se coloque no papel de expositor dos conteúdos.

Mais ainda, o professor deve tomar para si o papel de mediador das discussões que promove com os alunos por conta de possíveis confrontos entre as propostas de resolução e as escolhas de estratégias, intercedendo para disciplinar esses momentos, questionando, levantando hipóteses, contestando, orientando possíveis mudanças de rumo e valorizando as soluções que considere adequadas.

O professor deve preparar-se para saber decidir o momento adequado para dar por encerrada as discussões e de propor uma síntese acerca do(s) conceito(s) envolvido(s), e se será necessário prosseguir com mais alguma(s) atividades(s), levando em conta as expectativas de aprendizagem que estabeleceu *a priori* e a compreensão dos alunos.

Portanto, enquanto motivador da aprendizagem, o professor tem a prerrogativa docente de estimular a cooperação entre seus alunos, e entre eles e seu trabalho, permitindo que, no desenrolar de suas aulas, seus alunos possam confrontar ideias acerca do que cada um pensa a respeito, do confronto entre o que pensa o aluno e o que pensa o professor, e sobre o que os sujeitos externos a esse universo pensam, por exemplo, o(s) autor(es) do livro didático.

Essa escolha pedagógica pressupõe o preparo do professor em relação à necessidade de formular/reformular argumentos junto com seus alunos (descrevendo de maneira diferente, expressando de outra forma, complementando os dizeres) e de comprová-los (tornando possível que os alunos se convençam ou questionando afirmações).

Por outro lado, o professor deve estar sempre acompanhado de livros que tratam da história da Matemática e outros livros de conteúdos matemáticos com o propósito de (re)estudar a obra e rever o pensamento teórico dos matemáticos. Isto porque os conceitos, teoremas e resultados presentes nessas obras nem sempre são passíveis de comunicação direta com os alunos do ensino fundamental e também pelo fato dos livros didáticos deixarem lacunas de conteúdo e de propostas pedagógicas diferenciadas.

Portanto, cabe ao professor "transformar" todo o conhecimento matemático relativo à temática, e já formalizado, presente na história da Matemática, em conteúdos, atividades, jogos e problemas adequados ao desenvolvimento cognitivo dos alunos, de modo que ele seja passível de ser ensinado e aprendido por eles.

Para um determinado conhecimento, será preciso contar com o trabalho do professor de maneira que ele selecione situações de aprendizagem diferentes daquelas que lhe deram origem com o objetivo de oportunizar que o aluno se aproprie dele e mobilize-o.

Por sua vez, o conhecimento deverá estar descontextualizado quando da apropriação pelo aluno, de maneira que a partir daí, o aluno tenha condições de transferi-lo e mobilizá-lo em novas situações contextualizadas. E, possivelmente, generalizá-lo e transferi-lo para diferentes contextos.

As possibilidades que o professor deve oportunizar aos seus alunos contribuem de modo significativo para a formação e o desenvolvimento da capacidade cognitiva deles, além delas configurarem formas de aprendizagens significativas que favorecem a construção dos conhecimentos.

De maneira a corroborar com as sugestões metodológicas para o trabalho docente apresentadas acima, o autor lança mão, mais de uma vez, das propostas de Paulo Freire (2013) acerca dos saberes docentes, desde o curso de formação inicial do professor, conforme se constata na citação a seguir:

> A reflexão crítica sobre a prática se torna uma exigência da relação teoria/prática, sem a qual a teoria pode virar blá-blá-blá e a prática, ativismo.
> O que me interessa agora, repito, é alinhar e discutir alguns saberes fundamentais sobre a prática educativo-crítica ou progressista e que, por isso mesmo, devem ser conteúdos obrigatórios à organização programática da formação docente. Conteúdos cuja compreensão, tão clara e tão lúcida quanto possível, deve ser elaborada na prática formadora. É preciso, sobretudo, e aí já vai um destes saberes indispensáveis, que o formando, desde o princípio mesmo de sua experiência formadora, assumindo-se como sujeito também da produção do saber, se convença definitivamente de que ensinar não é transferir conhecimento, mas criar as possibilidades para a sua produção ou a sua construção (Paulo Freire, 2013, p. 24).

Reforçamos a afirmação de Paulo freire, acima, segundo a qual "ensinar não é transferir conhecimento, mas criar as possibilidades para a sua produção ou a sua construção" (Paulo Freire, 2013, p. 24).

4.3 Considerações acerca da apropriação e exercício do raciocínio combinatório na resolução das primeiras situações-problema de contagem propostas no Capítulo 5

Quando as situações-problema de contagem presentes no Capítulo 5 forem desenvolvidas pelos alunos com a mediação do professor, elas permitirão que o professor reflita sobre sua prática e, na prática, em relação aos conhecimentos de conteúdo, conhecimentos pedagógicos de conteúdo, procedimentos e estratégias suficientes para a abordagem da temática e acerca dos conhecimentos curriculares: como a temática deve ser inserida no planejamento das atividades, para cada ano escolar e no ano letivo.

Ademais, o desenvolvimento de todo o conteúdo por meio da proposição de situações-problema permite que o professor identifique e conheça como se dá a apropriação e o desenvolvimento das noções diretamente relacionadas com o exercício do raciocínio combinatório, com crianças em idades a partir dos 9-10 anos, que estudam no 4º ano do ensino fundamental, e com jovens dos anos seguintes do ensino fundamental, além de jovens e adultos da Educação de Jovens e Adultos (EJA).

A sequência de atividades parte da proposição de situações-problema nas quais o leitor/aluno tem de pintar todas as faixas (listras) de bandeiras ou não, dispondo de uma ou mais cores, com o propósito de que ele identifique a importância e a necessidade de ter de estabelecer um modo sistemático para efetuar as pinturas via algum padrão pessoal.

De posse de um modo sistemático, possivelmente o leitor/aluno ficará convencido de que o estabelecimento dele é suficiente para garantir que conseguirá atingir o quantitativo exato de bandeiras que devem ser pintadas, para cada novo problema que for proposto.

Com a proposição de atividades como estas, o professor terá condições de investigar se o aluno realiza as pinturas das listras (faixas) das bandeiras (ou "folhas" de "trevos") segundo um modo sistemático que respeita um padrão pessoal ou se realiza as pinturas segundo o método de tentativas e erros.

O propósito que é esperado ser alcançado pelo leitor/aluno é de que com essas atividades, ele vá aos poucos se apropriando e desenvolvendo o raciocínio combinatório - aliado à ludicidade de fazer pinturas de bandeiras (ou trevos).

O autor considera serem estas, neste livro, as primeiras motivações para o exercício do raciocínio combinatório.

Os objetivos do leitor/aluno se apropriar do raciocínio combinatório e de passar a exercitá-lo serão possíveis de ser atingidos se houver a ajuda do professor.

Essa ajuda se configura na medida em que o professor vai alterando, gradativamente, o quantitativo de faixas (listras, folhas) e cores disponíveis para realizar tais tarefas e quando altera a quantidade de bandeiras que são desenhadas para ser pintadas em quantidades suficientes ou não, chegando às situações-problema em que os desenhos das bandeiras deixam de ser feitos.

É um trabalho que exige do professor paciência, persistência e atenção constantes de modo a poder identificar como se dá a apropriação do raciocínio combinatório pelo aluno, corrigindo eventuais distorções.

É muito importante a atenção constante do professor no sentido de observar como se dá a obtenção de um padrão próprio sistemático para fazer as pinturas de listras (faixas) de bandeiras pelo aluno, e em que momento o aluno considera necessário ter de estabelecê-lo, não no sentido de que o professor tenha de antecipar e exigir do aluno que ele estabeleça determinado padrão, logo de início, mas com o propósito de identificar em que momento o aluno sente a necessidade de estabelecê-lo. Portanto, objetiva que o professor conheça as razões que levaram o aluno a ter essa necessidade e de tomá-la naquele determinado momento.

Esse momento de aprendizagem configura-se de muita importância para a aprendizagem dos conceitos básicos da Análise Combinatória. Nele, o aluno passa a desempenhar o papel de protagonista de sua aprendizagem, sem a interferência direta do professor. Essa autonomia que o aluno obteve terá repercussões em sua aprendizagem e contribuirá para o favorecimento de tomadas de decisões que ele fará por toda a vida.

Uma vez que o aluno saiba, de antemão, que o total de possibilidades distintas de pinturas de bandeiras é a quantidade exata de bandeiras que já foram desenhadas - com as cores que dispõe em mãos e as exigências estabelecidas no enunciado -, a ele só resta ir pintando uma a uma as bandeiras.

Possivelmente, ele poderá dar algumas "paradas" no ato de ir pintando as bandeiras, em determinados momentos. E enquanto vai fazendo as pinturas, ele pode até comparar as pinturas que já fez para se certificar de que não houve repetições, pensar sobre o que ainda precisa fazer e continuar a fazer as pinturas com tranquilidade, sem se preocupar com nada além de somente pintar.

Por vezes, e nessas situações, o aluno sequer se questiona se a totalidade de bandeiras que estão desenhadas na situação-problema é o quantitativo exato das possíveis bandeiras que deveriam ser consideradas.

Se o enunciado da situação-problema não faz menção desse fato, possivelmente o aluno nem sente necessidade de ter de estabelecer um padrão sistemático para as pinturas. Ou seja, ele vai pintando uma a uma cada uma das bandeiras que estão desenhadas, despreocupadamente, correndo até o risco de repetir pinturas, sem que se aperceba de tal.

O estabelecimento de um padrão próprio de pinturas possivelmente pode ser feito por algum aluno somente nas situações-problema em que não seja ofertado o total exato de bandeiras que deveriam ser pintadas de modos distintos, ele se dá conta de que isso acontece e, então, sente necessidade de ter que desenhar mais alguma(s) bandeira(s), possivelmente consultando o professor acerca do que está ocorrendo.

Nesses casos, e talvez por não ter certeza sobre a quantidade exata de bandeiras que deve pintar, o aluno pode sentir-se na situação de ter de criar algum mecanismo que o permita estabelecer a contagem exata de bandeiras a ser pintadas, e esse mecanismo pode ser o estabelecimento de um padrão próprio para pintar as listras das bandeiras.

Ou, então, a certeza de que pintou a quantidade exata de bandeiras que deveria ter pintado só virá para o aluno quando ele comparar a sua solução com as soluções de outros colegas do grupo. Ou ainda, essa certeza só virá com o desenrolar das discussões que todo o grupo de alunos da turma tiver experimentado, com a mediação do professor.

Portanto, à medida que o aluno estabelece um padrão sistematizado próprio de pintura das listras (faixas) de bandeiras (ou "folhas" de "trevos"), ele passa a ter condições de refletir até que ponto esse padrão estabelecido irá ajudá-lo a encaminhar um procedimento que lhe dá a garantia de que o total de bandeiras que devem ser pintadas de modos diferentes é o que ele faz por meio da concretização de todas as possibilidades que atendem ao padrão sistemático por ele estabelecido.

Ou seja, o estabelecimento do padrão próprio de sistematização de pinturas é o início de um modo novo de atuação para os alunos, possivelmente diferente de tudo o que já haviam experimentado, um modo próprio de pensar e refletir acerca das possibilidades que permite o caminhar para a apropriação e o desenvolvimento do raciocínio combinatório.

Assim, à medida que o raciocínio combinatório vai sendo apropriado, incorporado e exercitado, dia após dia, e à medida que o aluno vai enfrentando novos desafios enquanto resolve novas situações-problema de contagem, ele vai sentindo-se mais seguro em relação às decisões que precisa tomar, sobre os procedimentos que utiliza e sobre o que é preciso ser feito por ele.

O padrão próprio de sistematização de pinturas estabelecido por um aluno ainda precisa ser confrontado em diferentes situações-problema, uma vez que esse padrão pode levá-lo a cometer algum engano na contagem de todas as diferentes possibilidades que devem ser consideradas quando da pintura de outras bandeiras.

Por exemplo, podem ocorrer enganos dos seguintes tipos: contagem a maior, para mais, isto é, casos em que poderá vir a repetir pinturas já feitas ou contagem a menor, para menos, isto é, casos em que alguma possibilidade deixou de ser contabilizada na contagem total de possibilidades.

Assim, esse padrão próprio de sistematização de pinturas só se tornará efetivo na medida em que o aluno o testar em cada caso: conferindo as pinturas que foram feitas, as pinturas que faltam ser feitas ou, ainda, o quantitativo de possibilidades que possivelmente foi feito a maior.

É recomendável que o professor oportunize ao aluno, dando-lhe voz, que ele opine quanto às vantagens de ter estabelecido seu padrão sistemático próprio de pinturas de bandeiras e que outros colegas possam, eventualmente, sugerir melhorias ou possíveis alterações naquele padrão ao questionarem o colega.

O procedimento próprio estabelecido pelo aluno para a pintura de listras (ou "folhas") servirá de base para que ele se aproprie e desenvolva o raciocínio combinatório do seu jeito próprio de pensar, uma vez que as ações e as tomadas de decisão para a construção de uma árvore de possibilidades, por exemplo, se assemelham aos procedimentos utilizados nas pinturas das listras das bandeiras quando o padrão sistemático for utilizado por ele, por exemplo.

É interessante que o professor peça aos alunos que a mesma sequência de movimentos para pintar as listras de uma bandeira seja mostrada quando da construção da correspondente árvore de possibilidades.

Por essas razões, é recomendável que o professor fique atento aos momentos em que os alunos se apercebem do quanto a apropriação de um padrão sistemático de pintura de listras facilita a compreensão acerca das diferentes "combinações" que podem (e precisam) ser feitas entre os elementos de dois conjuntos: blusas e saias, por exemplo, com relação ao modo como uma pessoa pode vestir-se.

Também se recomenda ao professor que identifique em quais momentos o aluno sente a necessidade (ou constata a vantagem) de construir alguma representação gráfica (árvore de possibilidades ou tabela de dupla entrada, por exemplo) de modo a obter a solução (ou as soluções) de uma situação-problema de contagem a partir do momento em que as bandeiras não são mais disponibilizadas para a pintura e se quer saber de quantos modos é possível pintá-la, dispondo de certo quantitativo de distintas cores.

Evidentemente, o que se pretende com o desenvolvimento dos problemas de contagem - que envolvem o Princípio Multiplicativo desde os anos iniciais do ensino fundamental - não é o desenvolvimento de um trabalho baseado na definição de termos ou de fórmulas envolvendo tais assuntos.

Relativamente aos problemas de contagem, o objetivo é levar o aluno a lidar com situações que envolvam diferentes tipos de agrupamentos que possibilitem o desenvolvimento do raciocínio combinatório e a compreensão do Princípio Multiplicativo para sua aplicação no cálculo de probabilidades. Também a resolução de problemas de contagem, incluindo os que envolvem o Princípio Multiplicativo, por meio de estratégias variadas, como a construção de esquemas e tabelas.

É preciso construir um espaço amostral de eventos equiprováveis, utilizando o Princípio Multiplicativo ou simulações para estimar a probabilidade de sucesso de um dos eventos.

Tendo em vista que os alunos já desenvolveram estratégias para resolver os problemas de contagem nos ciclos anteriores, apoiados em tabelas, diagramas etc., os problemas poderão apresentar números um pouco maiores de modo que percebam que o Princípio Multiplicativo é um recurso que auxilia a resolver mais facilmente muitos problemas. Ou seja, a resolução de situações-problema de contagem que envolvem o Princípio Multiplicativo por meio de estratégias variadas, como a construção de diagramas, árvores de possibilidades, tabelas e esquemas, sem a aplicação de fórmulas.

Tem-se ainda a construção do espaço amostral, utilizando o Princípio Multiplicativo e a indicação da probabilidade de um evento por meio de uma razão.

A multiplicação de números naturais envolve diversas ideias. Eis um exemplo de situação do campo multiplicativo associada à ideia de combinatória:

Lancei dois dados, um vermelho e um azul. Quantos *resultados diferentes são possíveis encontrar?*

A combinatória também está presente em situações relacionadas com a divisão, tais como:

No decorrer de uma festa, foi possível formar 12 casais diferentes para dançar. Se havia três moças e todas elas dançaram com todos os rapazes, quantos eram os rapazes?

Trata-se de situações em que é necessário determinar a quantidade de elementos de uma coleção finita, organizada de uma determinada maneira - contagem dos casos possíveis.

Em princípio, problemas como estes podem ser resolvidos sem que seja necessário fazer nenhum cálculo, uma vez que a solução pode ser obtida pela contagem direta das possibilidades.

Nesse caso, o objeto da aprendizagem é a descoberta de um procedimento, como a construção de uma tabela de dupla entrada, um diagrama ou uma árvore de possibilidades que assegure a identificação de todos os casos possíveis.

Assim, é indispensável que os alunos produzam diversas representações para buscar os casos possíveis antes de se pretender que reconheçam a utilização de um cálculo multiplicativo.

Por outro lado, se lhes forem apresentados apenas problemas com quantidades pequenas, não terão a necessidade de aplicar o Princípio Multiplicativo, pois o procedimento da contagem direta é suficiente para obter a solução.

A resolução dos problemas de contagem, no ensino fundamental, coloca o aluno diante de situações em que é necessário agrupar objetos, em diferentes quantidades, caracterizando os agrupamentos feitos como agrupamentos-solução da situação-problema proposta.

Ao tentar solucionar essas situações, ele poderá aperfeiçoar a maneira de contar os agrupamentos e desenvolver, assim, o raciocínio combinatório.

Consequentemente, poderá desenvolver maior segurança e criatividade para enfrentar as situações-problema de caráter aleatório, que dependem de uma contagem sistematizada, e dispor de uma ferramenta útil e motivadora para a aprendizagem da probabilidade e da estatística.

Eram essas as inovações discutidas àquela ocasião:

✓ Os primeiros contatos dos alunos com os problemas de contagem devem ter como objetivo a familiarização com a contagem de agrupamentos de objetos, de maneira formal e direta - fazer uma lista de todos os agrupamentos possíveis e depois contá-los;

✓ A exploração dos problemas de contagem levará o aluno a compreender o Princípio Multiplicativo.

Tal princípio está quase sempre associado a situações do tipo: "Se cada objeto de uma coleção A for combinado com todos os elementos de uma coleção B, quantos agrupamentos desse tipo podem ser formados?"

Os autores dos PCN permitem-nos refletir quanto àquilo que a Matemática pode oferecer aos cidadãos para a aquisição de habilidades e competências básicas necessárias à sua inserção em uma sociedade cada vez mais competitiva.

Em Matemática, para que essa metodologia da resolução de problemas obtenha resultados satisfatórios, desde o início do processo, será preciso que os alunos desenvolvam habilidades de leitura e interpretação dos enunciados dos problemas.

A resolução de problemas

O processo da resolução de problemas em Matemática envolve quatro diferentes aspectos de conhecimento, conforme Fernandes (1988):

- Conhecimento de fatos, algoritmos e da Matemática em geral que cada indivíduo possui;
- Conhecimento das estratégias da resolução de problemas, também conhecidas por estratégias heurísticas;
- Conhecimento das estratégias de verificação (controle), relacionadas com a forma como o indivíduo utiliza e gera a informação que está ao seu alcance;
- Sistemas de concepções/pré-conceitos, que se relacionam com a visão que cada um tem de si próprio, da Matemática, dos problemas e do mundo em geral.

Entendemos que as aulas ministradas segundo a metodologia da resolução de problemas ocupam lugar de destaque no ensino da Matemática por se constituírem no ponto de partida da atividade matemática.

Aulas com essas características revestem-se de importância para o ensino da Matemática no sentido de permitir que os alunos desenvolvam sua própria compreensão quando da apropriação dos conceitos matemáticos, uma vez que, por meio delas, espera-se haver uma participação ativa dos alunos quando buscam a solução para os problemas postos, segundo Teixeira (2012).

Porém, é preciso ter cuidado ao considerar o fato de que ao resolver problemas se está dando ao aluno a visão efetiva da aprendizagem dos conceitos matemáticos.

É fato que um dos grandes talentos de um indivíduo está no fato dele pensar.

Enquanto professor, deve-se pedir aos alunos aquilo que é próprio da mente humana: a de selecionar dados, organizar informações, elaborar hipóteses, formular questionamentos, avaliar resultados etc.

A posse da "realidade" permite colocar o conhecimento em ação em um determinado contexto, o que ocasiona a construção do saber, pois não basta apreender a "verdade da realidade", o conhecimento. É necessário construir a "realidade da verdade", o saber.

Isso significa que o aluno, vivenciando uma realidade, está trazendo, dessa mesma realidade, o conhecimento - a verdade da realidade -, e ao usar esse conhecimento, ele busca construir, de maneira autônoma, o seu saber, a realidade da verdade (Teixeira e Passos, 2013).

Guy Brousseau (2008) usou esses conceitos de conhecimento e saber em sua Teoria das Situações Didáticas e definiu alguns termos dentro dessa teoria.

4.4 Sugestões para o professor desenvolver os conteúdos básicos relacionados com a resolução dos problemas de contagem

Nesta seção, apresentamos uma sugestão para o desenvolvimento didático de uma sequência de situações-problema de contagem que objetiva a apropriação de conceitos, estratégias e procedimentos próprios dos conteúdos básicos da Análise Combinatória com alunos do ensino fundamental que estão tendo os primeiros contatos com a temática.

Esta sugestão metodológica vem ao encontro de uma questão mais ampla, qual seja: a de compreender que a Matemática abarca um enorme campo de relações e padrões de regularidades cuja coerência desperta a curiosidade e instiga a capacidade de abstrair, generalizar e fazer previsões.

Por sua vez, esse campo favorece que o sujeito estruture seu pensamento de maneira que possa desenvolver um raciocínio lógico-dedutivo, indispensável para lidar com os temas da Matemática.

Para o ensino e a aprendizagem das ideias básicas da Análise Combinatória, convocamos os leitores, em particular os professores que atuam com turmas do ensino fundamental, ao enfrentamento da proposta de ensinar esses conteúdos "despindo-se", desde já, de crenças e convicções que possivelmente ainda reinam em algumas salas de aula Brasil afora, concernentes às dificuldades de ensinar e aprender a Análise Combinatória.

O ensino das noções básicas da Análise Combinatória não requer conhecimentos anteriores de Matemática que não o de exercitar as quatro operações básicas com números naturais positivos: adição, subtração (muito pouco), multiplicação e divisão.

Resultados de pesquisas e informações presentes em documentos oficiais têm mostrado, com intensidade, que as aprendizagens em Matemática que procuram o caminho da reprodução de procedimentos e o acúmulo de informações têm apresentado frequentes insucessos.

A distribuição gratuita de livros didáticos, por vezes de qualidade duvidosa, também tem contribuído para esse insucesso por conta do professor frequentemente se apoiar neles para ensinar aos seus alunos sem que, por vezes, ao menos faça algumas poucas reflexões acerca de como os conteúdos estão sendo apresentados e desenvolvidos.

Assim, alguns professores tomam o livro didático como única referência e seguem as orientações do(s) autor(es), reproduzem no quadro de giz a resolução dos exemplos apresentados e eles próprios resolvem alguns dos exercícios propostos, sem oferecer a oportunidade de seus alunos lerem o enunciado e refletirem sobre o que é preciso fazer.

Por vezes, soma-se a esse quadro o fato do professor não ter onde procurar alternativas para ensinar de modo eficaz, restando-lhe como única ferramenta didática o próprio livro que seu aluno estudará para aprender.

O professor resolve uns poucos exercícios e dá por encerrado aquele conteúdo, passando para outra unidade de conteúdos.

Por conta disso, esses professores acabam por contribuir para formar alunos "que não compreendem a Análise Combinatória, não percebem os princípios básicos por trás da solução dos problemas, e que detestam essa parte da Matemática" (Lima, 2001, p. 395).

Não basta sugerir que o professor explore o uso de materiais didáticos (por vezes até de baixo custo) e a proposição de problemas contextualizados (em algumas vezes, situações irreais, artificiais) para que se tenham garantias de estar oferecendo uma aprendizagem eficaz.

É preciso propor atividades que motivem o professor, e este motive seus alunos, para que o aluno compreenda o significado da atividade e a razão dela estar sendo proposta por seu professor, e que seja possível que ele estabeleça conexões com o que já acumulou de experiências escolares anteriores.

E mais ainda, é preciso que a atividade possibilite ao aluno poder estabelecer relações e fazer conexões com outros conteúdos da Matemática e, se possível, conexões com temas de outras disciplinas, com experiências do seu dia a dia e com os objetivos a que se propõe a atividade.

Quanto ao estabelecimento de relações, assim se referem os autores dos PCN, em Brasil (1997):

> O estabelecimento de relações é tão importante quanto a exploração dos conteúdos matemáticos, pois, abordados de forma isolada, os conteúdos podem acabar representando muito pouco para a formação do aluno, particularmente para a formação da cidadania (Brasil, 1997, p. 38).

4.5 O recurso da metodologia da resolução de problemas

Apoiamos nossas sugestões, para o encaminhamento da sequência de ensino que será proposta no próximo item, nos resultados das pesquisas que foram desenvolvidas pelo autor, com alunos dos anos iniciais e com professores que atuam na educação básica.

Consulte Teixeira (2014), Teixeira (2015a), Teixeira (2015b) para conhecer as pesquisas e os resultados que foram obtidos.

Todo o trabalho que será desenvolvido considera a escolha da resolução de problemas como o caminho adequado para que o aluno se aproprie dos conceitos, dos princípios básicos de contagem (conceitos e princípios básicos da Análise Combinatória), das representações gráficas e numéricas, e da mobilização de estratégias e procedimentos, com o propósito de resolver situações-problema de contagem.

Essa escolha metodológica encontra eco nas posições dos autores dos PCN, em Brasil (1997), conforme se pode identificar na citação a seguir:

> A prática mais frequente consiste em ensinar um conceito, procedimento ou técnica e depois apresentar um problema para avaliar se os alunos são capazes de empregar o que lhes foi ensinado. Para a grande maioria dos alunos, resolver um problema significa fazer cálculos com os números do enunciado ou aplicar algo que aprenderam nas aulas.
>
> Desse modo, o que o professor explora na atividade matemática não é mais a atividade, ela mesma, mas seus resultados, definições, técnicas e demonstrações.
>
> Consequentemente, o saber matemático não se apresenta ao aluno como um sistema de conceitos, que lhe permite resolver um conjunto de problemas, mas como um interminável discurso simbólico, abstrato e incompreensível.
>
> Nesse caso, a concepção de ensino e aprendizagem subjacente é a de que o aluno aprende por reprodução/imitação (Brasil, 1997, p. 42-43).

Segundo os autores dos PCN, em Brasil (1997), quando o foco escolhido está na resolução de problemas, essa proposta requer a defesa de alguns princípios, a saber:

- o ponto de partida da atividade matemática não é a definição, mas o problema. No processo de ensino e aprendizagem, conceitos, ideias e métodos matemáticos devem ser abordados mediante a exploração de problemas, ou seja, de situações em que os alunos precisem desenvolver algum tipo de estratégia para resolvê-las;
- o problema certamente não é um exercício em que o aluno aplica, de forma quase mecânica, uma fórmula ou um processo operatório. Só há problema se o aluno é levado a interpretar o enunciado da questão que lhe é posta e a estruturar a situação que lhe é apresentada;
- aproximações sucessivas ao conceito são construídas para resolver certo tipo de problema; num outro momento, o aluno utiliza o que aprendeu para resolver outros, o que exige transferências, retificações, rupturas, segundo um processo análogo ao que se pode observar na história da Matemática;

- o aluno não constrói um conceito em resposta a um problema, mas constrói um campo de conceitos que tomam sentido num campo de problemas. Um conceito matemático se constrói articulado com outros conceitos, por meio de uma série de retificações e generalizações;
- a resolução de problemas não é uma atividade para ser desenvolvida em paralelo ou como aplicação da aprendizagem, mas uma orientação para a aprendizagem, pois proporciona o contexto em que se pode apreender conceitos, procedimentos e atitudes matemáticas (Brasil, 1997, p. 43-44).

Uma vez que sejam considerados os princípios acima, os autores dos PCN, em Brasil (1997), chamam a atenção para algumas características das situações que podem ser entendidas como problemas, conforme a seguir:

> Um problema matemático é uma situação que demanda a realização de uma sequência de ações ou operações para obter um resultado. Ou seja, a solução não está disponível de início, no entanto, é possível construí-la.
> Em muitos casos, os problemas usualmente apresentados aos alunos não constituem verdadeiros problemas, porque, via de regra, não existe um real desafio nem a necessidade de verificação para validar o processo de solução.
> O que é problema para um aluno pode não ser para outro, em função do seu nível de desenvolvimento intelectual e dos conhecimentos de que dispõe (Brasil, 1997, p. 44).

Os autores dos PCN, em Brasil (1997), apontam pressupostos para que o aluno resolva um problema, a saber:

- elabore um ou vários procedimentos de resolução (como, por exemplo, realizar simulações, fazer tentativas, formular hipóteses);
- compare seus resultados com os de outros alunos;
- valide seus procedimentos (Brasil, 1997, p. 44-45).

Quanto à resolução de um problema, a apresentação da sua resposta e o convencimento de alguém de que o que foi feito está certo, assim se manifestam os autores dos PCN, em Brasil (1997):

> Resolver um problema não se resume em compreender o que foi proposto e em dar respostas aplicando procedimentos adequados. Aprender a dar uma resposta correta, que tenha sentido, pode ser suficiente para que ela seja aceita e até seja convincente, mas não é garantia de apropriação do conhecimento envolvido.
> Além disso, é necessário desenvolver habilidades que permitam pôr à prova os resultados, testar seus efeitos, comparar diferentes caminhos, para obter a solução. Nessa forma de trabalho, o valor da resposta correta cede lugar ao valor do processo de resolução.
> O fato de o aluno ser estimulado a questionar sua própria resposta, a questionar o problema, a transformar um dado problema numa fonte de novos problemas, evidencia uma concepção de ensino e aprendizagem não pela mera reprodução de conhecimentos, mas pela via da ação refletida que constrói conhecimentos (Brasil, 1997, p. 45).

4.6 Sugestões para introduzir alguns conteúdos de Matemática com o uso de conceitos da Análise Combinatória

A seguir, apresentamos algumas sugestões de tópicos da Análise Combinatória que o professor pode usar como elemento motivador para a introdução de outros conteúdos de Matemática para os alunos do ensino fundamental.

1. Quando trabalhar com as propriedades da multiplicação de números naturais.

Pode propor que os alunos resolvam cada um dos problemas de contagem a seguir, como motivação inicial.

1.1 Propriedade comutativa da multiplicação

Ana tem duas saias: uma azul e outra preta; e tem três blusas: uma branca, uma rosa e uma amarela. De quantos modos Ana pode vestir-se?

As duas árvores de possibilidades, desenhadas a seguir, ilustram a propriedade comutativa, pois 2 x 3 = 3 x 2 = 6.

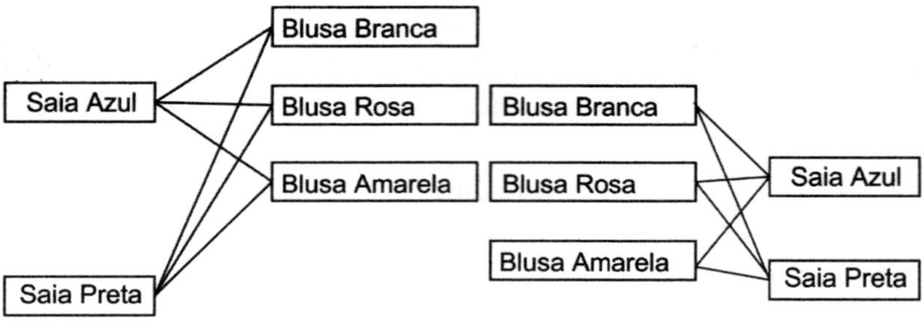

Figura 1: Árvores de possibilidades que ilustram a propriedade comutativa

1.2 Propriedade associativa da multiplicação

Ana tem duas saias: uma azul e outra preta; tem três blusas: uma branca, uma rosa e uma amarela; e tem dois tipos de calçados: tênis e sandália. De quantos modos Ana pode vestir-se?

As duas árvores de possibilidades, desenhadas a seguir, ilustram a propriedade associativa da multiplicação de números naturais, pois (2 x 3) x 2 = 2 x (3 x 2) = 12.

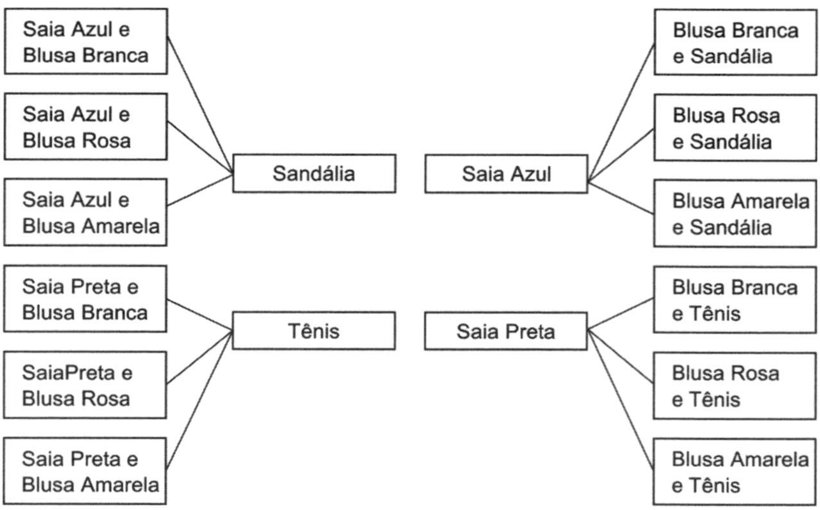

Figura 2: Árvores de possibilidades que ilustram a propriedade associativa

2. Quando trabalhar com potências de números naturais positivos.

A proposta é pedir que os alunos construam uma árvore de possibili-

dades que mostre os descendentes deles até a terceira ou quarta gerações como potências do número 2, como mostra a figura abaixo:

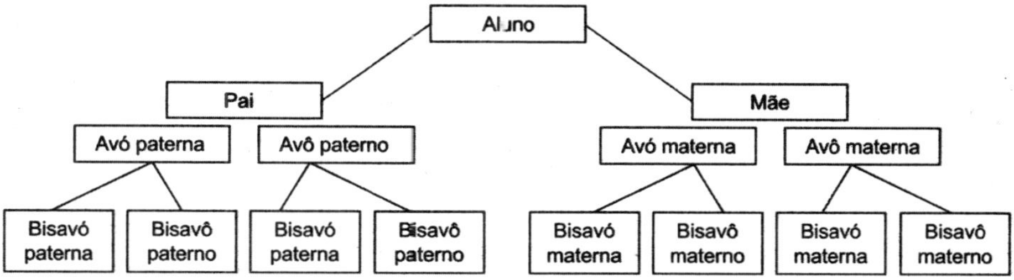

Figura 3: Árvore de possibilidades que ilustra as potências de 2

3. Quando trabalhar com os divisores de um número natural positivo.

O quadro da Aritmética de números naturais é constituído da construção do conjunto, operações elementares e resultados envolvendo esses elementos.

Já o quadro da Teoria dos Conjuntos é constituído por relações de pertinência, inclusão e operações entre conjuntos, entre outros. Se a axiomática que envolve os números naturais for considerada, o quadro inclui todos os resultados já matematicamente provados.

Para provar que o procedimento da determinação de todos os divisores de um número - bastante utilizado nos livros didáticos da educação básica - sempre funciona, mas se torna incipiente para resolver outras questões correlatas, precisamos lançar mão da ideia de mudança de quadros - segundo a perspectiva de Douady (1992).

Suponha que se queira resolver o seguinte problema:

✓ Exemplo 1: Quantos divisores inteiros e positivos o número 12 tem?

Uma parcela considerável de professores dos anos iniciais do ensino fundamental utiliza o seguinte processo para determinar quais são os divisores de 12 e como calcular o quantitativo desses divisores:

		1		
12	2	2		
6	2	2		
3	3	3	6	12
1				

Figura 4: Dispositivo prático para a determinação dos divisores de 12

É um procedimento canônico bastante conhecido e utilizado pelos professores. Igualmente, ele está presente em muitos livros didáticos.

Da maneira como o procedimento é apresentado e desenvolvido, ele funciona bastante bem para certo tipo de situações que envolvem a determinação de todos os divisores de um número e a totalidade dos divisores via contagem direta, como é o caso do exemplo acima.

As questões que se colocam são:

- ❖ Por que esse procedimento funciona?
- ❖ Qual justificativa matemática está presente em sua utilização?

Depois de dividir o número pelos divisores primos em ordem monótona (iguais ou maiores que) e, assim, fatorar o número dado segundo os números primos, o professor desenha um traço vertical e coloca o número 1 em destaque.

Por que razão se faz assim?

Resposta usual: Porque é assim, costumam os professores referir-se a esse repetido hábito.

Em seguida, multiplicam-se os fatores primos do número dado pelos resultados anteriores.

Por fim, o professor informa a seus alunos que, pelo fato de 12 ser escrito como $12 = 2^2.3^1$, então, para determinar o quantitativo de divisores de 12, basta tomar os expoentes dos fatores primos do número dado e, um a um, após somar uma unidade a cada um deles, multiplicá-los entre si, obtendo o total de divisores.

Assim, para o caso do total de divisores de 12, tem-se: $(2+1).(1+1) = 3.2 = 6$ divisores.

- ❖ Mas, por que isso sempre funciona?
- ❖ Por que é feito assim?

De modo a provar que este procedimento funciona perfeitamente bem, faremos uma mudança de quadros de maneira a provar que este procedimento é válido e encontra fundamentação teórica matemática para garantir que o resultado seja verdadeiro.

Vejamos:

Um número **a** é divisor de 12 se, e somente se, **a** tem a forma $\mathbf{a} = 2^m.3^n$,

$m \in \{ 0,1,2 \}$ e $n \in \{ 0,1 \}$, pois $12 = 2^2.3^1$.

Como 1 é divisor de qualquer número diferente de zero, então, as escolhas $m = 0$ e $n = 0$ são as escolhas triviais, ou seja, é a menor das escolhas para os expoentes de todos os fatores primos do número dado, quando combinados.

Essas escolhas sempre serão possíveis de ser feitas quando fatoramos o número cujos divisores desejamos conhecer e queremos determinar a quantidade desses divisores.

Neste exemplo, as escolhas recaem nos fatores primos 2 e 3 como $2^m.3^n = 2^0.\ 3^0 = 1$, para $m = 0$ e $n = 0$.

As outras opções de escolhas para os expoentes dos fatores primos 2 e 3 são as seguintes:

- $m = 1$ e $n = 0$, que determina o divisor $2^m.\ 3^n = 2^1.\ 3^0 = 2$;
- $m = 2$ e $n = 0$, que determina o divisor $2^m.\ 3^n = 2^2.\ 3^0 = 4$;
- $m = 0$ e $n = 1$, que determina o divisor $2^m.\ 3^n = 2^0.\ 3^1 = 3$;
- $m = 1$ e $n = 1$, que determina o divisor $2^m.\ 3^n = 2^1.\ 3^1 = 6$;
- $m = 2$ e $n = 1$, que determina o divisor $2^m.\ 3^n = 2^2.\ 3^1 = 12$;
- e essas encerram as escolhas possíveis.

O esquema a seguir, parecido com uma "árvore", mostra a fatoração de 12 em fatores primos.

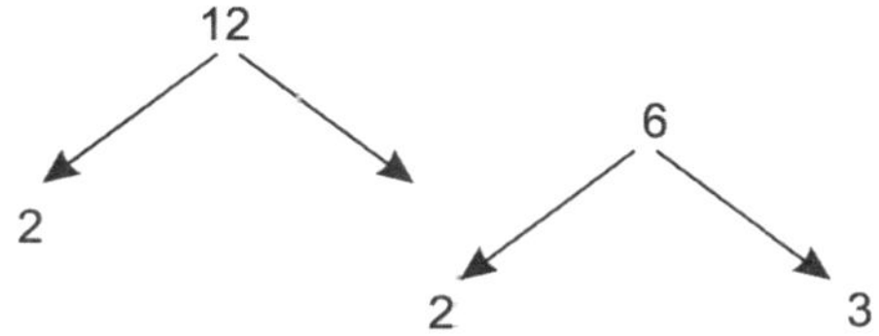

12 = 2 x 2 x3

Figura 5: Árvore que mostra a fatoração de 12 em números primos

Essa disposição mostra que o número 12 possui mais de dois divisores, uma vez que a indicação mais à esquerda não apresenta o número 1, como seria no caso do número ser primo como, por exemplo, o número 5:

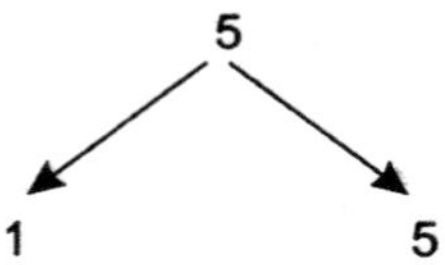

Figura 6: Árvore que mostra a fatoração de 5 em números primos

Também poderia ser apresentado aos alunos segundo uma tabela de dupla entrada. A tabela a seguir ilustra a "combinação dos fatores primos 2 e 3 e seus possíveis expoentes" entre si:

Tabela 1: Tabela de dupla entrada com as "combinações" entre si dos fatores primos de 12 e seus possíveis expoentes

Fator primo 3 e seus expoentes Fator primo 2 e seus expoentes	3^0	3^1
2^0	$2^0 x 3^0 = 1$ ($2^0,3^0$)	$2^0 x 3^1 = 3$ ($2^0 x 3^1$)
2^1	$2^1 x 3^0 = 2$ ($2^1 x 3^0$)	$2^1 x 3^1 = 6$ ($2^1 x 3^1$)
2^2	$2^2 x 3^0 = 4$ ($2^2 x 3^0$)	$2^2 x 3^1 = 12$ ($2^2 x 3^1$)

Portanto, o total de divisores do número 12 é 6.

O número de modos para escolher o expoente do fator primo 2 é 3, consoante sejam as escolhas 0, 1 ou 2. O número de modos para escolher o expoente do fator primo 3 é 2, consoante sejam as escolhas 0 ou 1.

Cada escolha do expoente do fator primo 2, podemos combinar com uma escolha para o expoente do fator primo 3. Portanto, pelo Princípio Multiplicativo (ou Princípio da Multiplicação) da Análise Combinatória, tem-se que o número total de escolhas possíveis é 3.2 = 6, correspondente ao total de divisores do número 12.

De modo similar ao método de colocar o número 1 em destaque, como visto no procedimento anterior, justificam-se essas escolhas de expoentes iguais a zero, sempre, como foi feito na observação anterior quando da escolha de $m = 0$ e $n = 0$ (uma escolha imediata, natural).

Assim, se um número possui os fatores primos 2, 3, 5, 7, 11 etc., sempre haverá a escolha natural de todos os expoentes iguais a 0 determinando, então, o valor $1 = 2^0.3^0.5^0.7^0.11^0...$

Essa escolha é sempre possível, uma vez que o conjunto de opções dos expoentes dos fatores primos de um número é um conjunto de números naturais em que 0 é sempre um de seus elementos.

Por outro lado, fica claro que elevar qualquer fator primo do número dado à potência 1 e os demais fatores primos do número à potência zero, determinam-se todos os fatores primos do número dado que, obviamente, também são divisores imediatos do número dado.

No exemplo dado, tem-se $2^1.3^0 = 2$ e $2^0.3^1 = 3$ como os divisores primos diferentes de 1.

Assim, para provar que o procedimento apresentado acima de fato "funciona", será preciso fazer uma mudança de quadros para o quadro da Análise Combinatória, onde é possível provar que o "procedimento" em tela nada mais é que um mecanismo para justificar as escolhas de 0 como os expoentes dos fatores primos do número dado para determinar o divisor 1, e os demais divisores do número são obtidos por combinação entre os possíveis expoentes dos fatores primos presentes no número.

Esse prova - por meio dos conceitos da Análise Combinatória - é bastante enriquecedora no sentido de permitir responder a outras questões dentro desse mesmo contexto de divisores de um número, como, por exemplo:

- Decidir se um determinado número é ou não divisor de outro sem que seja preciso determinar todos os divisores do número dado e comparar com o número que foi apresentado para a pergunta, mas sim, compreender de que modo o número é decomposto como produtos de seus fatores primos elevados aos possíveis expoentes;
- Responder à pergunta tomando por base a possibilidade ou não da escolha de todos os expoentes do número que se deseja verificar, se é divisor ou não dos respectivos fatores primos dos dois números.

Assim, por exemplo, responder se 8 é ou não divisor de 12 se resume a fatorar o número 8, o que dá 2^3, e constatar que 3 não é uma escolha possível entre as opções dos expoentes do fator primo 2 presente na fatoração do número 12, que são 0, 1 ou 2, pois $12 = 2^2.3^1$.

Portanto, conclui-se que 8 não é divisor de 12.

Exemplos de exercícios que podem ser explorados:

a) Quais são os divisores de 16?
b) Quais são os divisores de 36?
c) Quais divisores de 16 não são divisores de 36?
d) Que número tem mais divisores, o número 12 ou o número 15?
e) Quais divisores de 36 são quadrados perfeitos?
f) Quais divisores de 144 são quadrados perfeitos?
g) Quais divisores de 729 são cubos perfeitos?

✓ Exemplo 2: Suponha que, agora, se está diante da situação de determinar qual o menor número natural que tem 24 divisores.

Como proceder?

O procedimento apresentado acima, de fatorar um número e determinar os divisores dele, não é suficiente para resolver este problema.

Nesse caso, deve-se decidir sobre as escolhas dos expoentes dos fatores primos 2, 3, 5 e 7, respectivamente os expoentes β, φ, δ e ϱ, que satisfazem aos possíveis produtos dos expoentes somados com a unidade, $(\beta + 1).(\varphi + 1).(\delta + 1).(\varrho + 1) = 24$, tomando dois dos fatores primos, três fatores ou até quatro fatores, e decidir acerca de quais são os expoentes dos fatores primos que determinam o menor número com 24 divisores.

Assim, possivelmente um aluno começaria a solução desse problema construindo a tabela abaixo (ou outra similar) para o uso de dois ou até quatro dos fatores primos 2, 3, 5 ou 7, e obteria o menor dos números que tem 24 divisores.

Tabela 2: Determinação do menor número que possui 24 divisores

24 escrito em 2, 3 ou 4 produtos	Expoente do fator primo 2	Expoente do fator primo 3	Expoente do fator primo 5	Expoente do fator primo 7	Número obtido contendo 24 divisores	Situação
24=3.2.2.2	2	1	1	1	22.31.51.71=420	MAIOR
24=2.3.2.2	1	2	1	1	21.32.51.71=630	MAIOR
24=2.3.4	1	2	3	0	21.32.53.70=750	MAIOR
24=2.4.3	1	3	2	0	21.33.52.70=1350	MAIOR

24=3.2.4	2	1	3	0	22.31.53.70=1500	MAIOR
24=3.4.2	2	3	1	0	22.33.51.70=270	**MENOR**
24=4.2.3	3	1	2	0	23.31.52.70=600	MAIOR
24=4.3.2	3	2	1	0	23.32.51.70=360	MAIOR
24=3.8	2	7	0	0	22.37.50.70=...	MAIOR
24=4.6	3	5	0	0	23.35.50.70=....	MAIOR

Analisando os resultados obtidos na tabela acima, conclui-se que o menor número que tem 24 divisores é o número 270.

✓ Exemplo 3: Vejamos agora como poderíamos proceder para determinar quantos são os números menores que 100 que têm 12 divisores.

Como proceder?

Nesse caso, a exemplo do problema anterior, deve-se decidir sobre todas as escolhas dos expoentes dos fatores primos 2, 3, 5 etc. que satisfazem aos possíveis produtos $(^{\beta} + 1).(\varphi + 1).(^{\varphi} + 1) = 12$ e que determinam os números com 12 divisores e menores que 100.

Também aqui pode ser feita uma mudança de quadros para o quadro da Análise Combinatória e a análise das possibilidades também pode ser feita sobre as folhas terminais de uma árvore de possibilidades, como serão mostrados em seguida.

A tabela a seguir mostra as análises que são feitas.

Tabela 3: Determinação dos números menores que 100 que possuem 12 divisores

12 escrito em 2 ou 3 produtos	Expoente do fator primo 2	Expoente do fator primo 3	Expoente do fator primo 5	Número obtido, com 12 divisores	Situação
12=2.2.3	1	1	2	$2^1.3^1.5^2=150$	MAIOR
12=2.3.2	1	2	1	$2^1.3^2.5^1=90$	***MENOR(*)***
12=3.2.2	2	1	1	$2^2.3^1.5^1=60$	***MENOR(*)***

12=1.12	0	11	0	$2^0.3^{11}.5^0$=...	MAIOR
12=12.1	11	0	0	$2^{11}.3^0.5^0$=...	MAIOR
12=2.6	1	5	0	$2^1.3^5.5^0=486$	MAIOR
12=6.2	5	1	0	$2^5.3^1.5^0=96$	***MENOR(*)***
12=3.4	2	3	0	$2^2.3^3.5^0=108$	***MAIOR***
12=4.3	3	2	0	$2^3.3^2.5^0=72$	***MENOR(*)***
12=4.3	3	2	0	$2^3.3^2.5^0=72$	***MENOR(*)***

Analisando os resultados obtidos na tabela acima, conclui-se que os números 60, 72, 90 e 96 são todos os possíveis números menores que 100 que possuem 12 divisores.

✓ Exemplo 4: Vejamos outra situação de mudança de quadros. Queremos determinar o número de modos de iluminar uma sala que possui quatro lâmpadas em perfeito estado de funcionamento.

De uma maneira simplificada podemos obter a solução após utilizar a enumeração de todas as possibilidades e contá-las.

A seguir, apresentamos todas as possibilidades que se têm para iluminar a sala:

- Iluminando a sala com uma única lâmpada acesa: L1, L2, L3 e L4, ou seja, quatro possibilidades;
- Iluminando a sala com duas lâmpadas acesas: L1-L2, L1-L3, L1-L4, L2-L2, L2-L4 e L3-L4, ou seja, seis possibilidades;
- Iluminando a sala com três lâmpadas acesas: L1-L2-L3, L1-L2-L4, L1-L3-L4 e L2-L3-L4, ou seja, quatro possibilidades;
- Iluminando a sala com todas as quatro lâmpadas acesas: L1-L2-L3-L4, ou seja, uma única possibilidade.

Podemos obter a solução após construir árvores de possibilidades oriundas das ideias do Princípio Multiplicativo da Análise Combinatória e, assim, por enumeração de todas as possibilidades, determinar a solução.

A seguir, tem-se a construção de quatro árvores de possibilidades que mostram as diferentes maneiras de iluminar a sala:

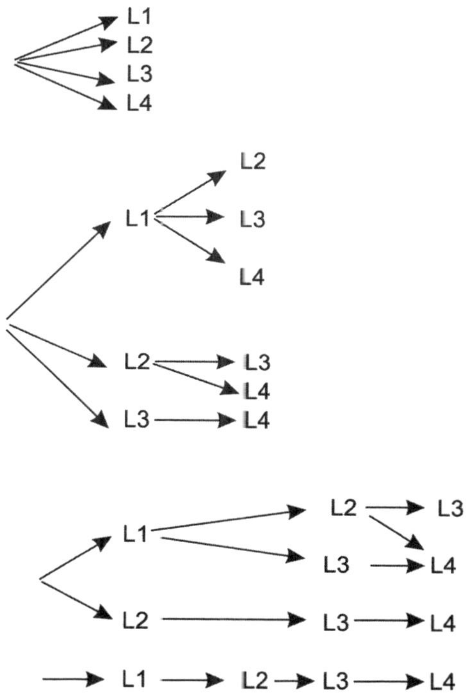

Total de possibilidades: 15

Figura 7: Árvore de possibilidades para a solução do exemplo 4

Assim, por enumeração das soluções do problema, têm-se 15 diferentes maneiras de iluminar uma sala que dispõe de quatro lâmpadas.

✓ Exemplo 5: Poderíamos fazer uma mudança de quadros para provar, de outro modo, que o resultado é verdadeiro, agora utilizando resultado da Teoria dos Conjuntos.

Vejamos:

Dado o conjunto A = {L1,L2,L3,L4}. O conjunto de partes desse conjunto é dado por:

□(A) = {Ø, {L1}, {L2}, {L3}, {L4}, {L1,L2}, {L1,L3}, {L1,L4}, {L2,L3}, {L2,L4}, {L3,L4}, {L1,L2,L3}, {L1,L2,L4}, {L1,L3,L4}, {L2,L3,L4}, {L1,L2,L3,L4}}.

A quantidade de elementos do conjunto de partes é dada por #□(A) = 2^4 =16. Como devemos ter ao menos uma lâmpada acesa de modo que a sala fique iluminada, o conjunto Ø não deve ser considerado, em função de representar o fato de que todas as lâmpadas estão desligadas.

Assim, têm-se 2^4 -1 = 16 – 1 = 15 possibilidades de iluminar a sala.

✓ Exemplo 6: Poderíamos fazer uma nova mudança de quadros para provar, de outro modo, que o resultado é verdadeiro, novamente utilizando conceitos oriundos do Princípio Multiplicativo.

Há duas possibilidades para a lâmpada L1 estar acesa ou apagada. O mesmo se aplica às demais lâmpadas da sala. Assim, o total de possibilidades é dado por 2.2.2.2 = 16 possibilidades.

Mas, entre essas 16 possibilidades, incluímos a possibilidade de que as quatro lâmpadas estão todas apagadas.

Logo, desse total de 16 possibilidades, é preciso retirar essa possibilidade (todas as lâmpadas apagadas), ficando, então, com 15 distintos modos de ter a sala acesa quando se têm quatro lâmpadas.

Esse resultado pode ser generalizado para um quantitativo de n lâmpadas em uma sala e queremos calcular o total de diferentes modos de iluminar essa sala, o que dá um total de (2^n – 1) diferentes modos de ter a sala iluminada.

Segundo Teixeira (2012), situações-problema de contagem como as que foram apresentadas acima não são comuns de ser apresentadas pelos professores em sala de aula.

Assim se refere Teixeira (2012) sobre essa questão:

> Ademais, são raros os livros didáticos que sinalizam para a motivação quanto à mobilização de diferentes estratégias para a resolução de um mesmo problema de contagem, uma vez que grande parte deles apresenta a resolução de situações-problema de exemplo por meio da aplicação direta de uma fórmula que, em geral, foi somente apresentada de início.
>
> Além disso, também não identificamos nos livros didáticos a preocupação de orientar o aluno de que não há necessidade do uso de uma fórmula para determinar a solução para um problema de

contagem por meio da apresentação de soluções para problemas de contagem que explorem o uso do Princípio Multiplicativo, do Princípio Aditivo e por meio de uma representação, como a árvore de possibilidades, sem o uso de uma fórmula em prosseguimento. (Teixeira, 2012, p. 391-392).

✓ Exemplo 7: Vejamos outra situação de mudança de quadros. Queremos encontrar um modo de determinar o número total de diagonais de um polígono regular de n lados, $n \geq 3$.

Poderíamos fazer assim:

Escolhido um vértice qualquer v_1, os segmentos de reta que unem os vértices adjacentes a esse vértice (v_2 e v_n) são lados do polígono e, assim, não podem ser contados como diagonais.

Por outro lado, sobram (n-3) vértices do polígono cujos segmentos de reta que os unem ao vértice v_1 são diagonais do polígono. Portanto, a partir desse vértice, podemos traçar (n-3) diagonais.

O mesmo ocorre para quaisquer um dos outros (n-1) vértices do polígono.

Assim, traçamos (n-3).n diagonais.

Mas, todas essas diagonais foram duplamente contadas quando se contam as diagonais a partir de cada uma das extremidades dessas diagonais, o que evidencia uma contagem em dobro.

De modo a obtermos a contagem real, dividimos esse total por 2. Assim, há $d=\frac{(n-3)\,n}{2}$ diagonais em um polígono regular de n vértices (correspondendo a n lados), $n \geq 3$.

4.7 Sugestões para uma sequência de ensino com problemas de contagem

Inicialmente, o professor deve propor aos seus alunos que eles resolvam situações-problema de contagem, como as que estão listadas a seguir e distribuídas ao longo do Capítulo 5:

- Pinturas de bandeiras com duas regiões, dispondo de duas cores ou até quatro cores disponíveis, podendo haver a repetição de uma ou mais cores;
- Pinturas de bandeiras com três regiões, dispondo de duas cores ou até quatro cores disponíveis, podendo haver a repetição de uma ou mais cores;
- Arrumações de até três pessoas em uma "fila indiana";
- Apresentações de bolas de sorvete em casquinhas, com até três sabores diferentes (considerando ou não a posição das bolas na casquinha);
- Possibilidades de arrumações de até três pessoas, lado a lado;
- Possibilidades de um casal ter até três filhos;
- Possibilidades ao jogar uma moeda no chão;
- Possibilidades ao jogar um dado no chão;
- Possibilidades ao jogar duas moedas distintas no chão (ou jogar uma moeda no chão, recolhê-la e tornar a jogá-la);
- Possibilidades ao jogar dois dados distintos no chão (ou jogar um dado no chão, recolhê-lo e tornar a jogá-lo);
- Possibilidades de formar números com dois algarismos, distintos e não, considerando: números pares, números ímpares, números múltiplos de 3, múltiplos de 5 etc.

Com as atividades acima (todas ou parte delas), o professor oportuniza seus alunos a conhecerem, construírem e explorarem as representações gráficas: produto cartesiano, tabela de dupla entrada ou árvore de possibilidades. Possibilita o exercício do raciocínio combinatório, a aplicação dos Princípios Multiplicativo e Aditivo, e o uso de uma representação numérica para obter a contagem total das possibilidades.

Inicialmente, a quantidade de objetos envolvidos nas situações deve ser pequena, como sugerido acima. Depois, com a familiaridade obtida com os diversos tipos de situações-problema de contagem, o professor pode selecionar problemas com quantitativos um pouco maiores.

Essa decisão obrigará o aluno a lançar mão de outra estratégia de resolução que não a da construção de uma representação gráfica, pois perceberá que a construção de uma representação se tornará inviável, seja pelo tempo despendido para construir a representação gráfica, seja pelo espaço que a representação gráfica ocupará em uma folha de papel, por exemplo.

Ou seja, espera-se que, de modo natural, o aluno tome a iniciativa de utilizar uma representação numérica para computar a totalidade de possibilidades e que pode envolver: somente produtos; produtos e somas; produtos e diferença (pouco explorado) em estreita relação com a aplicação do Princípio Multiplicativo ou o Princípio Multiplicativo em conjunto com o Princípio Aditivo, com a forte influência que o raciocínio combinatório exerce na resolução de um problema de contagem, o que é desejável que ocorra, sem o uso de fórmulas.

Assim, atividades como as listadas a seguir poderão ser propostas para os alunos (situações-problema presentes no Capítulo 5 atendem a esses propósitos):

- Pinturas de bandeiras com mais de duas regiões, dispondo de duas ou mais cores disponíveis, podendo haver repetição de uma ou mais cores, e restrições quanto às pinturas das regiões;
- Arrumações de mais de três pessoas em uma "fila indiana", com restrições, tais como: casal estar junto, grupo(s) de pessoas juntas ou separadas etc.;
- Apresentações de bolas de sorvete em casquinhas, com mais de três sabores diferentes disponíveis (considerando bolas de sabores iguais ou que a troca de posição das bolas na casquinha considera uma nova possibilidade ou não);
- Possibilidades de arrumações de mais de três pessoas, lado a lado, com restrições, tais como: casal estar junto, grupo(s) de pessoas juntas ou separadas;
- Possibilidades de um casal ter mais de três filhos;
- Possibilidades ao jogar uma moeda e um dado ano chão;
- Possibilidades ao jogar um dado no chão;
- Possibilidades ao jogar duas moedas distintas e dois dados diferentes no chão, com restrições;
- Possibilidades de formar números com mais de dois algarismos, distintos e não, considerando todos os algarismos disponíveis: números pares, números ímpares, números múltiplos de 3, múltiplos de 5 etc.

Somente quando esses dois momentos de aprendizagem ocorrerem - importantes para a ampliação conceitual do aluno - é que o professor deve começar a explorar situações-problema de contagem que caracterizem certos tipos de agrupamentos de objetos - identificados por meio da leitura atenta do enunciado.

Entre os agrupamentos de objetos, aqueles que comumente são rotulados e explorados no ensino médio.

Porém, é conveniente que o professor não apresente precocemente esses tipos de agrupamentos para os alunos do ensino fundamental de maneira formal, pois as características desses agrupamentos poderão ser identificadas de maneira natural pelos alunos, como é o caso da proposta metodológica com a utilização das situações-problema presentes no Capítulo 5.

Durante os momentos de apropriação dos conceitos e das estratégias de resolução, rotular os agrupamentos não contribui para uma aprendizagem efetiva. Pelo contrário, mais atrapalham que ajudam.

Considerando os resultados das pesquisas realizadas com alunos da educação básica, embora por vezes os alunos saibam nomear as características de cada tipo de agrupamento rotulado, essas informações não são suficientes para que eles consigam identificá-lo quando da leitura do enunciado de uma situação-problema de contagem e, portanto, os alunos não têm iniciativa para decidir a estratégia a ser utilizada para a resolução e tomam a decisão de partir diretamente para resolver o problema com a aplicação de uma fórmula.

Assim, o ensino com essas características parece tomar o caminho da reprodução de rótulos, procedimentos e a associação direta com as fórmulas, ou seja, o da acumulação de informações, afastando-se de uma aprendizagem efetiva.

Nas situações-problema presentes no Capítulo 5, há agrupamentos de objetos dos tipos: permutações simples, permutações com repetição de alguns objetos e de combinações simples.

Ainda em relação às atividades que foram sugeridas acima, elas possibilitam a inserção da ideia de casos possíveis (formação do espaço amostral), uma vez que a contagem dos elementos desse conjunto não deve ser aprendida como uma lista de fórmulas, mas decorrentes de um processo que exige a construção de um modelo simplificado e explicativo da situação, como é o caso, por exemplo, de uma árvore de possibilidades.

Assim, o professor pode começar abordando a definição clássica (formal) de probabilidade "como o quociente do número de 'casos favoráveis' sobre o número de 'casos possíveis'", atribuída a Laplace (1749-1827), mas que apareceu pela primeira vez de forma clara na obra *Liber de Ludo Aleae* de Girolamo Cardano (1501-1576)" (Morgado *et alii*, 1991, p. 105).

Nessa definição clássica, que depende fortemente das ferramentas da Análise Combinatória para a determinação dos "casos possíveis" do experimento aleatório, no espaço amostral; os subconjuntos do espaço amostral são chamados de "eventos" e os elementos do espaço amostral são chamados de "eventos elementares".

Essa definição clássica de probabilidade vale apenas quando o espaço amostral possui uma quantidade finita de elementos e os eventos elementares são "equiprováveis" (igual probabilidade de ocorrência).

Portanto, uma árvore de possibilidades, por exemplo, mostra-se adequada para desenvolver as ideias iniciais de probabilidades, pois as informações contidas nela servem para avaliar as probabilidades (na verdade, ela se transforma em uma árvore de probabilidades) e elas já podem começar a ser exploradas pelo professor desde a proposição das primeiras situações-problema simples de contagem ao identificar os sucessos possíveis, sucessos seguros e as situações de "sorte".

Abaixo são apresentadas duas "árvores de probabilidades":

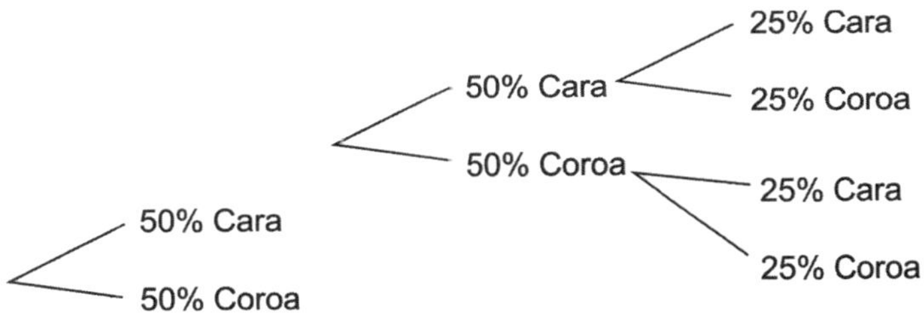

Algumas noções de probabilidade também podem - e devem - ser desenvolvidas pela contagem da frequência de ocorrência de um dado acontecimento e um número razoável de experiências por meio de um processo de experimentação e simulação de ocorrências, a chamada "probabilidade frequentista".

Por exemplo, o professor pode pedir que cada aluno jogue uma moeda no chão por 10 vezes e anote a face voltada para cima, fazendo a contabilização da ocorrência das duas possibilidades feitas por cada um dos alunos da classe. Em seguida, o professor faz o registro de todos os resultados obtidos pelos alunos e coloca-os no quadro de giz para as devidas considerações.

O professor pode, ainda, pedir que cada aluno jogue um dado no chão por 10 vezes e que faça os respectivos registros das ocorrências dos valores das faces do dado voltadas para cima. Em seguida, o professor faz o registro das totalidades dos registros de todos os alunos no quadro de giz e as devidas considerações.

Feitas as duas experiências práticas apresentadas acima (e outras que o professor considerar oportunas), o professor pode concluir com os alunos que quanto maior for a quantidade de "jogadas" da moeda ou do dado no chão, mais próximos serão os valores das probabilidades dos eventos elementares em relação ao valor obtido com a probabilidade clássica.

O professor pode aproveitar a ocasião para falar um pouco PARA seus alunos acerca da Lei dos Grandes Números.[10]

4.8 A resolução e a análise de uma situação-problema de contagem

Considere a situação-problema de contagem a seguir:

- Qual o total de números pares de três algarismos distintos que podem ser formados quando se dispõe dos algarismos 0, 1, 2 e 7?

O raciocínio combinatório começa a ser exercitado a partir do momento que se sabe que um agrupamento-solução será formado por números com três algarismos distintos, terminados em 0 e 2.

Assim, as "combinações" entre os algarismos deverá levar em conta as escolhas dos algarismos para cada um das posições das centenas simples e das dezenas simples em cada um dos casos, separadamente, em função das presenças dos algarismos 0 e 2 na posição das unidades simples.

Para os números terminados com o algarismo 0, há três opções de escolha para o algarismo das centenas simples, 1, 2 ou 7, e há duas opções de escolha para o algarismo das dezenas simples - escolhas feitas entre os algarismos 1, 2 e 7 -, de modo que o algarismo seja distinto do algarismo

---

10 Teorema de Bernoulli (Jaime Bernoulli, 1654-1705), de importância decisiva na Teoria das Probabilidades. Esse teorema deu origem a discussões conceituais ou filosóficas sobre o conceito de probabilidade, também chamado de Lei dos Grandes Números. O Teorema afirma que se dois eventos são igualmente prováveis, após um grande número de experimentos, eles terão sido obtidos aproximadamente o mesmo número de vezes (Morgado et alii, 1991, p. 7).

escolhido para a posição das centenas simples.

Observe que o exercício mental do raciocínio combinatório ("combinar" cada um dos algarismos 1, 2 ou 7 com os outros dois restantes, conforme a primeira escolha) e do raciocínio para escrever o total de possibilidades, em cada caso, resultando em 3 x 2, também pode ser escrito por meio da construção de uma árvore de possibilidades, como a que está desenhada a seguir:

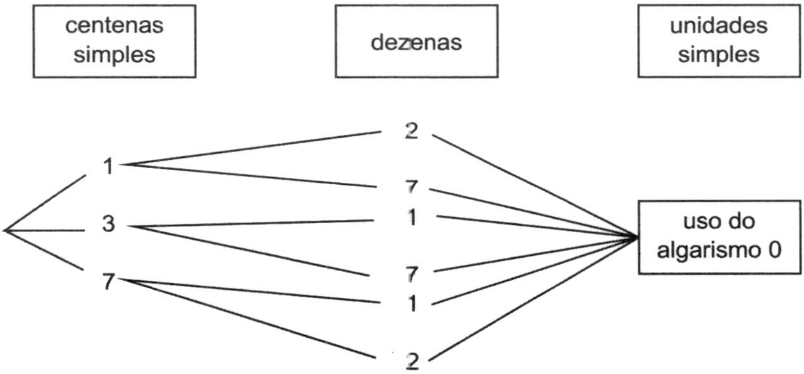

Assim, pelo Princípio Multiplicativo, há 3 x 2 = 6 números com três algarismos distintos terminados em 0.

Mais uma vez, o leitor deve estar atento ao fato de que o algarismo 3, do produto acima, indica o total de ações possíveis para a escolha do algarismo das centenas simples, conforme pode ser comprovado pelos primeiros "galhos" da árvore de possibilidades acima.

Para cada escolha feita em relação ao algarismo das centenas simples, duas ações podem ser feitas em relação à escolha do algarismo das dezenas simples, conforme pode ser comprovado pelos "galhos" seguintes da árvore de possibilidades e que estão indicados pelo algarismo 2 do produto acima.

Finalmente, as diferentes ações de combinar todas as escolhas entre cada algarismo para a posição das centenas simples (em um total de três), com cada escolha referente a cada algarismo das dezenas simples (em um total de dois), estão representadas no produto 3 x 2 e podem ser identificadas pelas "folhas terminais" (assim chamados os "galhos" da árvore mais afastados do "caule") presentes na árvore de possibilidades, em um total de 6.

Para os números terminados com o algarismo 2, há duas opções de escolha para o algarismo das centenas simples, 1 ou 7, pois o algarismo 0 não pode ocupar a posição das centenas simples, e há duas opções de escolha para o algarismo das dezenas simples, 0 e o algarismo não escolhido para a posição das centenas simples, escolhido entre os algarismos 1 e 7.

Observe que o exercício mental do raciocínio combinatório ("combinar" cada um dos algarismos 1 ou 7 com os outros dois restantes, 0 e outro, conforme a primeira escolha) e do raciocínio para escrever o total de possibilidades em cada caso, resultando em 2 x 2, também pode ser escrito por meio da construção de uma árvore de possibilidades, como a que está desenhada a seguir:

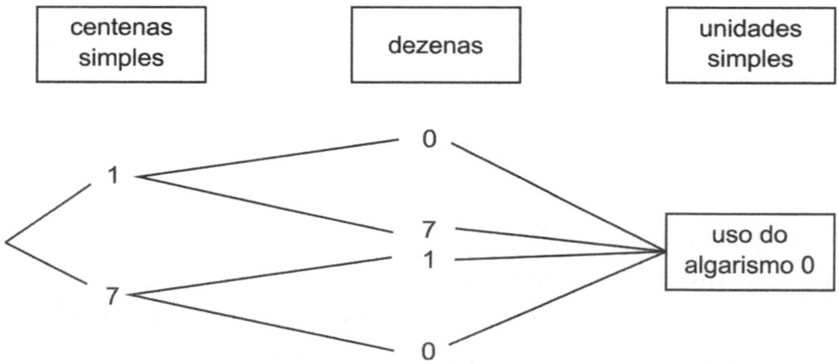

Assim, pelo Princípio Multiplicativo, há 2 x 2 = 4 números com três algarismos distintos terminados em 2.

Mais uma vez, o leitor deve estar atento ao fato de que o primeiro algarismo 2, do produto acima, indica o total de ações possíveis para a escolha do algarismo das centenas simples, conforme pode ser comprovado pelos primeiros "galhos" da árvore de possibilidades acima.

Para cada escolha feita em relação ao algarismo das centenas simples, duas ações podem ser feitas em relação à escolha do algarismo das dezenas simples, conforme pode ser comprovado pelos "galhos" seguintes da árvore de possibilidades e que estão indicados pelo segundo algarismo 2 do produto acima.

Finalmente, as diferentes ações de combinar todas as escolhas entre cada algarismo para a posição das centenas simples (em um total de duas) com cada escolha referente a cada algarismo das dezenas simples (em um total de duas) estão representadas no produto 2 x 2 e podem ser identificadas pelas "folhas terminais" (assim chamados os "galhos" da árvore mais afastados do "caule") presentes na árvore de possibilidades, em um total de 4.

Assim, pelo Princípio Multiplicativo, há 2 x 2 = 4 números com três algarismos distintos terminados em 2.

A resolução do problema foi repartida em duas partes.

A primeira parte da resolução contabilizou o total de números com três algarismos distintos terminados em 0 e registrou o valor de seis possibilidades; a segunda parte contabilizou o total de números com três algarismos distintos terminados em 2 e registrou o valor de quatro possibilidades.

O conjunto dos números com três algarismos distintos terminados em 0 é disjunto do conjunto dos números com três algarismos distintos terminados em 2, isto é, não há nenhum elemento que faça parte dos dois conjuntos. Por essa razão, o Princípio Aditivo pode ser aplicado.

Por meio da aplicação do Princípio Aditivo, há 6 + 4 + 10 números pares com algarismos distintos formados a partir da disponibilidade dos algarismos 0, 1, 2 e 7.

A árvore de possibilidades desenhada a seguir mostra os 10 números pares que podem ser formados.

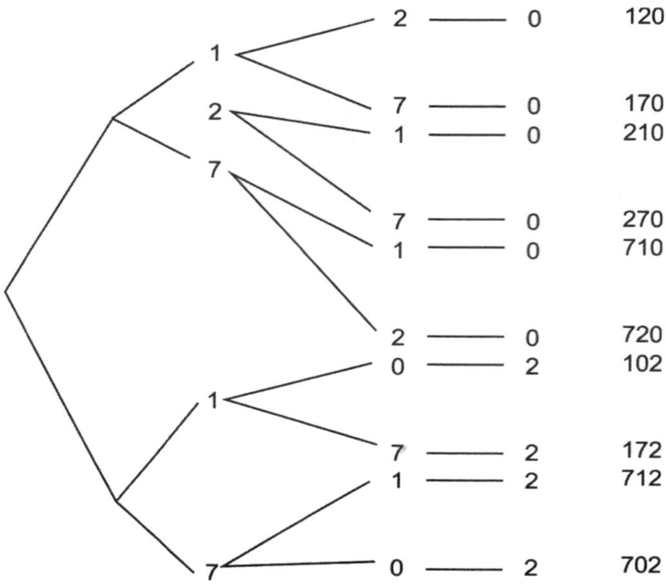

A árvore de possibilidades acima é uma árvore assimétrica (enquanto a ramificação do galho acima possibilita a formação de seis números, a ramificação do galho abaixo possibilita a formação de quatro números).

A situação-problema acima é um bom exemplo para mostrar a importância de usar uma representação gráfica; no caso, foram usadas árvores de possibilidades para obter a solução.

A resolução, como apresentada, também permitiu que o leitor identificasse a aplicação dos dois principais tipos de raciocínio envolvidos na resolução de um grande número de situações-problema de contagem (problemas de Análise Combinatória): o raciocínio aditivo (aplicação do Princípio Aditivo) e o raciocínio multiplicativo (aplicação do Princípio Multiplicativo).

Ainda mais, o exemplo também permite que o leitor constate a ineficácia da aplicação de fórmulas de cálculo para um razoável número de situações-problema relacionadas à formação de agrupamentos-solução e a contagem destes, como é o caso deste exemplo.

Uma crença bastante frequente entre alguns professores e alunos é achar que, por detrás da solução de um problema de Análise Combinatória, deve existir uma ou mais fórmulas que garantam a obtenção da solução. Este exemplo mostra a fragilidade dessa crença.

O leitor pode constatar que o exemplo acima foi bastante explorado, permitindo que o leitor identifique a aplicação dos dois princípios básicos de contagem em conjunto com a construção de árvores de possibilidades, onde o raciocínio combinatório foi exercitado em diferentes momentos da resolução.

O autor considera oportuno que o professor também explore com os seus alunos, tal qual foi feito no exemplo acima, a resolução de situações -problema de contagem que mostrem a ineficácia de alguma fórmula, por si só, de dar conta de resolver um problema de contagem.

Essa postura tem o propósito de desencorajar os alunos quanto à dependência excessiva do uso de uma fórmula para resolver um problema de contagem, esquecendo-se de exercitar o raciocínio combinatório e pensar acerca de qual estratégia de resolução deverá encaminhar.

Essa é uma sugestão de trabalho docente proposta pelo autor e que toma por referência as experiências que têm vivenciado em sala de aula. Quanto a essa questão, assim se manifestam os autores dos PCN, em Brasil (1997):

> É consensual a ideia de que não existe um caminho que possa ser identificado como único e melhor para o ensino de qualquer disciplina, em particular, da Matemática. No entanto, conhecer diversas possibilidades de trabalho em sala de aula é fundamental para que o professor construa sua prática (Brasil, 1997, p. 42).

Finalizando a resolução desse exemplo, chamamos a atenção do leitor para a seguinte questão: a análise combinatória não se constitui em um reservatório de regras de cálculo que têm respaldo em fórmulas de resolução de problemas de contagem e que permitem o cálculo de probabilidades.

É fato que existe uma estreita relação entre a Análise Combinatória e a probabilidade, razão por que Batanero, Godino e Navarro-Pelayo (1997) afirmam que Heitele (1995)

> [...] inclui a combinatória em sua lista das 10 ideias fundamentais para o estudo da Estocástica (parte da Estatística que se utiliza dos

> conceitos da probabilidade), cujo estudo deve estar presente no currículo de Estocástica, explícita ou implicitamente, em situações de ensino (Batanero, Godino e Navarro-Pelayo, 1997, p.).

4.9 Retomando com questões relacionadas ao ensino e aprendizagem dos problemas de contagem

O exercício continuado do raciocínio combinatório é condição importante, e necessária, para o sujeito que está resolvendo um problema de contagem e se vê envolvido com o propósito de obter êxito quanto à solução procurada.

O leitor, ou o sujeito que está resolvendo um problema de contagem, tem de tomar decisões com correção a cada instante da resolução até que, ao menos, um dos agrupamentos-solução de objetos seja obtido. Em seguida, ele deve fazer disparar ideias, estratégias e procedimentos de maneira a se certificar de quais passos ele precisa tomar para encaminhar a resolução e encontrar a solução.

Uma vez que o leitor esteja convencido - após a leitura atenta do enunciado do problema - acerca de como cada um dos agrupamentos-solução deve ser constituído e, portanto, vislumbrar garantias quanto à formação de todos os agrupamentos-solução que farão parte da solução, o passo seguinte será estabelecer uma estratégia de resolução e um procedimento de cálculo para encontrar o total dos agrupamentos-solução que atendem ao problema.

O leitor deve estar atento para a necessidade ou não de tomar a decisão de repartir o problema de contagem em duas partes, tal qual foi feito no exemplo acima: determinar o total de números terminados em 0 e o total de números terminados em 2.

Tal decisão foi necessária em função da presença do algarismo 0 entre os algarismos possíveis de ser utilizados. Se ao invés do algarismo 0 houvesse o algarismo 6, por exemplo, tal necessidade de repartição do problema não ocorreria, pois as possibilidades de formação de números relacionadas com a presença do algarismo 2 na posição das unidades simples são de igual determinação e quantidade àquelas em que o algarismo 6 figura na posição das unidades simples. Ou seja, há 3 x 2 x 2 = 12 números que satisfazem essas condições.

Por sua vez, essas decisões somente poderão ser tomadas em função das possíveis "combinações" entre os objetos considerados em determinado problema de contagem, passo a passo, e com os quais resultem na formação dos agrupamentos-solução que devem ser considerados como aceitos, de modo a estabelecer a contagem total de possibilidades. Essa contagem, por sua vez, resultará na obtenção da solução da situação-problema proposta.

Assim, para os diversos problemas de contagem que poderão ser propostos, ora o raciocínio combinatório é exercitado para fazer "combinações" entre letras, ora é exercitado para fazer "combinações" entre algarismos, objetos, pessoas etc.

Por fim, o raciocínio combinatório é também exercitado para fazer as "combinações" entre todos os "agrupamentos de letras" e todos os "agrupamentos de algarismos" que anteriormente tenham sido formados, separadamente, como é o caso da contagem de placas de automóveis ou motocicletas.

Portanto, pode-se afirmar, então, que tudo o que foi dito acima se refere às necessárias habilidades e competências que são exigidas de um sujeito que está na condição de resolver um problema de contagem proposto, de tal modo que é exigido que ele exercite o raciocínio combinatório de maneira adequada e correta.

Soma-se a tudo isso a necessidade que o sujeito tem de também mobilizar uma ou mais estratégias convenientes de resolução dos problemas de contagem, de maneira que possa encaminhar adequados procedimentos de maneira objetiva, correta e efetiva.

Uma das importantes ações requeridas para quem de debruça na resolução dos problemas de contagem é que o sujeito deve ter a postura de se colocar na posição de quem efetuará cada uma das ações necessárias à formação dos agrupamentos-solução que satisfazem à solução do problema proposto, uma vez que o conhecimento desses agrupamentos permite contabilizar a totalidade deles.

Para o problema que foi proposto acima, o leitor deve colocar-se na posição da pessoa que escreverá um número que atende às condições do problema proposto: o número deve ter três algarismos distintos e ser par.

Logo, o número a ser formado deve terminar em 0 ou 2.

Se o número terminar em 2, e como não pode ter o algarismo 0 na posição das centenas simples, ele será formado por um dos outros dois algarismos na posição das centenas simples.

Mas, se o número terminar em 0, as posições das centenas simples ou das dezenas simples poderão ser ocupadas por quaisquer dos algarismos restantes.

Ao se colocar na posição de quem executa cada uma das ações que são necessárias para identificar e quantificar os agrupamentos-solução, o sujeito precisa exercitar o raciocínio combinatório com o propósito de que, passo a passo, construa pelo menos um agrupamento-solução de objetos que atendem à solução do problema proposto.

Em seguida, é preciso que o sujeito decida sobre qual estratégia ele deve usar para contabilizar todas as possibilidades.

Para estabelecer a estratégia de contagem de todos os agrupamentos-solução, o leitor deve perguntar-se se a troca de posição entre os objetos (letras, pessoas, cores, algarismos etc.) presentes em um agrupamento-solução que ele acaba de obter determinará ou não um novo agrupamento-solução.

Conforme seja a resposta, as estratégias de contagem dos agrupamentos-solução serão diferentes.

Por exemplo, uma vez obtido o agrupamento-solução 102, a troca de posição entre 0 e 1 não determina um novo agrupamento-solução, pois 012 não é um número de três algarismos. Porém, a troca de 172 por 712 determina um novo agrupamento-solução.

Esses momentos de reflexão devem ser incentivados pelo professor aos alunos, de modo que eles compreendam a necessidade de estabelecer estratégias e procedimentos adequados.

Ou, então, pode fazer assim: em algum momento mais adiante, de posse de alguns dos agrupamentos-solução, ou não, será preciso que o sujeito decida com correção quais e quantas são as possibilidades de "combinações entre os objetos" que precisam ser feitas, de modo a poder contabilizar o total delas. Para tal, aplica-se o Princípio Multiplicativo (ou o Princípio Multiplicativo em conjunto com o Princípio Aditivo).

A contagem de todas as possibilidades (agrupamentos-solução) de "combinação" entre os objetos envolvidos em uma situação-problema de contagem é outro procedimento que precisa ser exercitado pelo sujeito que se debruça em resolver problemas de contagem, em um momento posterior àqueles destinados a determinar um ou mais entre os agrupamentos-solução.

Assim, nesses momentos, é possível que o sujeito se veja diante da necessidade de enfrentar tipos de problemas de contagem que o obriguem a ter de lançar mão de uma ou mais ferramentas combinatórias novas, em conjunto ou não.

Por outro lado, a apropriação de conhecimentos e estratégias relacionados ao uso do raciocínio combinatório permite que o aluno se prepare para enfrentar um grande e variado leque de novas situações-problema de contagem, em anos escolares posteriores, possivelmente com maior complexidade no entendimento do enunciado e no encaminhamento da resolução.

Por sua vez, para que essas novas situações-problema sejam resolvidas, será preciso que o aluno se aproprie de novas ferramentas combinatórias que requerem a utilização de novas operações combinatórias que demandam novos processos cognitivos.

Ademais, todos esses novos processos e procedimentos tomam por base a necessária compreensão e o exercício do raciocínio combinatório, daí a importância do aluno estar exercitando-o sempre e desenvolvendo-o para a mobilização em diversas situações desde os anos iniciais do ensino fundamental.

É um raciocínio que se guarda e exercita por toda a vida, desde a simples e cotidiana ação de escolher o que vestir.

Mas, ao longo de todo o ensino fundamental – e no ensino médio, de modo intensivo -, há três novos conceitos de combinatória que devem ser apropriados, desenvolvidos e trabalhados pelos alunos: as permutações simples, as permutações com a repetição de um ou mais elementos e as combinações simples.

Outros métodos de contagem, não mais complexos que os três indicados acima, também podem ser desenvolvidos na resolução de situações-problema de contagem extraclasse com os alunos da educação básica.

Esses outros métodos de contagem - talvez pela razão de não representarem um quantitativo e variedade de situações-problema de contagem práticas e apropriadas para o grande universo escolar da educação básica, como os três conceitos acima -, não têm sido habitualmente trabalhados neste segmento de ensino.

Além disso, os exemplos práticos para cada um desses tipos de contagem são em quantidades menores que aquelas situações-problema presentes nos três tipos de agrupamentos acima.

Esses três agrupamentos, por sua vez, já contemplam um enorme e variado leque de exemplos.

Os educadores matemáticos estão convencidos de que, na educação básica, não convém uma abrangência maior de situações e processos cognitivos envolvidos em outros diferentes métodos de contagem conhecidos, uma vez que a formação básica da Análise Combinatória, já contemplada com os métodos de contagem abordados, é apropriada e suficiente para trabalhar com a probabilidade e a estatística nesse segmento de ensino.

Ao utilizar o raciocínio combinatório para identificar e avaliar diferentes possibilidades presentes nas resoluções de situações-problema de combinatória - utilizando ou não as operações combinatórias -, o aluno lança mão de tomadas de decisão em ações que serão análogas àquelas que utilizará na resolução das situações-problema de probabilidade.

Essas ações estarão presentes quando for necessário que se conheça e quantifique o total de elementos de um espaço amostral, bem como quando da necessidade de quantificar o total de elementos pertencentes aos subconjuntos do espaço amostral (os eventos) para o cálculo da probabilidade.

4.10 Considerações concernentes às resoluções e às análises de outros tipos de situações-problema de contagem

A partir do momento em que o autor se ocupou da elaboração das situações-problema objeto das sequências de ensino presentes no Capítulo 5, tinha em mente que não deveria formalizar os conceitos relacionados com os procedimentos e as estratégias derivados da aplicação direta do Princípio Multiplicativo ou da aplicação do Princípio Multiplicativo em conjunto com o Princípio Aditivo e, tampouco, não deveria pedir que isso fosse feito pelo leitor/professor. Ou ainda, que tal pedido fosse uma necessidade para que o leitor/professor pudesse dar conta de compreender e apropriar-se das ideias básicas da Análise Combinatória.

Tal qual essa postura, o mesmo se aplica à recomendação que o autor ora faz aos leitores/professores, em particular aos professores com turmas do ensino fundamental: adiem ao máximo os momentos de possível formalização dos dois princípios básicos de contagem. Somente o façam, e se assim julgarem que tal atitude contribui para a melhoria da aprendizagem efetiva dos conteúdos neste universo de alunos, quando os alunos tiverem identificado, por si só, a presença de cada um dos conceitos (tipos dos agrupamentos-solução e suas características) durante a resolução dos problemas de contagem.

Assim, nas situações-problema em que o aluno identifica que o Princípio Multiplicativo esteja ali implicado de maneira subjacente (sendo aplicado), mesmo que conceitualmente ele não saiba que se trata de tal princípio, o professor deve incentivá-lo à compreensão acerca dos procedimentos que ele está apropriando-se e manifestar sua aprovação quanto do correto exercício do raciocínio combinatório para encontrar a solução.

Todo o estudo relativo às ideias básicas da Análise Combinatória, com alunos da educação básica está centrado em três importantes conceitos (ou ferramentas combinatórias):

- Problemas que exigem considerar distintas as ordenações de parte dos elementos (com repetição ou não) de um conjunto finito: a ordenação ABC é distinta da ordenação ACB, obtida entre os elementos A, B, C, D, E de um dado conjunto;
- Problemas que exigem considerar distintas as ordenações de todos os elementos (com repetição ou não) de um conjunto finito: ABCED é uma ordenação distinta da ordenação ACBED, entre todos os elementos A, B, C, D, E de um dado conjunto;
- Problemas que exigem considerar a formação de grupos (ou a escolha de elementos) de alguns elementos (ou de todos os elementos) de um conjunto finito no qual todos os elementos são distintos entre si: a, b, c, d, f são elementos distintos de um conjunto A e se quer formar grupos com um, dois, três, quatro ou cinco elementos. Considera-se que não formar um grupo (ou "formar" um "grupo com 0 elemento") é uma situação possível e que só há um modo de fazer isso: não escolher nenhum elemento.

Neste livro, não se fará menção alguma aos rótulos de cada um dos três conceitos cujas características foram descritas acima, mas que estão presentes em livros didáticos do ensino médio.

O autor entende que a atribuição precoce de rótulos e/ou definições de conceitos da Análise Combinatória pouco ou nada ajuda no desenvolvimento e exercício do raciocínio combinatório, na confiança que o aluno adquire enquanto resolve os problemas de contagem e na compreensão e utilização de procedimentos e estratégias necessários à resolução.

Uma vez que as situações-problema propostas no Capítulo 5 têm como objetivo oportunizar que o leitor/aluno se aproprie dos conceitos presentes nos conteúdos básicos da resolução de problemas de contagem (ideias básicas da Análise Combinatória), o autor espera que todo o conteúdo do livro seja suficiente para que esse objetivo seja plenamente alcançado pelo leitor.

Este é o mote que levou o autor a escrever este livro: apresentar as ferramentas combinatórias e incentivar o exercício constante do raciocínio combinatório pelo leitor/aluno/professor, de modo a resolver todas as situações-problema de contagem propostas no Capítulo 5, sem a apresentação formal precoce de rótulos dos tipos de agrupamentos e, sobretudo, sem o uso de fórmulas.

O autor acredita que se o leitor se apropriar dos conceitos, procedimentos e estratégias presentes neste livro com diligência e profundidade, estará preparado para o enfrentamento da resolução de diversos outros problemas de contagem que exigirão dele esses conhecimentos.

Ademais, após passar pela experiência da leitura atenta deste livro, o leitor terá apropriado-se de conhecimentos acerca da utilização do raciocínio combinatório suficientes para que possa compreender outros conceitos de combinatória mais complexos - necessários para a resolução de outros tipos de problemas de contagem.

Os conceitos básicos de combinatória necessários à resolução das situações-problema guardam uma relação direta com o tipo (ou tipos) de agrupamentos-solução que devem ser considerados quando da resolução, mas não somente nesses casos.

Por conta disso, a resolução de uma situação-problema não tem de guardar um único conceito em si, necessariamente, mas poderá, em alguns casos, evocar mais de um conceito.

Uma das particularidades interessantes e instigantes que o estudo de problemas de contagem proporciona àquele que se debruça em estudar e aprofundar-se na temática é a de que uma leitura atenta e cuidadosa do enunciado é essencial para o sucesso adequado para encaminhar a resolução e a obtenção da resposta correta.

Portanto, a leitura atenta do enunciado permite que o leitor vislumbre o(s) tipo(s) de agrupamentos-solução que terá(ão) de ser considerado(s) para a contagem final, bem como as escolhas dos procedimentos e das estratégias que precisam ser feitas. Estas, por sua vez, indicam o caminho a trilhar com vistas à segura resolução do problema proposto.

Assim, o leitor deve estar bastante atento quando ler o enunciado de um problema de contagem, pois os enunciados são capazes de "apontar", nas entrelinhas, qual(is) tipo(s) de agrupamentos-solução deve(m) ser considerados.

De maneira a favorecer o leitor com o encaminhamento da resolução e a busca do tipo de agrupamento-solução que estará presente, após a leitura e as reflexões sobre aquilo que atentamente leu e extraiu do enunciado, apresentam-se, na seção seguinte, alguns aspectos que estão presentes durante a resolução de um problema de contagem.

Essas particularidades devem ser levadas em conta pelo leitor enquanto resolve uma situação-problema de contagem similar à alguma daquelas que são apresentadas, ou também poderá fazer uso de outros procedimentos que considerar adequados e efetivos para a resolução.

Mas lembre-se, prezado leitor/aluno/professor: dê um não às fórmulas!

Todas as situações-problema apresentados no Capítulo 5 contemplam tipos de agrupamentos-solução que são indicados para ser desenvolvidos com os alunos do ensino fundamental.

Para cada um desses diferentes tipos de agrupamentos-solução, foram escolhidos exemplos representativos, em estreita relação com os conceitos e adequadas ferramentas combinatórias.

4.11 Resoluções e análises de algumas representativas situações-problema de contagem similares àquelas propostas no Capítulo 5

4.11.1 Problemas que indicam a necessidade de considerar a ordenação de parte de objetos, letras, números etc. de um conjunto finito - sem que haja a repetição de alguns ou todos eles

Considere os três exemplos a seguir:

a) Cinco amigos disputam uma competição que premiará os três primeiros colocados. De quantas maneiras os prêmios podem ser concedidos?

O enunciado não faz menção à impossibilidade ou qualquer restrição para que quaisquer dos amigos possa ocupar uma das três posições de premiação.

É preciso, também, compreender que o fato de, por exemplo, Ana ocupar a 1ª posição e Bia a 2ª posição ou Bia ocupar a 1ª posição e Ana a 2ª posição, são situações distintas que devem ser consideradas.

Assim, qualquer um dos cinco amigos pode ocupar a primeira colocação, ou seja, há cinco possibilidades. Uma vez que a 1ª posição tenha sido ocupada, restam quatro possibilidades para que um dos outros quatro amigos restantes ocupe a segunda posição. Assim, para as duas primeiras posições, há 5.4 = 20 possibilidades.

Finalmente, uma vez que as duas primeiras posições já tenham sido ocupadas, para qualquer uma das 20 ordenações das posições anteriores, restam três amigos que podem ocupar a terceira posição, totalizando 60 possibilidades.

Portanto, pelo Princípio Multiplicativo, há 5.4.3 = 60 modos distintos de conceder os prêmios aos três primeiros colocados.

b) Quantos números de três algarismos são possíveis formar com os algarismos 3, 5 e 7?

Qualquer um dos três algarismos acima pode ocupar qualquer das posições de números com três algarismos que podem ser formados. Assim, há três possibilidades de escolha para a posição das centenas simples, há três possibilidades de escolha para a posição das dezenas simples e há três possibilidades de escolha para a posição das unidades simples. Portanto, é possível formar 3.3.3 = 27 números com três algarismos quando se dispõe dos algarismos 3, 5 e 7.

c) Paulo irá desfazer-se de três camisas, que não lhe cabem mais. Paulo tem dois irmãos e todas as camisas cabem em qualquer um deles. Cada um dos irmãos de Paulo não ficará triste se deixar de ganhar alguma camisa. De quantos modos Paulo pode fazer a distribuição das três camisas?

A solução da situação-problema pode ser obtida tomando cada camisa e verificando as decisões que podem ser tomadas por Paulo em relação aos dois irmãos, assim:

A primeira camisa poderá ser doada por Paulo para cada um de seus dois irmãos; de igual modo, Paulo poderá doar a segunda camisa para qualquer um de seus dois irmãos. Finalmente, para a terceira camisa, Paulo também poderá doá-la para qualquer um de seus dois irmãos.

Portanto, o total de maneiras de Paulo distribuir as três camisas com seus dois irmãos é de 2.2.2 = 8 modos distintos.

A solução da situação-problema também pode ser obtida tomando cada um dos irmãos e computando as possíveis decisões que Paulo poderia tomar em relação ao total de camisas que ele distribuirá do seguinte modo:

- o primeiro irmão pode receber as três camisas (o outro irmão não recebe nenhuma camisa) ou o primeiro irmão não recebe qualquer uma das camisas (o outro irmão recebe as três camisas). Ou seja, há duas possibilidades que devem ser consideradas;
- se um irmão recebe duas camisas, há três maneiras de essas duas camisas serem escolhidas: camisa 1/camisa 2, camisa 1/camisa 3 ou camisa 2/camisa 3. Ao outro irmão resta receber a camisa que sobra. Logo, há três possibilidades que devem ser consideradas;
- se um irmão receber uma camisa, há três maneiras de essa camisa ser escolhida: camisa 1, camisa 2 ou camisa 3. Ao outro irmão, resta receber as outras duas camisas que sobram. Logo, há três possibilidades que devem ser consideradas.

Portanto, há um total de 2 + 3 + 3 = 8 possibilidades para Paulo fazer a distribuição de três camisas.

O leitor não deve considerar estranho o fato de Paulo distribuir as três camisas para um mesmo irmão e deixar o outro irmão sem ganhar nenhuma camisa, uma vez que essa possibilidade é viável, embora possa ser considerada uma possibilidade desagradável.

4.11.2 Problemas que indicam a necessidade de considerar a ordenação de todos os objetos, letras, números etc. de um conjunto finito em que nenhum de seus elementos se repete, ou seja, cada dois elementos do conjunto são distintos entre si.

Considere o seguinte exemplo:

- Cinco amigos se sentarão em um banco, que possui cinco lugares, lado a lado, para tirar fotos. Quantas diferentes fotos podem ser tiradas?

Inicialmente, o leitor deve observar que há exatamente cinco amigos que se sentarão em exatamente cinco lugares do banco, ou seja, todos os elementos do conjunto (os cinco amigos) serão utilizados nas fotos e todos os lugares do banco serão ocupados.

Não há restrições e, assim, qualquer um dos cinco amigos pode sentar-se em qualquer um dos cinco lugares disponíveis no banco.

Uma vez que um dos cinco lugares do banco seja ocupado, o que pode ser feito de cinco modos distintos, restam quatro lugares disponíveis para que um dos quatro amigos restantes ocupe um lugar.

Uma vez que dois quaisquer lugares do banco tenham sido ocupados (o que pode ser feito de 5.4 = 20 modos distintos), para cada uma dessas 20 "arrumações" entre os dois primeiros amigos, restam três lugares disponíveis para que um dos três amigos restantes ocupe um lugar.

Uma vez que três lugares do banco já tenham sido ocupados (o que pode ser feito de 5.4.3 = 60 modos distintos), para cada uma dessas 60 "arrumações" entre os três primeiros amigos, restam dois lugares disponíveis para que um dos dois amigos restantes ocupe um lugar. Finalmente, uma vez que quatro lugares do banco já tenham sido ocupados (o que pode ser feito de 5.4.3.2 = 120 modos distintos), para cada uma dessas 120 "arrumações" entre os quatro primeiros amigos, resta um só lugar disponível para que o último amigo ocupe esse lugar.

Assim, pelo Princípio Multiplicativo, há 5.4.3.2.1 = 120 modos distintos de cinco amigos se sentarem em um banco que possui cinco lugares lado a lado.

4.11.3 Problemas que indicam a necessidade de considerar a ordenação de todos os objetos, letras, números etc. de um conjunto finito, considerando que há a repetição de pelo menos um dos objetos, letras, números etc. (ou todos).

Considere o exemplo seguinte:

Em 2012, em um jogo do Campeonato de Futebol do Rio de Janeiro, Vasco e Flamengo se enfrentaram e o placar foi de Vasco 2 x 1 Flamengo. De quantos modos os gols dessa partida poderiam ter ocorrido?

As possibilidades de os gols da partida terem ocorrido são as seguintes:

- Gol do Vasco, gol do Vasco, gol do Flamengo;
- Gol do Vasco, gol do Flamengo, gol do Vasco;
- Gol do Flamengo, gol do Vasco, gol do Vasco.

Ou seja, há três modos distintos de os gols da partida terem ocorrido.

Indicam-se os gols do Vasco por V e o gol do Flamengo por F. O total de modos distintos de os gols da partida terem ocorrido é igual ao valor total de ordenações entre as letras V, V e F.

Como V e V são letras iguais, iremos distinguir, provisoriamente, uma letra V da outra, indicando-as como V_1 e V_2. Assim, para efeito de um cálculo inicial, a maior, há "três letras distintas": V_1, V_2, e F, e o total de ordenações possíveis entre elas é de 3.2.1 = 6 ordenações distintas.

As "ordenações" seriam as seguintes:

(a) V_1, V_2, F
(b) V_2, V_1, F
(c) F, V_1, V_2
(d) F, V_1, V_2
(e) V_1, F, V_2
(f) V_1, F, V_2

Na realidade, cada um dos pares de possibilidades indicadas acima, (a) e (b); (c) e (d); (e) e (f), representa apenas três possibilidades de os gols da partida terem ocorrido, pois V_1 e V_2 representam a sequência de gols VV, tal qual a sequência indicada por V_2 e V_1.

Portanto, como a ordenação V_1, V_2, F é a mesma ordenação de V_2, V_1, F (pois, na verdade, não há V_1 e V_2) em relação à sequência de gols possivelmente ocorrida na partida, essa contagem de 3.2.1 = 6 ordenações foi feita a maior.

Para o cálculo correto de todas as possibilidades, deve-se, portanto, desfazer essa contagem feita de início e em excesso. Mas, para tal, esse resultado será aproveitado.

Isso requer escrever uma proporcionalidade, como a indicada a seguir:

Duas (2.1) ordenações do tipo V_1,V_2 (por exemplo, V_1,V_2, F e V_2,V_1, F) correspondem a uma ordenação do tipo V, V e F.

Seis (3.2.1) ordenações do tipo V_1,V_2 (por exemplo, V_1,V_2, F e V_2,V_1, F) correspondem a **X** ordenações do tipo V, V e F.

Logo,

2.**X** = 6.1

X = 3 ordenações do tipo V, V e F.

Ou, então, esse resultado poderia ser obtido por meio da seguinte representação numérica:

$\frac{3.2.1}{2.1} = 3$ modos distintos de os gols da partida terem ocorrido.

O leitor deve atentar para o fato de que o denominador 2.1 é devido a terem ocorrido dois gols do Vasco, ou seja, a letra V se repete duas vezes na sequência de gols.

Se a partida apresentasse o placar Vasco 4 x 2 Flamengo, o total de possibilidades de os gols da partida terem ocorrido é de $\frac{6.5.4.3.2.1}{(4.3.2.1.).(2.1)} = 15$ distintos modos, pois a letra V se repete quatro vezes e a letra F se repete duas vezes na sequência de gols.

O leitor deve observar que uma característica presente na formação das ordenações de elementos em que pelo menos um deles se repete, em conjuntos de objetos, cores, números etc., é a presença da operação de divisão, na qual o numerador representa o total de ordenações considerando que todos os elementos sejam distintos entre si (sem repetição) e o denominador representa o total de ordenações possíveis entre os elementos que se repetem (cada um dos elementos repetitivos por vez), combinando todas as ordenações entre si.

4.11.4 Problemas que indicam a necessidade de considerar a formação de grupos ou a simples escolha de um ou mais elementos de um conjunto finito formado por cores, objetos ou pessoas, considerando que todos os elementos disponíveis são distintos entre si e sem levar em conta a ordenação de seus elementos constituintes.

Pode-se considerar, até mesmo, o caso extremo de não escolher nenhum elemento do conjunto de cores, objetos ou pessoas. Para esta situação, só há uma possibilidade que deve ser computada: a de não escolher nenhum elemento do conjunto de cores, objetos ou pessoas, independentemente da quantidade de elementos disponíveis, no conjunto.

Considere os dois exemplos a seguir:

- Cinco alunos, A, B, C, D, E foram selecionados pelo professor de Matemática de maneira que com eles, o professor forme trios (grupos com três) de alunos para ajudar outros colegas na resolução de exercícios, em horários alternativos. Quantos diferentes trios de alunos podem ser formados entre esses cinco alunos?

Essa situação-problema trata da simples escolha (seleção) de três alunos entre um total de cinco alunos disponíveis. Para determinar a quantidade de escolhas possíveis, primeiramente será calculado o número de modos para ordenar três alunos.

Sabe-se que o total de ordenações de três dos cinco alunos é determinado por 5.4.3 = 60 ordenações possíveis.

Mas, por exemplo, as 3.2.1 = 6 distintas ordenações de três alunos A, B e C são as seguintes: ABC, ACB, BAC, BCA, CAB, CBA, e elas são representativas de um mesmo trio de alunos, a saber: o trio {A, B, C}. Como o trio de alunos é um conjunto formado por três alunos e aos elementos de um conjunto não cabe a ordenação dos elementos entre si, a contagem feita acima - total de ordenações entre três alunos - foi feita a maior, portanto, precisa ser corrigida.

Assim, será preciso fazer a contagem dos trios de alunos sem levar em conta as ordenações entre os seus elementos.

Como todo o estudo de ideias básicas de combinatória é calcado em noções oriundas de ordenações - aplicação do Princípio Multiplicativo -, uma vez calculado o total de ordenações, será preciso desfazer essa contagem a maior de maneira a obter a totalidade de grupos (trios) de alunos.

Assim, é preciso estabelecer uma proporcionalidade, como a que está apresentada a seguir:

Seis (3.2.1) ordenações de três amigos representam a escolha de um trio de amigos.

Sessenta (5.4.3) ordenações de três amigos representam a escolha de **X** trios de amigos.

Logo,

3.2.1 = 6 ordenações ---------- 1 trio de amigos

5.4.3 = 60 ordenações --------- X trios de amigos

6. **X** = 60.1

$\mathbf{X} = \frac{60.1}{6}\ \frac{5.4.3.}{3.2.1.} = 10$ trios de amigos

O leitor deve observar que o resultado acima foi obtido por meio de uma divisão na qual o numerador é o total de ordenações de três entre cinco alunos e o denominador é o total de ordenações que representam o mesmo trio de alunos.

- Têm-se seis bastões de giz de cera disponíveis nas cores A, B, C, D, E e F para a pintura de bandeira que tem quatro listras verticais. De quantos modos é possível escolher quatro entre essas seis cores?

O total de ordenações possíveis entre quatro das seis cores é determinado por 6.5.4.3 = 360 ordenações possíveis.

Entre essas ordenações, por exemplo, as 4.3.2.1 = 24 distintas ordenações das cores A, B, C e D são as seguintes:

ABCD, ABDC, ACBD, ACDB, ADBC, ADCB,
BACD, BADC, BCAD, BCDA, BDAC, BDCA,
CABD, CADB, CBAD, CBDA, CDAB, CDBA,
DBCA, DBAC, DCBA, DCAB, DABC, DACB.

Todas as 24 ordenações das cores A, B, C e D acima são representativas de um mesmo grupo de quatro cores, a saber: {A, B, C, D}.

Assim, as 6.5.4.3 = 360 ordenações de quatro cores representam uma contagem a maior daquela que deverá ser a contagem de grupos de quatro cores.

Portanto, é preciso estabelecer uma proporcionalidade, como a apresentada a seguir:

24 (4.3.2.1) ordenações de quatro cores correspondem à escolha de um grupo com essas quatro cores.

360 (6.5.4.3) ordenações de quatro cores correspondem à escolha de **X** grupos com essas quatro cores.

Logo,

4.3.2.1 = 24 ordenações ---------- 1 grupo com quatro cores
6.5.4.3 = 360 ordenações --------- *X* grupos com quatro cores
24. **X** = 360.1

$\mathbf{X} = \frac{360.1}{24} \frac{6.5.4.3.}{4.3.2.1.} = 15$ grupos de quatro cores

Chamamos a atenção do leitor para o fato de que a *formação de grupos ou a simples escolha de cores, objetos ou pessoas, sem considerar a ordenação de seus elementos constituintes* quando da resolução de situações-problema que indicam a necessidade de escolher um ou mais elementos entre os elementos de um conjunto finito - o que pode ser constatado nos exemplos acima - requer, de início, que seja calculado o número de ordenações do total de elementos que serão selecionados (escolhidos) no total de elementos disponíveis.

Em seguida, de modo a determinar o total de grupos que podem ser formados (ou a escolha de elementos), será preciso efetuar uma divisão na qual o numerador representa o total de maneiras de ordenar o total de elementos dos grupos a serem formados entre os elementos disponíveis e o denominador representa o número de modos de ordenar o quantitativo de elementos de cada um dos grupos a serem formados.

Essa situação de divisão é similar àquela em que se quer determinar o total de ordenações possíveis de elementos em que nem todos os elementos são distintos entre si (há um ou mais elementos repetidos).

Assim, uma característica presente na formação de grupos ou na escolha de objetos, cores, números etc. é a presença da operação de divisão.

4.11.5 Formação de grupos ou a simples escolha de objetos, cores, letras, pessoas etc. de um conjunto que não possui elementos repetidos e, em seguida, a determinação do total de ordenações possíveis de todos os elementos que foram selecionados.

Trata-se de situações-problema que indicam a necessidade de determinar o número de modos que há para escolher dois ou mais elementos de um conjunto finito formado por elementos distintos entre si de objetos, letras ou cores e, em seguida, determinar o total de ordenações possíveis de fazer com esses elementos.

Considere o exemplo a seguir:

- Três amigos, de um grupo de sete amigos, querem sentar-se em um banco que possui cinco lugares, lado a lado, para tirar fotos. Quantas diferentes fotos podem ser tiradas?

Primeiramente, será preciso determinar o total de grupos com três amigos possíveis de formar no universo de sete amigos. Há um total de $\frac{7.6.5}{3.2.1} = 35$ grupos possíveis.

Para cada um desses 35 grupos de três amigos, será preciso, agora, determinar o número de maneiras como cada um dos grupos de três amigos se sentam em três lugares do banco, que tem cinco lugares disponíveis.

Para tal, primeiramente será preciso calcular o total de modos de escolher os três lugares no banco, que tem um total de cinco lugares disponíveis.

O número de maneiras de escolher (selecionar) os três lugares do banco é determinado por $\frac{5.4.3}{3.2.1} = 10$ maneiras distintas.

Para cada escolha dos três lugares do banco, cada grupo de três amigos pode sentar-se de 3.2.1 = 6 maneiras distintas.

Portanto, há 35 $\left(\frac{7.6.5}{3.2.1}\right)$. 10 $\left(\frac{5.4.3}{3.2.1}\right)$ 6 (3.2.1) = 2.100 distintas maneiras de tirar fotos com a escolha de três amigos, de um grupo de sete amigos, sentados em um banco que possui cinco lugares disponíveis.

O leitor deve atentar para o fato de que essa situação-problema exigiu três procedimentos distintos:

- escolha de três amigos entre sete amigos disponíveis;
- escolha de três lugares entre os cinco lugares disponíveis e, por fim;
- a ordenação de três amigos (um trio) selecionados, por vez, em três lugares do banco, previamente selecionados.

Uma síntese de toda a problemática apresentada acima durante a resolução dos exemplos de situações-problema - importante para a resolução de diversos problemas de contagem - é apresentada na árvore de possibilidades, construída a seguir:

4.12 Os tipos de agrupamentos-solução e os conceitos básicos da Análise Combinatória para a resolução de problemas de contagem

A figura abaixo mostra a relação entre os tipos de agrupamentos-solução de objetos, presentes na resolução de situações-problema de contagem básicas, e os conceitos básicos da Análise Combinatória:

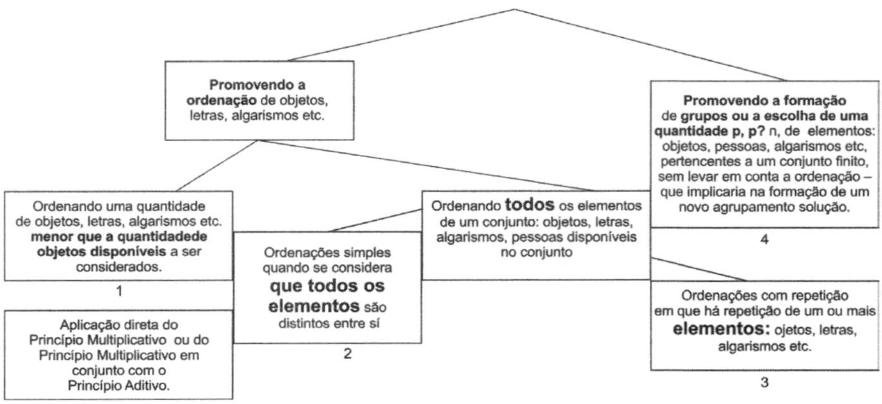

O raciocínio combinatório e os Princípios Multiplicativo e Aditivo são importantes ferramentas combinatórias que garantem a sustentabilidade conceitual com que o leitor conta para a compreensão e a apropriação de cada um dos conceitos, presentes em cada um dos exemplos que foram apresentados acima.

Para atingir essa sustentabilidade, será preciso que cada um dos conceitos seja corretamente apropriado pelo leitor, em conjunto com alguns procedimentos e estratégias de resolução, os quais devem ser mobilizados para dar encaminhamento à resolução de um problema de contagem.

Entre os procedimentos mais representativos e utilizados pelo autor, têm-se:

- ✓ Noções básicas de contagem por meio de pinturas de listras (faixas) de bandeiras e/ou folhas de trevos de maneira a se apropriar e desenvolver o raciocínio combinatório;
- ✓ Uso de alguma representação - gráfica ou não - para determinar a totalidade de soluções para os problemas de contagem;
- ✓ Aplicação do Princípio Multiplicativo e do Princípio Aditivo em conjunto (quando for o caso), e a atribuição de significados apropriados a cada um dos conceitos.

O autor convida o leitor a identificar a presença de cada conceito, para cada uma das situações-problema propostas no Capítulo 5, mesmo que na resolução feita, não tivesse evocado o conceito.

É natural que o autor ao escrever este livro tivesse como um dos objetivos dar condições ao leitor para que este se aproprie corretamente dos conceitos de combinatória, de modo que possa resolver problemas de contagem com propriedade e segurança, beneficiando-se da *expertise* do autor na resolução e no ensino de problemas de contagem por muitos anos.

Com a leitura atenta do enunciado de cada situação-problema, o leitor tem condições de identificar a presença de cada conceito e, portanto, pode decidir qual procedimento e estratégia usará para encaminhar a resolução.

O leitor pode perceber uma particular característica presente nesta obra: o fato de o autor não apresentar os conceitos nomeando-os diretamente, porquanto eles estejam presentes nos enunciados das situações-problema propostas (por vezes até dois conceitos juntos) e considerar, também, que as situações-problema não foram distribuídas em função do conceito ali implicado e que o conceito aparece independentemente do ano do ensino fundamental sugerido para ser desenvolvido pelo professor.

Por vezes, todos os três conceitos estão presentes nas situações-problema propostas em um mesmo ano do ensino fundamental.

Por exemplo, decidir quais brinquedos devem ser escolhidos para que a professora forme presentes que atendam à condição de gastar até certo valor são situações de contagem na formação de grupos possíveis.

Assim, um desafio para o leitor (por conseguinte, para os alunos) é identificar o conceito e o respectivo tipo de agrupamento-solução que deve ser considerado, quando da leitura do enunciado de uma situação-problema. Vencer esse desafio constitui-se de uma etapa importante na resolução dos problemas de contagem e contribui para a segura compreensão do conceito, do procedimento e da estratégia que precisa ser mobilizada.

Em algumas obras, é comum encontrar a proposição de uma sequência de situações-problema - que envolve um determinado conceito - sendo feita logo após a apresentação de um ou mais exemplos ter(em) sido resolvido(s), acompanhado(s) da formalização precoce do conceito, sob a forma de uma definição.

Esse encaminhamento de proposição de situações-problema de contagem não exige que o leitor reflita sobre o tipo de agrupamento-solução que deve ser considerado e o conceito que está envolvido, vez que ele já é sabido por conta do encaminhamento feito: listagem de situações-problema que envolvem aquele determinado conceito.

Na proposição das situações-problema presentes no Capítulo 5, o fato de haver diversas situações-problema em um mesmo ano do ensino fundamental e o conjunto destas contemplar mais de um dos conceitos favorece a reflexão e a compreensão do leitor para a leitura atenta do enunciado e a identificação acerca de qual(is) conceito(s) está(ão) ali implicado(s) e os procedimentos que devem ser encaminhados.

O autor entende que a compreensão dos procedimentos e das estratégias de resolução de problemas de contagem a serem mobilizados para a resolução de um problema de contagem está diretamente associada à apropriação de cada um dos conceitos básicos de combinatória, pelo leitor.

Portanto, a leitura atenta do enunciado e a constatação acerca de qual tipo de agrupamento-solução estará presente durante a resolução de um problema de contagem constitui-se de uma etapa da resolução importantíssima e imprescindível para o sucesso a ser obtido, quando da resolução de qualquer problema de contagem.

Convidamos o leitor a ser diligente na leitura de todos os capítulos deste livro, de maneira a se preparar adequadamente para dar conta de enfrentar a resolução de todas as situações-problema de contagem propostas com segurança, confiança, conhecimento e determinação.

Segundo resultados de pesquisa feita por Inhelder e Piaget (1955) com crianças de 10 anos de idade, elas reúnem condições para se apropriarem das primeiras noções de combinatória - principalmente as referidas à construção de árvores de possibilidades e a contagem direta das soluções.

Quando o autor se debruçou na elaboração das situações-problema presentes no Capítulo 5, ele tomou como objetivo propor problemas que coloquem o leitor diante de situações mais próximas possível das situações reais, concretas, por vezes, situações presentes no dia a dia do leitor.

Durante a resolução das situações-problema propostas, será possível ao leitor fazer analogias, mobilizar o raciocínio combinatório e utilizar modelos de Análise Combinatória com os quais será possível enumerar todas as possibilidades que satisfazem a solução do problema, bem como efetuar a contagem das soluções.

Para determinar todas as possibilidades e/ou o quantitativo delas, é possível que o leitor possa fazê-lo por experimentação, de maneira intuitiva ou pelo uso de alguma representação - gráfica ou não.

O autor considera que as situações-problema iniciais, propostas no Capítulo 5, oportunizam o leitor a apresentar soluções por meio de concepções espontâneas segundo experiências pessoais que tenha vivenciado ou por meio de correlações com situações similares que tenha experimentado.

Mas, e como ficam as crianças que estão no 4º ou 5º ano do ensino fundamental?

Tratando-se de um trabalho inicial que deve ser desenvolvido com crianças que têm 9 ou 10 anos de idade, é fundamental que o professor acompanhe atentamente seus alunos, pois os momentos de reflexão, discussão e resolução das atividades são importantes para a formação e o desenvolvimento correto do raciocínio combinatório deles.

O texto prossegue, propondo outras situações-problema com as quais é possível trazer para o meio escolar preocupações do autor em relação à necessidade de apresentar um trabalho próximo ao que é feito em alguns trabalhos acadêmicos de sua autoria.

4.13 Algumas práticas de alunos e professores presentes nas pesquisas desenvolvidas pelo autor

Em suas pesquisas com professores e com alunos da educação básica (ver Teixeira (2012a, 2012b)), o autor identificou que as resoluções feitas pelos sujeitos da pesquisa para os primeiros problemas de contagem propostos - pinturas de listras (faixas) de bandeiras - foram apresentadas por alguns alunos por meio de tentativas e erros.

Quando indagados a respeito de procederem assim, os sujeitos da pesquisa justificaram esses procedimentos em razão de estarem diante de situações-problema bastante simples.

Segundo eles, as situações-problema por si só já explicariam a obtenção das respostas obtidas. Assim, alguns dos sujeitos da pesquisa afirmaram:

- "São essas as possibilidades que atendem ao problema."
- "Não há mais nenhuma possibilidade a considerar."
- "Mas, não é essa a resposta correta? Por que é preciso ter de explicar mais alguma coisa?"

É claro que essas justificativas são aceitáveis, mais não totalmente, e merecem uma atenção especial pelo professor, uma vez que são resultantes do processo de aprendizagem do aluno e da certeza que ele tem acerca do que está fazendo naquele momento ou que já tenha feito.

Se o aluno está convicto sobre a correção daquilo que fez (ou está fazendo) – e, de fato, o professor confirme que ele está certo -, essa postura salienta que ele não precisa de ajuda externa e mostra maturidade e consolidação de conhecimentos.

Por outro lado, o autor considera que seja papel do professor ficar atento à presença de soluções intuitivas que contenham justificativas coerentes para os procedimentos que foram utilizados, diferentemente de possíveis soluções apresentadas via tentativas e erros.

Para esses casos, em uma nova situação-problema na qual o quantitativo de bandeiras disponíveis para a pintura não seja o suficiente (ou esteja em quantidade a maior), o professor deve redobrar sua atenção para verificar como o aluno se comporta frente ao desafio de resolver o problema.

Será preciso que o professor indague ao aluno sobre a certeza ou não que ele tem em relação à totalidade de possibilidades.

Será preciso também que, imediatamente após ter observado que o aluno cometeu algum(ns) engano(s), o professor o questione pedindo que ele apresente justificativas para o fato de ter utilizado tais procedimentos, dando-lhe a oportunidade para identificar onde e por que se enganou, e possivelmente apresente as correções necessárias para obter a solução.

O professor deve oportunizar o aluno no sentido de que ele próprio constate um possível engano que tenha cometido e, com essa oportunidade, que se certifique do que será preciso fazer de maneira a corrigir o engano e, então, com segurança, partir para obter a solução.

É preciso que o aluno se certifique de quais diferenças existem entre o procedimento errôneo que ele usava antes e o procedimento que ele agora utiliza, de maneira correta, sempre com a diligência constante do professor. E a partir dessa experiência, que o aluno se acostume a apresentar justificativas para os procedimentos que vier a fazer em outras situações.

O autor entende que a escola reúne todas as condições suficientes e necessárias em que se devem ensinar aos alunos os conceitos, aplicações, estratégias e procedimentos de maneira correta - uma vez que o professor está preparado para esta função. Assim, é dever de todos exercê-la.

É na escola, também, que se têm professores atentos, preparados e comprometidos em identificar soluções do tipo tentativa e erro - coibindo-as, de pronto - uma vez que esse tipo de postura mostra incoerência e inconsistência em relação aos propósitos da apropriação adequada e correta dos conceitos, procedimentos e estratégias pelos alunos. Para tal, imprescindível se faz a postura de mediador que cabe ao professor, pois não é salutar que o professor corrija e resolva a questão para o aluno, mas que ele dê condições para que o aluno identifique o engano e corrija-o.

O autor considera que o trabalho de mediação do professor é muito importante, necessário e imprescindível. Entende que ele deve ser valorizado constantemente por toda a sociedade, porquanto seja o professor responsável direto pelo ensino e o elo entre o conhecimento institucionalizado e os meios que oportunizam a aprendizagem de seus alunos.

O trabalho do professor constitui-se de um dos pilares fundamentais para que se alcance a melhoria da qualidade do ensino que é oportunizado aos alunos, mas é preciso que o professor tenha consciência da importância e da grandeza do seu papel na sociedade.

O olhar que o professor tem a respeito de suas atribuições enquanto educador e o importante papel que desempenha em sala de aula - para cada uma das ações de ensino e aprendizagem que oportuniza aos seus alunos, as palavras de incentivo, os exemplos de responsabilidade e dedicação - contribuem de modo significativo para que se tenha um ensino de qualidade e uma aprendizagem efetiva.

Estudar esses comportamentos do professor, em sala de aula e fora dela, constitui uma importante área de pesquisa acerca da formação inicial e da formação continuada dos professores.

O autor aproveita para fazer um pedido aos leitores professores: sempre que possível, esteja disponível para participar de pesquisas como sujeito da pesquisa, seja individualmente, seja no coletivo, com seus pares.

Esteja disponível para colaborar com alguma pesquisa e, quando possível, participe também de pesquisas em que seus alunos sejam sujeitos da pesquisa, considerando que, por vezes, em algumas delas, será preciso apenas contar com um pequeno grupo de alunos.

O autor, enquanto esteve (e ainda está) desenvolvendo suas pesquisas, teve (e ainda tem) muitas dificuldades para encontrar professores que se dispusessem a colaborar e participar de suas pesquisas.

Disponibilidades espontâneas de professores para participar de pesquisas seriam bastante proveitosas e importantes para a melhoria da qualidade do ensino que se oportuniza aos nossos alunos.

Por vezes, os professores têm receio de participar de uma pesquisa porque julgam que o tempo que eles disponibilizariam de suas aulas – e, também, o tempo de seus alunos – e o destinado a reuniões didáticas fará falta para a complementação do planejamento escolar.

Alguns professores não têm ideia do quanto a sua colaboração e participação, e as de seus alunos, são fundamentais para o desenvolvimento e a obtenção de importantes resultados de pesquisas.

Esses resultados, por sua vez, retornam direta ou indiretamente para o benefício do próprio professor e de outros professores e alunos por meio da análise dos dados coletados e de conclusões obtidas pelo pesquisador, apresentadas em artigos científicos.

O autor ouviu muitas negativas de diretores, dirigentes, professores e colegas da própria escola em que trabalha quando precisou de sujeitos de pesquisa para desenvolver suas pesquisas. E continua ouvindo, mas nem por isso desiste de continuar pesquisando.

Por essas razões, o pedido que o autor faz aqui é no sentido de sensibilizar esses profissionais para a importância de cada um, quando possível, se colocar disponível para essas tarefas colaborativas e contar também com seus alunos.

Considerando as experiências do autor com as pesquisas que realizou, é possível garantir que o professor que se torna sujeito de uma pesquisa terá a grata satisfação de identificar um razoável número de diferentes estratégias utilizadas pelos alunos quando, por exemplo, resolvem problemas de contagem.

E essa contribuição dos alunos reverte para o professor por meio de reflexões individuais ou coletivas acerca da sua prática, em sua prática e para a sua prática pedagógica.

São procedimentos e estratégias particulares de resolução dos alunos quando eles constroem alguma representação gráfica, quando fazem esquemas próprios para obter a solução ou quando efetuam cálculos na busca da solução para a situação proposta.

Um olhar atento e diferenciado do professor para esses resultados com certeza contribuirá para ampliar a visão conceitual que ele tem acerca do ensino e da aprendizagem da temática.

Essas estratégias próprias da resolução dos alunos permitem que o professor possa identificar e acompanhá-los amiúde e, caso julgue oportuno e necessário, possa intervir durante o processo de aprendizagem de seus alunos.

É sempre muito gratificante para os alunos que o professor elogie as soluções criativas que eles apresentam, que o professor oportunize os alunos a mostrarem diferentes maneiras de resolver uma mesma situação-problema e, se for o caso, que o professor permita que o aluno identifique e corrija possíveis enganos que ele cometeu.

A condução das atividades - em sala de aula ou não - para a resolução de situações-problema pode levar o grupo de alunos participantes a diversas atitudes colaborativas, independentemente de o grupo ser reduzido ou de contar com todos os alunos em uma sala de aula.

Entre as possíveis atitudes, têm-se as de reflexão, análise e elaboração de hipóteses acerca dos dados apresentados para a resolução de cada situação-problema, estabelecendo relações com os conhecimentos prévios e a confirmação ou não das hipóteses levantadas.

Estas, por sua vez, permitem o confronto de ideias. Esse confronto é importante para a construção e a reconstrução de conceitos e significados que estão presentes implícita ou explicitamente por detrás de cada um dos problemas propostos.

Essas ações estão em consonância com as recomendações presentes na literatura da educação matemática acerca da importância do professor conhecer, valorizar e valorar estratégias próprias de cálculo e da busca de representações para a efetiva compreensão dos conceitos próprios da Matemática.

Em particular, citamos algumas estratégias que podem ser utilizadas para a resolução das situações-problema propostas no Capítulo 5 (as resoluções estão no AnexoB), as quais estão relacionadas com a apropriação e o desenvolvimento do raciocínio combinatório por meio da construção de uma representação - gráfica ou não -, e a aplicação de cada um dos dois Princípios de Contagem: o Princípio Multiplicativo e o Princípio Aditivo.

Por sua vez, essas estratégias têm como referência básica os conhecimentos e as experiências prévias que cada aluno vivenciou e as possibilidades que o professor tem de oportunizar que cada aluno possa ser partícipe efetivo de sua própria aprendizagem.

Por conta desse possível posicionamento didático do professor é que o aluno tem (terá) a oportunidade de mostrar para o professor e os colegas o que produziu e o que está pensando, além de livremente poder escrever acerca da(s) maneira(s) como ele julga como deve ser feito.

Essa prática, por sua vez, expõe o aluno às análises críticas, sujeitando-o às críticas e elogios tanto do professor quanto dos colegas.

Ademais, esse posicionamento do professor ainda é visto por alguns educadores como uma prática pedagógica de estilo intervencionista, qual seja: a permissão que a cátedra confere ao professor para que ele possa (e deva) identificar, conhecer e acompanhar todo o processo de aprendizagem dos alunos.

Experiências do autor nas pesquisas feitas com professores e alunos mostraram que a posição do pesquisador como mediador de reflexões e discussões coletivas contribui para a apropriação efetiva dos conceitos pelos sujeitos da pesquisa.

E mais, o papel mediador do pesquisador mostrou-se eficiente com relação às contribuições relativas à postura que os sujeitos da pesquisa passaram a ter com respeito às ações e tomadas de decisões pessoais apropriadas com o exercício do raciocínio combinatório como, por exemplo, quando da construção de uma representação gráfica.

Assim, essa prática pedagógica possibilita que o professor reúna condições para identificar algumas possíveis dificuldades que seus alunos apresentem enquanto estiverem resolvendo problemas de contagem, todas as vezes que eles puderem expor suas convicções e crenças, e apresentarem suas dúvidas. Para tal, o professor deve preparar-se.

4.14 Algumas dificuldades que os sujeitos das pesquisas tiveram quando da resolução dos problemas de contagem

Nas pesquisas feitas pelo autor, com professores e alunos, em Teixeira (2012a, 2012b), foram identificadas as seguintes dificuldades relacionadas com a resolução dos problemas de contagem:

- Não percepção da importância da apropriação de um padrão próprio sistematizado para pintar as faixas (listras) de bandeiras, ou "folhas" de "trevos", acarretando pinturas em duplicidade, pinturas faltantes e pinturas que não atendiam às condições impostas no enunciado da situação-problema;
- Dificuldades para, em algumas situações-problema, encontrar o quantitativo exato de todas as possibilidades de soluções que atendesse às condições impostas no enunciado, acarretado pela falta de um padrão sistemático para efetuar as pinturas;
- Não confiança em relação à utilização de algum procedimento que teria de fazer ou como concluir uma representação gráfica de modo consistente e com justificativas corretas;
- Em algumas vezes as dificuldades ocorreram quando os alunos apresentaram as soluções por meio da enumeração das possibilidades utilizando ações relacionadas ao método de tentativa e erro;
- Dificuldades em situações-problema nas quais a formação de todas as possibilidades exigia apresentar um quantitativo razoavelmente

grande (por volta de 27 possibilidades), acarretando uma tarefa cansativa e levando alguns deles à desistência ou à falta de concentração para prosseguir com sucesso;

- Dificuldades em justificar possíveis enganos encontrados em respostas e, em outras, quando não sabiam explicar o porquê da resposta encontrada, por vezes com resultado numérico correto, e sobre as possíveis saídas para que o(s) erro(s) fosse(m) corrigido(s);
- A postura que alguns sujeitos da pesquisa tiveram quanto a não considerarem necessário ter de apresentar uma representação numérica (por meio de uma operação aritmética) que pudesse dar conta da totalidade de possibilidades que satisfaziam à solução de uma situação-problema de contagem, considerando que este procedimento não foi cobrado e incentivado pelo pesquisador quando o enunciado não fazia menção de tal;
- Por conta de um "contrato didático", implicitamente presente, de que uma representação numérica que desse conta do total de possibilidades seria bem recebida, uma vez que em outras situações - em aulas de Matemática - tanto alunos quanto professores assim o fizeram. Em princípio, esse procedimento era esperado pelo pesquisador;
- A não necessidade que alguns sujeitos da pesquisa viam para a construção de uma árvore de possibilidades ou de uma tabela de dupla entrada de modo a resolver o problema, nas situações em que o enunciado da situação-problema não exigia que tal fosse feito;
- No momento em que alguns sujeitos da pesquisa tinham dificuldades para entender o enunciado e resolver o problema de contagem proposto, o pesquisador sugeria que eles fizessem a construção de uma árvore de possibilidades, mas não que eles entendessem ser esta uma boa estratégia para se certificarem de que todas as possibilidades tinham sido computadas;
- Em muito poucas oportunidades, a construção de uma árvore de possibilidades apresentou inadequações quando da sua construção. Essa situação pode ser justificada tanto pela quantidade pequena de vezes em que elas precisaram ser construídas quanto pelo pouco tempo que os sujeitos da pesquisa tiveram, de modo que eles se apercebessem da sua importância e da necessidade, em alguns casos.

As dificuldades que foram identificadas quando do desenvolvimento das pesquisas acima, até certo ponto esperadas quando se considera a novidade que esses conteúdos – de ensino e aprendizagem dos problemas de contagem - apresentam para as crianças e os professores, são justificáveis

São algumas dificuldades simples que, no geral, não comprometem a apropriação dos conceitos básicos de combinatória e dos procedimentos e estratégias próprios à resolução das situações-problema de contagem e ao desenvolvimento de todo o processo de ensino e aprendizagem dos problemas de contagem.

O ensino e a aprendizagem dos problemas de contagem utilizam conteúdos muito diferenciados (exclusivos) dentro do universo de todos os conteúdos da Matemática que precisam ser ensinados para os alunos da educação básica.

Compreende um nicho diferenciado que tem a particularidade de necessitar do aprendiz apenas o conhecimento das quatro operações básicas com números naturais positivos, mas um modo particular de pensar e agir para o enfrentamento de problemas.

Por vezes, os enunciados dos problemas são claros, curtos e objetivos, mas escondem uma resolução difícil para obter a solução. Outras vezes, há resoluções engenhosas.

Assim, diferentemente de outros conteúdos da Matemática que são fortemente amparados em procedimentos e fórmulas que “ditam” o que precisa ser aprendido e feito pelo aluno, na Análise Combinatória, o pensar de modo combinatório é exigido do aluno muito antes que ele mobilize qualquer procedimento e estratégia que conheça, além do estabelecimento do tipo de agrupamento-solução que atenderá à solução.

Fato é que, quando se está resolvendo problemas de contagem, pouco ou quase nada é aproveitado da experiência com a resolução de outros problemas similares, uma vez que cada problema é único e, portanto, exige atenção criteriosa com a leitura do enunciado para definir a estratégia a ser adotada para a resolução.

Assim, cada problema encerra em si um novo objetivo e novas necessidades, e sempre será preciso que o leitor mobilize um novo pensar, pois novos agrupamentos-solução precisam ser construídos e contados.

Por conta disso, será preciso pensar e, só depois, decidir acerca de qual procedimento e qual estratégia terão de ser mobilizados.

Ou seja, na resolução de um problema de contagem, há sempre um novo desafio a ser vencido.

É interessante comparar os resultados obtidos em pesquisa feita pelo autor com crianças de 9-10 anos de idade (ver em Teixeira (2012,a)) e as experiências pedagógicas do autor com seus alunos do ensino médio.

Alguns alunos do ensino médio, pouco depois que resolvem algumas situações-problema em que é pedido construir uma árvore de possibilidades e/ou uma tabela de dupla entrada, logo abandonam essas representações para utilizarem, quase que exclusivamente, procedimentos que resultam na representação numérica oriunda da aplicação do Princípio Multiplicativo, na forma de uma ou mais operações aritméticas para dar conta da totalidade de possibilidades.

A constatação acima já havia sido identificada e apresentada como um dos resultados de pesquisas de Batanero (1996) com jovens na faixa etária de 15 anos, conforme se constata a seguir: "[...] o escasso uso que os estudantes fazem da árvore de possibilidades e, quando a utilizam, têm pouco êxito" (tradução nossa) (Batanero, 1996, p. 3).

Por outro lado, pesquisas de Fischbein e Gazit (1988) com crianças na faixa etária de 9-10 anos de idade mostram que elas compreendiam e utilizavam uma árvore de possibilidades para apresentar todas as possibilidades que atendiam à solução de um problema de contagem, quando o quantitativo de objetos não era grande.

Talvez se explique que tais atitudes dos alunos do ensino médio possam ser decorrentes de alguns "contratos didáticos" ao longo dos anos anteriores, não necessariamente explícitos, mas com os quais eles tiveram a oportunidade de experimentar e acostumar a fazer dessas ações uma rotina de estudo.

Por vezes, ao longo dos anos do ensino na educação básica, o aluno acostumou-se a experimentar e valorizar a utilização de algoritmos, fórmulas e respostas sob a forma de cálculos e representações numéricas concisas (algumas poucas soluções são gráficas) quando da resolução de problemas, em detrimento de resoluções que poderiam ser apresentadas por meio de explicações e justificativas feitas em linguagem escrita ou oral, espontâneas, explicativas e sem fazer uso de rótulos associados com os conceitos.

Em tese, o aluno aprendeu e acostumou-se a essa rotina com seus professores. Esses professores, por sua vez, aceitam com naturalidade, assim como os livros didáticos a apresentam e desenvolvem desde os anos iniciais do ensino fundamental.

Assim, para o universo dos alunos que rapidamente abandonam a construção de uma representação gráfica (sobretudo, a construção de uma árvore de possibilidades) para encaminhar a resolução de um problema de contagem por meio de expressões numéricas e/ou cálculos, é possível, então, considerar que não houve uma ruptura com os padrões convencionais escolares. Ou seja, de que não houve a ruptura de um "contrato didático" existente ou não, explicitamente acordado ou não.

Um dado importante a ressaltar aqui é que, uma vez que a maioria das situações-problema presentes no Capítulo 5 foi proposta a alunos do ensino fundamental, pelo autor, identificou-se que por muito poucas vezes os alunos apresentaram dificuldades para interpretar os enunciados.

Essa constatação credencia a preocupação do autor em ser objetivo em relação ao que é perguntado ou explicitado nos enunciados e o fato de o leitor concluir o que precisa ser feito - de forma clara e concisa. Também, que o enunciado não deixe margem para alguma outra interpretação que não a que deve ser.

Batanero (1996, 1997), em uma experiência feita com jovens de 15 anos com a proposição de problemas de contagem, relata as dificuldades que eles tiveram em relação à leitura e à compreensão dos enunciados.

O autor deste livro procurou oferecer ao leitor um leque de situações -problema diversificadas, atraentes, que têm como objetivos a apropriação de conceitos da Análise Combinatória e o estabelecimento de procedimentos e estratégias de resolução que permitem empreender a busca da solução.

Por vezes, o autor se viu diante da proposição de situações-problema próximas àquelas que estão presentes na literatura e decidiu que não caberiam repetições demasiadas.

Foi quando, então, procurou dar um toque pessoal às perguntas que iria formular, de maneira que o leitor tivesse a oportunidade de ter contato com diversas outras questões próximas à proposição inicial feita e com as quais o leitor pudesse explorar para fazer comparações e correlações, com o propósito de oportunizar o leitor a ampliar seu campo conceitual acerca da temática.

A tônica do autor sempre foi a de procurar o novo. Preferencialmente, a busca de um novo olhar para o ensino e a aprendizagem dos conceitos considerando o universo de alunos e o amadurecimento cognitivo - a quem a obra se destina: alunos do ensino fundamental, Educação de Jovens e Adultos (EJA) e seus professores.

O autor espera que o livro possa preparar os alunos de maneira que eles passem a exercitar, durante as aulas ou não, o levantamento de hipóteses, o despertar para reflexões (pessoais e coletivas), o pensar de maneira combinatória, a formalização de raciocínios intuitivos e quanto à possibilidade de confronto dos resultados com as hipóteses feitas, considerando que todas elas constituem componentes que favorecem a aprendizagem efetiva dos alunos.

As reflexões que o autor encaminha nesta obra - relacionadas com a sugestão da proposição da sequência de situações-problema de contagem, no todo ou em parte, para alunos do ensino fundamental - com o propósito de contribuir para a melhoria do processo de ensino e aprendizagem das noções básicas da Análise Combinatória, e diretamente relacionadas com o desenvolvimento do raciocínio combinatório, podem levar o leitor à refletir sobre as questões que estão presentes na Teoria de Piaget (1978).

Segundo a Teoria de Piaget (1978), o ensino e a aprendizagem devem estar fundamentados nos princípios de que o aluno deve construir seus próprios conhecimentos.

Igualmente, as reflexões propostas nesta obra permitem que o leitor tenha contato, ainda que pouco, com os conhecimentos que precisam ser apropriados pelo aluno, relacionados com a Teoria dos Campos Conceituais - na perspectiva de Vergnaud (1991).

Segundo Vergnaud (1991), o campo conceitual é formado por um conjunto de situações nas quais o domínio delas requer do aluno o conhecimento de uma variedade de conceitos, procedimentos e uso de diferentes representações para dar conta da apropriação efetiva dos conceitos.

Uma proposta de sequência de ensino que faz uma abordagem que envolve a efetiva participação do aluno na construção de seu próprio conhecimento, ao longo de ações pertinentes ao ensino e à aprendizagem de conceitos da Matemática, e que explora e incentiva o uso de representações gráficas para resolver situações-problema de contagem - por vezes reais e tão próximas do cotidiano escolar, familiar e comunitário da criança – objetiva alcances de conhecimentos que se estendem muito além de somente haver a apropriação dos conceitos da Análise Combinatória.

Outras diferentes abordagens (que o autor tem conhecimento), que tratam de introduzir as noções básicas iniciais relacionadas com os conceitos de combinatória nos anos iniciais do ensino fundamental, iniciam por trabalhar com situações-problema que envolvem "combinações de objetos" (saias, blusas e calçados, em sua maioria), diferentemente do que foi feito aqui nesta obra.

Neste livro, o autor buscou na pintura de listras (ou faixas) de bandeiras e nas "folhas de trevos" fortes razões para que o leitor percebesse a importância de ter que estabelecer um padrão sistemático de pinturas para concluir quais e quantas bandeiras seria preciso desenhar, de maneira a contemplar todas as possibilidades possíveis.

Esse padrão sistemático estabelecido - muito próximo ao trabalho com a "combinação" entre objetos (calças, blusas etc.) –, mais tarde, se aproximaria da necessidade de o leitor ter de tomar algumas decisões enquanto constrói uma árvore de possibilidades, por exemplo.

Agora, mobiliza-se reiteradamente o raciocínio combinatório para fazer valer as possíveis "combinações" entre os objetos envolvidos na situação-problema proposta, não mais somente por meio de peças de vestuário, mas por meio de algarismos, letras, pessoas e outros objetos.

Por conta disso, em muitas ocasiões, o texto deu ênfase à importância de considerar o papel que uma representação gráfica tem de oportunizar ao leitor apropriar-se dos conceitos, procedimentos e estratégias.

O autor acredita firmemente nos propósitos que empreendeu com o encaminhamento pedagógico da sequência das situações-problema propostas, tomando por base os resultados que foram obtidos nas pesquisas que empreendeu com um grupo de alunos e um grupo de professores.

O autor entende que a metodologia proposta favorece o aluno em relação à apropriação de conceitos que emergem das situações propostas, além de oferecer a oportunidade de o professor contar com um material didático que visa contribuir para a melhoria do ensino e da aprendizagem desse conteúdo pelos alunos do ensino fundamental.

O autor está convicto de que este é o caminho que pode ser seguido pelo professor, com seus alunos, uma vez que ele foi diligente e cuidadoso quando refletiu acerca da proposição de cada uma das situações-problema.

O texto dá ênfase à apropriação de conceitos, faz correlações, aprofunda questões, propõe que o aluno crie diferentes "Jogos de Dominó", ou seja, o autor esteve sempre atento às complexidades e às dificuldades presentes nos problemas propostos - compatíveis com as experiências e as ações cognitivas dos alunos.

Por fim, e mais uma vez, o autor está convicto de que o ensino dos conceitos da Análise Combinatória na educação básica deve ser desenvolvido pelo professor com a utilização de ações metodológicas e pedagógicas que incentivem modos significativos de desenvolvimento do raciocínio combinatório, necessariamente,

ações que incentivem o aluno a raciocinar e refletir, individualmente ou no coletivo, quando é confrontado a resolver uma situação-problema de contagem desafiadora e atraente.

Também ações que objetivem incentivar a construção de representações gráficas, em particular o de uma árvore de possibilidades.

É preciso que o professor não desenvolva o conteúdo da Análise Combinatória de modo massificado: o conteúdo distribuído por tipos de agrupamentos-solução e a nomeação desses agrupamentos por meio de rótulos, acompanhados do uso de uma correspondente fórmula. Ou seja, uma apresentação meramente formal e mecânica, com exemplos ilustrativos de cada tipo problema e um rol de exercícios similares, para cada tipo de agrupamento de objetos.

Ademais, de modo a desenvolver todo o conteúdo da Análise Combinatória, serão precisas ações segundo as quais o aluno identificará cada tipo de agrupamento-solução.

Assim, o aluno vai construindo um portfólio segundo o qual é possível que ele diferencie os agrupamentos entre si, sem a necessidade do professor se apressar em formalizar os conceitos que estão envolvidos.

É recomendável que a formalização dos conceitos, em si, seja deixada para o ensino médio e que lá, ela não seja apresentada pelo professor de modo lógico-dedutivo-conceitual por meio de definições formais que, por vezes, não são compreendidas pelo aluno, mas apenas "decoradas". A menos que se queira com tal postura que o aluno "decore" a formalização do conceito para que ele a repita para si e para os outros e, também, quando consultado, ele informe a maneira como um tipo de agrupamento-solução se diferencia de outro sem que, por vezes, saiba sequer dar uma interpretação acerca daquilo que lê da definição formal que foi apresentada.

Portanto, além de a definição assim formalizada por vezes dificultar os alunos quanto à compreensão do conteúdo, ela possivelmente pode não o favorecer em relação a como deverá usá-la para resolver um problema de contagem.

Assim, o fato de saber o tipo de agrupamentos-solução que satisfaz a solução do problema de contagem não é garantia de que a resolução será bem-sucedida e que leve a uma aprendizagem efetiva.

É recomendável que ele próprio, o aluno, encontre uma maneira de formalizar cada um dos conceitos que acaba de se apropriar, a pedido de seu professor.

Com um vocabulário próprio e expressões de seu cotidiano escolar, ele vai "moldando" o próprio texto, aprimorando o conteúdo escrito.

Mas, cabe ao professor certificar-se de que o texto escrito pelo aluno contenha exatamente aquilo que deveria ter sido escrito; que não deixe dúvidas para quem o lê - principalmente o aluno -, que não apresente meias verdades, que não haja alguma informação dúbia e que, mais que tudo, esteja correto do ponto de vista do rigor da Matemática.

O autor entende que a formalização dos conceitos tem seu momento próprio para ser feita. Preferencialmente que seja feita quando o professor tiver oportunizado ao aluno situações tais que ele vivencie um leque variado de situações-problema com as quais ele pode apropriar-se, corretamente e com segurança, do conceito e de seus significados.

Como tal, a formalização de um conceito não deve ser feita de modo prematuro. É preciso que o professor não se antecipe a outros momentos de aprendizagem e, principalmente, que a formalização não se dê antes que o aluno identifique e aproprie-se do conceito em diferentes significados, queimando etapas que serão perceptíveis mais adiante.

Portanto, é aconselhável que, antes de tudo, o professor reflita quanto ao momento mais adequado para formalizar o(s) conceito(s).

Com essas considerações e precauções, o autor acredita que a formalização de um conceito possa coincidir com a finalização de todo o processo de construção do conceito e da apropriação dos diferentes significados pelo aluno.

Por sua vez, os diferentes significados de um dado conceito - necessários à identificação e ao conhecimento sobre o conceito que foi trabalhado - podem ser identificados quando da experiência de resolver variadas situações-problema enquanto se busca conhecer as soluções (ou o quantitativo destas) nas situações-problema que podem/devem estar contextualizadas, em diferentes contextos.

O Capítulo 5, a seguir, apresenta uma sequência de situações-problema de contagem distribuídas pelos anos escolares do ensino fundamental, do 4º ao 9º ano.

Capítulo 5

Sugestão para a apresentação e o desenvolvimento de situações-problema de contagem, de probabilidade e atividades com alunos do 4º ao 9º ano do ensino fundamental

5.1 Introdução

Este capítulo contém uma sequência de situações-problema que pode ser desenvolvida pelo professor, em cada um dos anos do ensino fundamental, do 4º ao 9º ano, com o propósito de que seus alunos apropriem-se e exercitem o raciocínio combinatório; apropriem-se e apliquem os dois princípios básicos de contagem, Princípio Multiplicativo e Princípio Aditivo, para a resolução de problemas básicos de contagem e conheçam e construam algumas representações gráficas, particularmente a árvore de possibilidades, de modo a enumerar e contar diretamente os agrupamentos-solução que atendem à solução de um problema de contagem.

Foram elaboradas e selecionadas diversas situações-problema para que fizessem parte de uma sequência de ensino que visa explorar o exercício do raciocínio combinatório para resolvê-las.

O raciocínio combinatório – fundamental em Matemática e aplicável também na solução de problemas em outras áreas do conhecimento – oportuniza a compreensão acerca da aplicação do Princípio Multiplicativo (Princípio da Multiplicação ou Princípio Fundamental da Contagem (PFC)) na resolução dos problemas básicos de contagem com alunos, desde os anos iniciais do ensino fundamental.

Portanto, o Princípio Multiplicativo, o Princípio Aditivo e o raciocínio combinatório constituem-se das ferramentas combinatórias básicas necessárias para que se resolva um variado e extenso leque de situações-problema de contagem sem que haja a necessidade de formalizar precocemente alguns conceitos básicos da Análise Combinatória, bem como permite que o professor dispense o uso de fórmulas para a resolução dos problemas de contagem.

Considera-se importante uma prática pedagógica que oportunize ao aluno colocar algo novo para a apropriação dos conceitos novos, os quais, por sua vez, ampliarão a visão conceitual e a utilização de novas ferramentas matemáticas.

Todo esse arcabouço se somará àquilo que o aluno já vivenciou e conhece, particularmente em relação aos conceitos básicos da análise combinatória (resolução de problemas de contagem) e de noções intuitivas de probabilidade, desde os primeiros anos do ensino fundamental.

Essa prática pedagógica considera a importância do aluno conhecer e construir uma representação gráfica para resolver situações-problema de contagem com razoável quantidade de objetos envolvidos de modo a determinar todos os agrupamentos-solução que satisfazem a solução da situação-problema e a contagem direta deles.

Assim, desde a leitura atenta do enunciado de uma situação-problema de contagem, oportuniza-se o aluno para que ele identifique, conheça e aproprie-se dos conceitos básicos da Análise Combinatória.

A construção de uma representação gráfica favorece a apropriação de procedimentos, estratégias, habilidades e competências quando do exercício do raciocínio combinatório para a resolução dos problemas de contagem.

Levando em conta a sugestão da sequência didática das situações-problema que será apresentada em seguida – para cada um dos anos do ensino fundamental –, o autor considera oportuno que o professor faça reflexões pessoais e com seus pares acerca do trabalho que poderá desenvolver com seus alunos, independentemente do ano escolar no qual está trabalhando em sala de aula.

Por conta das reflexões que o professor deve fazer, o autor considera que a sugestão de propor esta ou aquela situação-problema para alunos de determinado ano (indicado na sequência didática) não implica, necessariamente, que o professor tenha de utilizá-la unicamente com os alunos daquele ano para o qual foi indicado pelo autor, e não com alunos de outro(s) ano(s). Um exemplo dessa questão se aplica a alunos da Educação de Jovens e Adultos (EJA).

Quando considerar conveniente, o professor deve escolher determinada situação-problema que o autor tenha indicado para ser proposta a alunos de um ano e propô-la para os alunos de outro ano.

Em suas decisões didáticas referentes à escolha feita por alguma situação-problema, o professor deve levar em conta os objetivos que o autor considerou para ser atingidos quando estabeleceu o enunciado do problema e a maturidade conceitual dos alunos para o enfrentamento da resolução.

Portanto, o professor não deve esquecer de considerar em suas escolhas e decisões didáticas as expectativas que tem de seus alunos com a resolução da particular situação-problema escolhida e o quanto eles estão cognitivamente preparados para se apropriarem dos conceitos e mobilizarem estratégias e procedimentos que deem conta de resolvê-la.

Espera-se, igualmente, que o professor reflita e questione-se acerca de algumas importantes questões que envolvem os conhecimentos de conteúdo, conhecimentos pedagógicos de conteúdo e conhecimentos curriculares.

Refletir sobre essas questões, por sua vez, antecede à proposição de uma situação-problema de contagem para os alunos de determinado ano do ensino fundamental.

Assim, é importante que o leitor/professor considere:

- ✓ A possibilidade de realizar um trabalho que explora a utilização de representações gráficas e o desenvolvimento do raciocínio combinatório em conjunto com o Princípio Multiplicativo e o Princípio Aditivo, e sem o uso de fórmulas, favorece a ressignificação dos conhecimentos de conteúdo e pedagógicos de conteúdo do professor. com respeito à resolução dos problemas de contagem?
- ✓ Com respeito aos alunos do ensino fundamental, de quais maneiras é possível desenvolver as atividades que estão propostas na sequência de ensino do Capítulo 5?
- ✓ Como o professor deve preparar-se para mediar discussões e reflexões coletivas com vistas à apropriação dos conteúdos, estratégias e procedimentos de resolução dos problemas de contagem pelos alunos, quanto à inserção e à melhoria do ensino e aprendizagem da temática?
- ✓ Os conteúdos, procedimentos e estratégias associados à resolução dos problemas de contagem e as sugestões pedagógicas apresentadas são suficientes para garantir o trabalho que o professor precisa desenvolver de modo adequado para motivar e preparar seus alunos?

✓ De que modo é possível trocar ideias e propor discussões coletivas com os professores de sua escola/colégio acerca da importância de desenvolver conteúdos relacionados com a resolução dos problemas de contagem com alunos do ensino fundamental desde os anos iniciais?

A seguir, apresentam-se considerações pertinentes que servem ao leitor/professor para refletir a respeito delas quanto à sua prática docente:

- O professor deve ter uma atenção constante a respeito das distintas representações que seus alunos utilizam quando resolvem os problemas de contagem;
- Os registros feitos pelos alunos, quando resolvem problemas de contagem, devem merecer uma cuidadosa atenção do professor, uma vez que permitem que ele conheça, interprete, analise, acompanhe e avalie a aprendizagem e a apropriação dos conceitos;
- O professor deve questionar os alunos acerca dos procedimentos e estratégias que eles utilizam para resolver cada problema de contagem, individualmente ou em conjunto;
- Dando voz aos alunos, o professor deve considerar e avaliar os argumentos que os alunos apresentam para explicar o caminho escolhido para encaminhar a resolução de um problema de contagem;
- Avaliar as regras de organização dos grupos menores e de toda a turma para o desenvolvimento das tarefas;
- Avaliar, selecionar e preparar cada atividade pedagógica que irá propor a seus alunos, bem como em relação aos materiais que serão utilizados;
- O professor deve estabelecer as formas de mediação que irá promover quando da análise das propostas apresentadas pelos alunos e como procederá para encaminhar confrontos e comparações entre elas, com isenção;
- O professor deve estar preparado para desempenhar o papel de mediador enquanto disciplina as discussões entre os alunos, tendo que decidir quando cada um pode pronunciar-se, questionar, contestar ou intervir para expor seu ponto de vista, ou para mostrar a solução que fez para determinado problema. Ou seja, preparar-se para os momentos em que e como deverá colocar-se no papel de promotor da aprendizagem;

- Quando o professor está no papel de mediador, ele é responsável por reunir todas as diferentes soluções apresentadas pelos alunos, destacar os diferentes procedimentos e estratégias que eles utilizaram, mostrar semelhanças e diferenças entre eles, promover o debate acerca dos resultados e as estratégias, orientar as possíveis modificações no encaminhamento das resoluções e, por fim, valorizar e valorar soluções que considere adequadas ao rigor exigido da Matemática, ou seja, que sejam pertinentes, incentivem e promovam uma ampliação conceitual dos alunos;
- No papel de mediador, o professor configura-se como um "animador da aprendizagem", ou seja, aquele que motiva os alunos para que eles encontrem resoluções diferentes para determinado problema, ao mesmo tempo em que estimula seus alunos à cooperação;
- Nesse papel, o professor permite que os demais alunos da turma conheçam o que um aluno pensa, além de promover o confronto entre esse pensamento e o pensamento dos seus colegas, do professor e, possivelmente, de outras pessoas com as quais o aluno convive;
- Ainda nesse papel, o professor deve pressupor a necessidade de, por vezes, ter de fazer formulações e/ou reformulações dos argumentos (seus ou de seus alunos) expressando, afirmando, descrevendo, explicitando – validando esses argumentos – verificando, questionando e convencendo, conforme afirmam os autores dos PCN, em Brasil (1988);
- É esse um dos papéis que cabem ao trabalho do professor - um dos componentes da ecologia da aprendizagem, segundo Cobb *et alii* (2003).

O autor chama a atenção do leitor, em particular do professor que ensina Matemática na educação básica, para o fato de que é preciso ser diligente no dia a dia da sala de aula e estar sempre preparado para o exercício do ofício docente.

É preciso que o professor esteja sempre atento às movimentações dos alunos nos grupos menores (até o máximo de quatro alunos) e no grupo inteiro, com o propósito de identificar e registrar as diferentes estratégias que os alunos utilizam enquanto estão envolvidos na resolução dos problemas de contagem.

Portanto, é preciso que o professor esteja atento aos diversos componentes presentes no dia a dia de sua sala de aula, entre os quais citamos os seguintes:

- Se há preocupação do aluno em fazer uma leitura atenta do enunciado do problema de contagem e se ele se esforça para compreender o que o texto informa e o que será preciso que seja feito por ele sem precisar recorrer à ajuda do professor para a leitura e a interpretação;
- Se o aluno lança mão de um procedimento de maneira a identificar o tipo de agrupamento-solução que precisa ser considerado, no todo ou em partes, em relação ao universo de agrupamentos que podem ser considerados análogos uns com outros, e considerados em conjunto;
- Os diálogos que os alunos travam entre si de maneira a encaminhar a resolução do problema quando estão nos grupos menores;
- As representações (gráficas ou não) que o aluno utiliza para raciocinar, questionar, discutir e propor aos colegas de grupo;
- A identificação das características dos diferentes agrupamentos de objetos, agrupamentos-solução ou não, e as estratégias e procedimentos que os alunos utilizam para contabilizar todas as possibilidades;
- A não utilização de fórmulas e a constatação de que não há necessidade de usá-las (desde que algum aluno já conheça alguma delas *a priori*), considerando que o Princípio Multiplicativo e o Princípio Aditivo dão conta de obter a solução para todos os problemas de contagem propostos aos alunos da educação básica;
- À identificação de diferenças e semelhanças entre as diferentes soluções apresentadas pelos alunos para um mesmo problema proposto, bem como em relação a uma possível solução que possa ser apresentada pelo professor – considerando que tal só deva ser feita em último caso, ou seja, quando esgotarem todas as possibilidades de algum aluno apresentar uma solução correta;
- Se os alunos constroem uma árvore de possibilidades enquanto resolvem problemas de contagem, embora tal procedimento não seja considerado imprescindível.

Em linhas gerais, o autor sugere que o professor reflita acerca de um dos importantes propósitos relacionados ao ensino da resolução dos problemas de contagem, qual seja:

- ❖ Procurar identificar e conhecer, à luz dos registros por escrito e exposições verbais dos alunos, individualmente ou em grupo, quais conhecimentos e concepções eles têm (e passaram ter) sobre os conceitos apropriados, do exercício do raciocínio combinatório, dos princípios de contagem e dos procedimentos e estratégias que utilizam enquanto se debruçam na resolução dos problemas de contagem.

Essa postura, uma vez empreendida pelo professor, objetiva garantir ser possível a ele relacionar diferentes aspectos que podem/devem ser observados ao longo de suas aulas e, com eles, abarcar um conjunto de dados que reuniria todas as experiências que foram vivenciadas com esse particular grupo de alunos.

Uma vez que esses dados tenham sido coletados, será possível ao professor fazer análises acerca de aspectos e situações que conheceu, aprendeu e vivenciou com seus alunos, destacados por ele em suas observações rotineiras em sala de aula.

Esses dados, por sua vez, com certeza trarão contribuições para que outras atividades similares sejam experimentadas pelo professor e/ou seus pares nos anos letivos seguintes, tomando como referência as experiências que ele vivenciou.

Quando da elaboração da sequência didática com as situações-problema apresentadas a seguir em relação aos objetivos que espera ser alcançados pelo professor e seus alunos, o autor considera importante destacar algumas ideias que o nortearam durante essa etapa, quais sejam:

- A relevância da proposição de algumas situações-problema de contagem que permitem mostrar ao leitor que nem sempre o conhecimento de uma fórmula é suficiente para dar conta de obter a solução;
- As definições subliminarmente presentes nos textos dos enunciados de algumas situações-problema propostas;
- As representações (gráficas e não) e os significados dos agrupamentos de objetos que devem ser considerados para compor a solução de um problema de contagem segundo características próprias desses objetos, conforme a proposição de particulares e sugestivas

situações-problema de contagem, mormente quando trata da proposição e da resolução dos problemas de contagem para os alunos do ensino fundamental;

- A importância destacada pelo autor, em vários momentos desta obra, e a expectativa de que o mesmo seja feito pelo leitor/professor no que concerne ao conhecimento e à aplicação do Princípio Multiplicativo ou dos Princípios Multiplicativo e Aditivo em conjunto, de maneira a exercitar e desenvolver o raciocínio combinatório durante a resolução dos problemas de contagem;
- As questões provocativas que o autor propõe em algumas situações -problema têm o propósito de contribuir para ampliar a imagem conceitual que o professor e o aluno precisam construir em relação ao conhecimento e ao uso dos conceitos presentes na resolução dos problemas de contagem, com vista à consecução dos pressupostos apontados por Tall e Vinner (1981);
- A determinação de agrupamentos-solução para um dado problema de contagem (não necessariamente com a obrigatoriedade de ter de construir e apresentar todas as possibilidades que satisfazem à solução do problema proposto) com a utilização de uma representação gráfica, de modo a oportunizar que os alunos conheçam e mobilizem procedimentos e estratégias adequados e pertinentes à resolução do problema de contagem em questão;
- A importância de contribuir com o professor para que este reflita quanto ao recorrente exercício do raciocínio combinatório para encaminhar a resolução de um problema de contagem em detrimento ao uso sistemático de uma fórmula por professores que também trabalham com alunos do ensino médio e podem sentir-se tentados a fazer o mesmo com os alunos do ensino fundamental;
- O estabelecimento e a consolidação de um dos significados da multiplicação - a ideia combinatória – com os alunos dos anos iniciais do ensino fundamental conforme indicado pelos autores dos PCN, em Brasil (1997);
- A importância de o professor reconhecer-se no papel de mediador para o encaminhamento de reflexões e discussões de todo o grupo de alunos frente à apresentação de soluções para as situações-problema propostas, verbalmente ou no quadro de giz;

- A importância do papel do professor com respeito à motivação que deve emprestar aos seus alunos para dar início à apresentação e ao encaminhamento de soluções para os problemas propostos, principalmente nos casos em que houver algum impasse, de maneira a contribuir para a compreensão dos objetivos, segundo os pressupostos apontados por Zeichner (1993, 2003, 2008).

Para dar conta dos momentos de preparação e organização pedagógicas, são apresentadas, a seguir, algumas ações que o autor considera relevantes para serem abordadas e discutidas pelos professores:

✓ Refletir acerca das noções consideradas fundamentais para a compreensão dos conceitos da Análise Combinatória necessários para a resolução dos problemas de contagem;

✓ Procurar, preferencialmente, não apresentar aulas expositivas para desenvolver os conteúdos e resolver os problemas de contagem;

✓ Refletir sobre o ensino da temática por meio da proposição de situações-problema de contagem e o papel do professor enquanto mediador das reflexões do grupo quando do encaminhamento e da obtenção das soluções;

✓ Refletir acerca de possíveis encaminhamentos que poderiam ser utilizados pelos alunos na busca da solução (ou das soluções) para um problema, necessariamente sem o uso de fórmula, mas exercitando fortemente o raciocínio combinatório, construindo uma representação gráfica (caso julgue necessário), o Princípio Multiplicativo ou o Princípio Multiplicativo em conjunto com o Princípio Aditivo;

✓ Refletir sobre as maneiras de instrumentalizar ações com vistas à percepção e ao entendimento sobre qual(is) conceito(s) está(ão) envolvido(s) em cada problema de contagem que será proposto;

✓ Refletir sobre a importância da utilização de uma representação gráfica que dê conta da obtenção da solução (ou soluções) para um problema de contagem e sugerir sua construção pelos alunos, bem como a respeito dos correspondentes registros feitos de maneira que o aluno explique como pensou e procedeu para obter a solução (ou que ele julga ser a solução correta);

✓ Refletir sobre os conhecimentos de conteúdo e pedagógicos de conteúdo, bem como o domínio de procedimentos e estratégias associados ao ensino e à resolução dos problemas de contagem pelo professor;

- ✓ Procurar identificar e compreender as dificuldades que um aluno do ensino fundamental enfrenta ao iniciar o estudo desses conteúdos, mormente em relação à compreensão acerca do que ele lê e compreende no texto do enunciado de uma situação-problema de contagem;
- ✓ Procurar identificar, compreender e comparar os encaminhamentos que os alunos de uma mesma turma ou um mesmo grupo fazem quando estão diante dos mesmos desafios propostos, colocando-os para as reflexões do grupo maior, e refletir sobre sua postura enquanto mediador;
- ✓ Discutir acerca das possíveis estratégias que um professor pode (e deve) utilizar para auxiliar seus alunos a superar dificuldades durante a resolução de um problema de contagem, provocando-os a exercitar o raciocínio combinatório e utilizar uma representação gráfica - ao menos para identificar de qual tipo devem ser os agrupamentos-solução - como os dois fundamentos básicos imprescindíveis para dar conta de encaminhar a resolução de um problema.

Ademais, sugerimos que o professor reflita quanto à necessidade de oferecer oportunidades para que os alunos construam conhecimentos durante o desenvolvimento das atividades propostas, considerando a variedade e o número de situações-problema sugeridas, a seguir, para serem propostas, resolvidas e discutidas em sala de aula.

Devem ser consideradas pelo professor, quando dos momentos de organização pedagógica, as situações-problema apresentadas a seguir, considerando as apropriadas e possíveis alterações que o professor pode fazer com cada uma delas, mas mantidos os objetivos a que se propõem, bem como o ordenamento na proposição, levando em conta o grau de dificuldades de cada uma em relação aos conteúdos que precisam ser apropriados pelos alunos.

É preciso que o professor esteja atento à adequação requerida quando eventualmente propõe alguma situação-problema fora da sequência proposta - levando em conta que ela poderá servir de motivação, por exemplo, para introduzir algum outro conteúdo da Matemática.

Assim, não há impedimento para que uma dada situação-problema possa ser proposta aos alunos de séries/anos correspondentes ao desenvolvimento de outros conteúdos da Matemática do ensino fundamental, conforme apresentado na sequência ou nos anos em que o professor considerar oportuno propor, em separado, das demais situações-problema elencadas na sequência.

Por exemplo, quando o professor estiver preparando-se para apresentar os conteúdos relacionados com o conceito de potenciação de números naturais, uma sugestão é pedir que os alunos construam uma árvore de possibilidades que mostre todos os seus descendentes até a quarta geração, por exemplo, contabilizando o total de familiares em cada grau de parentesco.

A árvore de possibilidades abaixo serve como exemplo:

O leitor deve estar atento para um fato relevante: as situações-problema propostas na sequência de cada ano – do 4º ao 9º ano – não estão distribuídas por conceitos, ou seja, em uma mesma sequência diferentes conceitos estão presentes.

Essa opção pedagógica tem o propósito de que o leitor, tendo feito uma leitura atenta do enunciado, identifique quais tipos de agrupamentos-solução precisam ser considerados para resolver o problema. Uma vez identificado o conceito que está imbricado na situação, é preciso que o leitor exercite o raciocínio combinatório e mobilize alguma estratégia para dar conta de encaminhar a resolução, utilizando os conceitos dos dois princípios de contagem e de alguma representação gráfica e/ou numérica.

Entendemos que encaminhar um estudo de problemas de contagem segundo essas perspectivas vai ao encontro de oportunizar o leitor para uma ampliação conceitual e garantir segurança e consistência para o enfrentamento de todos os tipos de problemas de contagem, mais ou menos complexos.

No Anexo B, encontram-se as resoluções de todas as situações-problema propostas, mas outras resoluções poderão ser feitas para cada uma delas.

5.2 Atividades para alunos do 4º ano do ensino fundamental

5.2.1 Objetivos gerais e específicos

Um dos objetivos das situações-problema propostas para os alunos deste ano é utilizar atividades que envolvem o uso do material didático "Blocos Lógicos" e a pintura de bandeiras, ou possibilidades de pinturas de bandeiras para desenvolver o raciocínio combinatório dos alunos.

As pinturas de bandeiras são propostas aos alunos de maneira natural, tal qual uma diversão. O professor deve estar atento à maneira como cada aluno procede para pintar as listras de uma bandeira e como os alunos fazem a leitura dos enunciados das situações-problema propostos.

Sugerimos que o professor deixe os alunos pintarem as bandeiras, de início, possivelmente de maneira aleatória (se for o caso), mas esteja atento às conversas entre os alunos nos grupos para que possivelmente possa identificar se algum aluno utiliza um procedimento organizado para promover as pinturas das listras das bandeiras.

Se o professor identificar tal procedimento, não chame a atenção do aluno e dos demais para este fato. Cada aluno tem seu tempo de pensar e realizar as tarefas. Não é recomendável queimar etapas.

Possivelmente, esse aluno tentará convencer os outros colegas sobre como ele procede para pintar as listras das bandeiras. Fique atento a essas possíveis descobertas e as explicações que os alunos apresentam. Certifique-se de que elas estejam adequadas à situação proposta.

Se um aluno se utiliza de uma maneira sistemática para pintar as listras de uma bandeira ele, possivelmente, já tem incorporado um jeito particular de raciocinar, de pensar.

Por exemplo, quando o aluno decide começar a pintar a primeira listra da bandeira, pinta ou não a segunda listra, obtendo duas diferentes pinturas, e para uma possível terceira listra faz o mesmo, depois, retornando à primeira listra, decide não pintá-la e utiliza os mesmos procedimentos anteriores, encaminha-se aí um jeito de pensar, de raciocinar. Possivelmente, o aluno levará este raciocínio para a construção de uma árvore de possibilidades, por exemplo.

Professor, quando achar conveniente, pergunte a esse aluno por que ele tem certeza de que todas as possíveis bandeiras foram pintadas ou ainda não. Ouça atentamente as explicações apresentadas pelo aluno. Verifique que o aluno sabe articular a explicação em completa concordância com o raciocínio que utiliza e se esse raciocínio é o adequado à resolução do problema que foi proposto.

Particularmente importantes são os casos em que são apresentadas as bandeiras em um quantitativo menor que o necessário ou um quantitativo de bandeiras maior que o necessário, e o aluno se dá conta de que tal fato está ocorrendo. Quando o aluno tem certeza de que pintou todas as bandeiras possíveis?

Essas atividades têm o objetivo de contribuir para a formação de atitudes críticas pelos alunos a partir do momento em que eles passam a se questionar acerca da necessidade de estabelecer uma maneira sistemática de pintar as listras das bandeiras, por exemplo.

A partir da primeira situação-problema, constatou-se na pesquisa empreendida pelo autor que os alunos passam a sentir necessidade de realizar procedimentos com cautela e critério, com vistas a encaminhar a resolução de um problema de contagem.

A partir daí, diversas estratégias de resolução de problemas de contagem passam a ser apropriadas pelos alunos, segundo particulares procedimentos. O professor deve incentivar essas descobertas.

Diferentemente de outros conceitos da Matemática, na resolução dos problemas de contagem, o aluno passa a compreender que para resolver um problema, será preciso, antes de tudo, que ele faça uma leitura atenta do enunciado e que mobilize procedimentos e estratégias - por vezes próprios - adequados para a resolução, tomando o raciocínio combinatório como o jeito que precisa usar para pensar - mesmo considerando que esse raciocínio ainda não tenha sido totalmente conhecido por ele.

Por conta disso, o aluno passa a perceber que não é preciso ter uma fórmula para poder resolver o problema proposto.

Apercebe-se que o procedimento adequado para a resolução de um problema de contagem é lançar mão de passar a pensar combinatoriamente, antes mesmo de fazer uso de uma representação - gráfica ou não - para dar conta de contabilizar todas as possibilidades que atendem ao problema proposto.

Paralelamente à oportunidade de os alunos se apropriarem do jeito combinatório de raciocinar, há três representações gráficas: esquema, construção de árvores de possibilidades e tabelas de dupla entrada - que podem ser utilizadas para resolver problemas de contagem.

O propósito de apresentar desde o início essas representações é fazer com que o aluno conheça as características que permitem a construção de cada uma delas, que com cada uma delas é possível fazer a enumeração de todas as possibilidades e, também, que a construção da representação permite a contagem direta de todos os seus elementos constitutivos, conhecidos com agrupamentos-solução.

Nas últimas situações-problema, apresentam-se considerações pertinentes acerca das possibilidades de construção de diferentes tipos de jogos de dominó - diferentes daquele jogo que habitualmente é comercializado -, como é possível determinar a totalidade das peças de cada um desses possíveis jogos e como construir cada jogo.

5.2.2 Sequência didática contendo situações-problema de contagem que podem ser propostas aos alunos do 4º ano

Atividades para o mês de março

Situação-problema 1

Abaixo, foram desenhadas quatro bandeiras com mastros, contendo duas listras horizontais cada uma. Pinte ou não as listras das bandeiras, utilizando uma só cor de giz de cera na cor verde, de maneira a obter diferentes maneiras de observar as bandeiras, pintada ou não, apresentando todas as possibilidades possíveis.

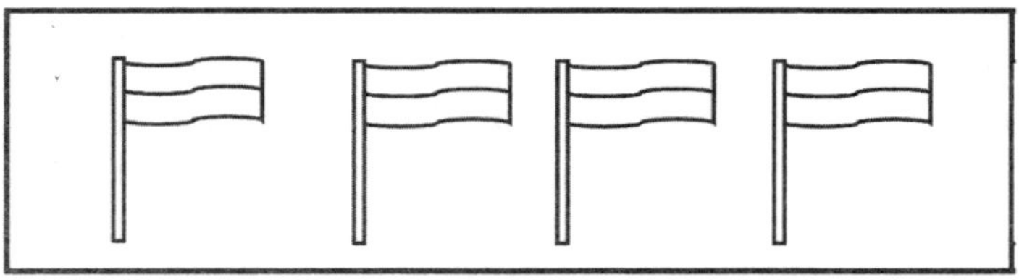

(a) Com base nas soluções obtidas, preencha a tabela de dupla entrada a seguir, com as informações das diferentes bandeiras que podem ser pintadas. Utilize a seguinte indicação: se a listra for pintada de verde, escreva ***V*** e se não for pintada, ou seja, ficar em branco, utilize ***B***.

2ª Listra / 1ª Listra	Verde	Em branco
Verde	{......,....}	{......,....}
Em branco	{......,....}	{......,....}

(b) Com base nas soluções obtidas, preencha a árvore de possibilidades a seguir, com as informações das soluções obtidas por você.

Cor da 1ª Listra	Cor da 2ª Listra	Cores da Bandeira
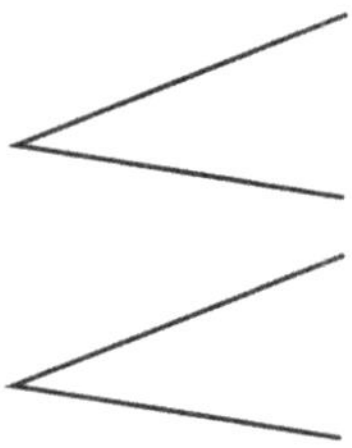		{......,....} {......,....} {......,....} {......,....}

Situação-problema 2

Abaixo, estão desenhadas oito bandeiras com mastros, contendo três listras horizontais cada uma.

(a) Pinte as listras das bandeiras, ou deixe uma ou mais listras sem pintar, considerando que você dispõe de uma só cor de giz de cera na cor verde.

Você deverá apresentar todas as maneiras diferentes de apresentar uma bandeira com o formato abaixo, podendo, inclusive, considerar a bandeira com todas as listras sem ser pintadas.

Se precisar desenhar mais bandeiras, utilize o espaço em branco deixado abaixo da figura.

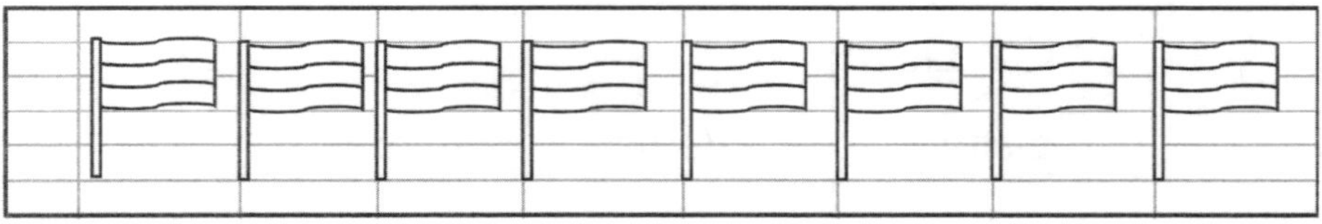

(b) Com base nas soluções obtidas, preencha a árvore de possibilidades a seguir, com as informações das soluções. Utilize a seguinte indicação: se a listra for pintada de verde, escreva ***V*** e se não for pintada, ou seja, ficar em branco, utilize ***B***.

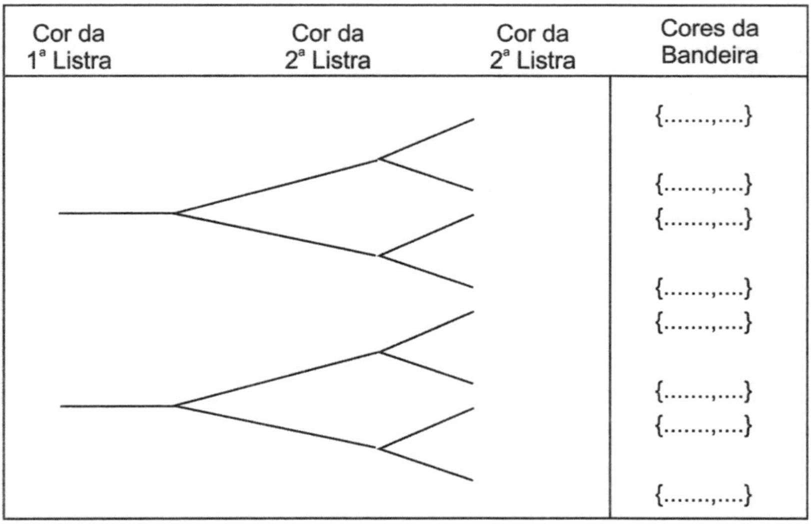

Atividades para o mês de abril
Situação-problema 1

Abaixo, foram desenhadas 16 bandeiras com seus respectivos mastros, contendo, cada uma, quatro listras horizontais.

(a) Pinte as listras das bandeiras, ou deixe uma ou mais listras sem pintar, considerando que você dispõe de uma só cor de giz de cera na cor verde.

Você deverá apresentar todas as maneiras diferentes de visualizar uma bandeira como a do formato abaixo, podendo, inclusive, considerar a bandeira com todas as listras sem ser pintadas.

Se precisar desenhar mais bandeiras, utilize o espaço em branco abaixo da figura.

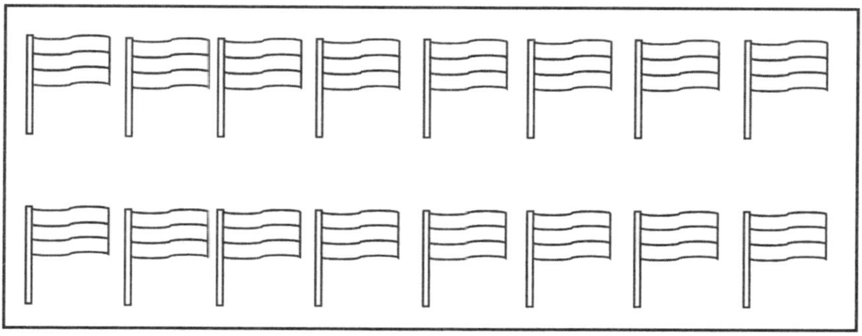

(b) Com base nas pinturas que você fez acima, construa uma árvore de possibilidades que mostre todas as soluções que atendem à solução da situação-problema em questão. Utilize a seguinte indicação: se a listra for pintada de verde, escreva ***V*** e se não for pintada, ou seja, ficar em branco, utilize ***B***.

Sugestão para a construção da árvore de possibilidades:

1ª Listra	2ª Listra	3ª Listra	4ª Listra

Situação-problema 2

Considere os quadrados e os triângulos do jogo pedagógico conhecido como “Blocos Lógicos”.

Ana quer determinar quantas diferentes “casinhas” (tal qual o formato da casinha que está desenhada a seguir) é possível formar utilizando somente as peças grossas e pequenas, em todas as combinações de cores possíveis do jogo.

(a) Quantas diferentes casinhas são possíveis de formar, utilizando somente as peças grossas e pequenas do jogo “Blocos Lógicos”, tal qual o formato da casinha desenhada abaixo?

(b) Quantas diferentes casinhas são possíveis de formar, utilizando somente as peças grossas e pequenas de cores amarela e vermelha do jogo "Blocos Lógicos", tal qual o formato da casinha desenhada abaixo?

Atividades para o mês de maio
Situação-problema 1

Abaixo, foram desenhados 16 trevos de quatro folhas cada.

(a) Se você dispõe de bastões de giz de cera nas cores verde (VD) e vermelha (VM), considere os trevos de quatro folhas desenhados acima e apresente todas as possibilidades de identificar diferentes trevos entre si segundo as cores de suas folhas, levando em conta que nenhuma folha de cada trevo poderá deixar de ser pintada, para cada trevo considerado por você como parte da solução. Pinte todos os diferentes trevos entre si.

(b) Todos os trevos desenhados acima foram pintados por você?

Se sua resposta foi sim, ainda faltam trevos que precisam ser desenhados e pintados de maneira diferente dos 16 trevos que você já tem pintados?

Se sua resposta foi não, sobraram trevos que não foram pintados. Quantos deles sobraram?

(c) Explique como você procedeu para colorir os trevos que considerou diferentes entre si entre os trevos que foram desenhados acima.

(d) Quando se dispõem duas cores diferentes de giz de cera para a pintura, os trevos têm quatro folhas e nenhuma folha pode ficar sem ser pintada, quantas possibilidades diferentes de pinturas dos trevos há?

(e) Cada pintura feita em um trevo pode ser representada por uma "quádrupla ordenada", pois os trevos têm quatro folhas cada um. Escreva uma quádrupla em que a segunda e a quarta folhas do trevo estão pintadas com a cor vermelha:

(..................., ..., ..., ...)

(f) Qual o total de trevos que têm a segunda e a quarta folhas pintadas de vermelho?

(g) Escreva todas as quádruplas que representam a totalidade dos trevos pintados dessa maneira.

(h) Uma maneira de apresentar todas as possibilidades de colorir um trevo com quatro folhas, quando se dispõem duas cores, por exemplo, verde e vermelha, é por meio da construção de uma *árvore de possibilidades*.

Construa a árvore de possibilidades abaixo (que foi iniciada para você completá-la com facilidade) de modo a obter todas as diferentes possibilidades que se têm de pintar um trevo com quatro folhas, quando se dispõem duas cores, vermelha (VM) e verde (VD), para a pintura.

Cor da 1ª folha	Cor da 1ª folha	Cor da 1ª folha	Cor da 1ª folha	Cores das quatro folhas de cada trevo

(..............., ..., ..., ...)

(i) Por meio de uma operação aditiva, determine o total de maneiras de pintar um trevo de quatro folhas quando se dispõem duas cores diferentes para efetuar as pinturas. Uma operação aditiva pode ser identificada a partir da disposição das folhas da árvore de possibilidades, tal qual a que você desenhou acima.

(j) Como você interpreta a "quádrupla" indicada por (verde, vermelho, verde, verde) ou (VD, VM, VD, VD), apresentada na árvore de possibilidades construída acima?

(k) Se um trevo tem quatro folhas e se quer determinar todas as possibilidades de pintar todas as folhas desse trevo, quando se dispõem duas distintas cores de giz de cera, qual o total de diferentes possibilidades que há para pintar esse trevo?

(l) Escreva o total obtido no item (k) por meio de uma operação multiplicativa.

(m) Considerando que as folhas opostas de um trevo de quatro folhas devem ser pintadas com a mesma cor, quantos diferentes trevos de quatro folhas podem ser pintados quando há giz de cera de duas cores, verde (VD) e vermelha (VM)?

(n) Escreva todas as "quádruplas" que representam a totalidade dos trevos pintados que satisfazem a condição proposta no item (m).

(o) Explique como você procedeu para responder às perguntas dos itens (m) e (n).

(p) Considerando que as folhas opostas de um trevo de quatro folhas devem ser pintadas com cores diferentes, quantos diferentes trevos de quatro folhas podem ser pintados quando se dispõe de duas cores de giz de cera, verde (VD) e vermelha (VM)?

(q) Escreva todas as "quádruplas" que representam a totalidade dos trevos, pintados da maneira que atendam ao item (p).

Situação-problema 2

Abaixo, foram desenhadas nove bandeiras com mastros, cada uma delas contendo duas listras horizontais que devem ser pintadas.

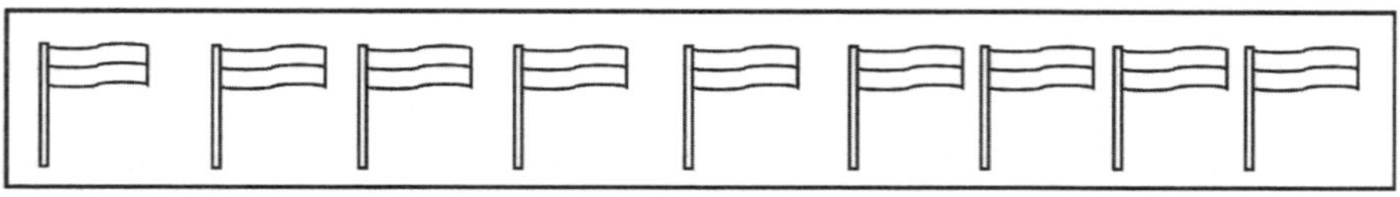

(a) Considere as bandeiras que foram desenhadas acima. Apresente todas as possibilidades que identificam as diferentes pinturas de bandeiras entre si quando se dispõem quatro bastões de giz de cera, nas cores verde (VD), amarela (AM), azul (AZ) e vermelha (VM).

(b) Todas as bandeiras que estão desenhadas acima foram pintadas?

(c) Se a sua resposta foi sim, ainda falta desenhar e pintar mais alguma bandeira?

(d) Quantas bandeiras ainda precisam ser desenhadas e pintadas para obter a totalidade de bandeiras, com duas listras, que podem ser pintadas de maneiras diferentes quando se dispõem quatro cores diferentes e todas as listras de cada bandeira devem ser pintadas?

(e) Utilizando a notação de "duplas ordenadas", indique as pinturas das bandeiras que ainda precisam ser pintadas para completar o total de bandeiras possíveis de pintar de maneiras distintas, tendo todas as listras pintadas.

(f) Se você dispõe de quatro cores diferentes de bastões de giz de cera, de quantas maneiras diferentes é possível pintar bandeiras que têm duas listras horizontais, como aquelas que foram desenhadas acima, em que todas as listras da bandeira foram pintadas?

(g) Explique como você procedeu para colorir as diferentes bandeiras, entre as bandeiras que foram apresentadas no desenho acima e as que ainda precisam ser desenhadas, quando se dispõem quatro bastões de giz de cera de cores diferentes e todas as listras da bandeira devem ser pintadas.

(h) Quantas possibilidades diferentes de pinturas de bandeiras (cada bandeira com duas listras horizontais pintadas de cores iguais) há quando se dispõem quatro cores de giz de cera para a pintura?

(i) Quantas possibilidades diferentes de pinturas de bandeiras (cada bandeira com duas listras horizontais pintadas de cores diferentes) há quando se dispõem quatro cores de giz de cera para a pintura?

(j) Construa uma árvore de possibilidades - como a que foi iniciada a seguir, em que apenas indicamos as possibilidades que você deve considerar nesta construção - para mostrar todas as possibilidades que existem para pintar uma bandeira com duas listras horizontais, com a condição de que as duas listras não sejam pintadas com a mesma cor quando se dispõem as cores amarela (AM), azul (AZ), verde (VD) e vermelha (VM).

Atividades para o mês de junho

Situação-problema 1

Abaixo, foram desenhados 32 trevos de três folhas.

(a) Se você dispõe de três bastões de giz de cera nas cores verde (VD), amarela (AM) e vermelha (VM), apresente todas as diferentes maneiras de colorir as folhas dos trevos de três folhas desenhados acima, de tal maneira que todas as três folhas de cada trevo sejam pintadas e obtenha-se o total de diferentes trevos pintados de modos diferentes.

(b) Todos os trevos desenhados acima foram pintados por você?

(c) Se a sua resposta foi sim, falta desenhar mais algum trevo que precisaria ser pintado de modo a obter todas as diferentes possibilidades de pintura para os trevos de três folhas, quando se dispõem três cores distintas?

Se a sua resposta foi não, sobraram trevos que não precisam ser pintados?

(d) Explique como você procedeu para colorir os diferentes trevos de três folhas que foram apresentados acima.

(e) Construa uma árvore de possibilidades - como a que foi iniciada a seguir, na qual apenas indicamos as possibilidades que você deve considerar nesta construção - que mostre todas as possibilidades de pinturas diferentes que podem ser feitas para pintar um trevo de três folhas e todas as folhas devem ser pintadas, quando se dispõem três cores distintas disponíveis.

Cor da 1ª folha	Cor da 2ª folha	Cor da 3ª folha	Cores das três folhas de cada trevo

(..............., ..., ..., ...)

(f) Se a cor da 1ª folha do trevo de três folhas for pintada na cor verde, quantas possibilidades de pinturas diferentes de trevos há?

(g) Se a cor da 1ª folha do trevo de três folhas for pintada na cor verde e a 2ª folha for pintada na cor amarela, de quantas maneiras a 3ª folha pode ser pintada?

(h) Por meio de uma notação aditiva, indique como é possível determinar a totalidade de possibilidades de pintar um trevo de três folhas quando se dispõem três cores diferentes para a pintura e todas as folhas devem ser pintadas.

(i) De quantas maneiras diferentes você pode tomar a decisão de pintar a 1ª folha de um trevo de três folhas, quando se dispõem três diferentes cores para a pintura?

(j) Para cada uma das decisões em relação à pintura da 1ª folha do trevo de três folhas, de quantas maneiras a decisão de pintar a segunda folha de um trevo pode ser tomada?

Para cada uma das decisões em relação à pintura da 1ª e da 2ª folhas do trevo de três folhas, de quantas maneiras pode ser tomada a decisão de pintar a 3ª folha?

(k) Compare os valores que você obteve nas respostas dos itens (i) e (j) acima, com a construção dos galhos da árvore de possibilidades. O que você observou? Explique como você procedeu para encontrar a resposta do item (i).

(l) Quantas diferentes possibilidades de pintar os trevos com três folhas existem quando há três diferentes cores de giz de cera disponíveis para a pintura, nenhuma folha pode ficar sem ser pintada e as duas folhas opostas devem ser pintadas com a mesma cor?

(m) Quantas diferentes possibilidades de pintar os trevos com três folhas existem quando há três diferentes cores de giz de cera disponíveis para a pintura, nenhuma folha pode ficar sem ser pintada e as duas folhas opostas não podem ser pintadas com a mesma cor?

(n) Construa uma árvore de possibilidades - como a que foi iniciada a seguir, onde apenas indicamos as possibilidades que você deve considerar nesta construção - de modo a mostrar todas as possibilidades de pintura de um trevo com três folhas quando se dispõem três cores para a pintura e as duas folhas opostas não podem ser pintadas com a mesma cor.

Cor da 1ª folha	Cor da 2ª folha	Cor da 3ª folha	Cores das três folhas de cada trevo

(.............., ..., ..., ...)

(o) Construa uma árvore de possibilidades como a que foi iniciada a seguir - apenas indicamos as possibilidades que você deve considerar nesta construção para mostrar todas as possibilidades de pintura de um trevo com três folhas - quando se dispõem três cores para a pintura e quando as duas folhas opostas têm de ser pintadas com a mesma cor.

Cor da 1ª folha	Cor da 2ª folha	Cor da 3ª folha	Cores das três folhas de cada trevo

(.............., ..., ..., ...)

Situação-problema 2

A figura abaixo apresenta o desenho de um triângulo. A região interior do triângulo representa uma parte do jardim da escola onde Ana estuda.

A diretora da escola tem dois vasos de plantas, exatamente iguais, pintados na cor branca. Ela vai colocá-los junto aos lados do jardim (os lados do triângulo) da escola, de tal maneira que os dois vasos possam estar juntos no mesmo lado do jardim ou não.

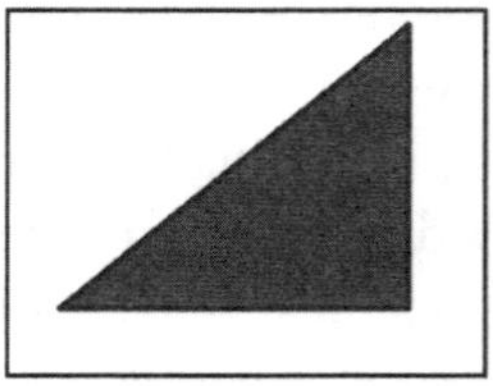

(a) A professora de Ana pediu que os alunos apresentassem todas as diferentes possibilidades de arrumação dos vasos junto aos lados do jardim, de modo que seja possível visualizar as diferentes maneiras segundo as quais os dois vasos de plantas podem ser colocados nos lados do jardim.

Indique os lados do triângulo com as letras a, b e c para nomear os três lados que você dispõe para colocar um vaso ou os dois vasos em cada lado, de maneira a completar a tabela desenhada a seguir.

Quando você escolher um vaso para colocar em um dos lados do jardim, escreva BR (ou BRANCO), quando escolher os dois vasos, escreva BR-BR (ou BRANCO-BRANCO), e quando não houver vaso em um lado do jardim, escreva SV (ou SEM VASO).

Tabela 1: Tabela com a distribuição dos dois vasos junto aos lados do jardim

Lado a	Lado b	Lado c

(b) De quantas maneiras diferentes os dois vasos de plantas podem ser colocados junto aos lados do jardim?

(c) Com a ajuda de "ternas ordenadas", você pode indicar todas as possibilidades de arrumação dos dois vasos nos três lados do jardim. Escreva todas as possibilidades de arrumação dos dois vasos de plantas junto aos lados do jardim por meio de "ternas ordenadas", conforme indicado a seguir.

(...................., ..., ...)

Atividades para o mês de agosto

Situação-problema 1

A professora da turma 401 fará uma atividade em sala de aula e, para tal, ela precisa separar os alunos em grupos, cada grupo formado por três alunos.

(a) Construa uma árvore de possibilidades mostrando todos os possíveis trios de alunos que podem ser formados com a escolha de três entre os cinco alunos: Ana, Bia, Carla, Diva e Eva.

Essa árvore de possibilidades é dita não simétrica. Pesquise o porquê dessa categoria.

(b) De quantos desses trios de alunos Diva faz parte?

(c) Explique como você fez para encontrar a quantidade de trios de alunos dos quais Diva participa.

(d) Quantos diferentes trios de alunos podem ser formados com os alunos Ana, Bia, Carla, Diva e Eva?

Situação-problema 2

Utilizando três cores diferentes de bastões de giz de cera, disponíveis nas cores verde (VD), vermelha (VM) e azul (AZ), podemos pintar bandeiras como as que têm o formato da figura abaixo com cores diferentes em todas as regiões.

Você não deve desenhar todas as possíveis bandeiras e, em seguida, pintá-las de modos diferentes.

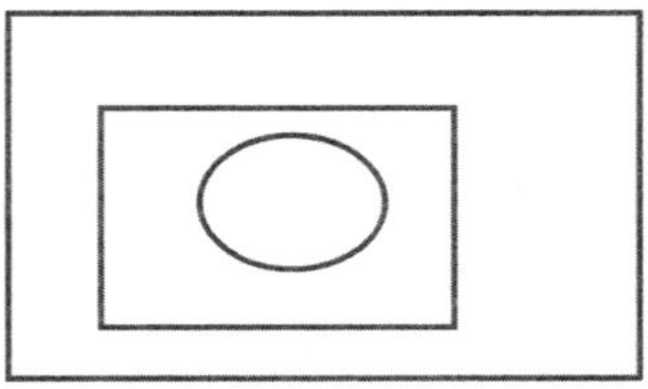

(a) De quantas maneiras diferentes é possível pintar as três regiões presentes na bandeira acima atendendo às condições de cores diferentes pelas regiões e quando se dispõem três cores?

(b) Indique a operação aritmética que você utilizou para obter o total de soluções.

(c) Construa uma árvore de possibilidades que mostre todas as diferentes pinturas de bandeiras, com o mesmo formato acima, quando há três cores disponíveis e todas as regiões da bandeira devem ser pintadas com diferentes cores.

Utilize a seguinte indicação: se a região da bandeira for pintada de verde, escreva ***VD***, se a região da bandeira for pintada de vermelho, escreva ***VM*** e se a região da bandeira for pintada de azul, escreva ***AZ***.

Região mais interna	Região central	Região mais externa

Atividades para o mês de setembro
Situação-problema 1

Observe a figura abaixo, de uma bandeira que contém três distintas regiões para serem pintadas.

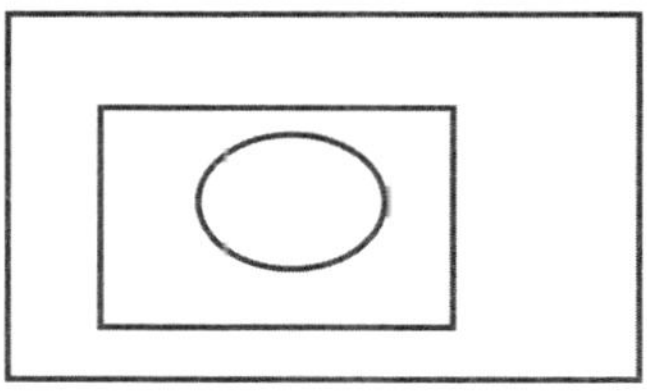

Você não deve desenhar todas as diferentes bandeiras possíveis e, em seguida, pintá-las de diferentes modos.

Considere que há quatro cores disponíveis e que todas as regiões da bandeira devem ser pintadas.

Utilize a seguinte indicação: se a região da bandeira for pintada de verde, escreva ***VD***, se a região da bandeira for pintada de vermelho, escreva ***VM***, se a região da bandeira for pintada de azul, escreva ***AZ*** e se a região da bandeira for pintada de amarelo, escreva ***AM***.

(a) Construa uma árvore de possibilidades que mostre todas as diferentes maneiras de pintar as bandeiras com o formato acima e todas as regiões devem ser pintadas com três cores diferentes, escolhidas entre as quatro cores: verde, vermelha, azul e amarela.

Região mais interna	Região central	Região mais externa

(b) Se duas das regiões da bandeira forem pintadas com uma cor e a outra região pintada de cor diferente, construa uma árvore de possibilidades que mostre todas essas possibilidades de pintura, considerando a disponibilidade de quatro cores para realizar as pinturas: amarela, azul, verde e vermelha.

Situação-problema 2

Uma sala possui cinco portas: P_1, P_2, P_3, P_4, P_5, como apresentado na figura abaixo:

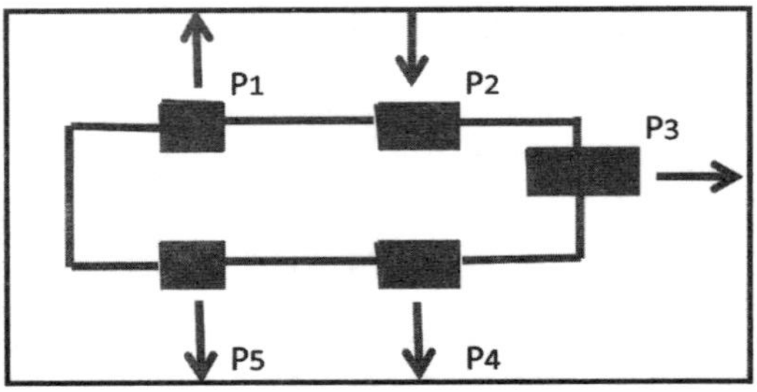

(a) Construa uma tabela de dupla entrada que mostre todas as possibilidades de entrada e saída dessa sala por meio das portas indicadas.

(b) Desenhe uma árvore de possibilidades que mostre todas as possibilidades que uma pessoa tem de entrar pela porta P_2, como indicado na figura acima, e sair da sala por uma das outras portas - diferente da porta que foi utilizada para a entrada.

(c) De quantos modos uma pessoa pode entrar pela porta P_2 e sair por outra porta qualquer?

(d) Indique a operação aritmética que você utilizou para responder o item (c).

(e) Na tabela de dupla entrada, construída para responder o item (a), pinte de amarelo as possibilidades que uma pessoa tem de entrar pela porta

P_4 e sair por outra porta diferente.

(f) De quantos modos uma pessoa pode entrar por uma porta e sair pela porta P_2?

(g) De quantos modos uma pessoa pode entrar por uma porta e sair por outra porta diferente da que havia entrado?

(h) De quantos modos uma pessoa pode entrar e sair dessa sala?

(i) Indique a operação aritmética você utilizou (ou poderia utilizar) para obter a resposta do item (g).

Atividades para o mês de outubro

Situação-problema 1

A figura abaixo mostra duas peças de um jogo de dominó usualmente vendido no comércio.

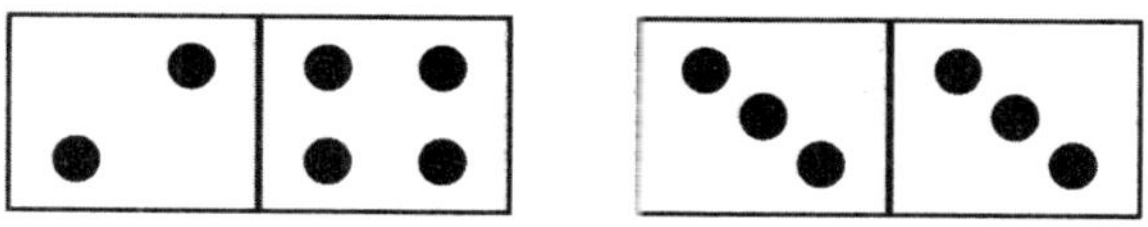

Existe uma peça para cada par de números de 0 a 6, distintos ou não.

(a) Preencha a tabela de dupla entrada abaixo, somente escrevendo nos espaços que determinam todas as peças de um jogo de dominó.

	0	1	2	3	4	5	6
0							
1							
2							
3							
4							
5							
6							

(b) Você quer jogar dominó com os seus colegas de turma, mas na sala de aula só há um conjunto de peças de dominó. Qual o número máximo de colegas que podem participar de um jogo de dominó se, para haver mais emoção, recomenda-se que cada jogo tenha o mínimo de 4 (quatro) rodadas?

(c) Preencha a tabela de dupla entrada a seguir, mostrando todas as possibilidades de distribuição igualitária de peças de um dominó por colegas da turma que poderiam participar de um jogo.

Número de participantes	Número de peças para cada participante

(d) Complete o esquema desenhado a seguir, que pode indicar o total de peças que compõem um possível "jogo de dominó" com as seguintes características: as 2 (duas) regiões de cada uma das peças podem ser preenchidas com bolinhas (ou não), representando os números 0, 1, 2 ou 3.

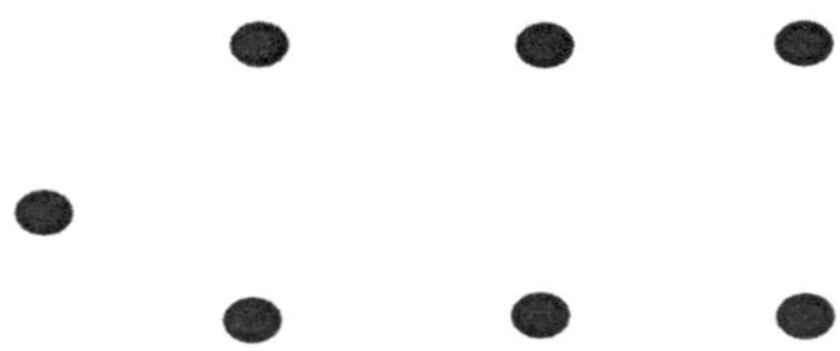

(e) Em quantas peças de um jogo de dominó aparecem bolinhas, ou não, representando dois números iguais?

(f) Em quantas peças de um jogo de dominó aparecem bolinhas, ou não, representando dois números distintos?

(g) Qual o quantitativo total de peças que compõem um jogo de dominó?

Situação-problema 2

A figura abaixo mostra duas peças de um jogo de dominó diferente daquele que você conhece e que é vendido no comércio, em geral.

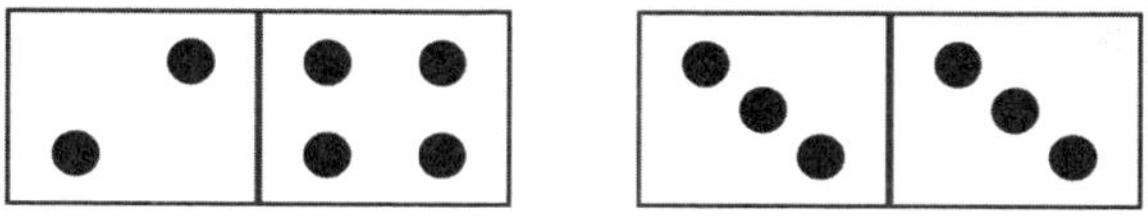

Nesse jogo de dominó, diferente daquele que você já conhece, apresentado na situação-problema anterior, existe uma peça para representar cada par de números de 0 a 5, distintos ou não.

Observe que, no jogo de dominó que comercialmente é vendido nas lojas, há bolinhas pretas indicando os números de 0 a 6 desenhadas nas peças.

Portanto, esse jogo de dominó é diferente daquele que possivelmente você conhece.

(a) Complete o esquema desenhado a seguir, que pode indicar o total de peças que compõem um possível "jogo de dominó" com as seguintes características: as 2 (duas) regiões de cada uma das peças podem ser preenchidas com bolinhas (ou não), representando os números 0, 1, 2 ou 3.

(b) Quantas peças tem um jogo de dominó com essas características, em que aparecem bolinhas, ou não, representando dois números iguais?

(c) Quantas peças tem um jogo de dominó com essas características, em que aparecem bolinhas, ou não, representando dois números distintos?

(d) Qual o quantitativo total de peças desse diferente jogo de dominó com as características que foram descritas acima?

(e) Preencha a tabela de dupla entrada a seguir mostrando todas as possibilidades de distribuição igualitária de peças por colegas da sua turma e que, por sua vez, poderiam participar de um jogo de dominó com essas peças.

(f) Este jogo de dominó não é vendido no comércio porque nem sempre há um vencedor, quando se distribui as peças pelos participantes. Isso acontece porque, para cada número escolhido de 0 a 5, há um total de 5 peças: 1-0, 1-2, 1-3, 1-4 e 1-5 com regiões distintas e, assim, sempre haverá a sobra de uma peça para cada um dos números de 0 a 5 nas mãos dos jogadores (nesse caso, a sobra de um peça com o número 1), e que não poderá ser colocada no jogo, impossibilitando ao jogador que tem pelo menos uma das peças em mãos de sair vencedor. Nesse caso, diz-se que o jogo pode "truncar, isto é, não ter um vencedor e, então, o jogo teria de ser "jogado novamente. Ou seja, não teria graça alguma jogar com estas peças de dominó.

Número de participantes	**Número de peças para cada participante**

Atividades para o mês de novembro
Situação-problema 1

A figura abaixo mostra duas peças de um jogo de dominó, diferente daquele que você conhece e que é vendido no comércio, em geral.

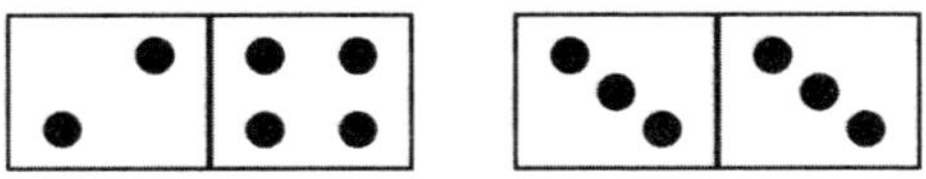

Nesse jogo de dominó diferente, que estamos propondo seja confeccionado, deve existir uma peça para cada par de números de 0 a 4, distintos ou não.

(a) Complete o esquema desenhado a seguir, que pode indicar o total de peças que compõem um possível "jogo de dominó" com as seguintes características: as 2 (duas) regiões de cada uma das peças podem ser preenchidas com bolinhas (ou não), representando os números 0, 1, 2 ou 3.

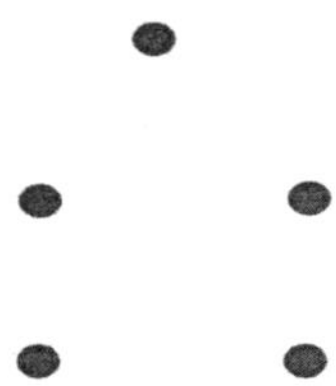

(b) Quantas peças desse diferente jogo de dominó há em que aparecem bolinhas, ou não, que representam dois números iguais?

(c) Quantas são as peças desse diferente jogo de dominó em que aparecem bolinhas, ou não, que representam dois números distintos?

(d) Qual o número total de peças desse diferente jogo de dominó?

(e) Preencha a tabela de dupla entrada mostrada a seguir, indicando todas as possibilidades de distribuição igualitária de peças desse diferente jogo de dominó por colegas da turma e que, por sua vez, poderiam participar de um jogo com essas peças.

Número de participantes	Número de peças para cada participante

Situação-problema 2

A figura abaixo mostra duas peças de um jogo de dominó que é vendido no comércio em geral.

Queremos construir um jogo de dominó diferente do jogo que é vendido no comércio.

Assim, nesse diferente jogo de dominó, a peças desenhada abaixo, à esquerda, não fará parte desse diferente jogo de dominó que queremos construir, uma vez que ela contém a indicação de quatro bolinhas e, no nosso jogo de dominó diferente, o máximo de bolinhas admissíveis é três bolinhas.

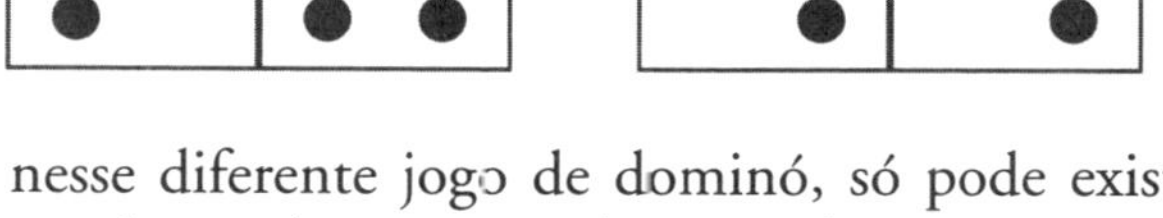

Portanto, nesse diferente jogo de dominó, só pode existir uma peça desse jogo para cada par de números de 0 a 3, distintos ou não.

(a) Complete o esquema a seguir, que pode indicar todas as peças que compõem esse diferente jogo de dominó, com as regiões das peças podendo ser preenchidas com bolinhas representando os números 0, 1, 2 ou 3.

(b) Quantas são as peças desse diferente jogo de dominó em que aparecem dois números iguais?

(c) Quantas são as peças desse diferente jogo de dominó em que aparecem dois números distintos?

(d) Qual o quantitativo total de peças desse diferente jogo de dominó?

(e) Preencha a tabela de dupla entrada a seguir, mostrando todas as possibilidades de distribuição igualitária de peças desse diferente jogo de dominó por colegas da turma e que, por sua vez, poderiam participar de um jogo com essas peças.

Número de participantes	Número de peças para cada participante

(f) Para refletir.

Preencha a tabela a seguir tomando por base os resultados que foram obtidos anteriormente.

Algarismos do jogo de dominó	Total de peças do jogo de dominó	Quantidade máxima possível de participantes	Quantidade mínima de peças para cada participante	Quantidade máxima de peças para cada participante
0,1,2,3,4,5,6				
0,1,2,3,4,5				
0,1,2,3,4				
0,1,2,3				

(g) Todos os jogos de dominó apresentados antes têm solução, ou seja, sempre será possível haver um vencedor - a menos que o jogo fique "truncado" (impedimento de qualquer jogador prosseguir jogando)?

(h) Apresente uma justificativa para somente o jogo de dominó com bolinhas representando os números 0, 1, 2, 3, 4, 5 e 6 ser fabricado e vendido no comércio.

(i) Quais as vantagens em utilizar o dominó com bolinhas representando os números 0, 1, 2, 3, 4, 5 e 6, que é vendido no comércio, e não um dos jogos de dominó que foram apresentados antes?

(j) Quantas peças terá um jogo de dominó com bolinhas representando os números 0, 1, 2, 3, 4, 5, 6 e 7?

(k) Qual a quantidade máxima de jogadores que poderão participar desse jogo de dominó?

(l) Quantas peças terá um jogo de dominó com bolinhas representando os números 0, 1, 2, 3, 4, 5, 6, 7 e 8?

(m) Qual a quantidade máxima de jogadores que poderão participar desse jogo de dominó?

(n) Explique como você procedeu para encontrar os resultados dos itens (e) e (f).

(o) Este jogo de dominó não é vendido no comércio porque nem sempre há um vencedor quando se distribui as peças pelos participantes. Isso acontece porque, para cada número escolhido de 0 a 3, por exemplo 2, há um total de 3 peças: 2-0, 2-1 e 2-3 com regiões distintas e, assim, sempre irá sobrar 1 (uma) peça, para cada um dos números de 0 a 3 (nesse caso, a sobra de umapeça com o número 2, em uma das duas regiões) que não poderá ser colocada no jogo - o que impossibilita ao jogador que tenha pelo menos uma das peças em mãos (que não podem ser colocadas no jogo) de sair vencedor. Nesse caso, diz-se que o jogo "trunca, isto é, o jogo não terá um vencedor. Portanto, o jogo deveria ser "jogado novamente, ou seja, não teria graça alguma voltar a jogar com chance de o jogo voltar a "truncar, para desagrado dos jogadores.

5.3 Atividades para alunos do 5º ano do ensino fundamental

5.3.1 Objetivos gerais e específicos

Um dos objetivos gerais desta sequência didática é apresentar formalmente como se constroem e exploram as diferentes representações gráficas que podem ser utilizadas para resolver os problemas de contagem.

A utilização de uma representação gráfica oportuniza o aluno para a compreensão e a apropriação progressiva do raciocínio combinatório, e constitui de base matemática fundamental para a compreensão do Princípio Multiplicativo - também conhecido como Princípio Fundamental da Contagem.

Também se considera a possibilidade de o aluno fazer relações entre uma representação gráfica e uma representação numérica por meio de operações aditivas e/ou multiplicativas que, igualmente, deem conta de contabilizar a totalidade de possibilidades que atendem à solução de um problema de contagem.

Cada uma das possibilidades que satisfazem a solução de um problema de contagem é conhecida como agrupamento-solução. O total de agrupamentos-solução é, pois, o total de possibilidades.

5.3.2 Sequência didática contendo situações-problema de contagem que podem ser propostas aos alunos do 5º ano

Atividades para o mês de março

Situação-problema 1

A seguir, foram desenhadas oito bandeiras com mastros. Cada uma das bandeiras possui duas listras horizontais.

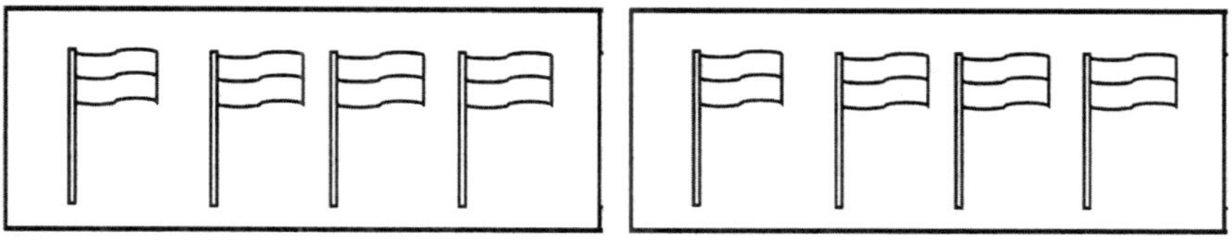

(a) Se você dispõe de um bastão de giz de cera na cor verde, apresente todas as diferentes maneiras de observar bandeiras distintas (cada uma das listras pode ou não ser colorida) de modo que se obtenha o maior número possível de bandeiras vistas de maneiras diferentes. Cada bandeira que você considerou como vista de maneira diferente das demais é dita um agrupamento-solução para esta situação-problema.

(b) Todas as bandeiras que estão desenhadas acima foram pintadas?

Se a resposta foi não, quantas bandeiras deixaram de ser consideradas na contagem de bandeiras distintas entre si?

Se a resposta foi sim, ainda será preciso desenhar quantas bandeiras para que elas sejam, também, consideradas diferentes das anteriores?

(c) Quantas bandeiras são possíveis considerar como distintas entre si quando se leva em conta a pintura, ou não, de todas as listras de cada uma delas?

(d) Como cada bandeira "pintada ou não" de maneira diferente é dita tratar-se de um agrupamento-solução para a situação-problema proposta, quantos agrupamentos-solução têm a primeira listra da bandeira pintada de verde?

(e) Quantas bandeiras são consideradas distintas entre si em relação às pinturas feitas, ou não, de cada listra quando se utiliza o giz de cera na cor verde e se considera pelo menos uma listra não pintada?

Quando se quer determinar a quantidade total de possibilidades (ou maneiras) diferentes de fazer algo, é dito que se está diante da necessidade de resolver um *problema de contagem.*

É este o caso dessa situação-problema: resolver um problema de contagem, determinando o total de possibilidades de "pintar" bandeiras sujeitas às condições impostas (é possível que uma ou mais listras deixem de ser pintadas).

Assim, os objetivos a serem alcançados com a resolução de um problema de contagem são de dois tipos:

- O de contabilizar a totalidade de possibilidades distintas (agrupamentos-solução) que devem ser consideradas para a solução de uma dada situação-problema proposta; e
- Listar todos (ou parte deles, se for este o caso) os agrupamentos-solução.

(f) Explique como você procedeu para colorir, ou não, as diferentes listras das bandeiras desenhadas acima.

(g) Considere, agora, que você dispõe de bastões de giz de cera nas cores verde e vermelha, e das bandeiras desenhadas a seguir.

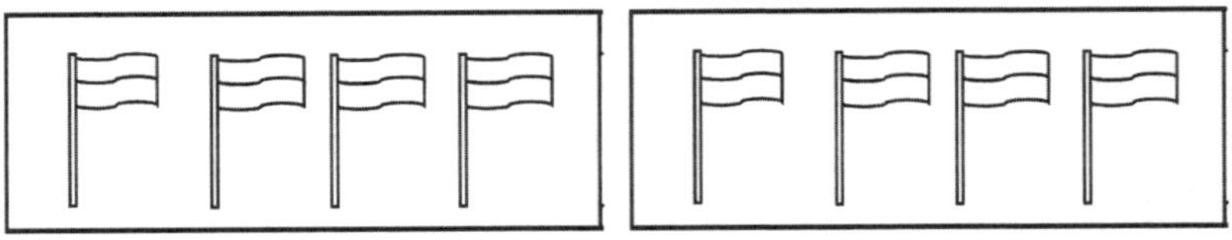

Apresente todas as diferentes possibilidades de visualizar bandeiras que tenham pinturas distintas entre si, considerando que nenhuma listra pode ficar sem ser pintada. Pinte as diferentes bandeiras. Quantas bandeiras foram pintadas?

(h) Levando em conta que nenhuma listra da bandeira pode ficar sem ser pintada e existem duas cores de giz de cera disponíveis, quantas possibilidades diferentes de pinturas de bandeiras há?

(i) Explique como você procedeu para colorir as listras das diferentes bandeiras que foram consideradas como distintas entre as desenhadas acima.

(j) Se as bandeiras que estão apresentadas acima não tivessem sido desenhadas e também você não quisesse desenhá-las, escreva como proceder para mostrar a um amigo quantas e quais são as bandeiras que podem ser pintadas de diferentes maneiras quando se dispõe de giz de cera nas cores verde e vermelha, considerando que todas as listras devem ser pintadas.

Abaixo, está desenhada uma tabela bastante sugestiva, que você pode mostrar a um amigo. A tabela mostra todas as possibilidades que se têm para pintar as bandeiras - como as bandeiras que foram desenhadas acima -, além de permitir contabilizar o total de diferentes maneiras como isso pode ser feito.

Essa tabela é conhecida como *tabela de dupla entrada,* uma vez que ela é composta de duas entradas: a entrada 1 é a escolha da cor usada para colorir a primeira listra e a entrada 2 é a escolha da cor usada para colorir a segunda listra.

Complete a tabela a seguir, colocando nos espaços em branco a "combinação" de cores em que as listras das bandeiras podem ser pintadas de maneiras diferentes.

Cada "combinação" é representada por meio de um par ordenado, assim: (...., ...). O primeiro elemento do par ordenado indica a cor da primeira listra e o segundo elemento do par indica a cor da segunda listra.

Cor da 2ª Listra / Cor 1ª Listra	Cor Verde	Cor Vermelha
Cor Verde	(.............,.............)	(.............,.............)
Cor Vermelha	(.............,.............)	(.............,.............)

A *tabela de dupla entrada* também é útil quando se deseja apresentar todas as possibilidades para colorir diferentes bandeiras que têm duas listras e dispõe-se de uma só cor, sendo possível deixar de pintar uma listra (ou duas listras) e considerar as "diferentes pinturas" entre as bandeiras.

Nesse caso, deixar de pintar uma listra da bandeira é equivalente ao uso de uma segunda cor na pintura - que pode ser indicada como sendo a "cor branca".

(k) Como você interpreta a indicação (verde, vermelha) apresentada na *tabela de dupla entrada* construída acima?

(l) Como você interpreta a indicação (vermelha, verde) apresentada na *tabela de dupla entrada* construída acima?

(m) Como você interpreta a indicação (verde, verde) apresentada na *tabela de dupla entrada* construída acima?

(n) Uma *tabela de dupla entrada* também pode ser utilizada quando não se têm disponíveis os desenhos das bandeiras para colorir. Ela também é útil quando se sabe que cada bandeira tem duas listras e se quer determinar o total de possibilidades para fazer pinturas distintas - não importando o total de cores disponíveis para utilizar na pintura -, inclusive com as possibilidades de deixar uma listra ou duas listras em branco.

Considere as bandeiras com duas listras; todas as listras das bandeiras devem ser pintadas e as seguintes cores estão disponíveis para a pintura: azul (AZ), amarela (AM), verde (VD) e vermelha (VM).

Quantas bandeiras são consideradas distintas entre si em relação às pinturas feitas quando se dispõe de giz de cera nas cores azul, amarela, verde e vermelha? Todas as listras devem ser pintadas?

Complete a *tabela de dupla entrada* a seguir:

Cor da 2ª Listra / Cor 1ª Listra	VD	VM	AM	AZ
VD	(......,......)	(......,......)	(......,......)	(......,......)
VM	(......,......)	(......,......)	(......,......)	(......,......)
AM	(......,......)	(......,......)	(......,......)	(......,......)
AZ	(......,......)	(......,......)	(......,......)	(......,......)

(o) As diferentes maneiras que se têm para apresentar todas as possibilidades de colorir uma bandeira com duas listras, quando há duas cores disponíveis (por exemplo: verde e vermelha), também podem ser apresentadas por meio de um **esquema**, como o que está desenhado a seguir:

	Cor da 1ª listra	
Cor Verde		Cor vermelha

Cor Verde		Cor vermelha
	Cor da 2ª listra	

Total de possibilidades: ......

Em um esquema, você faz a indicação das possibilidades de pintura "associando" as possibilidades de colorir as listras da bandeira por meio de "tracejados de linhas", os quais fazem corresponder as possibilidades de pinturas nas duas listras da bandeira.

No esquema acima, faça isso para indicar todas as possibilidades.

Ao final, você conta o total de linhas que utilizou para essas associações, então, tem o total de possibilidades de colorir diferentes bandeiras quando dispõe de duas cores de giz de cera para pintar.

O mesmo se aplica quando você tem mais de duas cores de giz de cera disponíveis para a pintura.

(p) As diferentes maneiras de mostrar todas as possibilidades de colorir uma bandeira com duas listras, quando se dispõe de duas cores disponíveis (por exemplo: verde e vermelha), também podem ser apresentadas por meio de um *produto cartesiano*, como o que está desenhado a seguir:

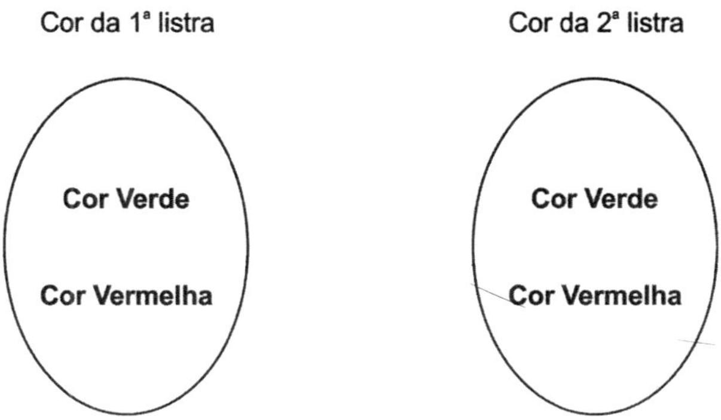

Em um produto cartesiano, você faz a indicação das possibilidades de pintura "associando" as possibilidades de colorir as listras da bandeira por meio do "tracejado de linhas" bastante semelhante ao que se faz em um esquema.

No desenho acima, faça isso para indicar todas as possibilidades de pintura das duas listras de uma bandeira, dispondo de duas cores diferentes.

Para que se tenha um produto cartesiano, é preciso que cada "elemento" no conjunto A (conjunto das cores que serão utilizadas na pintura da 1ª listra) se "relacione" com todos os "elementos" do conjunto

B (conjunto das cores que serão utilizadas na pintura da 2ª listra) de maneira a identificar todas as diferentes bandeiras que podem ser pintadas.

Após fazer a associação de cada elemento do conjunto A com *todos* os elementos do conjunto B, você contabiliza o total de "pares associados", ou pares ordenados, que foram formados com todas as possíveis "associações entre os elementos dos dois conjuntos" e tem o total de possibilidades de colorir as bandeiras de modos diferentes quando dispõe de duas cores.

O mesmo se aplica quando você tem mais de duas cores e bandeiras com duas listras.

O produto cartesiano entre os conjuntos A e B é indicado como A x B.

O conjunto A x B é formado por "pares ordenados" nos quais o primeiro elemento de cada par ordenado pertence ao conjunto A e o segundo elemento de cada par ordenado pertence ao conjunto B.

Para a situação-problema em estudo, o produto cartesiano A x B é apresentado como a seguir:

A x B = {(..................., ...), (..................., ...), (..................., ...), (..................., ...)}.

Observe que o total de elementos do produto cartesiano A x B acima, ou seja, o total de pares ordenados presentes no produto cartesiano, é o total de diferentes possibilidades que é possível pintar uma bandeira com duas listras quando há duas cores diferentes, considerando que todas as listras devem ser pintadas.

O total dessas possibilidades, ou seja, o total de bandeiras que podem ser pintadas de modos diferentes é de quanto?

(q) As diferentes maneiras de apresentar todas as possibilidades de colorir uma bandeira com duas listras, quando se dispõem duas cores disponíveis para a pintura (por exemplo: verde e vermelha), também podem ser apresentadas por meio de uma *árvore de possibilidades.*

Ela recebe esse nome porque sua representação gráfica se assemelha ao de uma árvore, em que é possível mostrar cada um de seus "galhos" e suas "folhas" - que "seriam" as partes terminais da árvore.

Para cada folha, indica-se a cor utilizada para a pintura da última listra de uma bandeira. Por essa razão, a construção de uma folha e a indicação de sua cor coincide com a escolha da cor que será usada na pintura da última listra de determinada bandeira. Ou seja, a cor da folha apresenta a complementação da pintura de cada uma das bandeiras.

O desenho a seguir representa a árvore de possibilidades da situação -problema que se está resolvendo.

Ao lado de cada um dos galhos, você deve escrever a cor usada na 1ª listra de cada bandeira e ao final de cada uma das "folhas", você deve escrever a cor que foi usada na pintura da 2ª listra da bandeira.

O total de folhas é o total de bandeiras diferentes com duas listras que se podem pintar dispondo duas cores: verde e vermelha.

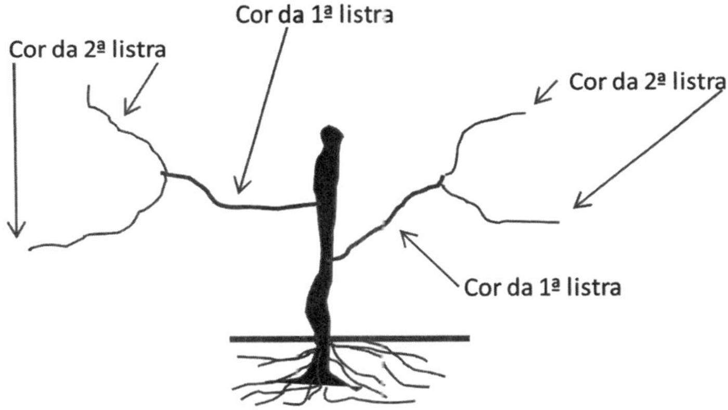

De maneira mais compacta, a árvore de possibilidades acima pode ser desenhada conforme apresentado a seguir.

Cor da 1ª listra	Cor da 2ª listra	Cores das listras de cada bandeira

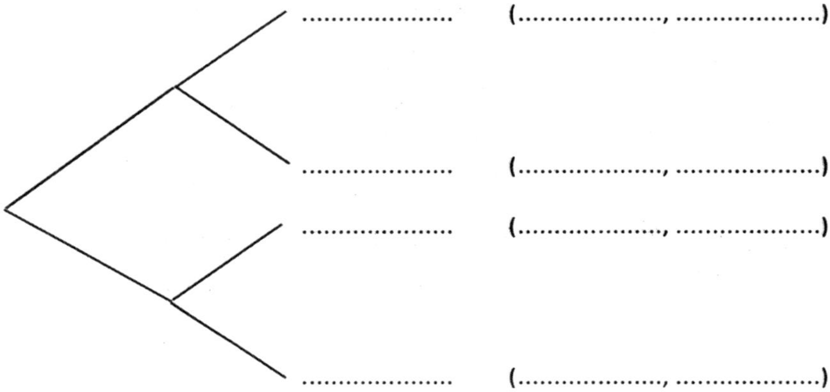

Preencha a árvore de possibilidades acima.

Concluindo, se uma bandeira tem duas listras e se quer determinar todas as possibilidades de pintar essa bandeira, quando se dispõem quatro cores distintas de giz de cera, qual o total de diferentes possibilidades para pintar essa bandeira?

Situação-problema 2

Abaixo, estão 16 desenhos do trevo de quatro folhas.

Pinte (ou não) as folhas de cada trevo, de modo que os trevos assim pintados sejam todos diferentes entre si, considerando que você dispõe de uma só cor de giz de cera na cor verde.

Você deverá apresentar todas as maneiras diferentes que se têm de apresentar um trevo com o formato abaixo podendo, inclusive, considerar o trevo com todas as folhas não pintadas.

Se precisar desenhar mais trevos, utilize o espaço em branco deixado abaixo da figura.

(a) Com base nas pinturas que você fez acima, construa uma árvore de possibilidades com as informações das soluções. Utilize a seguinte indicação: se a folha do trevo for pintada de verde, escreva ***V*** e se não for pintada, ou seja, ficar em branco, utilize ***B***.

Uma sugestão para a árvore de possibilidades:

1ª Folha	**2ª Folha**	**3ª Folha**	**4ª Folha**

(b) Quantos trevos têm a folha, acima e à esquerda, pintada na cor verde?

(c) Explique como você fez para responder o item (b).

(d) Quantos trevos têm a folha acima e à esquerda pintada na cor verde e a folha abaixo e à direita não pintada?

(e) Explique como você fez para responder o item (d).

Atividades para o mês de abril

Situação-problema 1

Ana tem duas saias - uma na cor azul e outra listrada nas cores verde e vermelha -, e mais três blusas - uma na cor branca, outra na cor amarela e a terceira na cor lilás.

(a) Construa uma árvore de possibilidades relacionando todas as possibilidades que Ana tem para se vestir de maneiras diferentes. Indique todas essas possibilidades completando a árvore de possibilidades segundo a árvore desenhada abaixo.

Para facilitar, utilize a seguinte indicação: se a saia for azul, escreva ***SA***; se a saia for listrada, escreva ***SL***; se a blusa for branca, escreva ***BB***; se a blusa for amarela, escreva ***BA*** e se a blusa for lilás, escreva ***BL***.

Cor da Saia	Cor da Blusa	Conjunto saia-blusa
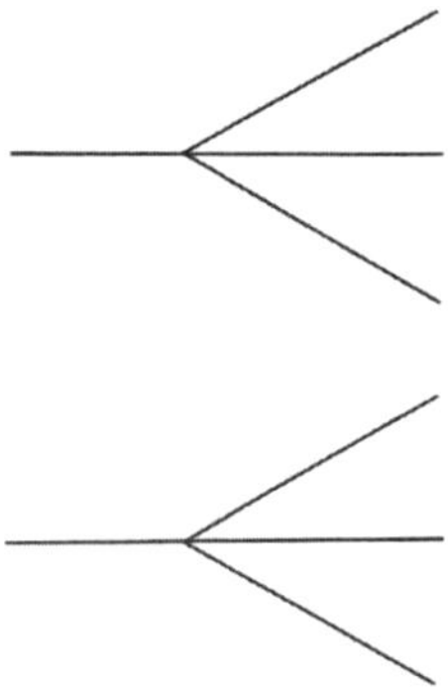		{.................., ...} {.................., ...} {.................., ...} {.................., ...} {.................., ...} {.................., ...}

(b) Complete a tabela de dupla entrada abaixo de modo que ela apresente todas as soluções para o item (a), ou seja, todos os diferentes conjuntos de saia-blusa que Ana poderá usar.

Cor da Blusa / Cor da Saia	Branca	Amarela	Lilás
Azul	{............., ...}	{............., ...}	{............., ...}
Verde e Vermelho	{............., ...}	{............., ...}	{............., ...}

(c) Quantas são as diferentes possibilidades de Ana se vestir?

(d) Considere que Ana fez aniversário e ganhou uma saia na cor verde e uma blusa de cor vermelha de presente. Quantas são as possibilidades que Ana tem de se vestir agora?

Situação-problema 2

A figura abaixo mostra nove bandeiras que foram desenhadas com seus respectivos mastros. Todas as bandeiras têm duas listras horizontais cada uma.

Pinte as listras das bandeiras ou deixe uma ou mais listras da bandeira sem pintar, considerando que você dispõe de duas cores diferentes de giz de cera, nas cores verde e vermelha.

Você deverá mostrar todas as maneiras diferentes que se têm para apresentar uma bandeira com o formato abaixo, podendo, inclusive, considerar a bandeira com todas as listras não pintadas.

Se precisar desenhar mais bandeiras, utilize o espaço em branco deixado abaixo da figura.

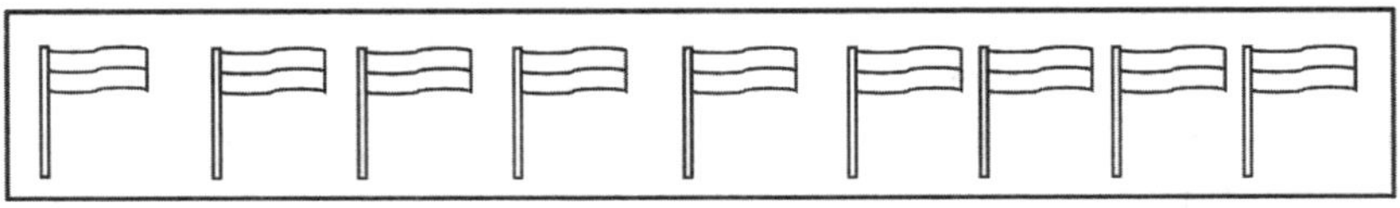

(a) Com base nas pinturas que você fez acima, construa e preencha uma árvore de possibilidades com as informações das soluções. Utilize a seguinte indicação: se a "folha" do "trevo" for pintada de verde, escreva ***VD***, se a "folha" do "trevo" for pintada de vermelho, escreva ***VM*** e se a "folha" do "trevo" não for pintada, ou seja, ficar em branco, utilize ***B***.

Uma sugestão para a árvore de possibilidades:

1ª Listra	2ª Listra	3ª Listra

(b) Quantas são as bandeiras que têm a primeira listra pintada de verde?

(c) Explique como você fez para responder o item (b).

Atividades para o mês de maio

Situação-problema 1

A figura abaixo mostra 27 desenhos do trevo de três folhas.

Pinte (ou não) as folhas de cada trevo, de modo que os trevos assim pintados sejam todos diferentes entre si, considerando que você dispõe de duas cores diferentes de giz de cera nas cores verde e vermelha.

Você deverá apresentar todas as maneiras diferentes que se têm de apresentar um trevo com o formato abaixo, podendo inclusive considerar o trevo com todas as folhas não pintadas.

Se precisar desenhar mais trevos, utilize o espaço em branco deixado abaixo da figura.

(a) Com base nas pinturas que você fez acima, construa e preencha uma árvore de possibilidades com as informações das soluções.

Utilize a seguinte indicação: se a folha do trevo for pintada de verde, escreva ***VD***, se a folha do trevo for pintada de vermelho, escreva ***VM*** e se não for pintada, ou seja, ficar em branco, utilize ***B***.

Uma sugestão para a árvore de possibilidades:

(b) Quantos trevos têm a folha acima pintada na cor verde?

(c) Explique como você fez para responder o item (b).

(d) Quantos trevos têm a folha acima pintada na cor verde e a folha abaixo e à direita **não** pintada?

(e) Explique como você fez para responder o item (d).

Situação-problema 2

A região interna do triângulo desenhado conforme a figura abaixo representa o jardim da escola onde Maria estuda.

A diretora da escola comprou dois vasos de plantas, exatamente iguais e pintados de branco, de maneira que não podemos distinguir um do outro, e ela quer colocá-los no chão junto aos lados desse jardim.

O que se quer nesta situação-problema é encontrar, e contar, todas as diferentes maneiras de colocar os dois vasos junto aos lados do jardim - representados pelos lados do triângulo -, de modo que os dois vasos possam ficar juntos de um mesmo lado do jardim ou cada vaso em um lado.

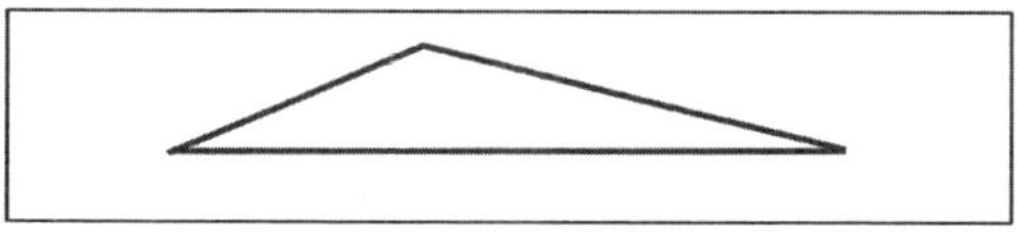

(a) Faça um esquema que mostre todas as diferentes possibilidades de arrumação dos dois vasos junto aos lados do jardim, representando as diferentes possibilidades de colocação dos vasos de plantas nos lados do jardim.

Lado a

Lado b | Lado c

(b) Construa uma tabela de dupla entrada para apresentar todas as possibilidades de arrumação dos dois vasos.

(c) Construa uma árvore de possibilidades que mostre todas as possibilidades de arrumação dos dois vasos.

(d) De quantas modos diferentes é possível arrumar os dois vasos iguais junto aos lados do jardim da escola de Maria, representado sob a forma de um triângulo?

(e) Se o jardim da escola de João tem o formato de um retângulo - conforme o desenho abaixo -, de quantas maneiras é possível arrumar dois vasos, exatamente iguais, junto aos lados desse jardim?

Atividades para o mês de junho
Situação-problema 1

A região interna do triângulo desenhado conforme a figura abaixo representa o jardim da escola onde Ana estuda.

A diretora da escola comprou dois vasos de plantas: um deles pintado de azul e o outro pintado de verde, e ela quer colocá-los no chão junto aos lados desse jardim.

Sabe-se que existem algumas maneiras diferentes de arrumar os dois vasos junto aos lados do jardim. Os vasos podem estar juntos, em um mesmo lado ou estar colocados em lados separados. Consideram-se arrumações diferentes quando o vaso azul está colocado à direita do vaso verde e quando está colocado à esquerda.

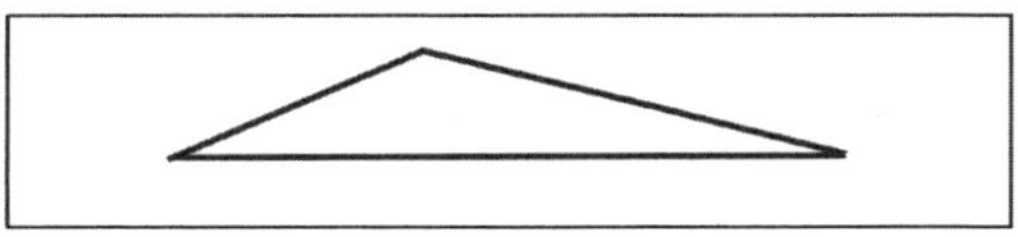

(a) Quantas possibilidades há para arrumar os dois vasos junto aos lados do jardim?

(b) Como você fez para determinar todas as diferentes possibilidades de arrumação obtidas na resposta do item (a)?

(c) Construa uma **árvore de possibilidades que mostre** todas as possibilidades de arrumação dos dois vasos junto aos lados do jardim.

(d) Se o jardim da escola de João tem o formato de um retângulo, conforme o desenho abaixo, de quantos modos diferentes é possível arrumar os vasos junto aos lados desse jardim?

Situação-problema 2

Para se deslocar do Rio de Janeiro para São Paulo, há três meios de transporte possíveis: avião, ônibus e carro. De São Paulo até Campinas, é possível viajar de ônibus, carro ou avião. Já para viajar de Campinas a Ubatuba, é possível viajar de carro ou ônibus e para viajar de Ubatuba a Angra dos Reis, é possível viajar de ônibus, carro, barco ou iate.

(a) Faça um diagrama que mostre as possibilidades de viajar do Rio de Janeiro até Angra dos Reis passando por São Paulo, Campinas e Ubatuba.

(b) Quantas maneiras há para viajar de Campinas a Angra dos Reis, passando por Ubatuba?

(c) De quantas maneiras é possível viajar do Rio de Janeiro até Angra dos Reis, passando por São Paulo e Ubatuba, obrigatoriamente, considerando que de São Paulo a Ubatuba é possível deslocar-se de carro ou de ônibus?

(d) Como você fez para determinar a resposta do item (c)?

(e) O professor de Ana pediu que ela construísse uma árvore de possibilidades para organizar todas as maneiras de se locomover de Campinas até Angra dos Reis, passando por Ubatuba, e as possibilidades de transporte entre essas cidades.

Utilize letras para indicar o nome dos tipos de transporte: Barco (***B***); Iate (***I***); Carro (***C***); Ônibus (***O***) e Avião (***A***). Para ajudá-lo, indicamos como poderia ser construída uma árvore de possibilidades, como a seguir:

Campinas	Ubatuba	Angra dos Reis	Possibilidades

(f) Ana escolheu um trajeto e meios de transporte possíveis para se deslocar do Rio de Janeiro até Angra dos Reis, passando por São Paulo, Campinas e Ubatuba. Para retornar de Angra dos Reis ao Rio de janeiro, passando por todas as três cidades utilizadas no caminho de ida, Ana decidiu que não usará o mesmo tipo de transporte utilizado no percurso de ida entre cada uma das cidades. De quantas maneiras diferentes será possível fazer a viagem de volta, atendendo a essa condição?

(g) Que procedimento você usou para responder o item (f)?

(h) Bia, aluna da turma B, escolheu a seguinte maneira para responder o item (f):

(h1) "Primeiramente, escolhi uma maneira de fazer o percurso de ida do Rio de Janeiro até Angra dos Reis passando por São Paulo, Campinas e Ubatuba por meio de um dos transportes possíveis. A seguir, identifiquei todas as maneiras de me deslocar de Angra dos Reis até Ubatuba, usando um meio de transporte diferente daquele que havia escolhido no percurso de ida, representando todas essas possibilidades por meio da construção de uma árvore de possibilidades". Quantas são essas maneiras?

(h2) Uma vez escolhido um dos meios de transporte para se deslocar de Angra dos Reis para Ubatuba, Bia identificou a maneira de se deslocar de Ubatuba até Campinas de maneira diferente daquela que usou no caminho de ida. Em seguida, Bia registrou esse modo na mesma árvore de possibilidades do item anterior, ampliando-a. Bia fez o mesmo para o outro meio de locomoção possível entre Ubatuba e Campinas diferente do meio de transporte usado na ida, de maneira a chegar a Campinas. Quantas são essas maneiras?

(h3) Tendo escolhido uma combinação de meios de transporte para se locomover de Angra dos Reis até Campinas passando por Ubatuba, Bia identificou todas as diferentes maneiras de se locomover de Campinas até São Paulo usando um dos meios de transporte diferente daquele que usou no percurso de ida, e registrou-os na mesma árvore de possibilidades. De quantas maneiras diferentes esse trajeto de volta, Campinas a São Paulo, pode ser feito?

(h4) Tendo escolhido uma combinação de meios de transporte para se locomover de Angra dos Reis até São Paulo, passando por Ubatuba e por Campinas, Bia identificou todas as diferentes maneiras de se locomover de São Paulo até o Rio de Janeiro usando um dos meios de transporte diferente daquele que usou no percurso de ida e registrou-os na mesma árvore de possibilidades, ampliando-a mais ainda. De quantas maneiras diferentes o trajeto de São Paulo ao Rio de Janeiro pode ser feito?

(h5) Faça o registro (anotação) de um possível modo que Ana poderá utilizar para se locomover de Angra dos Reis até o Rio de Janeiro passando por Ubatuba, Campinas e São Paulo, usando as letras B, I, C, O ou A, conforme descrito no item (e).

(h6) Como poderiam ser computadas todas as diferentes maneiras possíveis de utilizar meios de transporte, na volta de Angra dos Reis até o Rio de Janeiro, diferentes daqueles que foram utilizados no percurso de ida?

Atividades para o mês de junho
Situação-problema 1

(a) Com os algarismos 1, 2 e 3, quantos números com dois algarismos podem ser formados?
(b) Construa uma árvore de possibilidades que mostre todos os números com dois algarismos que podem ser formados com os algarismos 2, 3 e 5.
(c) Construa uma tabela de dupla entrada que mostre todos os números com dois algarismos que podem ser formados com os algarismos 2, 4 e 6.

Situação-problema 2

(a) Com os algarismos 1, 2 e 3, quantos números com dois algarismos distintos podem ser formados?
(b) Construa uma árvore de possibilidades que mostre todos os números com dois algarismos distintos que podem ser formados com os algarismos 2, 3 e 5.
(c) Construa uma tabela de dupla entrada que mostre todos os números com dois algarismos distintos possíveis de ser formados com os algarismos 2, 4 e 6.
(d) Quantos números de dois algarismos podem ser formados com os algarismos 1, 2 e 3?
(e) Quantos números de três algarismos podem ser formados com os algarismos 1, 2 e 3?
(f) Quantos números de três algarismos podem ser formados com os algarismos 1, 2, 3 e 4?
(g) Com os algarismos 1, 2 e 3, quantos números pares com dois algarismos podem ser formados?

(h) Construa uma tabela de dupla entrada que mostre todos os números pares com dois algarismos distintos que podem ser formados com os algarismos 1, 2 e 3.

(i) Com os algarismos 1, 2, 3 e 4, quantos números ímpares com dois algarismos podem ser formados?

(j) Construa uma árvore de possibilidades que mostre todos os números ímpares com dois algarismos possíveis de ser formados com os algarismos 1, 2, 3 e 4.

(k) Com os algarismos 1, 2, 3 e 4, quantos números ímpares com dois algarismos distintos podem ser formados?

(l) Construa uma árvore de possibilidades que mostre todos os números ímpares com dois algarismos distintos possíveis de ser formados com os algarismos 1, 2, 3 e 4.

(m) Com os algarismos 1, 2, 3 e 4, quantos números pares com três algarismos distintos podem ser formados?

(n) Com os algarismos 0, 1 e 2, quantos números pares com três algarismos distintos podem ser formados?

Atividades para o mês de agosto
Situação-problema 1

Abaixo, foram desenhadas quatro bandeiras com mastros, contendo duas listras horizontais cada uma. Pinte as listras das bandeiras, utilizando uma só cor de giz de cera na cor verde, de maneira a obter diferentes pinturas das bandeiras, apresentando todas as possibilidades.

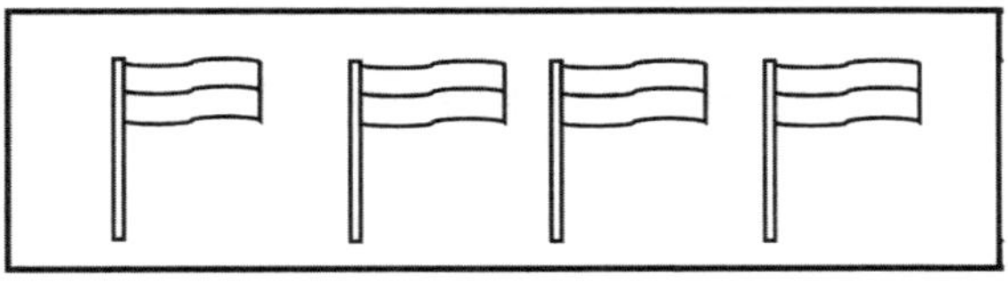

Com base nas soluções obtidas, preencha a tabela de dupla entrada a seguir, com as informações das diferentes bandeiras que podem ser pintadas. Utilize a seguinte indicação: se a listra for pintada de verde, escreva ***V*** e se não for pintada, ou seja, ficar em branco, utilize ***B***.

2ª Listra / 1ª Listra	V	B
V	(......,......)	(......,......)
B	(......,......)	(......,......)

Com base nas soluções obtidas, preencha a árvore de possibilidades a seguir com as informações das soluções obtidas por você:

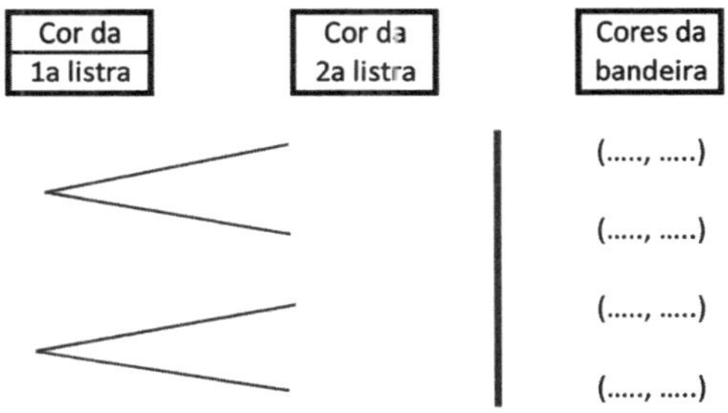

Situação-problema 2

Abaixo, estão desenhadas oito bandeiras com mastros, contendo três listras horizontais cada uma.

Pinte as listras das bandeiras ou deixe uma ou mais listras sem pintar, considerando que você dispõe de uma só cor de giz de cera na cor verde.

Você deverá apresentar todas as maneiras diferentes que se têm de apresentar uma bandeira com o formato abaixo podendo, inclusive, considerar a bandeira com todas as listras não pintadas.

Se precisar desenhar mais bandeiras, utilize o espaço em branco deixado abaixo da figura.

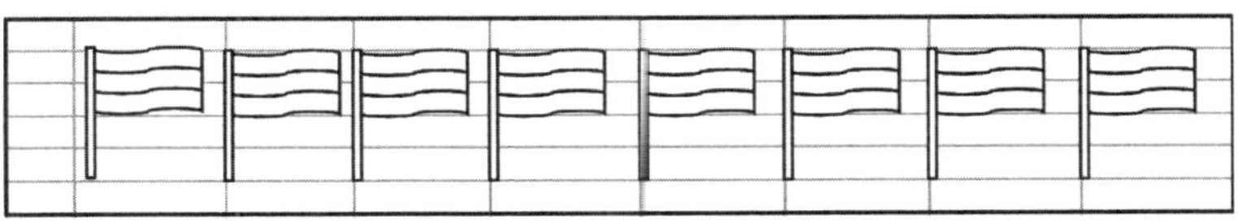

Com base nas soluções obtidas, preencha a árvore de possibilidades a seguir com as informações das soluções. Utilize a seguinte indicação: se a listra for pintada de verde, escreva ***V*** e se não for pintada, ou seja, ficar em branco, utilize ***B***.

Cor da 1ª Listra	Cor da 2ª Listra	Cor da 3ª Listra	Cores da Bandeira

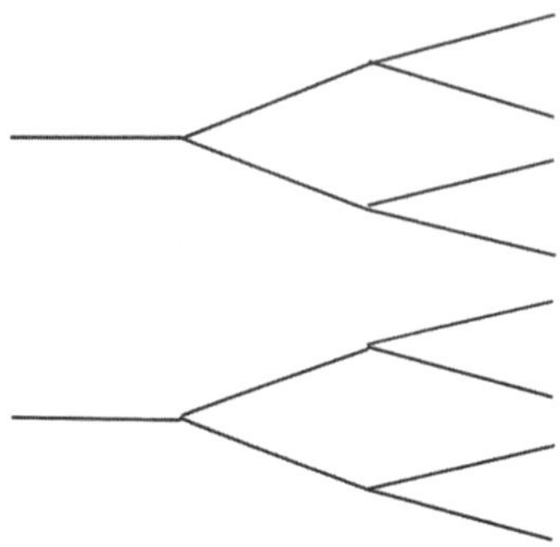

{......, ..., ...}
{......, ..., ...}
{......, ..., ...}
{......, ..., ...}
{......, ..., ...}
{......, ..., ...}
{......, ..., ...}
{......, ..., ...}

Atividades para o mês de setembro
Situação-problema 1

Abaixo, foram desenhadas 16 bandeiras com seus respectivos mastros, contendo, cada uma, quatro listras horizontais.

Pinte as listras das bandeiras ou deixe uma ou mais listras sem pintar, considerando que você dispõe de uma só cor de giz de cera na cor verde.

Você deverá mostrar todas as maneiras diferentes que se têm para apresentar uma bandeira com o formato abaixo podendo, inclusive, considerar a bandeira com todas as listras não pintadas.

Se precisar desenhar mais bandeiras, utilize o espaço em branco deixado abaixo da figura.

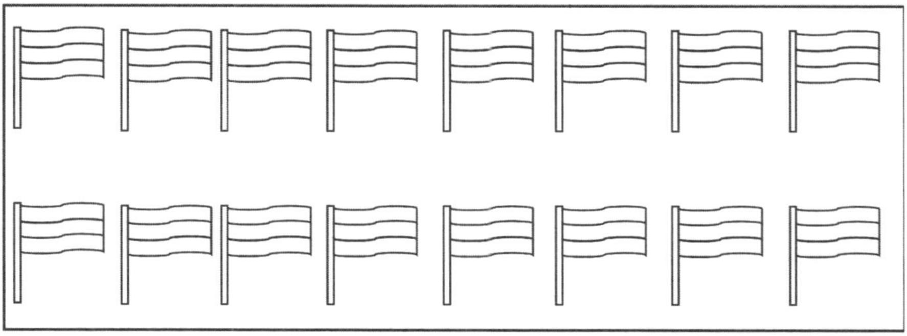

Com base nas pinturas que você fez acima, construa e preencha uma árvore de possibilidades semelhante àquelas que foram apresentadas nas situações-problema anteriores com as informações das soluções. Utilize a seguinte indicação: se a listra for pintada de verde, escreva ***V*** e se não for pintada, ou seja, ficar em branco, utilize ***B***.

Sugestão para a construção da árvore de possibilidades:

1ª Listra	2ª Listra	3ª Listra	4ª Listra

Situação-problema 2

Considere os quadrados e os triângulos do jogo pedagógico conhecido como "Blocos Lógicos".

Ana quer montar diferentes casinhas (similares àquela desenhada abaixo) utilizando somente as peças grossas e pequenas, com todas as combinações de cores disponíveis no jogo.

Quantas casinhas diferentes são possíveis de formar similares àquela desenhada abaixo?

Atividades para o mês de outubro

Situação-problema 1

A figura abaixo mostra duas peças de um jogo de dominó.

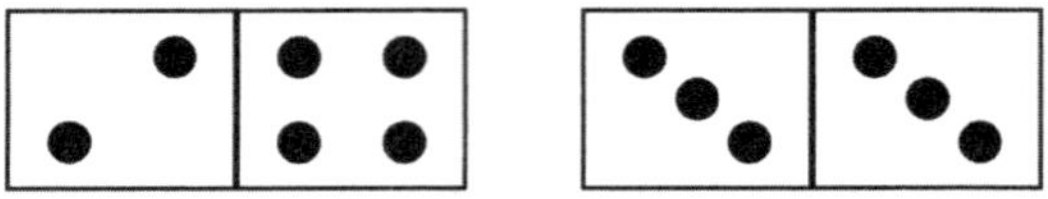

Existe uma peça para cada par de números de 0 a 6, distintos ou não.

(a) Preencha a tabela de dupla entrada abaixo, somente escrevendo nos espaços que determinam todas as peças de um conjunto de dominó.

	0	1	2	3	4	5	6
0							
1							
2							
3							
4							
5							
6							

(b) Ana quer jogar dominó com seus colegas de turma. Na sala, só há um conjunto de peças de dominó. Qual o número máximo de colegas que podem participar de um jogo se cada jogo puder ser concluído em até quatro rodadas?

(c) Preencha a tabela de dupla entrada a seguir, mostrando todas as possibilidades de distribuição igualitária de peças por colegas da turma que poderiam participar de um jogo.

Número de participantes	Número de peças para cada participante

(d) Complete o esquema a seguir que poderia indicar todas as peças que compõem um jogo de dominó, com as regiões das peças podendo ser preenchidas com um dos algarismos: 0, 1, 2, 3, 4, 5 ou 6.

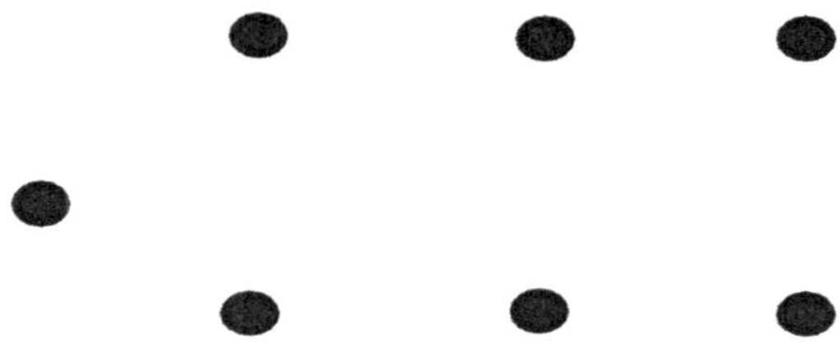

(e) Em quantas peças aparecem dois números iguais?
(f) Em quantas peças aparecem dois números distintos?
(g) Qual o total de peças?

Situação-problema 2

A figura abaixo mostra duas peças de um jogo de dominó diferente daquele que você conhece.

Existe uma peça para cada par de números de 0 a 5, distintos ou não.

(a) Complete o esquema a seguir, que poderia indicar todas as peças que compõem um jogo de dominó - com as regiões das peças podendo ser preenchidas com um dos algarismos: 0, 1, 2, 3, 4 ou 5.

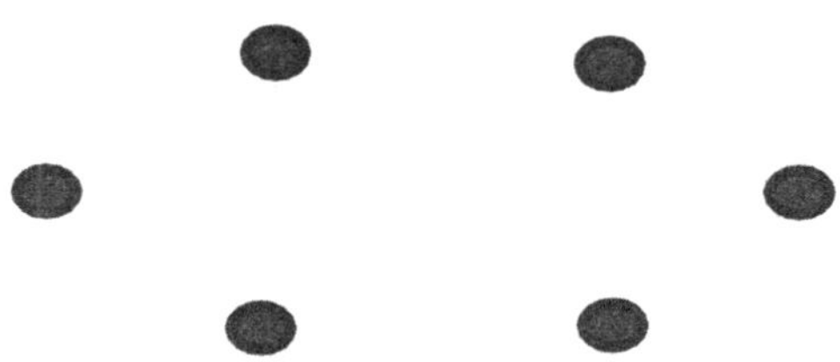

(b) Quantas são as peças em que aparecem dois números iguais?

(c) Quantas são as peças em que aparecem dois números distintos?

(d) Qual o número total de peças desse dominó diferente?

(e) Preencha a tabela de dupla entrada a seguir, mostrando todas as possibilidades de distribuição igualitária de peças por colegas da turma que poderiam participar de um jogo de dominó.

(f) Este "jogo de dominó" não pode ser construído e vendido comercialmente, pois na maioria dos jogos com essas peças, não se terá um vencedor (há uma quantidade ímpar de peças em que as duas regiões das peças indicam quantidades distintas de bolinhas), uma vez que pelo menos uma peça poderá ficar em mãos de cada jogador, "trancando o jogo" e não havendo vencedor.

Atividades para o mês de novembro
Situação-problema 1

Considere bandeiras como a que está apresentada no desenho a seguir.

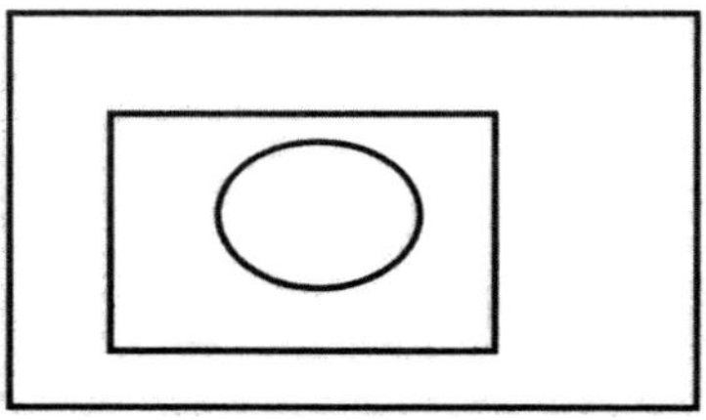

Considere que as duas regiões do desenho deverão ser pintadas com cores diferentes, entre quatro)cores de bastões de giz de cera disponíveis nas cores: verde (VD), vermelha (VM), azul (AZ) ou preta (PR).

Você não deve desenhar todas as possíveis bandeiras e, a seguir, pintá-las de maneiras diferentes.

(a) De quantas maneiras é possível pintar a região mais interior, conforme o desenho acima, quando quatro cores de giz de cera estão disponíveis?

(b) Uma vez que a região interior já tenha sido pintada, conforme o desenho acima, de quantos modos é possível pintar a região mais externa e interior do retângulo?

(c) De quantas maneiras é possível pintar a região mais externa e interior do retângulo, conforme o desenho acima, quando quatro cores de giz de cera estão disponíveis?

(d) Uma vez que a região mais exterior e interior do retângulo já tenha sido pintada por uma das quatro cores disponíveis, de quantos modos é possível pintar a região interior do círculo, conforme o desenho acima?

(e) Há alguma diferença em começar pintando a região mais interior e depois a região mais externa e interna do retângulo, ao invés de começar pintando a região mais externa e interior do retângulo e depois a região mais interna?

(f) Escolhida a cor verde para pintar a região mais interna, quais as cores disponíveis para pintar a região mais externa e interior do retângulo?

(g) Escolhida a cor vermelha para pintar a região mais interna, quais as cores disponíveis para pintar a região mais externa e interior do retângulo?

(h) Escolhida a cor azul para pintar a região mais interna, quais as cores disponíveis para pintar a região mais externa e interior do retângulo?

(i) Escolhida a cor preta para pintar a região mais interna, quais as cores disponíveis para pintar a região mais externa e interior do retângulo?

(j) Considerando as respostas para as quatro últimas perguntas, escreva uma operação aritmética que você poderia utilizar para obter a totalidade de diferentes bandeiras que podem ser pintadas, conforme o desenho acima, quando se dispõem quatro cores distintas para pintar as duas regiões, desde que essas regiões sejam pintadas de cores diferentes.

(k) De quantas maneiras diferentes **é possível pintar** bandeiras que têm o desenho conforme acima, ou seja, com duas regiões distintas?

(l) Explique como você procedeu para encontrar a totalidade de distintas possibilidades de colorir as bandeiras com o desenho acima.

(m) Construa uma árvore de possibilidades que mostre todas as diferentes maneiras de pintar uma bandeira com o desenho acima, quando se dispõem quatro diferentes cores para realizar as pinturas, considerando que as duas regiões do desenho devem ser pintadas com cores diferentes.

Cor da região mais interna	Cor da região mais externa e interior do retângulo	Cores das duas regiões de cada bandeira (mais interna e externa)
		(.................., ...) (.................., ...) (.................., ...)

(n) Considere uma caixa que contém todos os indicativos das cores possíveis das duas regiões da bandeira acima (escritos sob a forma de pares ordenados) em "tirinhas" de papel. Qual a chance de retirar uma tirinha e ela indicar que a bandeira foi pintada com as cores verde e preta?

(o) Considere uma caixa que contém todos os indicativos das cores possíveis das duas regiões da bandeira acima (escritos sob a forma de pares ordenados) em "tirinhas" de papel. Qual a chance de retirar uma tirinha e ela indicar que uma das regiões da bandeira foi pintada de azul?

Situação-problema 2

O desenho abaixo representa o formato de uma bandeira que possui três listras horizontais. Para pintar bandeiras com esse formato, têm-se bastões de giz de cera disponíveis nas cores verde (VD) e vermelha (VM).

Também é possível considerar as bandeiras que tenham uma ou mais listras da bandeira sem pintura. No caso de todas as três listras da bandeira sem pintura, tem-se uma bandeira em que somente aparecem listras em branco.

Você não deve desenhar todas as bandeiras possíveis de ser consideradas soluções para esta situação-problema e pintá-las em seguida.

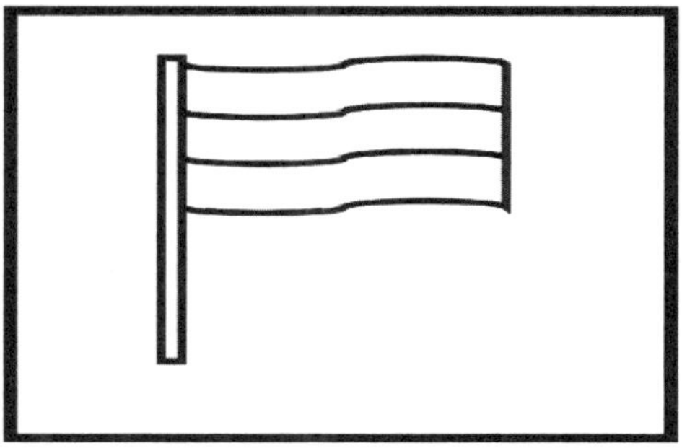

(a) Quantas são as diferentes bandeiras com o formato acima que podem ser pintadas de maneiras diferentes quando se dispõem duas cores diferentes para a pintura e todas as listras da bandeira devem ser pintadas, ou seja, não pode haver bandeiras com listras em branco?

(b) Explique como procedeu para responder a pergunta acima.

(c) Quantas são as diferentes bandeiras com o formato acima que podem ser pintadas de maneiras diferentes quando se dispõem duas cores diferentes para a pintura e pode haver uma ou mais listras não pintadas?

(d) Explique como procedeu para responder a pergunta acima.

(e) Quantas são as diferentes bandeiras com o formato acima que podem ser pintadas de maneiras diferentes com a condição de que as listras adjacentes (juntas) não sejam pintadas com a mesma cor quando se dispõem bastões de giz de cera disponíveis na cor verde (VD) e na cor vermelha (VM), e não é permitido haver bandeiras com listras em branco?

(f) Explique como procedeu para responder a pergunta acima.

(g) Escreva todas as diferentes possibilidades de pintura (usando a notação de ternos ordenados) para a situação apresentada no item (e).

(h) Construa uma árvore de possibilidades que mostre todas as possibilidades obtidas no item (g).

(i) Quantas são as diferentes bandeiras com o formato acima que podem ser pintadas de maneiras diferentes (agora, neste caso, é permitido haver bandeiras com uma ou mais listras em branco), com a condição de que as listras adjacentes (juntas) não sejam pintadas com a mesma cor ou que ambas estejam em branco quando se dispõem bastões de giz de cera disponíveis na cor verde (VD) e na cor vermelha (VM)?

(j) Explique como procedeu para responder a pergunta acima.

(k) Construa uma árvore de possibilidades que mostre todas as possibilidades obtidas no item (i).

(l) Escreva todas as possibilidades de pintura das bandeiras que têm a listra central deixada em branco nas condições impostas no item (i), usando a notação de ternos ordenados.

(m) Considere uma caixa que contém todos os indicativos das cores possíveis das três listras da bandeira acima (escritos sob a forma de ternos ordenados) em "tirinhas" de papel, considerando a possibilidade de haver uma ou mais listras da bandeira sem pintar. Qual a chance de retirar uma tirinha e ela apresentar todas as listras da bandeira pintadas somente com as cores verde e preta?

(n) Considere uma caixa que contém todos os indicativos das cores possíveis das três listras da bandeira acima (escritos sob a forma de ternos ordenados) em "tirinhas" de papel, considerando que todas as listras da bandeira devem ser pintadas. Qual a chance de retirar uma tirinha e ela indicar que uma das listras da bandeira foi pintada com a cor azul?

5.4 Atividades para os alunos do 6º ano do ensino fundamental

5.4.1 Objetivos gerais e específicos

Entre os objetivos gerais para o ensino de problemas de contagem no 6º ano do ensino fundamental, destaca-se a importância de o professor explorar atividades que envolvem a construção de representações gráficas - que podem ser utilizadas para resolver problemas de contagem - de modo que o aluno conheça as características que permitem a construção e a exploração dos procedimentos presentes em cada uma delas.

Entre as representações gráficas, indicamos os esquemas, a construção de tabelas de dupla entrada e as árvores de possibilidades.

O professor deve incentivar os alunos à construção de árvores de possibilidades, pois estas permitem a resolução de um universo maior de problemas de contagem.

Por conta disso, logo na primeira situação-problema, o aluno terá a oportunidade de conhecer e construir algumas representações gráficas.

Todas as situações-problema propostas ao longo de toda a sequência didática podem ser resolvidas com o uso de alguma representação gráfica.

Por conta disso, recomendamos que o professor chame a atenção dos alunos de maneira que eles explorem ao máximo as representações gráficas presentes nas situações-problema 1 e 2, quando da resolução das demais situações propostas.

Experiências com pesquisas desenvolvidas pelo autor mostraram que quando o aluno julgar necessário – por vezes, em função da quantidade grande de objetos envolvidos –, ele deixará de construir uma representação gráfica para resolver um problema de contagem e utilizará representações numéricas, ora decorrentes da aplicação direta do Princípio Multiplicativo, ora pela aplicação desse princípio em conjunto com o Princípio Aditivo.

Em alguns casos e para algumas situações-problema de contagem - conforme indicado acima -, a resolução feita pelo aluno usando os dois princípios ocorre de modo natural, espontâneo, sem que ele conheça formalmente cada um dos princípios.

Nestes casos, o professor pode aproveitar para apresentar formalmente os dois princípios, inclusive mostrando como o Princípio Aditivo se apresenta na contagem das folhas de uma árvore de possibilidades.

Fato é que a construção e a exploração de alguma representação gráfica pelo aluno - desde a proposição dos primeiros problemas de contagem - favorecem a apropriação de um jeito particular de pensar: a exploração e o desenvolvimento do raciocínio combinatório.

Em prosseguimento, o aluno utiliza o raciocínio combinatório nos procedimentos e estratégias da resolução de problemas de contagem e apropria-se de conhecimentos que permitem que ele compreenda e utilize o Princípio Multiplicativo – um princípio fundamental para a resolução dos problemas de contagem.

Quando o professor propõe o seguinte problema de contagem: "De quantos modos Paulo poderá vestir-se, uma vez que ele possui 8 calças, 10 camisas, 7 pares de meias, 4 cintos e 5 pares de sapatos?", o aluno reflete e constata que a construção de uma árvore de possibilidades para obter a resolução torna-se uma tarefa bastante trabalhosa e que ele precisa mobilizar outras estratégias, em substituição à construção de uma representação gráfica, para encaminhar a resolução .

Por conta disso, o aluno parte para a resolução por meio de uma representação numérica, com o uso de uma operação multiplicativa ou de operações multiplicativas e aditivas.

A partir daí, o Princípio Multiplicativo começa a ser apropriado pelo aluno sem que ele, ainda, o desconheça formalmente.

A partir desses momentos, o professor pode apresentar, formalmente, tanto o Princípio Multiplicativo quanto o Princípio Aditivo, mas somente depois que os alunos já tenham aplicado, pelo menos, o Princípio Multiplicativo na resolução de algumas situações de contagem.

O professor pode aproveitar a oportunidade para também apresentar formalmente o Princípio Aditivo, e seu uso presente na contagem dos "galhos" de uma árvore de possibilidades.

Depois, em prosseguimento, o professor pode propor a seguinte situação-problema de contagem: "Quantos números pares, com três algarismos distintos, são possíveis de ser formados com todos os algarismos do sistema decimal?"

A resolução desta situação permite que o professor identifique – em alguma resolução apresentada pelos alunos – a aplicação dos dois princípios, em conjunto.

Objetiva-se, igualmente, oferecer procedimentos que favoreçam o aluno no sentido de que ele possa identificar os diferentes agrupamentos de objetos envolvidos em cada situação-problema.

Tem-se o propósito de oferecer oportunidades para que o aluno enumere todos os agrupamentos de objetos envolvidos na situação-problema após ele ter construído uma representação gráfica.

A partir daí, o aluno tem a possibilidade de efetuar a contagem direta desses agrupamentos para concretizar a resolução do problema de contagem proposto.

Também se tem o propósito de permitir que - quando da construção de uma árvore de possibilidades, por exemplo - o aluno identifique, em todas as folhas de uma árvore de possibilidades, todos os diferentes agrupamentos-solução de objetos.

Esperamos que o aluno observe atentamente todas as características que diferem os agrupamentos-solução entre si e certifique-se de que estabeleceu a enumeração de todas as possibilidades (agrupamentos-solução) que satisfazem à solução do problema proposto.

Objetiva-se, também, que o professor encaminhe os alunos quanto ao estabelecimento de correlações entre o quantitativo de ações constitutivas de uma árvore de possibilidades - durante sua construção, nó a nó - e os fatores presentes na expressão multiplicativa que aparece quando da aplicação do Princípio Multiplicativo.

Igualmente, também se objetivam a percepção e o entendimento do aluno em relação à operação aditiva obtida na contagem das folhas terminais da árvore de possibilidades, registrando a aplicação do Princípio Aditivo comparativamente à expressão multiplicativa, que também pode ser utilizada.

Pedimos atenção especial do professor para a resolução das seguintes situações-problema: construção de tipos de "jogo de dominó"; determinação e particularidades presentes na quantidade de divisores de um número natural; problemas que envolvem o sistema de numeração decimal, como a soma de todos os números possíveis; a formação de duplas de amigos e a ordenação para a premiação de dois deles; a formação de trios de amigos e a ordenação para a premiação de três deles. Esta última situação-problema prepara o aluno para a compreensão dos agrupamentos-solução cuja ordem dos amigos se faz presente e a formação de conjuntos de pessoas, cuja ordem não está presente.

5.4.2 Sequência didática contendo situações-problema de contagem que podem ser propostas aos alunos do 6º ano

Atividades para o mês de março
Situação-problema 1

Abaixo, foram desenhadas oito bandeiras com mastros. Cada uma das bandeiras possui duas listras horizontais.

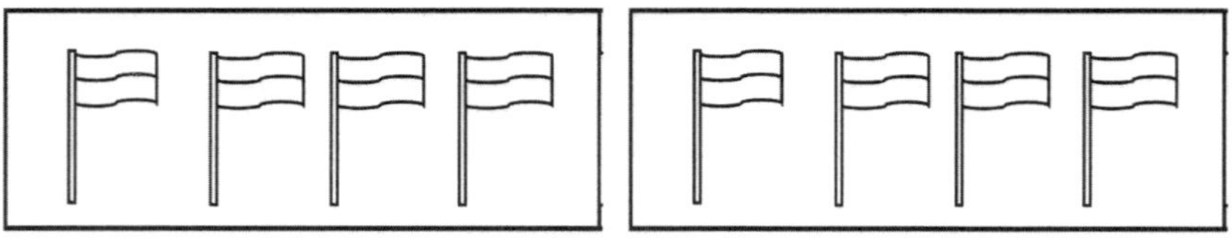

(a) Se você dispõe de um bastão de giz de cera na cor verde e outro bastão na cor amarela, apresente todas as diferentes maneiras de observar as bandeiras no sentido de colorir ou não as listras horizontais de cada bandeira, ou seja, cada listra pode ou não ser colorida, de modo que se obtenha o maior número possível de bandeiras distintas. Após as pinturas das bandeiras que você considerou, cada uma delas é dita um agrupamento-solução para esta situação-problema.

(b) Todas as bandeiras que estão desenhadas acima foram consideradas para a resolução do problema?

Se a resposta for sim, ainda não faltou desenhar alguma bandeira que precisa ser considerada?

(c) Quantas bandeiras podem ser consideradas como distintas sob o ponto de vista de observação da pintura ou não de suas listras e da disponibilidade de cores?

(d) Cada bandeira considerada como distinta das demais é dita tratar-se de um agrupamento-solução para a situação-problema proposta. Quantos agrupamentos-solução têm a primeira listra pintada?

(e) Quantas bandeiras são consideradas distintas entre si em relação às pinturas de suas listras terem sido feitas ou não, quando se utiliza o giz de cera na cor verde e se considera pelo menos uma listra não pintada?

Quando se quer determinar a quantidade total de possibilidades (ou maneiras) diferentes de fazer algo, é dito que se está diante da necessidade de resolver um *problema de contagem.*

É este o caso desta situação-problema: resolver um problema de contagem, determinando o total de possibilidades de pintar bandeiras, sujeitas às condições impostas.

Assim, os objetivos a serem alcançados com a resolução de um problema de contagem são de dois tipos:

- O de contabilizar a totalidade de possibilidades distintas (agrupamentos-solução) que devem ser consideradas para uma dada situação-problema proposta; e
- Listar todos os agrupamentos-solução (ou parte deles) se for este o caso.

(f) Explique como você procedeu para colorir, ou não, as diferentes listras das bandeiras desenhadas acima.

(g) Se agora estão disponíveis bastões de giz de cera nas cores verde e vermelha, considere as bandeiras desenhadas a seguir.

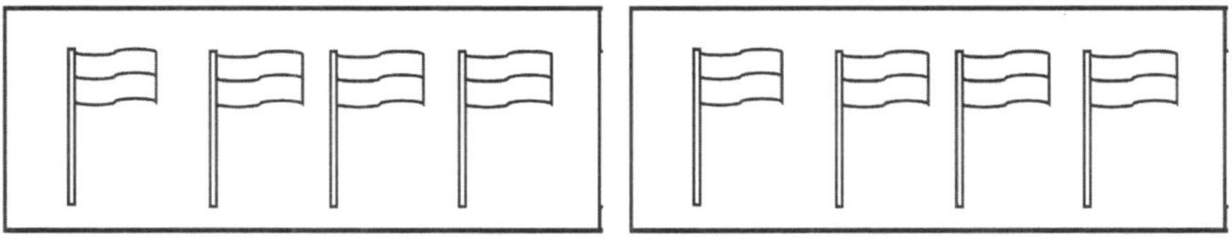

Apresente todas as diferentes possibilidades de pinturas de bandeiras entre si, considerando que nenhuma listra pode ficar sem ser pintada. Pinte as diferentes bandeiras.

(h) Levando em conta que nenhuma listra da bandeira pode ficar sem ser pintada e se existem duas cores de giz de cera, quantas possibilidades de pinturas diferentes das bandeiras há?

(i) Explique como você procedeu para colorir as listras das diferentes bandeiras escolhidas entre as desenhadas acima.

(j) Se as bandeiras desenhadas acima não tivessem sido desenhadas e também não se quisesse desenhá-las, escreva como proceder para mostrar a um amigo quantas e quais são as bandeiras que podem ser pintadas de diferentes maneiras quando se dispõe de giz de cera nas cores verde e vermelha, considerando que todas as listras devem ser pintadas.

(k) Abaixo, está desenhada uma tabela bastante sugestiva, que você pode mostrar a um amigo. A tabela mostra todas as possibilidades que se têm para pintar as bandeiras - como as bandeiras que foram desenhadas acima -, além de permitir contabilizar o total de diferentes maneiras como isso pode ser feito.

Essa tabela é conhecida como *tabela de dupla entrada,* uma vez que ela é composta de duas entradas: a entrada 1 é a escolha da cor usada para colorir a primeira listra e a entrada 2 é a escolha da cor usada para colorir a segunda listra.

Complete a tabela a seguir, colocando nos espaços em branco a combinação das cores em que as listras das bandeiras podem ser pintadas de maneiras diferentes. Cada combinação é representada por meio de um par ordenado, assim: (...., ...). O primeiro elemento do par ordenado indica a cor da primeira listra e o segundo elemento do par indica a cor da segunda listra.

Cor da 2ª Listra / Cor 1ª Listra	Cor Verde	Cor Vermelha
Cor Verde	(.............,.............)	(.............,.............)
Cor Vermelha	(.............,.............)	(.............,.............)

A *tabela de dupla entrada* também é útil quando se deseja apresentar todas as possibilidades para colorir diferentes bandeiras que têm duas listras e dispõe-se de uma só cor, sendo possível deixar de pintar uma listra (ou duas listras) e considerar as diferentes pinturas entre as bandeiras.

Nesse caso, deixar de pintar uma listra da bandeira é equivalente ao uso de uma segunda cor na pintura - que pode ser indicada como sendo a cor branca.

(l) Como você interpreta a indicação (verde, vermelha) apresentada na *tabela de dupla entrada* construída acima?

(m) Como você interpreta a indicação (vermelha, verde) apresentada na *tabela de dupla entrada* construída acima?

(n) Como você interpreta a indicação (verde, verde) apresentada na *tabela de dupla entrada* construída acima?

(o) Uma *tabela de dupla entrada* também pode ser utilizada quando não se têm disponíveis os desenhos das bandeiras para colorir. Ela também é útil quando se sabe que cada bandeira tem duas listras e se quer determinar o total de possibilidades para fazer pinturas distintas - não importando o total de cores disponíveis para utilizar na pintura -, inclusive com as possibilidades de deixar uma listra ou as duas listras em branco.

Considere bandeiras com duas listras; todas as listras das bandeiras devem ser pintadas e as seguintes cores estão disponíveis para a pintura: azul (AZ), amarela (AM), verde (VD) e vermelha (VM).

Quantas bandeiras são consideradas distintas entre si em relação às pinturas feitas quando se dispõe de giz de cera nas cores azul, amarela, verde e vermelha, e todas as listras devem ser pintadas?

Complete a *tabela de dupla entrada* a seguir:

Cor da 2ª Listra / Cor 1ª Listra	VD	VM	AM	AZ
VD	(......,......)	(......,......)	(......,......)	(......,......)
VM	(......,......)	(......,......)	(......,......)	(......,......)
AM	(......,......)	(......,......)	(......,......)	(......,......)
AZ	(......,......)	(......,......)	(......,......)	(......,......)

(p) As diferentes maneiras que se têm para apresentar todas as possibilidades de colorir uma bandeira com duas listras quando há duas cores disponíveis (por exemplo: verde e vermelha) também podem ser apresentadas por meio de um esquema, como o que está desenhado a seguir:

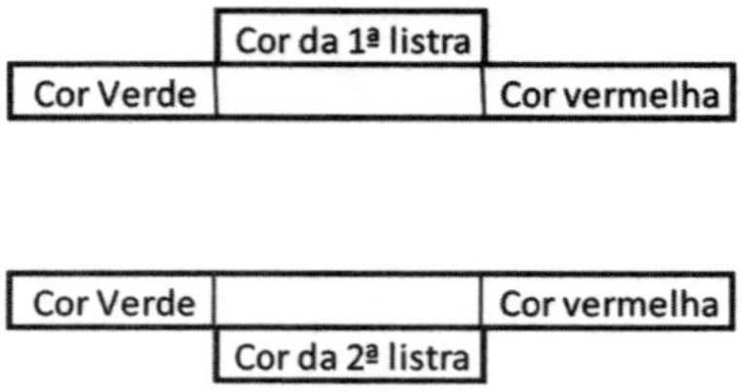

Total de possibilidades: ......

Em um esquema, se faz a indicação das possibilidades de pintura associando as possibilidades de colorir as listras da bandeira por meio de tracejados de linhas - os quais fazem corresponder as possibilidades de pinturas nas duas listras da bandeira. No esquema acima, faça isso para indicar todas as possibilidades.

Ao final, conta-se o total de linhas que foram utilizadas para essas associações, então, tem-se o total de possibilidades para colorir diferentes bandeiras, quando se dispõem duas cores de giz de cera para pintar, por exemplo.

O mesmo se aplica quando você tem mais de duas cores de giz de cera disponíveis para a pintura.

(q) As diferentes maneiras de mostrar todas as possibilidades de colorir uma bandeira com duas listras, quando se dispõem duas cores disponíveis (por exemplo: verde e vermelha), também podem ser apresentadas por meio de um *produto cartesiano*, como o que está desenhado a seguir:

Em um produto cartesiano, você faz a indicação das possibilidades de pintura associando as possibilidades de colorir as listras da bandeira por meio de tracejados de linhas, bastante semelhante ao que se faz em um esquema.

No desenho acima, faça isso para indicar todas as possibilidades de pintura das duas listras de uma bandeira, dispondo de duas cores diferentes.

Para que se configure a obtenção de um produto cartesiano, é preciso que cada elemento que está no conjunto A (conjunto das cores que serão utilizadas na pintura da 1ª listra) se relacione com *todos* os elementos do conjunto B (conjunto das cores que serão utilizadas na pintura da 2ª listra), de maneira a poder identificar todas as diferentes possibilidades que se têm para pintar bandeiras segundo as condições impostas.

Após fazer a associação de cada elemento do conjunto A com *todos* os elementos do conjunto B, contabiliza-se o total de pares associados ou pares ordenados. Os pares ordenados foram formados com todas as possíveis associações entre os elementos dos dois conjuntos e o total de pares ordenados é o total de possibilidades para colorir as bandeiras de modos diferentes, quando se dispõem duas cores.

O mesmo se aplica quando você tem mais de duas cores disponíveis para pintar bandeiras com duas listras.

O produto cartesiano entre os conjuntos A e B é indicado como A x B.

O conjunto A x B é formado por pares ordenados nos quais o primeiro elemento de cada par ordenado pertence ao conjunto A e o segundo elemento de cada par ordenado pertence ao conjunto B.

Para a situação-problema em estudo, o produto cartesiano A x B é apresentado como a seguir, faltando você indicar as correspondentes cores das listras.

A x B = {(..................., ...), (..................., ...), (..................., ...), (..................., ...)}.

Observe que o total de elementos do produto cartesiano A x B acima, ou seja, o total de pares ordenados presentes no produto cartesiano, é o total de diferentes possibilidades em que é possível pintar uma bandeira com duas listras quando se dispõem duas cores diferentes e considera-se que todas as listras da bandeira devem ser pintadas.

Qual o total dessas possibilidades, ou seja, o total de bandeiras que podem ser pintadas de modos diferentes?

(r) As diferentes maneiras de mostrar todas as possibilidades de colorir uma bandeira com duas listras, quando se dispõem duas cores disponíveis para a pintura (por exemplo: verde e vermelha), também podem ser apresentadas por meio de uma *árvore de possibilidades.*

A árvore recebe esse nome porque sua representação gráfica se assemelha ao de uma árvore segundo a qual é possível mostrar cada um de seus galhos e suas folhas - as partes terminais da árvore.

A cor indicada para cada folha é a cor utilizada para colorir a última listra de uma bandeira. Por essa razão, a construção de uma folha e a indicação de sua cor coincidem com a escolha da cor que será usada na pintura da última listra de determinada bandeira. Assim, a cor da folha apresenta a complementação da pintura em cada uma das bandeiras possíveis de ser pintadas.

O desenho a seguir representa a árvore de possibilidades da situação -problema em estudo.

Ao lado de cada um dos galhos, você deve escrever a cor usada na 1ª listra de cada bandeira e ao final de cada uma das folhas, deve escrever a cor que foi usada na pintura da 2ª listra da bandeira.

O total de folhas é o total de bandeiras diferentes com duas listras que se podem pintar dispondo de duas cores: verde e vermelha.

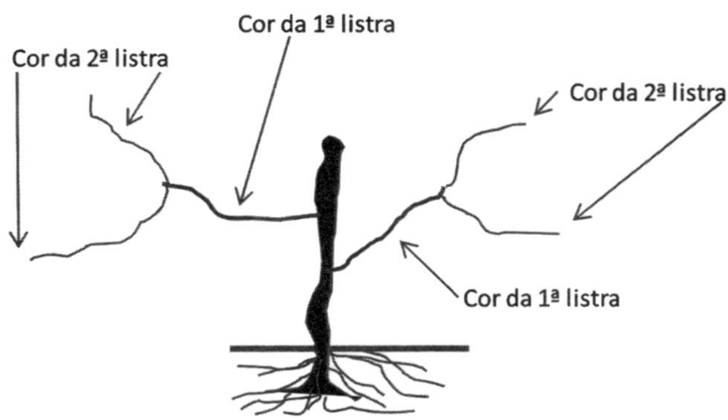

De maneira mais compacta, a árvore de possibilidades acima pode ser conforme o desenho a seguir. Complete a árvore de possibilidades desenhada

Cor da 1ª listra	Cor da 2ª listra	Cores das listras de cada bandeira

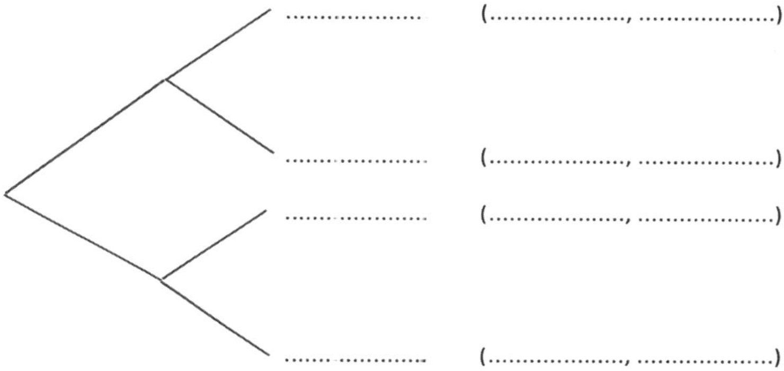

Concluindo: se uma bandeira tem duas listras que devem ser pintadas e se quer determinar todas as possibilidades de pintar essa bandeira quando se dispõem duas cores distintas de giz de cera, qual o total de diferentes possibilidades para pintar essa bandeira?

(s) Se uma bandeira tem duas listras que devem ser pintadas e se quer determinar todas as possibilidades de pintar essa bandeira quando se dispõem quatro cores distintas de giz de cera, qual o total de diferentes possibilidades de fazer isso?

Situação-problema 2

Ana tem três saias - uma na cor azul, outra na cor verde e a terceira na cor cinza -, quatro blusas - uma na cor branca, outra na cor amarela, a terceira na cor vermelha e a quarta na cor preta - e dois tipos de calçados - um par de sandálias e um par de tênis. Quando Ana escolhe uma blusa de cor primária, ela prefere usar uma saia também de cor primária e uma sandália para combinar. Em caso contrário, usa qualquer tipo de calçado.

(a) Quantas são as diferentes possibilidades de Ana se vestir?

(b) Construa uma árvore de possibilidades relacionando todas as possibilidades que Ana tem para se vestir de maneiras diferentes.

Para facilitar, utilize a seguinte indicação: se a saia for azul, escreva ***SA***; se a saia for verde, escreva ***SV***; se a saia for cinza, escreva ***SC***; se a blusa for branca, escreva ***BB***; se a blusa for amarela, escreva ***BA***, se a blusa for vermelha, escreva ***BV***; se a blusa for preta, escreva ***BP***; se usar sandália, indique ***S*** e se usar tênis, indique ***T***.

(c) Faça uma indicação notacional para a operação aritmética que você usaria para determinar a quantidade de possibilidade que Ana tem para se vestir.

Atividades para o mês de abril
Situação-problema 1

A figura abaixo mostra duas peças de um jogo de dominó diferente daquele que você conhece.

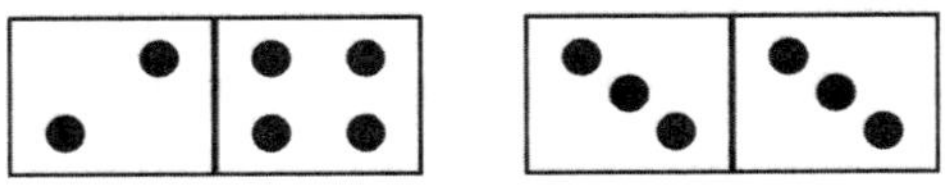

Existe uma peça para cada par de números de 0 a 4, distintos ou não.

(a) Complete o esquema a seguir – que poderia mostrar cada uma das peças que compõem um jogo de dominó –, considerando que cada região de uma peça deve ser preenchida com bolinhas conforme os números 1, 2, 3 ou 4, ou em branco, com o número 0.

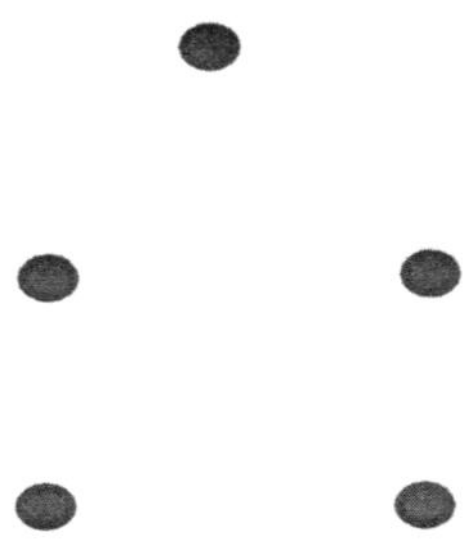

(b) Em quantas peças aparecem dois números iguais?
(c) Em quantas peças aparecem dois números distintos?
(d) Qual o número total de peças desse diferente jogo de dominó?

(e) Preencha a tabela de dupla entrada a seguir, mostrando todas as possibilidades de distribuição igualitária das peças do dominó por colegas da sua turma, de maneira que eles possam participar de um jogo com essas peças.

Número de participantes	Número de peças para cada participante

Situação-problema 2

A figura abaixo mostra duas peças de um jogo de dominó diferente.

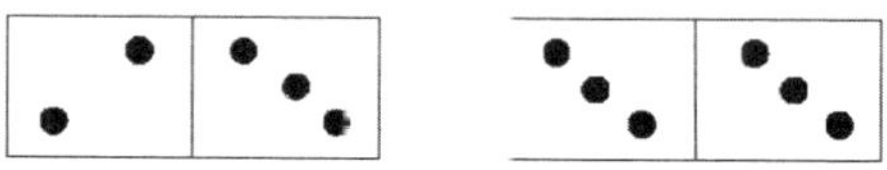

Existe uma peça para cada par de números de 0 a 3, distintos ou não.

(a) Complete o esquema a seguir – que poderia mostrar cada uma das peças que componham um jogo de dominó –, considerando que cada região de uma peça deve ser preenchida com bolinhas conforme os números 1, 2 ou 3, ou em branco, com o número 0.

(b) Em quantas peças aparecem dois números iguais?

(c) Em quantas peças aparecem dois números distintos?

(d) Qual o número total de peças desse diferente jogo de dominó"?

(e) Preencha a tabela de dupla entrada a seguir, mostrando todas as possibilidades de distribuição igualitária das peças do dominó por colegas da sua turma, de maneira que eles possam participar de um jogo com essas peças.

(f) Para cada um dos números, de 0 a 3, que se escolha, há três peças com regiões distintas (por exemplo: 0-1, 0-2 e 0-3), inviabilizando que esse "jogo de dominó" possa ser jogado, pois pelo menos um dos jogadores ficaria com uma peça que não poderia ser jogada, o que acarretaria que "o jogo ficasse truncado".

Número de participantes	Número de peças para cada participante

Atividades para o mês de maio
Situação-problema 1

Considere uma bandeira com quatro listras horizontais, em que a segunda listra da bandeira foi previamente pintada com a cor vermelha (VM), conforme o desenho a seguir.

As bandeiras podem ser pintadas quando atendidas as seguintes condições: todas as listras devem ser pintadas; as listras adjacentes (juntas) não podem ser pintadas com a mesma cor; há bastões de giz de cera disponíveis nas cores: vermelho (VM), amarela (AM) e verde (VD).

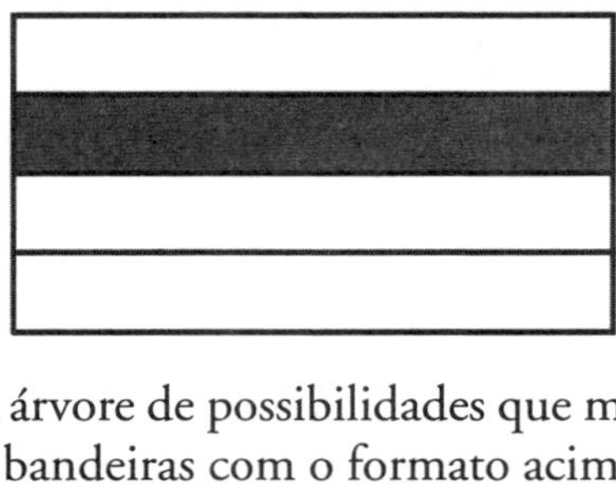

(a) Construa uma árvore de possibilidades que mostre todas as diferentes maneiras como as bandeiras com o formato acima podem ser pintadas, obedecendo às condições impostas conforme citado.

(b) Quantas são as diferentes bandeiras que podem ser pintadas atendendo às condições acima?

(c) Explique como você fez para responder a pergunta acima.

(d) Indique uma operação aditiva que pode ser usada para computar todas as diferentes possibilidades de pintura de bandeiras com o formato acima que obedecem às condições estabelecidas.

Situação-problema 2

Abaixo, está o desenho de uma bandeira, que possui três listras horizontais.

(a) Qual a totalidade de diferentes bandeiras que podem ser pintadas desde que as listras adjacentes (juntas) não tenham a mesma cor, podendo utilizar até duas cores diferentes de giz de cera nas cores verde e vermelha?

Assim, por exemplo, nada impede que uma das bandeiras pintadas possa ter duas cores iguais em suas listras, desde que não seja a mesma cor em listras adjacentes, ou seja, listras juntas uma da outra.

Você não deve desenhar todas as diferentes bandeiras possíveis que atendam a essas condições e, a seguir, pintá-las.

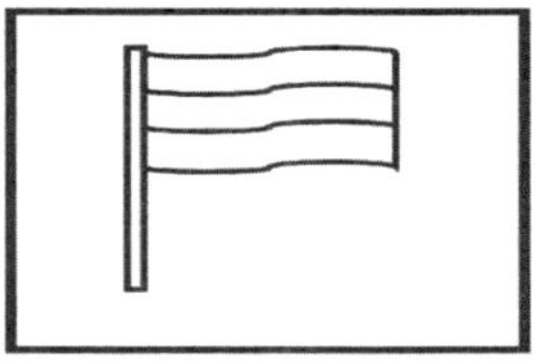

Pergunta-se:

(b) Quantas são as diferentes possibilidades de pinturas de bandeiras quando todas as listras devem ser pintadas, ou seja, não pode haver listras em branco?

(c) Explique como você fez para responder o item (a).

(d) Quantas são as diferentes possibilidades de pinturas de bandeiras podendo haver listras não pintadas?

(e) Explique como fez para responder o item (c).

(f) Construa uma árvore de possibilidades que atenda às condições do item (a).

1ª Listra	2ª Listra	3ª Listra

Atividades para o mês junho
Situação-problema 1

Considere uma bandeira com o mesmo formato da bandeira desenhada na situação-problema anterior, mas que possui quatro listras horizontais, com a segunda das listras já tendo sido pintada de vermelho. Queremos determinar a quantidade de diferentes bandeiras que podem ser pintadas, obedecendo às seguintes condições: todas as listras devem ser pintadas (não devem existir listras em branco), desde que as listras adjacentes (juntas) não tenham a mesma cor, podendo utilizar até três cores de giz de cera, entre as cores disponíveis: verde, vermelha ou azul.

Você não deve desenhar todas as possíveis diferentes bandeiras e, a seguir, pintá-las.

Pergunta-se:

(a) Quantas são as possibilidades diferentes de pintura das bandeiras atendendo às condições impostas?

(b) Construa uma árvore de possibilidades que atenda às condições que foram estabelecidas.

1ª Listra	2ª Listra	3ª Listra	4ª Listra

Situação-problema 2

Nesta situação-problema, queremos encontrar uma maneira de determinar a quantidade de divisores de um número natural.

Considere, por exemplo, o número 12.

(a) Quantos números naturais são divisores de 12?

Iniciamos a resolução desta situação-problema escrevendo o número 12 como um produto de fatores primos.

Para isso, será preciso fazer a fatoração de 12 em fatores primos. Assim, $12 = 2^2.3^1$

Portanto, de modo que um número natural seja divisor de 12, será preciso que ele possua os mesmos fatores primos de 12, ou seja, 2 e 3, e mais, que os respectivos expoentes desses fatores primos 2 e 3 sejam menores que ou iguais aos expoentes da fatoração de 12 em primos, como mostrada acima.

Assim, um número natural α é divisor de 12 se e somente se $\alpha = 2^m.3^n$, onde m $\in$ {0,1,2} e n $\in$ {0,1,2}. Cada divisor de 12 é uma escolha combinada dos expoentes m e n. Mas, quantas são essas combinações entre m e n?

Para cada escolha de um valor de m e uma escolha do valor de n, obtém-se um divisor de 12. Como o valor de m pode ser escolhido de três modos distintos e o valor de n pode ser escolhido de dois modos distintos, o número de maneiras distintas de combinar um valor de m com um valor de n, de modo a obter um número natural divisor de 12, é de 3 x 2 = 6.

Portanto, o número 12 possui um total de seis divisores.

(b) Quais são os divisores de 12?

Para obter todos os divisores naturais do número 12, é possível construir uma representação gráfica - como as representações sugeridas a seguir.

- Complete a construção da tabela de dupla entrada, representando os resultados como neste exemplo: $2^2.3^1 = 12$.

Fator primo 3 / Fator primo 2	3	3
2		
2		
2		

- Complete a árvore de possibilidades a seguir:

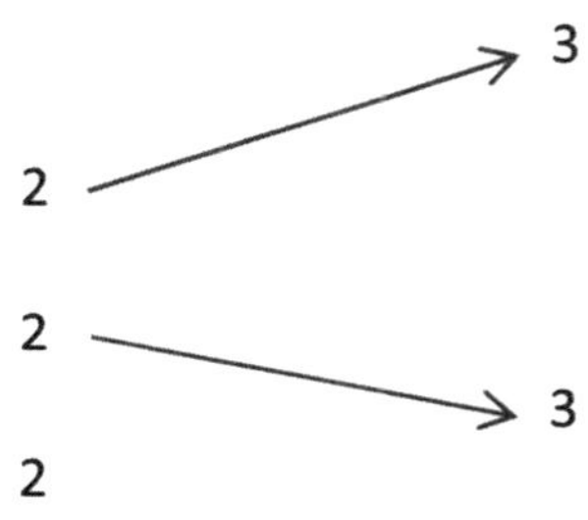

- Complete o produto cartesiano a seguir:

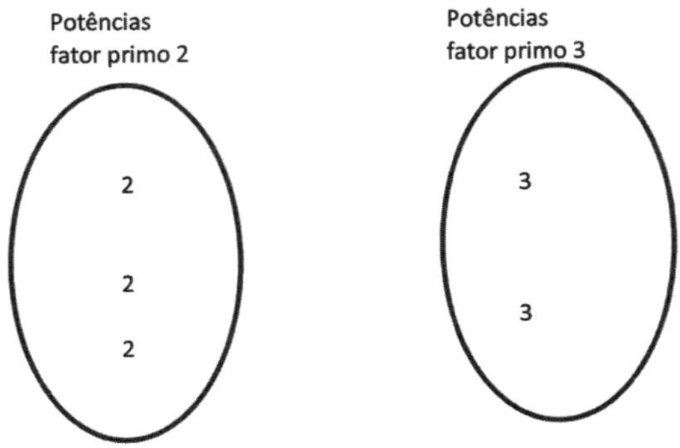

(c) Quantos números naturais são divisores de 60?
(d) Quantos divisores de 60 são números pares?
(e) Quantos divisores de 900 são quadrados perfeitos?

Atividades para o mês de agosto
Situação-problema 1

Uma sala possui cinco portas (P1, P2, P3, P4, P5) como apresentado na figura abaixo:

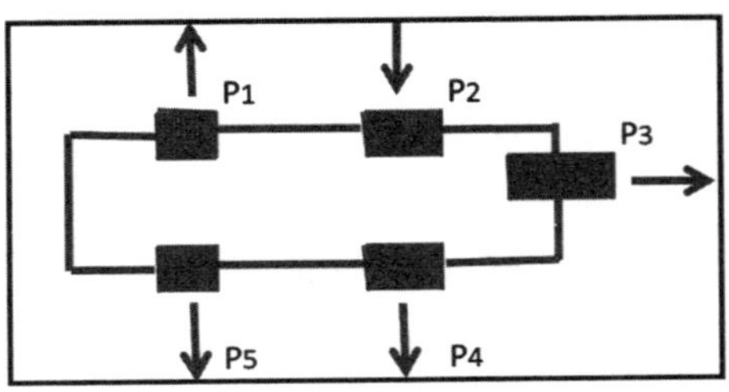

(a) Faça uma tabela de dupla entrada mostrando todas as possibilidades de entrada e saída dessa sala.

(b) Desenhe uma árvore de possibilidades mostrando todas as possibilidades de entrar pela porta P2, como indicado na figura acima, e sair dessa sala por qualquer uma das portas, diferente da porta de entrada.

(c) De quantos modos uma pessoa pode entrar pela porta P2 e sair por outra porta qualquer?

(d) Indique a operação aritmética utilizada.

(e) Na tabela de dupla entrada, apresentada no item (a), pinte de amarelo as possibilidades que uma pessoa tem de entrar pela porta P4 e sair por outra porta diferente.

(f) De quantos modos uma pessoa pode entrar por uma porta e sair pela porta P2?

(g) De quantos modos uma pessoa pode entrar por uma porta e sair por outra porta diferente dessa que havia entrado?

(h) De quantos modos uma pessoa pode entrar e sair dessa sala? (i) Que operação aritmética você utilizou?

Situação-problema 2

Utilizando três cores diferentes, escolhidas entre as três cores de bastões de giz de cera que dispomos, nas cores verde, vermelha e azul, podemos pintar bandeiras com o formato da figura abaixo.

Você não deve desenhar todas as possíveis bandeiras diferentes e, em seguida, pintá-las.

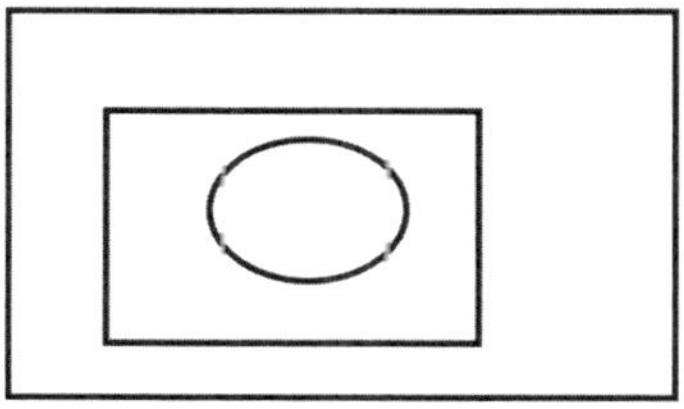

(a) Quantas são as maneiras diferentes de pintar as três regiões presentes na bandeira acima, atendendo às condições impostas?

(b) Indique a operação aritmética que você utilizou para obter o total de soluções.

(c) Construa uma árvore de possibilidades que atenda a solução apresentada no item (a).

Utilize a seguinte indicação: se a região da bandeira for pintada de verde, escreva ***VD***, se a região da bandeira for pintada de vermelho, escreva ***VM*** e se a região da bandeira for pintada de azul, escreva ***AZ***.

Região mais interna	Região central	Região mais externa

.

Atividades para o mês de setembro
Situação-problema 1

Quantas são as maneiras de pintar a bandeira a seguir, utilizando três cores diferentes escolhidas entre quatro cores dadas: verde, vermelha, azul e amarela?

Você não deve desenhar todas as possíveis diferentes bandeiras e, a seguir, pintá-las.

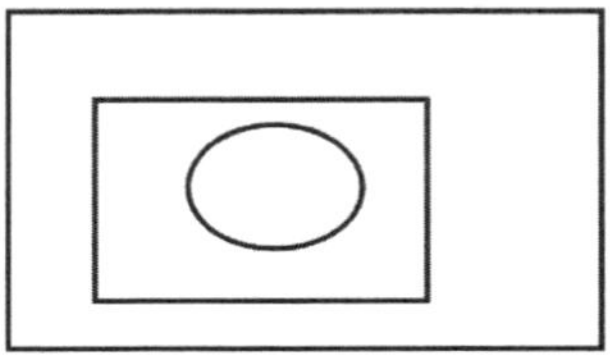

O que queremos saber é:

(a) Qual o total de formas diferentes para pintar bandeiras que têm o mesmo formato apresentado no desenho acima, quando se dispõem as cores indicadas acima?

(b) Construa uma árvore de possibilidades que atenda **à** solução apresentada no item (a).

Utilize a seguinte indicação: se a região da bandeira for pintada de verde, escreva ***VD***; se a região da bandeira for pintada de vermelho, escreva ***VM***; se a região da bandeira for pintada de azul, escreva ***AZ***; e, finalmente, se a região da bandeira for pintada de amarelo, escreva ***AM***.

Região mais interna	Região central	Região mais externa

(c) Se a região mais interna e a região externa da bandeira forem pintadas com a mesma cor, e a região central com outra cor diferente das duas regiões anteriores, quantas bandeiras diferentes podemos pintar atendendo a essas condições?

(d) Como você fez para responder o item (c)?

(e) Se duas regiões contíguas (uma região tem fronteira com a outra) não podem ser pintadas com cores iguais, quantas diferentes bandeiras podemos pintar?

Situação-problema 2

Permutam-se de todos os modos possíveis os algarismos 1, 4, 5, 6 e escrevem-se todos os possíveis números formados por esses quatro algarismos.

(a) Quantos começam com o algarismo 1?

(b) Quantos começam com o algarismo 5?

(c) Quando todos os números de quatro algarismos formados com os algarismos 1, 4, 5 e 6 são colocados em ordem crescente, que posição ocupa o número 5146?

(d) Qual número que ocupa a 18ª posição?

(e) Quando se colocam todos os números de quatro algarismos - formados com os algarismos 1, 4, 5 e 6 - um abaixo do outro (em qualquer ordem) de maneira a efetuar a soma de todos eles, o que você observa em relação aos algarismos em cada uma das posições do número?

(f) O que você observa entre os algarismos presentes na posição das unidades simples?

(g) E com os algarismos presentes na posição das centenas simples?

(h) Você vê uma maneira de somar todos os números sem ter que escrevê-los um abaixo do outro?

(i) Se sua resposta para o item (h) foi sim, explique como isso poderia ser feito.

(j) Qual o valor da soma de todos os números com quatro algarismos formados com os algarismos 1, 4, 5 e 6?

Atividades para o mês de outubro

Situação-problema 1

Permutam-se todos os algarismos do número 1205 de maneira a obter todos os números com quatro algarismos.

(a) Quantos números com quatro algarismos podem ser formados com os algarismos 0, 1, 2 e 5?

(b) Quantos números pares com quatro algarismos são possíveis de formar com os algarismos 0, 1, 2 e 5?

(c) Colocando em ordem crescente todos os números com quatro algarismos possíveis de formar com os algarismos 0, 1, 2 e 5, que posição ocupa o número 2501?

(d) Colocando em ordem crescente todos os números com quatro algarismos possíveis de formar com os algarismos 0, 1, 2 e 5, que número ocupa a 10ª posição?

(e) Considere todos os números com quatro algarismos formados com os algarismos 0, 1, 2 e 5. Qual o valor da soma de todos os números?

(f) Considere todos os números com quatro algarismos formados com os algarismos 1, 2, 3 e 5. Qual o valor da soma de todos os números?

Situação-problema 2

Se você dispõe de lápis de cor nas cores amarela, azul, verde, vermelha e marrom, de quantas maneiras é possível pintar uma bandeira que possui quatro listras verticais, considerando que as listras adjacentes não podem ser pintadas com as mesmas cores?

Atividades para o mês de novembro
Situação-problema 1

Quatro cidades, Duque de Caxias, Nova Iguaçu, Japeri e Paracambi, estão ligadas por ruas largas e trajetos diretos em mão dupla, isto é, há quatro ruas de Duque de Caxias para Nova Iguaçu e não há ruas ligando Duque de Caxias a Japeri e Paracambi diretamente, ou seja, deve-se passar por Nova Iguaçu. O mesmo vale para ir de Nova Iguaçu a Japeri (e vice-versa), onde há três ruas e não há ruas ligando Nova Iguaçu a Paracambi diretamente, ou seja, deve-se passar por Japeri. Por outro lado, há duas ruas ligando Japeri a Paracambi (e vice-versa).

(a) Faça um esquema da situação retratada acima e certifique-se de que ele atende a todas as condições presentes no enunciado.

(b) De quantas maneiras Ana pode deslocar-se de Duque de Caxias a Paracambi, passando por Nova Iguaçu e Japeri?

(c) De quantos modos Ana pode ir de Duque de Caxias para Paracambi, passando por Nova Iguaçu e Japeri, e voltar pelas mesmas cidades sem passar duas vezes pela mesma rua?

Situação-problema 2

(a) Seis colegas de uma mesma turma, A, B, C, D, E e F, disputam uma premiação que concede viagens apenas para os três primeiros colocados. De quantas maneiras as viagens podem ser concedidas?

(b) Quantos trios (grupos com três colegas) podem ser formados com três dos seis colegas de turma?

(c) Construa uma árvore de possibilidades que mostre todos os trios que podem ser formadas com os seis colegas de turma.

(d) Seis colegas de uma mesma turma, A, B,C, D, E e F, disputam uma premiação que concede viagens apenas para os dois primeiros colocados. De quantas maneiras as viagens podem ser concedidas?

(e) Quantas duplas (grupos com dois colegas) podem ser formadas com dois dos seis colegas de turma?

(f) Construa uma árvore de possibilidades que mostre todas as duplas que podem ser formadas com os seis colegas de turma.

(g) Estabeleça uma relação entre os resultados obtidos nos itens (a) e (b), e entre os itens (d) e (e) acima.

5.5 Atividades para os alunos do 7º ano do ensino fundamental

5.5.1 Objetivos gerais e específicos

Caso os alunos de sua turma do 7º ano ainda não tenham tido a oportunidade de conhecer e construir alguma representação gráfica, ou o professor deseja relembrá-los a respeito de certos procedimentos, o autor sugere que o professor proponha a situação-problema 1 – mês de março – apresentada para os alunos do 5º ou do 6º ano.

As situações-problema propostas na sequência, para os alunos do 7º ano, objetivam, inicialmente, um trabalho voltado para que o aluno identifique os tipos diferentes de agrupamentos-solução: aqueles cuja ordem entre os objetos envolvidos não caracteriza um novo agrupamento-solução e aqueles cuja nova ordenação implica na obtenção de uma nova possibilidade (um novo agrupamento-solução).

Na linguagem clássica formal da Análise Combinatória, diz-se que se trata dos agrupamentos-solução que são caracterizados como:

- **Combinações simples** – uma quantidade finita de objetos distintos e a simples escolha de alguns deles, ou todos, formando grupos (conjuntos) nos quais a troca da ordem entre os objetos presentes não implica na formação de um novo grupo (conjunto);
- **Arranjos simples** – uma quantidade finita de objetos distintos e a ordenação de alguns deles ou arranjos com repetição – uma quantidade finita de objetos distintos e não distintos, e a ordenação de alguns deles ou permutações simples – uma quantidade finita de objetos distintos e a ordenação de todos eles ou, ainda, permutações com objetos nem todos distintos – uma quantidade finita de objetos distintos e não distintos, e a ordenação de todos eles, formando agrupamentos-solução de objetos (nomes, algarismos, letras etc.) nos quais a troca de ordem entre os objetos presentes implica na formação de um novo agrupamento-solução (uma nova possibilidade).

O autor pede que o professor não mencione com os alunos esses "rótulos" de tipos de agrupamentos, utilizados com frequência no ensino desses conteúdos com alunos do ensino médio.

No ensino fundamental, essa rotulação não ajuda em nada para que o aluno se aproprie de procedimentos e estratégias básicos para a resolução dos problemas de contagem.

Além do mais, tal procedimento levaria, possivelmente, à introdução de fórmulas que diferenciam cada um dos tipos de agrupamentos entre si, e isso é tudo o que não se quer: o uso de fórmulas.

Baniremos o uso de fórmulas no ensino dos problemas de contagem com os alunos do ensino fundamental e da Educação de Jovens e Adultos (EJA), pelo menos.

O autor só fez o comentário acima de maneira que o professor se aperceba da importância de chamar a atenção dos alunos para a possibilidade de trabalhar com a ideia de proporcionalidade entre grupos (conjuntos) e agrupamentos ordenados, que o professor considere importante fazer com que os alunos identifiquem e diferenciem cada um deles, e como o cálculo de possibilidades de um tipo de agrupamento permite o cálculo de possibilidades do outro tipo de agrupamento-solução.

Não por isso, o autor considera cada um dos itens das situações -problema propostas como propositivos, provocativos, isto é, questões que permitem que o aluno possa identificar as diferenças existentes, em cada caso.

Compreender as diferenças entre os tipos de agrupamentos de objetos é uma parte importante do desenvolvimento do raciocínio combinatório e amplia a imagem conceitual que cada aluno deve ter em relação aos procedimentos e estratégias que permitirão que possa enfrentar novos desafios na resolução de problemas de contagem mais complexos.

As situações-problema propostas na sequência para os alunos do 7º ano objetivam fortemente ao desenvolvimento de um trabalho voltado para a formação de números – com algarismos distintos e não – a partir da oferta de certos algarismos.

Esse trabalho tem relação direta com os fundamentos da Aritmética e da Álgebra - ainda na educação básica - presentes em outros conteúdos da Matemática.

5.5.2 Sequência didática contendo situações-problema de contagem que podem ser propostas aos alunos do 7º ano

Atividades para o mês de março
Situação-problema 1

A professora da turma 402 foi ao mercado popular de sua cidade para comprar presentes, por ocasião do "Dia das Crianças". Ela foi anotando os preços de cada um dos presentes que gostaria de selecionar para distribuir aos alunos e registrou-os em um papel, conforme consta da tabela a seguir. Também decidiu que cada aluno receberia dois presentes diferentes.

Tabela 1: Preços de brinquedos – situação-problema 2

Brinquedos que poderá comprar	***Preço unitário***
Saco de bolas de gude	R$ 1,50
Carrinho plástico	R$ 2,00
Jogo de damas	R$ 3,00
Jogo de dominó	R$ 2,50
Jogo de varetas	R$ 1,50
Bola plástica	R$ 2,50
Iô-iô	R$ 2,00
Boneca plástica	R$ 3,50

(a) Quantos diferentes conjuntos de presentes (contendo dois brinquedos diferentes em cada, desde que um deles seja a boneca plástica) a professora poderá formar de modo a gastar R$ 6,00 no máximo?

(b) Desenhe uma árvore de possibilidades que mostre todas as diferentes maneiras que a professora tem para formar conjuntos de presentes contendo dois brinquedos diferentes em cada um, gastando, no máximo, R$ 5,00 em cada um, de modo que esses conjuntos não contenham nem o jogo de damas nem a boneca plástica.

(c) Desenhe uma árvore de possibilidades que mostre todas as diferentes maneiras que a professora tem para formar conjuntos de presentes contendo três brinquedos diferentes em cada um e gastando, no máximo, R$ 5,50 por cada conjunto.

(d) Desenhe uma árvore de possibilidades que mostre todas as diferentes maneiras que a professora tem para formar conjuntos de presentes contendo dois brinquedos diferentes em cada um, de modo que ela gaste, no máximo, de R$ 5,00 por conjunto.

(e) Desenhe uma árvore de possibilidades que mostre todas as diferentes maneiras que a professora tem para formar conjuntos de presentes contendo dois brinquedos diferentes em cada um, tal que cada conjunto contenha o jogo de dominó e não contenha a boneca plástica, de modo que ela gaste, no máximo, de R$ 5,00 por conjunto.

Situação-problema 2

Queremos montar "trenzinhos" formados por retângulos (que são os "vagões do "trenzinho"), colocados um após o outro. O trenzinho que foi desenhado na figura abaixo possui três vagões. Para fazer isso, dispomos de retângulos (vagões) nas cores azul, amarela, verde, vermelha e preta.

(a) Quantos trenzinhos diferentes, contendo dois vagões em cada trenzinho, podem ser montados dispondo de vagões nas cores amarela, vermelha e verde?

(b) Quantos trenzinhos, com três vagões em cada trenzinho, são possíveis de formar quando se dispõem vagões nas cores amarela, vermelha e verde?

(c) Quantos trenzinhos podem ser montados, tendo cada trenzinho dois vagões de cores diferentes, quando se dispõem vagões nas cores amarela, vermelha, azul e verde?

(d) Liste as possibilidades de trenzinhos que atendem às condições do item (c), segundo o formato de pares ordenados: (........, ...).

(e) Quando se dispõem vagões nas cores amarela, vermelha, azul e verde, se quer montar trenzinhos de cores diferentes e dois trenzinhos são considerados iguais se eles têm as mesmas cores de vagões, quantos trenzinhos contendo dois vagões de cores diferentes podem ser montados?

(f) Liste as possibilidades de trenzinhos que atendem às condições do item (e), segundo o formato de conjuntos das cores dos vagões: {........, ...}.

(g) Quando se dis**põe**m vagões nas cores amarela, vermelha, azul e verde, e a troca de posição das cores de pelo menos dois dos vag**ões** do trenzinho implica em formar um novo trenzinho, quantos trenzinhos contendo três vagões de cores diferentes podem ser montados?

(h) Quantos diferentes trenzinhos, compostos de três vagões, são possíveis de formar quando se dispõem vagões nas cores amarela (AM), vermelha (VM), azul (AZ) e verde (VD)?

(i) Liste as possibilidades de construir trenzinhos que atendam às condições do item (h), indicando as cores dos vagões segundo as letras maiúsculas das cores disponíveis, conforme sejam as respectivas cores: amarela (AM), vermelha (VM), azul (AZ) e verde (VD).

(j) De quantas maneiras **é** possível formar trenzinhos com cinco vagões de cores diferentes dispondo-se de vagões nas cores amarela, vermelha, azul, verde e preta?

(k) Liste as possibilidades de construir trenzinhos que atendam às condições do item (j), mas somente quando a cor do primeiro vagão for preta, indicando as cores dos vagões segundo as letras maiúsculas das cores disponíveis, conforme sejam as respectivas cores: amarela (AM), vermelha (VM), azul (AZ), verde (VD) e preta (PR), por meio da construção de uma árvore de possibilidades.

(l) Liste as possibilidades de construir trenzinhos que atendam às condições do item (k), indicando as cores dos vagões segundo as letras maiúsculas das cores disponíveis, conforme sejam as respectivas cores: amarela (AM), vermelha (VM), azul (AZ), verde (VD) e preta (PR), por meio da construção de um produto cartesiano. Certifique-se da relação que há entre o desenvolvimento do raciocínio combinatório e o modo como o produto cartesiano é construído.

(m) De quantas maneiras **é** possível formar trenzinhos com três vagões de cores diferentes, dispondo-se de vagões nas cores amarela, vermelha, azul, verde e preta?

Recomendações para o professor

Neste último item, deve ser concluído que o total de possibilidades é calculado do seguinte modo:
5 (primeiro vagão escolhido) x 4 (segundo vagão escolhido) x 3 (terceiro vagão, o vagão restante) = 60 possibilidades.
Assim, a posição dos vagões no trenzinho determina possibilidades diferentes de formação de trenzinhos, ou seja, um trenzinho com vagões nas cores AM, VD e VM, nessa ordem, é diferente de um trenzinho nas cores VD, AM e VM, nessa ordem.
Enfim, as possibilidades de escolha das cores dos vagões, nesse caso, diferenciam-se tanto pela troca de uma ou duas cores entre as três cores disponíveis, AM-VD-VM e AM-VD-PR, como também pela troca da ordem das cores dos vagões em um trenzinho, caso sejam mantidas as três cores dos vagões:
AM-VD-VM, AM-VD-VM, VD-VM-AM, VD-M-VM, VM-VD-AM, VM-AM-VD.
Os seis trenzinhos são considerados distintos entre si.

(n) De quantas maneiras **é** possível formar trenzinhos com três vagões de cores diferentes, independentemente da posição que cada vagão ocupa no trenzinho, quando se dispõem vagões nas cores amarela vermelha, azul, verde e preta?

(o) Represente todas as possibilidades que atendem às condições do item (n) por meio da construção de uma árvore de possibilidades. Observe o formato dessa árvore e perceba que ela é assimétrica.

É possível contar todas as possibilidades que atendem à condição imposta no item (o) por meio da construção de subconjuntos de três elementos cada, formados com três cores de vagões entre as cinco cores que estão disponíveis, a partir do resultado obtido no item (m). No item (m) foi calculado o total de "ternas" ordenadas.

Considere, por exemplo, um trenzinho que tenha vagões nas cores amarela, vermelha e verde.

Assim, as "ternas", AM-VM-VD, AM-VD-VM, VM-VD-AM, VM -AM-VD, VD-AM-VM, VD-VM-AM, são oriundas do mesmo subconjunto {AM, VM, VD}.

Ou seja, para cada subconjunto que contém três cores distintas, é possível formar seis ternas ordenadas. É possível, portanto, estabelecer uma proporcionalidade, como a escrita a seguir:

Um conjunto com três elementos *determina* a construção de seis ternas ordenadas.

Dez conjuntos com três elementos cada *correspondem* à construção de ***X*** ternas ordenadas.

Daí,

1.X = 10.6 = 60 ternas ordenadas

Ou seja, há 60 possibilidades de formar trenzinhos com três vagões cada quando se dispõem cinco cores diferentes.

Construa uma tabela de dupla entrada contendo essas 60 ternas ordenadas, conforme a tabela abaixo.

	Terna 1	Terna 2	Terna 3	Terna 4	Terna 5	Terna 6
{AM, VM, VD}	(AM, VM,VD)	(AM, VD,VM)	(VM, AM,VD)	(VM, VD,AM)	(VD, AM,VM)	(VD, VM,AM)

Verifique se na primeira entrada da tabela de dupla entrada você dispõe de todas as possibilidades de escolha de três vagões entre cinco vagões de cores diferentes que estão disponíveis, independentemente da posição que esses vagões ocupam no trenzinho e se na segunda entrada as ternas podem ser formadas a partir dos conjuntos possíveis.

Atividades para o mês de abril

Situação-problema 1

Ana, Bia, Carla, Diva e Eva são amigas e irão posar para fotos sentadas em um banco com lugares lado a lado, mas que contém apenas três lugares.

(a) Explique como fazer para determinar o total de fotos diferentes que Ana, Bia e Carla podem tirar quando se sentam no banco que tem três lugares.

(b) Calcule o total de possibilidades que atendem às condições do item (a).

(c) Quantas fotos diferentes podem ser tiradas com três entre as cinco amigas sentadas nesse banco?

(d) Atendendo à condição de que quando Ana estiver na foto ela tem, necessariamente, de estar sentada na posição central, quantas fotos diferentes podem ser tiradas entre as cinco amigas sentadas em um banco de três lugares?

(e) Explique como você fez para determinar o total de fotos diferentes nas quais, quando Ana aparece na foto, ela tem de estar sentada na posição central.

Situação-problema 2

Para a festa do Dia das Mães, os alunos da turma 705 irão preparar presentes para presentear suas mães no domingo seguinte. Cada presente deve conter dois produtos, que serão escolhidos entre aqueles que a professora da turma comprou: sabonete, xampu, desodorante, creme facial, creme para as mãos e creme para os pés.

(a) Quantos tipos diferentes de presentes podem ser preparados pelos alunos?

(b) Explique como você encontrou a resposta para o item (a).

(c) Quantos presentes não têm xampu ou desodorante?

(d) Explique como você encontrou a resposta para o item (c)?

(e) Utilize uma representação gráfica para mostrar todas as soluções encontradas para o item (a).

(f) Na representação gráfica que você utilizou no item (e), pinte de amarelo todos os presentes que contêm xampu ou desodorante.

(g) Na representação gráfica que você utilizou no item (e), pinte de vermelho todos os presentes que não contêm sabonete ou creme para as mãos.

(h) Se a mãe de José tem alergia a cremes, com quantos tipos de presentes ela poderá ser contemplada pela escolha de seu filho?

Atividades para o mês de maio
Situação-problema 1

O desenho a seguir representa o formato de uma bandeira que possui três regiões distintas que devem ser pintadas com cores diferentes.

Não é preciso desenhar e pintar todas as diferentes bandeiras possíveis e pintá-las em seguida de modo a responder as questões a seguir.

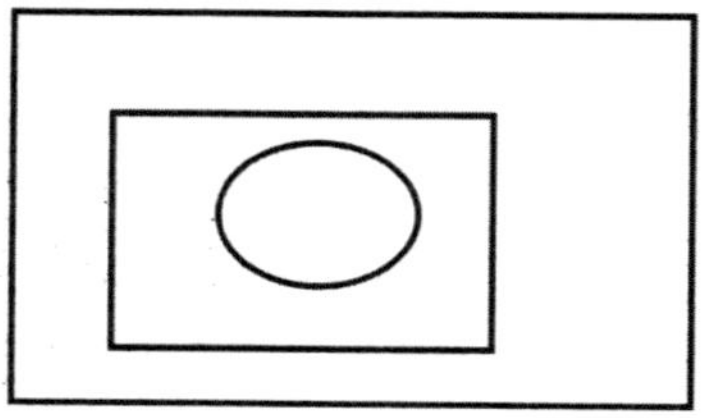

(a) Dispondo de três bastões de giz de cera nas cores verde (VD), vermelha (VM) e azul (AZ), de quantas maneiras é possível pintar as três regiões presentes na bandeira desenhada acima?

(b) Explique como você fez para determinar a resposta para a pergunta acima?

(c) Desenhe uma árvore de possibilidades que mostre todas as diferentes maneiras segundo as quais as bandeiras com o formato acima (três regiões distintas) podem ser pintadas quando há três cores disponíveis para a pintura.

(d) Indique uma operação aritmética que se pode utilizar para determinar o total de possibilidades de efetuar diferentes pinturas em bandeiras com o mesmo formato da bandeira desenhada acima, nas quais não é permitida a repetição de nenhuma cor nas regiões quando se dispõem bastões de giz de cera nas cores vermelha, verde e azul.

(e) Se há três cores disponíveis para a pintura da bandeira, verde (VD), azul (AZ) e vermelha (VM), todas as regiões da bandeira devem ser pintadas e as regiões com fronteira comum não podem ter a mesma cor, de quantos modos diferentes é possível pintar as bandeiras com o formato acima?

(f) Desenhe uma árvore de possibilidades que mostre todas as diferentes maneiras segundo as quais as bandeiras com o formato acima (três regiões distintas) podem ser pintadas, obedecendo às condições impostas no item (e).

(g) Utilizando três cores diferentes, disponíveis em bastões de giz de cera nas cores verde (VD), vermelha (VM) e azul (AZ), é possível pintar todas as regiões das bandeiras com o mesmo formato da figura abaixo.

Você não deve desenhar todas as possíveis bandeiras e, em seguida, pintá-las de modos diferentes.

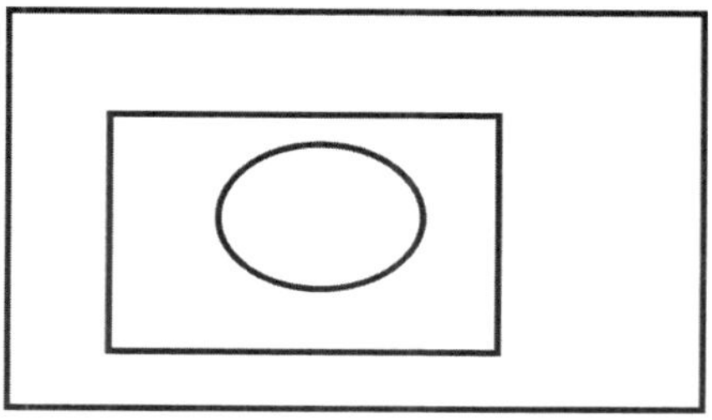

De quantas maneiras diferentes é possível pintar as três regiões presentes na bandeira acima quando se dispõem três cores distintas e cada região deve ser pintada?

(h) Indique a operação aritmética que você utilizou para obter o total de soluções.

(i) Construa uma árvore de possibilidades que mostre todas as diferentes pinturas de bandeiras com o mesmo formato acima, quando há três cores disponíveis e todas as regiões da bandeira devem ser pintadas.

Utilize a seguinte indicação: se a região da bandeira for pintada de verde, escreva ***VD***, se a região da bandeira for pintada de vermelho, escreva ***VM*** e se a região da bandeira for pintada de azul, escreva ***AZ***.

Região mais interna	Região central	Região mais externa

(j) Observe o formato de uma bandeira conforme a figura abaixo:

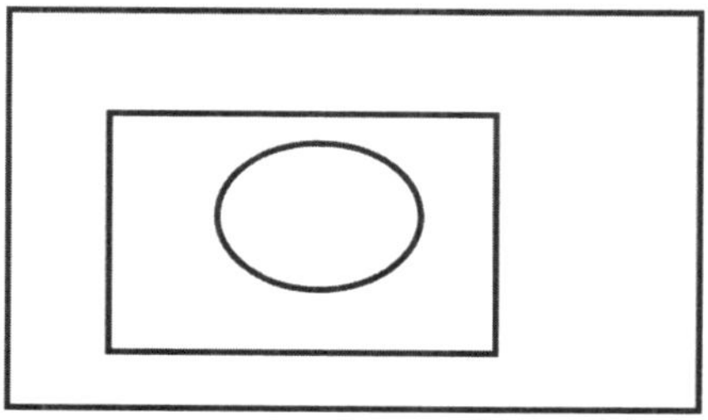

Para os itens a seguir, considere que há quatro cores disponíveis e todas as regiões da bandeira devem ser pintadas.

Utilize a seguinte indicação: se a região da bandeira for pintada de verde, escreva ***VD***, se a região da bandeira for pintada de vermelho, escreva ***VM***, se a região da bandeira for pintada de azul, escreva ***AZ*** e se a região da bandeira for pintada de amarelo, escreva ***AM.***

Você não deve desenhar todas as diferentes bandeiras possíveis, e em seguida, pintá-las de modos diferentes.

De quantas maneiras diferentes é possível pintar as bandeiras com o formato acima utilizando três cores diferentes escolhidas entre as cores verde, vermelha, azul e amarela?

(k) Construa uma árvore de possibilidades que mostre todas as soluções computadas no item (j).

Região mais interna	Região central	Região mais externa

(l) Qual o total de modos distintos de pintar as bandeiras com o mesmo formato apresentado no desenho acima quando se dispõem quatro cores diferentes e todas as regiões da bandeira devem ser pintadas?

(m) Qual o total de modos distintos de pintar as bandeiras com o mesmo formato apresentado no desenho acima quando se dispõem quatro cores diferentes, todas as regiões da bandeira devem ser pintadas e a condição de que duas regiões têm que ser pintadas com a mesma cor?

(n) Construa uma árvore de possibilidades que atenda **à** solução que foi apresentada para o item (m).

Região mais interna	Região central	Região mais externa

(o) Se a região mais interna e a região externa da bandeira forem pintadas com a mesma cor, a região central for pintada com outra cor diferente das duas regiões anteriores e a condição de que a cor amarela deve estar presente nas pinturas, de quantos modos distintos é possível pintar bandeiras diferentes atendendo a essas condições quando se dispõem quatro cores diferentes?

(p) Se duas regiões contíguas (regiões que têm fronteira comum) de bandeiras com o formato acima não podem ser pintadas com cores iguais, quantas bandeiras diferentes é possível pintar atendendo a essas condições quando se dispõem quatro cores diferentes?

(q) Os agrupamentos-solução que atendem ao item (l) são os mesmos agrupamentos que atendem ao item (p)? Por quê?

(r) Escreva, se houver, os agrupamentos-solução que atendem à solução dos itens (l) e (p).

Situação-problema 2

Considere a cartela desenhada a seguir, contendo os algarismos de 0 a 9, escritos em quatro retângulos cada.

0	**0**	**0**	**0**
1	**1**	**1**	**1**
2	**2**	**2**	**2**
3	**3**	**3**	**3**
4	**4**	**4**	**4**
5	**5**	**5**	**5**
6	**6**	**6**	**6**
7	**7**	**7**	**7**
8	**8**	**8**	**8**
9	**9**	**9**	**9**

Essa situação-problema deve ser resolvida em grupos de três alunos cada. Cada aluno recebe uma cartela completa. Após recortar todos os retângulos, cada aluno terá em mãos quatro retângulos iguais para cada um dos algarismos de 0 a 9. Inicialmente, os alunos deverão separar somente os retângulos que contêm os algarismos 6, 7 e 9.

- O 1º aluno do grupo deverá encontrar todos os números com três algarismos, sem repetição, que podem ser formados e formar todos os números maiores que 600 e menores que 700, ordenando-os em ordem crescente.

- O 2º aluno do grupo deverá encontrar todos os números com três algarismos que podem ser formados, sem repetição de algarismos, e formar todos os números maiores que 700 e menores que 900, ordenando-os em ordem crescente.

- O 3º aluno do grupo deverá encontrar todos os números com três algarismos que podem ser formados, sem repetição de algarismos, e formar números maiores que 900 e menores que 980, ordenando-os em ordem crescente.

(a) O 1º aluno do grupo encontrou quantos números?

(b) O 2º aluno do grupo encontrou quantos números?

(c) O 3º aluno do grupo encontrou quantos números?

(d) Qual o total de números com três algarismos, segundo as condições anteriores?

(e) Dados três quaisquer algarismos diferentes de zero, quantos números com três algarismos é possível formar utilizando os três algarismos, sem repetição?

(f) Se um dos três algarismos fosse o algarismo zero, a quantidade de números com esses três algarismos diferentes será menor que a quantidade de números que foi obtida no item (e), pois números começados pelo algarismo zero não são considerados como números que têm três algarismos.

Nesta situação, quantos diferentes números de três algarismos, sem repetir algarismos, será possível formar utilizando os algarismos 0, 1 e 5, por exemplo?

(g) Dados os algarismos 1, 3, 5, 6 e 8, quantos números com três algarismos, sem repetição, é possível formar?

(h) Dados os algarismos 1, 3, 5, 6 e 8, quantos números com três algarismos, sem repetição, são maiores que 500?

i) Explique como você procedeu para determinar a resposta do item (h).

(j) Faça uma árvore de possibilidades que mostre todos os números com três algarismos, sem repetição, que são maiores que 500 e possíveis de ser formados com o uso dos algarismos 1, 3, 5, 6 e 8.

(k) Dados os algarismos 1, 3, 5, 6 e 8, quantos números com três algarismos, sem repetição, são menores que 653?

(l) Explique como você procedeu para determinar a resposta do item (k).

(m) Desenhe uma árvore de possibilidades que mostre todos os números com três algarismos menores que 653, sem repetição, formados com o uso de três dos algarismos 1, 3, 5, 6 e 8.

Atividades para o mês de junho
Situação-problema 1

Recomendações para o professor

O autor considera oportuno que o professor promova reflexões com os alunos de maneira que eles discutam acerca das possibilidades que existem para contar todos os possíveis números com dois, três e até quatro algarismos (com ou sem algarismos distintos), a partir de certo quantitativo de algarismos disponíveis (inicialmente, sem a presença do algarismo 0 e, depois, com a presença dele).

Em prosseguimento, é preciso dar oportunidade para que os alunos reflitam com o propósito de que concluam que o total de possibilidades de formar números está associado ao fato de que um mesmo algarismo assume diferentes valores em função da posição que ele ocupa na formação do número. Ou seja, que os alunos identifiquem que a formação de números, a partir da disponibilidade de certos algarismos, está relacionada com o princípio do valor posicional de cada algarismo no número.

Por exemplo, comece por perguntar qual é o valor da soma de todos os números com três algarismos distintos que podem ser formados com os algarismos 1, 3 e 5 e deixe que eles reflitam e discutam em grupos menores, de até quatro alunos.

O objetivo da situação-problema proposta não é que o aluno forme todos os números e, em seguida, obtenha o valor da soma, mas que ele encontre uma maneira de obter essa soma sem ter que listar os seis números possíveis, como indicado a seguir.

135
153
315
351
513
531
Resultado da soma:

Recomendações para o professor (*continuação*)

O professor, inclusive, pode até pedir que os alunos escrevam os números no quadro de giz, que possivelmente façam a montagem necessária para determinar a soma (como apresentado a seguir) e, em seguida, que eles obtenham o resultado do somatório, mas que esses procedimentos sirvam apenas como uma garantia de que quando tenham encontrado, ao final, uma maneira de obter a soma, eles possam conferir esse resultado com o que será obtido por meio das ideias oriundas do sistema de numeração decimal, do raciocínio combinatório e do Princípio Multiplicativo, generalizando esse procedimento para situações de números com algarismos distintos, sem a presença do algarismo 0.

Esta situação-problema é propícia para que o professor, mais uma vez, relembre com os alunos as principais questões relacionadas com a compreensão acerca dos procedimentos presentes no sistema de numeração decimal.

- Quantas vezes a soma (1 + 3 + 5) ocorre na posição das unidades simples?

- Quantas vezes a soma (1 + 3 + 5) ocorre na posição das dezenas simples?

- Quantas vezes a soma (1 + 3 + 5) ocorre na posição das centenas simples?

- A qual conclusão sobre a soma total é possível chegar?

É importante que os alunos percebam que, por exemplo, o algarismo 1 pode ocupar tanto as posições das centenas simples quanto das dezenas simples e das unidades simples. O mesmo vale para os demais algarismos.

Quando o algarismo 1 ocupa a posição das centenas simples, seu valor absoluto é 1 e seu valor relativo é de 100 unidades simples; se o algarismo 1 ocupa a posição das dezenas simples, seu valor relativo é de 10 unidades simples e, por fim, se o algarismo 1 ocupa a posição das unidades simples seu valor relativo é o mesmo que seu valor absoluto, ou seja, de uma unidade simples.

Assim, se a situação-problema pede para obter a soma de todos os seis números acima, é preciso observar que cada um dos algarismos 1, 3 e 5 ocupa duas vezes cada uma das posições possíveis de números formados por três algarismos distintos.

Situação-problema 2

Recomendações para o professor

Professor, peça que seus alunos reflitam acerca da seguinte situação: Considere os mesmos algarismos 1, 3 e 5. Agora, iremos considerar que um dos algarismos se repete uma única vez em todos os números formados com três algarismos, entre os disponíveis.

Assim, uma das maneiras para somar todos os números é proceder de maneira parecida àquela que é feita usualmente quando da soma de dois ou mais números naturais.

Portanto, para cada uma das posições do resultado da soma de todos os números possíveis, ocorre o seguinte:

- posição das unidades simples: 2 x (1 + 3 + 5) = 2 x 9 = 18 unidades simples;
- posição das dezenas simples: 2 x (1 + 3 + 5) = 2 x 9 = 18 dezenas simples;
- posição das centenas simples: 2 x (1 + 3 + 5) = 2 x 9 = 18 centenas simples;

Ora, 18 unidades simples equivalem a 8 unidades simples mais uma dezenas simples; 18 dezenas simples equivalem a 8 dezenas simples mais uma centena simples.

Portanto, fazendo a soma dos seis números, obtêm-se: 8 unidades simples; (8 + 1) = 9 dezenas simples e (18 +1) = 19 centenas simples.

A soma é, então, 1998.

Recomendações para o professor (*continuação*)

Outra maneira de obter a soma de todos os seis números acima é transformar a soma de cada uma das posições em quantitativos de unidades simples, somando ao final. Assim, 18 centenas simples equivalem a 1800 unidades simples; 18 dezenas simples equivalem a 180 unidades simples. Logo, a soma total é de 1800 + 180 + 18 = 1998 unidades simples.

É preciso que o professor não indique procedimento algum aos alunos (como os dois procedimentos que foram apresentados acima). Deixe que eles reflitam, discutam e cheguem às conclusões devidas por meio de reflexões pessoais e coletivas.

Se o professor julgar conveniente, poderá encaminhar as questões que são apresentadas a seguir:

Quantos números com três algarismos distintos podem ser formados quando se dispõem os algarismos 1, 3 e 5?

Quantas vezes a soma (1 + 3 + 5) ocorre na posição das unidades simples?

Quantas vezes a soma (1 + 3 + 5) ocorre na posição das dezenas simples?

Quantas vezes a soma (1 + 3 + 5) ocorre na posição das centenas simples?

A qual conclusão acerca da soma total é possível chegar a partir desses resultados?

Atividades para o mês de agosto
Situação-problema 1

Considere os mesmos algarismos 1, 3 e 5 e a formação de números com três algarismos.

(a) Quantos números com três algarismos podem ser formados quando se dispõe dos algarismos 1, 3 e 5?

(b) Quantas vezes a soma (1 + 3 + 5) ocorre na posição das unidades simples?

(c) Quantas vezes a soma (1 + 3 + 5) ocorre na posição das dezenas simples?

(d) Quantas vezes a soma (1 + 3 + 5) ocorre na posição das centenas simples?

(e) A qual conclusão acerca da soma total é possível chegar?

(f) Considere todos os números com quatro algarismos distintos que podem ser formados com os algarismos 1, 2, 3 e 4. Quantos números há?

(g) Qual o valor da soma de todos os números encontrados no item (f)?

(h) Quantos números com quatro algarismos podem ser formados quando se dispõem os algarismos 1, 2, 3 e 4?

(i) Quantas vezes a soma (1 + 2 + 3 + 4) ocorre na posição das unidades simples?

(j) Quantas vezes a soma (1 + 2 + 3 + 4) ocorre na posição das dezenas simples?

(k) Quantas vezes a soma (1 + 2 + 3 + 4) ocorre na posição das centenas simples?

(l) A qual conclusão acerca da soma total é possível chegar?

Situação-problema 2

Pergunta final:
Qual o valor da soma de todos os números com quatro algarismos, distintos ou não, formados com os algarismos 1, 2, 3 e 4?

Recomendações para o professor

Ademais, é preciso que o professor proponha reflexões aos alunos acerca das condições que precisam ser respeitadas para encontrar todas as possibilidades de formar números - com ou sem a repetição de algarismos -, tomando como referência os princípios estabelecidos para o sistema de numeração decimal, no que se refere ao valor posicional de um algarismo em um número.

A problemática apresentada acima é bastante oportuna para solidificar os conhecimentos dos alunos sobre os princípios relacionados com o sistema de numeração decimal, o raciocínio combinatório e estabelecer aplicações do Princípio Multiplicativo e do Princípio Aditivo.

Atividades para o mês de setembro

Situação-problema 1

Considere a cartela desenhada a seguir, contendo os algarismos de 0 a 9.

0	0	0	0
1	1	1	1
2	2	2	2
3	3	3	3
4	4	4	4
5	5	5	5
6	6	6	6
7	7	7	7
8	8	8	8
9	9	9	9

Recomendações para o professor

Esta situação-problema deve ser resolvida em grupos de até quatro alunos cada.

Cada aluno recebe uma cartela completa e após recortar todos os retângulos, ele terá em mãos quatro algarismos repetidos, para cada um dos algarismos de 0 a 9.

Inicialmente, os alunos deverão separar somente os retângulos que contêm os algarismos 2, 4, 5 e 9.

- O 1º aluno do grupo deverá encontrar todos os números com quatro algarismos distintos que podem ser formados e formar números maiores que 2.000 e menores que 4.000.
- O 2º aluno do grupo deverá encontrar todos os números com quatro algarismos distintos que podem ser formados e formar números maiores que 4.000 e menores que 5.000.
- O 3º aluno do grupo deverá encontrar todos os números com quatro algarismos distintos que podem ser formados e formar números maiores que 5.000 e menores que 9.000.
- O 4º aluno do grupo deverá encontrar todos os números com quatro algarismos distintos que podem ser formados e formar números maiores que 9.000 e menores que 9.600.

(a) O 1º aluno do grupo encontrou quantos números?

(b) O 2º aluno do grupo encontrou quantos números?

(c) O 3º aluno do grupo encontrou quantos números?

(d) O 4º aluno do grupo encontrou quantos números?

(e) Cada um dos alunos deverá colocar os números que atendem cada um dos itens anteriores em ordem crescente. Em seguida, devem colocar todos os números encontrados em ordem crescente.

Dados quaisquer quatro algarismos (exceto o algarismo 0), quantos números com quatro algarismos distintos é possível formar?

(f) Se um dos quatro algarismos escolhidos for o algarismo 0, a quantidade de números com esses quatro algarismos distintos será menor que o total encontrado no item (e), pois os números começados pelo algarismo 0 não são considerados como números que têm quatro algarismos.

Portanto, nesta situação, quantos diferentes números com quatro algarismos distintos serão possíveis formar, dispondo-se dos algarismos 0, 1, 5 e 6?

Recomendações para o professor

O autor sugere que o professor discuta com seus alunos acerca das possibilidades de contar a totalidade de números que podem ser formados com três, quatro ou cinco algarismos (sem a repetição de algarismos) dispondo de todos os algarismos, ou seja, de 0 a 9.

O professor pode prosseguir, considerando a motivação da turma, perguntando aos alunos qual é o valor da soma de todos os números com quatro algarismos distintos que podem ser formados com os algarismos 0, 1, 2 e 4.

Para a reflexão do grupo: Quais propriedades relacionadas com o sistema de numeração decimal estão envolvidas para a obtenção da soma de todos os números que podem ser formados, obedecendo a estas condições?

Situação-problema 2 (OBMEP 2012 – Nível 2 – Questão 16)

Quantos são os números naturais entre 0 e 999 nos quais aparece, pelo menos, um algarismo 2 e nenhum algarismo 3?

a) 192; b) 204; c) 217; d) 225; e) 254

Atividades para o mês de outubro

Situação-problema 1

Permutam-se de todos os modos possíveis os algarismos 1, 4, 5, 6 e escrevem-se os números assim formados em ordem crescente.

Por exemplo, o 1º número escrito, em ordem crescente, é o número 1456, o 2º número escrito é o número 1465, o 3º número escrito é o número 1546, o 4º número escrito é o número 1564, e assim sucessivamente. O último número escrito é o número 6541.

Pergunta-se:

(a) Que posição ocupa o número 6145 segundo a ordem crescente?

(b) Qual número ocupa a 10ª posição segundo a ordem crescente?

(c) Qual a soma de todos os números formados com os quatro algarismos distintos dados, ou seja, 1456 + 1465 + 1546 + ... + 6541?

(d) O algarismo 5 é o 10º algarismo ao escrever todos os números possíveis em ordem crescente.

Por exemplo, em ordem crescente, os números são escritos como: 1456, 1465, 1546, 1564,..

Assim, o algarismo 5 está na 2ª posição do 3º número escrito em ordem crescente, que é o número 1546.

Já o algarismo 6 ocupa o 15º lugar entre os algarismos que são escritos quando se formam os números em ordem crescente, um após o outro, pois ele está na 3ª posição do 4º número escrito em ordem crescente, que é o número 1564.

Com base no que foi explicado acima, responda:

Qual algarismo ocupa o 70º lugar quando todos os números obtidos da permutação dos algarismos 1, 4, 5 e 6 são escritos em ordem crescente?

(e) Quantos números de quatro algarismos formados a partir da permutação dos algarismos 1, 4, 5 e 6 são maiores que 4.000?

(f) Permutam-se todos os algarismos do número 1205 de maneira a formar todos os possíveis números com quatro algarismos. Quantos números podem ser formados?

(g) Permutam-se todos os algarismos do número 1205 de maneira a formar todos os possíveis números com quatro algarismos. Quantos números pares podem ser formados?

(h) Permutam-se todos os algarismos do número 1205 de maneira a formar todos os possíveis números com quatro algarismos. Quantos números divisíveis por 5 podem ser formados?

Situação-problema 2

Paulo tem quatro calças, sete camisas, quatro pares de sapatos, seis pares de meias e três cintos para se vestir e ir até a escola para estudar.

a) De quantas maneiras distintas Paulo poderá vestir-se?

b) Considerando que Paulo já escolheu uma das calças e um dos pares de meias para vestir, de quantas maneiras distintas Paulo poderá vestir-se?

(c) Considerando a possibilidade de Paulo repetir o mesmo cinto, de quantas maneiras distintas ele poderá vestir-se?

Atividades para o mês de novembro

Situação-problema 1 (modificado) (OBMEP 2012 - Nível 3 - Questão 18)

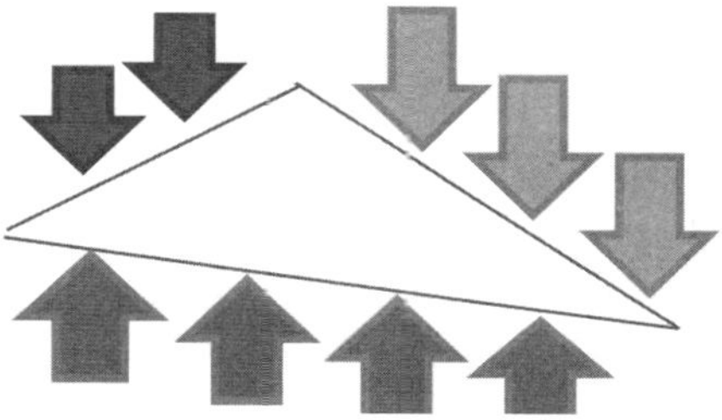

(a) Seis amigos, entre eles Alice e Bernardo, jantar**ão** em uma mesa triangular, cujos lados têm 2, 3 e 4 lugares - como mostram as setas na figura abaixo. De quantas maneiras esses amigos podem sentar-se à mesa de modo que Alice e Bernardo fiquem juntos, em um mesmo lado da mesa?

(a) 288 (b) 6720 (c) 10080 (d) 15120c(e) 16800 (f) 60480

(b) Explique como você fez para resolver o item (a).

(c) Seis amigos, entre eles Alice e Bernardo, jantar**ão** em uma mesa triangular, cujos lados têm 2, 3 e 4 lugares - como mostram as setas na figura abaixo. De quantas maneiras esses amigos podem sentar-se à mesa de modo que Alice e Bernardo fiquem em um mesmo lado da mesa?

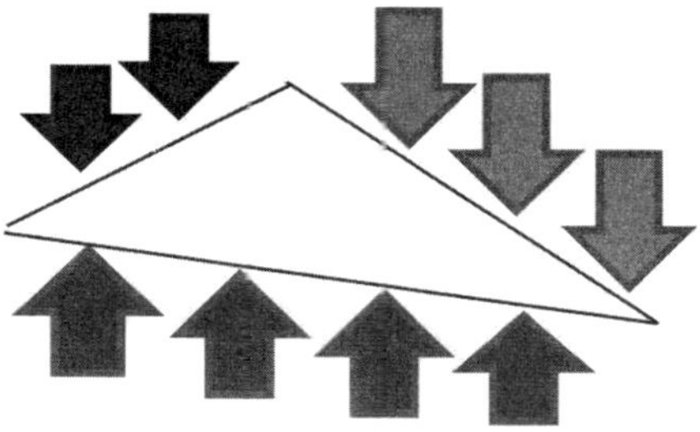

(a) 288 (b) 6720 (c) 10080 (d) 15120c(e) 16800 (f) 60480

(d) Explique como você fez para resolver o item (c).

Situação-problema 2

Com os algarismos 1, 2, 3, 4 e 9, queremos escrever números com dois algarismos. Para isso, devemos escolher um algarismo para ocupar a posição das dezenas simples e outro algarismo para ocupar a posição das unidades simples, não necessariamente nesta ordem.

(a) De quantas maneiras posso escolher o algarismo que ocupará a posição das unidades simples?

(b) De quantas maneiras posso escolher o algarismo que ocupará a posição das dezenas simples?

(c) Quantos números com dois algarismos é possível formar se os algarismos 1, 2, 3, 4 e 9 estão disponíveis?

(d) Explique como você obteve o resultado do item (c).

(e) Complete a tabela de dupla entrada desenhada a seguir, com os números com dois algarismos que podem ser formados quando dispomos dos algarismos 1, 2, 3, 4 e 9.

		Algarismo das unidades simples				
		1	2	3	4	9
Algarismo das dezenas simples	1					
	2					
	3					
	4					
	9					

(f) Construa uma árvore de possibilidades que apresente todos os números com dois algarismos que podem ser formados quando dispomos dos algarismos 1, 2, 3, 4 e 9.

(g) Quantos dos números com dois algarismos, formados com a escolha entre os algarismos 1, 2, 3, 4 e 9, têm algarismos repetidos?

(h) Explique como você obteve o resultado do item (g).

(i) Quantos dos números com dois algarismos, formados com a escolha entre os algarismos 1, 2, 3, 4 e 9, têm algarismos distintos?

(j) Explique como você obteve o resultado do item (i).

(k) Escreva uma expressão que determine o total de números com dois algarismos formados com a escolha entre os algarismos 1, 2, 3, 4 e 9.

(l) Escreva uma expressão que determine o total de números com dois algarismos distintos formados com a escolha entre os algarismos 1, 2, 3, 4 e 9.

(m) Escreva uma expressão que determine o total de números com dois algarismos iguais formados com a escolha entre os algarismos 1, 2, 3, 4 e 9.

5.6 Atividades para os alunos do 8º ano do ensino fundamental

5.6.1 Objetivos gerais e específicos

Caso os alunos de sua turma do 8º ano ainda não tenham tido a oportunidade de conhecer e construir alguma representação gráfica ou o professor deseja relembrá-los a respeito de certos procedimentos, o autor sugere que o professor proponha a situação-problema 1 – mês de março – apresentada para os alunos do 5º ou do 6º ano.

Um dos objetivos gerais para esta sequência de atividades é mostrar que muito embora o Princípio Multiplicativo seja um princípio fundamental para a resolução de problemas de contagem, por vezes a aplicação dele não dá conta de resolver um problema.

É o caso da colocação de vasos de plantas nos lados de um jardim: é preciso repartir o problema em duas partes. A primeira parte pode considerar a colocação dos dois vasos em separado e a segunda parte considera a colocação dos dois vasos juntos em um mesmo lado do jardim.

A partir daí, o Princípio Multiplicativo é aplicado em cada uma das partes e, em seguida, o Princípio Aditivo dá conta de obter a contagem total de possibilidades.

O mesmo ocorre no caso da pintura de bandeiras que não podem ter cores iguais em regiões fronteiriças.

Outro objetivo é continuar com o estudo da aplicação direta do Princípio Multiplicativo nos casos de anagramas simples (todas as letras distintas) e mostrar que os procedimentos utilizados na formação de anagramas simples se assemelham aos de contabilizar diferentes fotos (todas as pessoas das fotos são distintas entre si) ou contabilizar a formação de números com algarismos distintos (nos casos em que o algarismo 0 não está presente).

Ainda em relação à formação de números, avançamos um pouco mais com respeito a quantificar o total de números pares e números ímpares, com a presença ou não do algarismo 0.

Considerando que não há interesse em trabalhar, aqui, neste livro, com anagramas em que nem todos os objetos são distintos (conteúdo que optamos por deixar para o livro do ensino médio), finalizamos as atividades com uma situação-problema bastante próxima do universo dos alunos (ao menos no caso dos meninos), que é o futebol.

Será que os alunos perceberiam que uma sequência de gols (caso ocorresse) em uma partida de futebol é o mesmo que um anagrama e que nem todas as letras são distintas?

Por exemplo, para o placar Vasco (V) 3 x 1 Flamengo (F), poderíamos ter o anagrama ***FVVV*** para o caso em que o Flamengo tivesse feito o primeiro gol da partida e o anagrama ***VVFV*** para o caso em que o Flamengo tivesse feito o terceiro gol da partida.

A proposição para que os alunos construam uma árvore de possibilidade pode favorecer a percepção do aluno quanto a essa possibilidade.

Igualmente interessantes são as questões colocadas a respeito das "chances" (probabilidades) de ocorrência de determinados eventos, e a possibilidade de que, mais adiante, o olhar para a árvore de possibilidades possa "transformar-se" em um olhar bastante parecido quando da construção de uma árvore de probabilidades.

Em algumas situações, como jogar uma ou duas moedas no chão, o professor já pode fazer essa associação de conceitos.

5.6.2 Sequência didática contendo situações-problema de contagem que podem ser propostas aos alunos do 8º ano

Atividades para o mês de março
Situação-problema 1

Foi apresentado um triângulo como o da figura abaixo e dito que ele representava o jardim da escola de João, visto de cima.

Nos lados desse jardim, colocaremos vasos de plantas. Temos dois vasos de plantas: um pintado de azul e outro pintado de vermelho.

Sabemos que existem algumas diferentes maneiras de arrumar os dois vasos nos lados do jardim, podendo os vasos estar juntos do mesmo lado do jardim ou separados.

São diferentes as arrumações quando o vaso azul está colocado à direita do vaso vermelho e quando está colocado à esquerda.

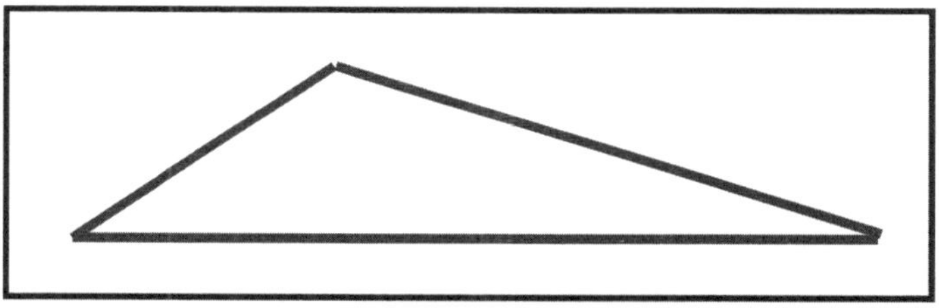

Pergunta-se:

(a) Quantas são as possibilidades de arrumação dos dois vasos?

(b) Como você fez para determinar todas as diferentes possibilidades obtidas no item (a)?

(c) Quantas são as possibilidades de arrumação de três vasos de cores diferentes: amarela, vermelha e azul?

(d) Quantas são as possibilidades de arrumação de três vasos: dois vasos iguais na cor amarela e um vaso na cor vermelha?

Situação-problema 2

Uma bandeira com o formato abaixo deve ser pintada utilizando duas das cores indicadas ao lado.

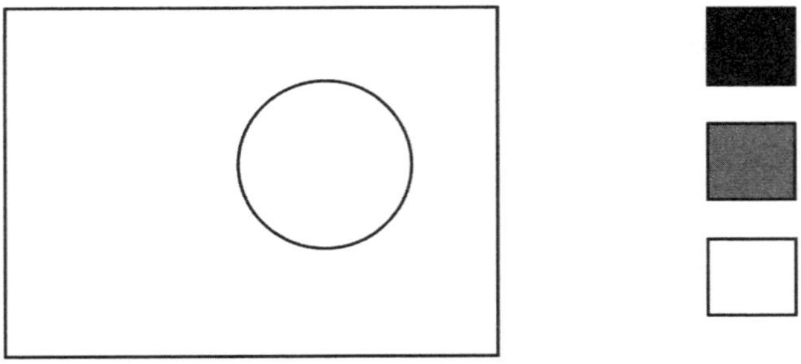

(a) Quantas são as possíveis diferentes bandeiras que podem ser pintadas obedecendo à condiç**ão** indicada acima?

(b) Descreva o procedimento utilizado por você para determinar o total de bandeiras diferentes que podem ser pintadas.

(c) Faz diferença iniciar a pintura pela região mais interna e, em seguida, a região externa, ou vice-versa? Explique.

Atividades para o mês de abril
Situação-problema 1

Para pintar cada uma das bandeiras abaixo, há quatro cores disponíveis, como indicado ao lado do desenho.

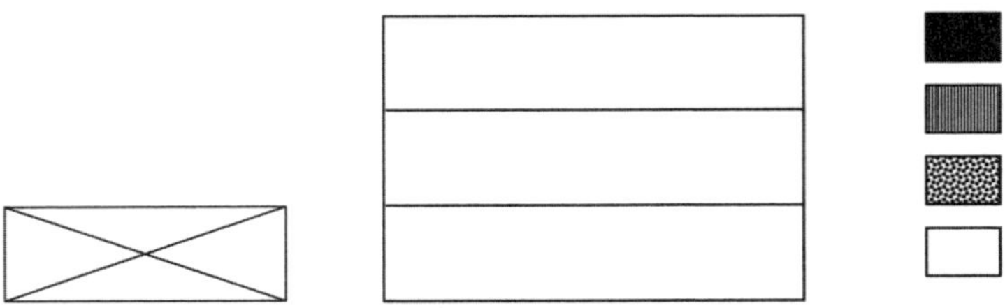

(a) De quantos modos a primeira bandeira pode ser pintada de maneira que as regiões com uma fronteira (linha) em comum tenham cores distintas e todas as regiões sejam pintadas?

(b) De quantos modos a segunda bandeira pode ser pintada de maneira que as faixas adjacentes tenham cores distintas e todas as faixas sejam pintadas?

Situação-problema 2

Vivi, Ana, Sônia e Olga irão posar, lado a lado, para uma fotografia, sentadas em um banco com quatro lugares. Considere a seguinte indicação para o registro dos nomes: Vivi – ***V***; Ana – ***A***; Sônia – ***S*** e Olga – ***O***.

(a) Quantas fotos diferentes podem ser tiradas?

(b) Construa uma árvore de possibilidades com as letras iniciais de cada uma das pessoas, de modo a mostrar todas as diferentes fotografias que podem ser tiradas quando as quatro pessoas estiverem sentadas lado a lado para uma fotografia.

(c) Quantas são as diferentes fotografias que podem ser tiradas tendo Olga na posição mais **à** direita do banco?

(d) Cada diferente fotografia que pode ser tirada é equivalente a poder representar uma diferente arrumação das letras V, A, S e O em uma quádrupla ordenada - ordenação de quatro letras, objetos, algarismos etc., distintos ou não.

Em Matemática, cada uma das arrumações das letras V, A, S e O é conhecida como ***ANAGRAMA*** da palavra ***VASO***., ou seja, cada novo anagrama é o indicativo de uma nova arrumação das quatro letras (concatenação de todas as letras). Utilizando exatamente todas as letras, e somente essas letras, a arrumação de letras pode ter ou não algum significado em nossa língua materna.

Quantas letras têm cada um dos anagramas da palavra ***VASO***?

(e) ***VASO*** é um dos anagramas da palavra ***VASO***?

(f) Por quê?

(g) Quantos são os anagramas da palavra ***VASO***?

(h) Escreva todos os anagramas da palavra ***VASO***.

(i) Quantos anagramas da palavra ***VASO*** iniciam por uma vogal?

(j) Considere o diagrama abaixo:

V	A	S	O
A	S	O	
S	O		
O			

Ana quer determinar a quantidade de maneiras possíveis de formar a palavra **VASO**, considerando que para fazer isso, ela deve obedecer às seguintes condições: começando pela letra V, siga pelas demais letras que formam a palavra VASO, "caminhando" no sentido **à** direita e/ou para baixo até chegar à letra O. Não é permitido "subir" nem "voltar", ou seja, não é possível "caminhar" no sentido à esquerda.

De quantas maneiras diferentes **é** possível formar a palavra **VASO**?

(k) Explique a maneira que fez para obter o resultado acima.

(l) Utilize um registro (um modo de escrever, de notificar a um colega, por exemplo) que dê conta de determinar o resultado de todas as possibilidades que se têm de escrever a palavra **VASO**, conforme o diagrama e as regras acima.

(m) Utilize o esquema desenhado a seguir para apresentar todas as maneiras que se têm de escrever a palavra **VASO**, obedecendo às condições impostas no diagrama acima:

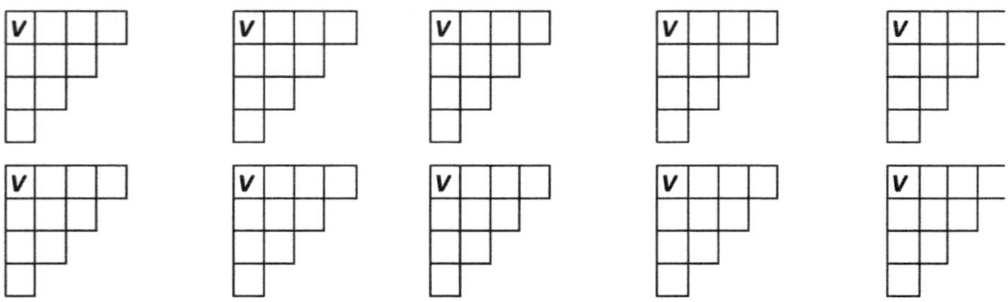

(n) Considere o diagrama abaixo:

V A S C O
A S C O
S C O
C O
O

De quantas maneiras podemos formar a palavra **VASCO**, considerando que para fazer isso, deve-se obedecer às seguintes condições: começando pela letra V, deve-se "caminhar" pelas demais letras até formar a palavra VASCO no sentido **à** direita e/ou para baixo até chegar à letra O. Não é permitido "subir" nem "voltar", ou seja, não se pode "caminhar" à esquerda.

(o) Explique a maneira como você fez para obter o resultado acima.

(p) Utilize o esquema desenhado a seguir para apresentar todas as maneiras que se têm de escrever a palavra **VASCO**, obedecendo às condições impostas no diagrama acima:

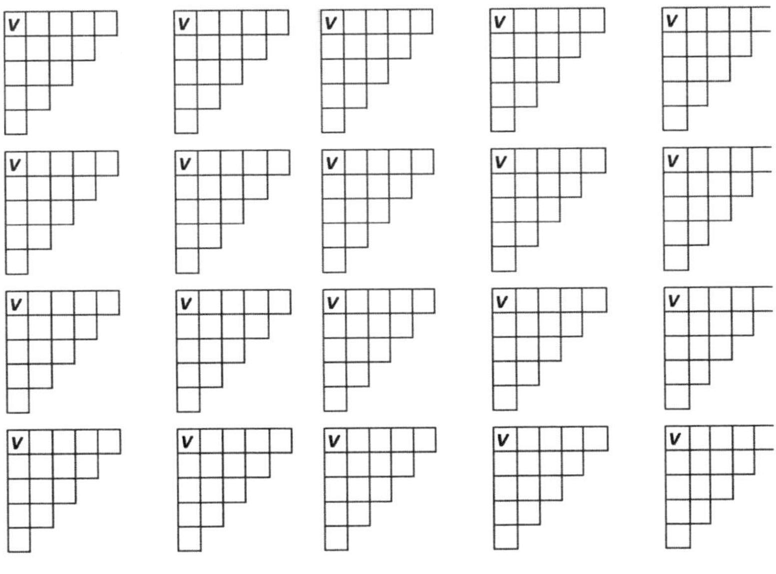

(q) Utilize um "registro" (um modo de escrever) que dê conta do resultado de todas as possibilidades que se têm de escrever a palavra **VASCO**, obedecendo às condições impostas no diagrama acima.

(r) Compare os resultados obtidos para escrever as palavras **VASO** e **VASCO**, conforme as condições impostas e os diagramas apresentados acima. Explique se há um modo de determinar a quantidade de maneiras possíveis de escrever qualquer palavra, obedecendo às condições impostas.

(s) Se uma palavra possui ***m*** letras e obedecendo às condições impostas acima e o respectivo diagrama, quantas possibilidades existem para escrever essa palavra?

Atividades para o mês de maio
Situação-problema 1

(a) Quantos "anagramas" tem a palavra ***OLINDA***?

(b) Justifique o cálculo feito para obter o resultado para o item (a).

(c) Quantos "anagramas" da palavra ***OLINDA*** começam e terminam com vogal?

(d) Quantos "anagramas" da palavra ***OLINDA*** começam e terminam com consoante?

(e) Quantos "anagramas" da palavra ***OLINDA*** têm as vogais juntas no início?

(f) Quantos "anagramas" da palavra ***OLINDA*** têm as vogais juntas?

(g) Quantos "anagramas" da palavra ***OLINDA*** têm as consoantes e as vogais escritas de maneira intercalada?

(h) Quantos "anagramas" da palavra ***OLINDA*** têm as vogais ***A***, ***I*** e ***O*** juntas, nessa ordem?

Situação-problema 2

Ana, Paulo, Ricardo e José irão posar, lado a lado, para uma fotografia.

(a) Quantas fotos diferentes podem ser tiradas tendo Ana colocada na posição mais à esquerda?

(b) Quantas fotos diferentes podem ser tiradas tendo os meninos sempre juntos?

(c) Quantas fotos diferentes podem ser tiradas tendo Ana colocada na posição entre Paulo e Ricardo?

Atividades para o mês de junho
Situação-problema 1

Ana, Paulo, Ricardo, Bia e José irão posar, lado a lado, para uma fotografia.

(a) Quantas fotos diferentes podem ser tiradas, tendo Ana sempre colocada na posição central?

(b) Quantas fotos diferentes podem ser tiradas tendo os meninos sempre juntos?

(c) Quantas fotos diferentes podem ser tiradas tendo Ana colocada na posição entre Paulo e Ricardo, e Bia colocada na posição entre Paulo e José?

(d) Quantas fotos diferentes podem ser tiradas tendo as meninas juntas e os meninos juntos?

(e) Quantas fotos diferentes podem ser tiradas tendo Ana e Bia sempre juntas?

Situação-problema 2

Ana, Maria, Olga, e Rui irão posar, lado a lado, para uma fotografia.

(a) Considerando que Ana é namorada de Rui, eles devem ficar juntos em qualquer fotografia que seja tirada.

Quantas fotos diferentes podem ser tiradas atendendo a esta condição?

(b) Considere a seguinte indicação para o registro dos nomes: Ana (***A***); Maria (***M***); Olga (***O***) e Rui (***R***).

Construa uma árvore de possibilidades com as letras iniciais de cada uma das pessoas, de modo a mostrar todas as diferentes fotografias que podem ser tiradas quando eles estiverem sentados lado a lado, desconsiderando o fato de que Ana tenha que ficar, obrigatoriamente, ao lado de Rui. Quantas são as diferentes fotografias que podem ser tiradas?

(c) Considere o diagrama abaixo:

A M O R
MO R
O R
R

Ana quer determinar o total de maneiras possíveis de formar a palavra AMOR a partir do diagrama acima, considerando que para fazer isso, ela deve obedecer às seguintes condições: começando pela letra A, seguir pelas demais letras até formar a palavra AMOR passando no sentido à direita e/ou para baixo até chegar à letra R. Não é permitido "subir" nem "voltar", ou seja, não pode "caminhar" à esquerda.

De quantas maneiras diferentes será possível formar a palavra AMOR?

(d) Explique a maneira que fez para obter o resultado acima.

(e) Utilize um registro (uma maneira de escrever) que dê conta de determinar o resultado de todas as possibilidades que se têm de escrever a palavra AMOR, conforme o diagrama acima.

(f) Considere um diagrama parecido com o apresentado acima, com a palavra MATEMÁTICA. De quantas maneiras diferentes será possível formar a palavra MATEMÁTICA?

Atividades para o mês de agosto

Situação-problema 1

Uma sala possui cinco portas, indicadas por P_1, P_2, P_3, P_4 e P_5, como mostra a figura abaixo:

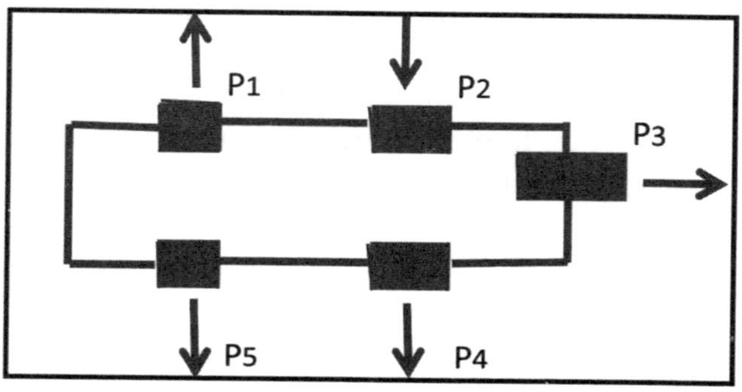

(a) Preencha a tabela de dupla entrada desenhada abaixo de maneira que se conheçam todas as possibilidades de entrar e sair de uma sala que possui cinco portas.

Porta de entrada \ Porta de saída	P1	P2	P3	P4	P5
P1	(........, ...)	(........, ...)	(........, ...)	(........, ...)	(........, ...)
P2	(........, ...)	(........, ...)	(........, ...)	(........, ...)	(........, ...)
P3	(........, ...)	(........, ...)	(........, ...)	(........, ...)	(........, ...)
P4	(........, ...)	(........, ...)	(........, ...)	(........, ...)	(........, ...)
P5	(........, ...)	(........, ...)	(........, ...)	(........, ...)	(........, ...)

(b) Desenhe uma árvore de possibilidades que mostre todas as possibilidades que uma pessoa tem de entrar pela porta P_2 desta sala (como indicado pela posição da seta na figura acima) e sair por uma porta diferente da porta P_2.

(c) De quantos modos uma pessoa pode entrar pela porta P_2 desta sala e sair por outra porta qualquer?

(d) Indique por meio de uma operação aritmética aditiva esse resultado.

(e) Indique por meio de uma operação aritmética multiplicativa esse resultado.

(f) Complete o esquema a seguir:

número de modos de entrar pela porta P2	número de modos de sair da sala
↓	↓

Qual o total de maneiras?

(g) Na tabela de dupla entrada apresentada no item (a), pinte de amarelo as possibilidades que uma pessoa tem de entrar pela porta P_4 e sair por outra porta diferente da porta P_4.

(h) De quantos modos uma pessoa pode entrar por uma porta desta sala e sair pela porta P_2?

(i) Complete o esquema a seguir:

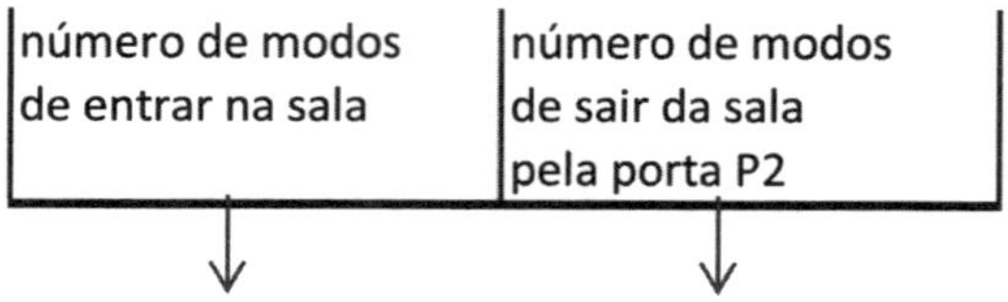

Qual o total de maneiras?

(j) Como você fez para encontrar o resultado do item (h)?

(k) De quantos modos uma pessoa pode entrar por uma porta desta sala e sair por outra porta diferente da que havia entrado?

(l) Como você fez para encontrar o resultado do item (k)?

(m) De quantos modos uma pessoa pode entrar e sair desta sala por quaisquer portas?

(n) Como você fez para encontrar o resultado do item (m)?

(o) Indique por meio de uma operação aritmética aditiva esse resultado.

(p) Indique por meio de uma operação aritmética multiplicativa esse resultado.

Para cada um dos itens a seguir, considere que Ana e Clara devem ficar sentadas em cadeiras colocadas ao lado das portas da sala indicadas por números pares, enquanto Beto, Davi e Fernando devem ficar sentados em cadeiras colocadas ao lado das portas indicadas por números ímpares.

(q) Uma vez que Beto, Davi e Fernando estejam sentados, respectivamente, em cadeiras ao lado das portas P_1, P_3 e P_5, de quantas maneiras Ana e Clara podem sentar-se - cada uma em uma cadeira colocada ao lado das portas das salas restantes?

(r) Escreva essas possibilidades.

(s) Uma vez que Ana e Clara estejam sentadas, respectivamente, em cadeiras colocadas ao lado das portas P_2 e P_4, de quantas maneiras Beto, Davi e Fernando podem sentar-se - cada um em uma cadeira colocada junto às portas restantes?

(t) Escreva essas possibilidades.

(u) Desenhe uma árvore de possibilidades que mostre todas as possibilidades de distribuir os cinco colegas pelas cadeiras junto às portas da sala, respeitando as condições que foram impostas.

(v) De quantas maneiras os cinco colegas podem sentar-se nas cadeiras colocadas junto das portas da sala, atendendo às condições impostas?

(x) Como você fez para encontrar o resultado do item (v)?

Situação-problema 2

Considere que os algarismos 1, 2, 3, 4 e 7 estão disponíveis para formar números com dois algarismos.

(a) Construa uma tabela de dupla entrada que mostre todos os números com dois algarismos que são possíveis de formar com os algarismos 1, 2, 3, 4 e 7 disponíveis.

(b) Quantos números com dois algarismos podem ser formados com os algarismos 1, 2, 3, 4 e 7?

(c) Desenhe uma árvore de possibilidades que mostre todos os números pares com dois algarismos que podem ser formados com os algarismos 1, 2, 3, 4 e 7?

(d) Quantos números com dois algarismos podem ser formados com os algarismos 1, 2, 3, 4 e 7?

(e) Desenhe uma árvore de possibilidades que mostre todos os números ímpares com dois algarismos distintos que podem ser formados com os algarismos 1, 2, 3, 4 e 7.

(f) Quantos números com dois algarismos distintos podem ser formados com os algarismos 1, 2, 3, 4 e 7?

(g) Quantos números com dois algarismos, maiores que 40, podem ser formados com os algarismos 1, 3, 4, 6 e 9?

(h) Explique como você fez para determinar a resposta para o item (g)?

Atividades para o mês de setembro
Situação-problema 1

Queremos montar "trenzinhos" formados por três "vagões" - representados pelos retângulos desenhados a seguir - colocados um a seguir do outro, como o trenzinho desenhado na figura abaixo.

Para fazer isso, dispomos de cinco retângulos coloridos de cada cor, nas cores azul, amarela, verde e vermelha, ou seja, dispomos de um total de 20 retângulos.

(a) Quantos trenzinhos diferentes, combinando suas cores como quiser, contendo três retângulos cada trenzinho, podem ser montados, dispondo de retângulos nas cores vermelha, amarela e verde?

(b) Explique como você fez para determinar todos os diferentes trenzinhos - contendo três retângulos cada trenzinho - combinando suas cores como quiser, dispondo de retângulos nas cores verde (VD), amarela (AM) e vermelha (VM).

(c) Para descobrir o total de possibilidades de formar diferentes trenzinhos - conforme as condições estabelecidas nos itens (a) e (b) – pode-se fazer uma representação gráfica dessas possibilidades por meio da construção de uma árvore de possibilidades.

Desenhe, a seguir, uma árvore de possibilidades que contenha todos os diferentes trenzinhos. Ao final de cada um dos "galhos terminais" da árvore, escreva as cores de cada trenzinho assim: (VM, AM, VD), conforme as cores sejam vermelha, amarela e verde, respectivamente.

(d) Explique como você fez o raciocínio para a construção da árvore de possibilidades acima.

(e) Quantos trenzinhos, contendo três retângulos cada trenzinho e cada um deles com retângulos em cores diferentes, podem ser montados com retângulos nas cores vermelha, amarela e verde?

(f) Explique como você fez para determinar todos os diferentes trenzinhos - contendo três retângulos em cores diferentes em cada trenzinho - dispondo de retângulos nas cores verde, amarela e vermelha.

(g) Para descobrir o total de possibilidades de formar diferentes trenzinhos - conforme as condições estabelecidas nos itens (e) e (f) - podemos fazer uma representação gráfica dessas possibilidades em uma árvore de possibilidades. Desenhe, a seguir, uma árvore de possibilidades que contenha todos os diferentes trenzinhos. Ao final de cada um dos "galhos terminais" da árvore, escreva as cores de cada trenzinho assim: (VM, AM, VD), conforme as cores sejam vermelha, amarela e verde, respectivamente.

(h) Explique como você fez o raciocínio para a construção da árvore de possibilidades proposta no item (g) acima.

(i) Quantos trenzinhos contendo três retângulos cada, com dois dos três retângulos com a mesma cor, podem ser montados quando dispomos de retângulos nas cores amarela, verde e vermelha?

(j) Desenhe uma árvore de possibilidades que contenha todos os diferentes trenzinhos conforme as condições estabelecidas no item (i). Ao final de cada um dos "galhos terminais" da árvore, escreva as cores de cada trenzinho assim: (VM, AM, VD), conforme as cores sejam vermelha, amarela e verde, respectivamente.

(k) Quantos trenzinhos contendo três retângulos cada, com dois dos três retângulos com a mesma cor, podem ser montados quando dispomos de retângulos nas cores azul, amarela, verde e vermelha?

(l) Quantos trenzinhos contendo três retângulos cada, com dois dos três retângulos com a mesma cor, podem ser montados quando dispomos de retângulos nas cores azul, amarela, verde e vermelha?

(m) Explique como você fez para determinar todos os diferentes trenzinhos que atendem à condição imposta no item (l).

Recomendações para o professor

Esta situação-problema deve ser proposta aos alunos depois de uma ampla variedade de outras situações de contagem, com os objetivos de sistematizar os aspectos relacionados com a apropriação do raciocínio combinatório, combinando com a construção de diferentes tipos de árvores de possibilidades e a aplicação do Princípio Multiplicativo. A contagem final das possibilidades depende de duas ou mais etapas de escolha, configurando situações-problema associadas a problemas de contagem, as quais exigem formas sistematizadas para obtê-la, em cada um das diferentes situações propostas.

Situação-problema 2

Carlos constrói aviõezinhos de brinquedo em madeira e, depois de pintados, eles estão prontos para serem vendidos na feira. Carlos dispõe de latas de tinta nas cores azul (AZ), vermelha (VM), verde (VD) e amarela (AM). Carlos pintará a cabine do avião, as asas direita e esquerda, e a cauda do avião.

(a) Quantos aviõezinhos de brinquedo em madeira diferentes, de modo que todas as partes do avião sejam pintadas com cores diferentes, combinando suas cores como quiser, podem ser pintados dispondo de tintas nas cores azul, vermelha, amarela e verde?

(b) Desenhe uma árvore de possibilidades que contenha todos os diferentes aviõezinhos de brinquedo em madeira, conforme o item (a). Ao final de cada um dos "galhos terminais" da árvore, escreva as cores de cada aviãozinho, assim: (VM, AM, VD, AZ), conforme as cores sejam vermelha, amarela, verde e azul, respectivamente.

(c) Explique como você fez para determinar todos os diferentes aviõezinhos de brinquedo em madeira que atendem à condição imposta no item (a).

(d) Quantos aviõezinhos de brinquedo em madeira diferentes podem ser pintados, mas tendo as duas asas do aviãozinho pintadas com a mesma cor, dispondo de tintas nas cores azul, vermelha, amarela e verde?

(e) Quantos aviõezinhos de brinquedo em madeira diferentes podem ser pintados, mas tendo as duas asas do aviãozinho pintadas com a mesma cor, bem como a cabine e a cauda pintadas com a mesma cor, dispondo de tintas nas cores azul, vermelha, amarela e verde?

(f) Desenhe uma árvore de possibilidades que contenha todos os diferentes aviõezinhos de brinquedo em madeira conforme as condições estabelecidas no item (e). Ao final de cada um dos "galhos terminais" da árvore, escreva as cores de cada aviãozinho" assim: (VM, AM, AM, AZ), conforme as cores sejam vermelha, amarela, verde e azul, respectivamente, para a cabine do avião, asa direita, asa esquerda e cauda do avião.

(g) Explique como você fez para determinar todos os diferentes aviõezinhos de brinquedo em madeira que atendem à condição imposta no item (e).

Atividades para o mês de outubro

Situação-problema 1

O professor de Educação Física do colégio em que Carmem estuda organizará um torneio de handebol entre times formados nas 20 turmas do 5º e do 6º anos do ensino fundamental. Todos os jogos devem ser realizados segundo um sistema de eliminação, isto é, os vencedores de cada jogo avançam para a etapa seguinte e os perdedores são eliminados até que, ao final, se conheça o time vencedor da competição.

Um dos times que chega ao jogo final pode ter disputado quatro jogos e o outro time três jogos ou os dois times da final foram vencedores de três jogos, cada um.

(a) Qual o total de jogos que serão realizados até se chegar ao time campeão?

(b) Para se certificar do resultado obtido no item (a), desenhe um esquema ou uma árvore de possibilidades.

(c) Explique um modo possível de calcular o total de jogos necessários para os 20 times sem ter que desenhar a árvore de possibilidades ou o esquema.

(d) Qual o total de jogos disputados até se chegar ao time campeão com um total de 10 times competindo?

(e) Qual o total de jogos a serem disputados até se chegar ao time campeão com um total de cinco times competindo?

(f) Qual o total de jogos disputados até se chegar ao time campeão com um total de três times competindo?

Situação-problema 2

Considere dois dados pintados, cada um, nas cores amarela (AM) e vermelha (VM).

(a) Jogam-se os dois dados no chão. Quantas são as maneiras de obter uma soma igual a quatro nas faces dos dados voltadas para cima?

(b) Jogam-se os dois dados no chão. Quais são as possibilidades de obter uma soma igual a cinco nas faces dos dois dados voltadas para cima?

(c) Jogam-se os dois dados no chão. Quantas são as maneiras de obter valores maiores que quatro nas faces dos dois dados voltadas para cima?

(d) Jogam-se os dois dados no chão. Quais são as possibilidades de obter valores ímpares maiores que dois nas faces dos dois dados voltadas para cima?

(e) Construa uma representação gráfica que mostre todas as possibilidades de aparecerem os números dos dois dados nas faces voltadas para cima.

(f) Qual a chance de obter uma soma igual a nove entre os números das faces dos dois dados voltadas para cima quando se jogam os dois dados no chão?

(g) Que valor da soma entre os números das faces voltadas para cima, quando se jogam dois dados no chão, tem maior chance de ser obtido?

(h) No caso do item (g), qual o valor dessa chance?

Atividades para o mês de novembro
Situação-problema 1

Ana, Bia e Carla são amigas e irão posar para fotos sentadas em um banco que contém três lugares, lado a lado.

(a) Quantas fotos diferentes podem ser tiradas com as três amigas quando elas estiverem sentadas, lado a lado, nesse banco?

(b) Explique como você fez para determinar o total de fotos diferentes que Ana, Bia e Carla podem tirar quando se sentam em um banco que tem três lugares, lado a lado.

(c) Quantas fotos diferentes, nas quais Ana aparece sentada no banco, na posição central, podem ser tiradas?

(d) Explique como você fez para determinar o total de fotos diferentes em que Ana aparece sentada na posição central da foto.

(e) Desenhe uma árvore de possibilidades que mostre todas as diferentes fotos que podem ser tiradas, nas quais Ana aparece sentada no banco na posição central.

(f) Ana, Bia e Carla convidam Eva e Flávia para tirar fotos, sentadas lado a lado, em um banco que contém cinco lugares. Quantas fotos diferentes podem ser tiradas com as cinco amigas sentadas, lado a lado, nesse banco?

(g) Quantas fotos diferentes podem ser tiradas pelas amigas Ana, Bia, Carla, Eva e Flávia, sentadas no banco de cinco lugares, nas quais Ana aparece sentada na posição central?

(h) Explique como você fez para determinar o total de fotos diferentes que podem ser tiradas pelas amigas Ana, Bia, Carla, Eva e Flávia, nas quais Ana aparece sentada no banco de cinco lugares na posição central.

Situação-problema 2

O jogo final do Campeonato Carioca de Futebol apresentou o placar Vasco 2 x 1 Flamengo.

(a) Desenhe uma árvore de possibilidades que mostre todas as possibilidades nas quais os gols dessa partida poderiam ter ocorrido.

(b) Quantas são essas possibilidades?

(c) Em quantas das possibilidades poderia ter havido empate em algum momento do jogo?

(d) Em quantas possibilidades o Flamengo poderia ter marcado o primeiro gol?

(e) Qual a chance de o Flamengo ter marcado o terceiro gol da partida?

(f) Se o jogo apresentasse o placar Vasco 2 x 2 Flamengo, construa uma árvore de possibilidades que mostre todas as possibilidades nas quais os gols dessa partida poderiam ter ocorrido.

(g) Qual a chance de o Flamengo ter marcado o terceiro gol da partida?

(h) Qual a chance de o Flamengo ter marcado o primeiro gol da partida?

(i) Qual a chance de o Vasco ter marcado o primeiro gol da partida?

(j) Se o placar tivesse sido Vasco 9 x 1 Flamengo, qual a chance de o Vasco ter marcado o primeiro gol da partida?

(k) Se o placar tivesse sido Vasco 9 x 1 Flamengo, qual a chance de o Flamengo ter marcado o primeiro gol da partida?

(l) Se o placar tivesse sido Vasco 9 x 1 Flamengo, qual a chance de o Vasco ter marcado o último gol da partida?

(m) Se o placar tivesse sido Vasco 9 x 1 Flamengo, qual a chance de o Flamengo ter marcado o último gol da partida?

(n) Se o placar tivesse sido Vasco 9 x 1 Flamengo, qual a chance de o Vasco ter marcado o quinto gol da partida?

(o) Se o placar tivesse sido Vasco 9 x 1 Flamengo, qual a chance de o Flamengo ter marcado o sexto gol da partida?

Situação-problema 3 (OBMEP 2012 – Nível 1 – Questão 13)

(a) De quantas maneiras é possível colorir cada um dos círculos da figura com uma das cores amarela, azul e vermelha, de modo que dois círculos ligados por um segmento tenham sempre cores diferentes?

a) 2
b) 3
c) 4
d) 6
e) 9

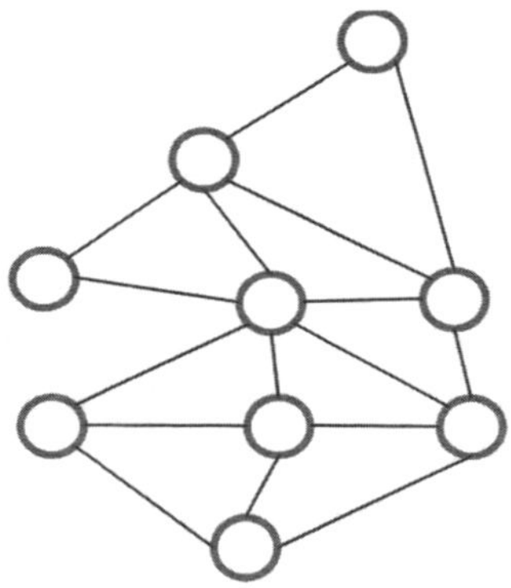

(b) Explique como você fez para resolver a situação proposta.

Situação-problema 4 (OBMEP 2012 – Nível 2 – Questão 5)

(a) Uma caixa contém bolas brancas e pretas. Daniel retirou 60% das bolas, observou que 55% dessas bolas eram brancas e devolveu todas as bolas para a caixa. Qual é o maior percentual possível de bolas brancas na caixa?

a) 60%
b) 65%
c) 68%
d) 73%
e) 75%

(b) Explique como você fez para resolver a situação proposta.

5.7 Atividades para os alunos do 9º ano do ensino fundamental

5.7.1 Objetivos gerais e específicos

Caso os alunos de sua turma do 9º ano ainda não tenham tido a oportunidade de conhecer e construir alguma representação gráfica ou o professor deseje relembrá-los a respeito de certos procedimentos, o autor sugere que o professor proponha a situação-problema 1 – mês de março – apresentada para os alunos do 5º ou do 6º ano.

As atividades propostas para esse último ano do ensino fundamental retomam a exploração de situações-problema que envolvem a construção de alguma representação gráfica para resolver os problemas de contagem de modo que o aluno reconheça a importância de sua utilização e identifique as características e as etapas para a construção de cada uma delas, como a de uma árvore de possibilidades, por exemplo.

Com a construção de uma árvore de possibilidades, é possível fazer a enumeração de todas as possibilidades que atendem à solução de um problema de contagem e, em seguida, fazer a contagem direta dos elementos constitutivos.

Também consideramos a possibilidade de estabelecer as relações entre uma árvore de possibilidade e uma notação numérica por meio de operações aditivas e/ou multiplicativas, que igualmente dão conta de determinar a totalidade de possibilidades para a solução de um problema de contagem, desde que o quantitativo de possibilidades não seja muito grande.

Do mesmo modo, a sequência também objetiva oportunizar que o leitor identifique os procedimentos que levam à determinação dos agrupamentos-solução de objetos envolvidos em cada situação-problema e as características que eles têm em comum.

Também tem o propósito de permitir que, quando da construção de uma árvore de possibilidades, por exemplo, o leitor identifique - em todas as folhas da árvore de possibilidades - todos os diferentes agrupamentos-solução de objetos e as características que os diferem entre si, certificando-se de que estabeleceu a enumeração de todas as possibilidades, podendo utilizar essa árvore para construir a correspondente árvore de probabilidades.

Objetiva-se, também, que o professor oriente seus alunos quanto ao estabelecimento de correlações entre o quantitativo de ações constitutivas de uma árvore de possibilidades (durante a construção, nó a nó) e os fatores presentes na expressão multiplicativa por meio da aplicação do Princípio Multiplicativo.

Igualmente, também, que o professor oriente seus alunos em relação à observância entre a operação aditiva obtida por meio da contagem direta das "folhas terminais" da árvore de possibilidades e por meio do registro obtido com a aplicação do Princípio Aditivo, comparativamente à expressão multiplicativa obtida com a aplicação do Princípio Multiplicativo.

O autor considera importante que, efetivamente, o aluno compreenda e aproprie-se dos procedimentos e das estratégias de resolução com vistas à aplicação dos Princípios: Multiplicativo e Aditivo, de modo que quando for necessário utilizá-los em conjunto (problemas de contagem em que será preciso repartir o problema para encaminhar a resolução), ele não tenha dificuldades em fazê-lo.

A sequência de atividades propostas aos alunos do 9º ano é bastante diversificada.

A sequência objetiva:

- Resgatar conhecimentos que já tenham sido apropriados pelos alunos em relação ao desenvolvimento do raciocínio combinatório;
- Oportunizar ao aluno que ele precisa apropriar-se, neste ano e de maneira conjunta, de diferentes conceitos e princípios básicos de contagem;
- Apresentar aplicações diretas do Princípio Multiplicativo e o uso de procedimentos e estratégias de resolução em problemas de contagem, um pouco mais complexos.

Inicia-se a sequência explorando a construção de um jogo de dominó, similar aos apresentados nos anos anteriores, uma vez que o desenrolar da construção traz consigo a apropriação de conteúdos relacionados com a Teoria dos Grafos, importante área da Matemática Discreta.

O problema de iluminar uma sala com k lâmpadas é um bastante interessante. Ele pode ser explorado desde a construção de todos os subconjuntos de um conjunto que contém k elementos até a contagem da totalidade desses subconjuntos, excluindo o conjunto vazio, pois este caracterizaria a sala como totalmente às escuras.

Esse problema também pode ser encarado como a aplicação direta do Princípio Multiplicativo para cada uma das k decisões a serem tomadas em relação a cada uma das lâmpadas - estar acesa ou apagada -, contabilizando 2^k possibilidades. Desse total, retira-se a possibilidade de que todas as lâmpadas estejam apagadas, totalizando $(2^k - 1)$ possibilidades.

Também pode ser visto como o somatório dos elementos pertencentes à k-ésima linha do Triângulo de Pascal ou a aplicação do conceito combinações simples: a escolha de uma lâmpada para ficar acesa, a escolha de duas lâmpadas para ficarem acesas etc.

Um problema similar a este de iluminar uma sala é proposto ao final da sequência, quando do número de modos de efetuar o trabalho de estampa de camisas.

As situações-problema de pintura dos vértices de quadrados e losangos não quadrados é uma linda viagem aos conceitos de Geometria associados aos problemas de contagem. O modo impositivo em que o autor propõe as questões a serem resolvidas tem o propósito de que o leitor identifique os conceitos que estão por detrás da resolução de cada uma delas.

Prossegue-se com a formação de números – com ou sem algarismos repetidos –, no caso geral, números pares e números ímpares.

As questões de trajetos entre cidades e da pintura de listras de bandeiras são retomadas, uma vez que estas situações têm uma relação muito próxima com o cotidiano dos alunos.

O mesmo ocorre em relação ao retorno da construção de anagramas, agora computando anagramas que têm "blocos" com letras em qualquer ordem ou em uma ordem definida, no início de cada anagrama ou em qualquer posição dele.

Exploram-se diferentes situações com o propósito de aprofundar os conhecimentos apropriados pelos alunos.

Retorna-se uma situação-problema que envolve o conceito de permutações simples, fora do universo dos anagramas.

Uma situação-problema também familiar ao universo dos alunos: a contagem de placas de automóveis ou motos possíveis de ser fabricadas segundo limitações.

Por fim, inicia-se a proposta de generalização de resultados quando se quer saber a quantidade de modos de pintar uma bandeira na qual as regiões com fronteira comum não devem ser pintadas com a mesma cor e dispõem-se de m cores, bem como a quantidade mínima de cores que permite pintar essa bandeira, atendidas as condições.

Igualmente, o autor considera essa sequência de atividades bastante apropriada para que um professor possa dar início ao estudo de Análise Combinatória com os alunos do ensino médio, uma vez que ela resgata os conteúdos, procedimentos e estratégias de resolução pertinentes a essa tarefa.

5.7.2 Sequência didática contendo situações-problema de contagem que podem ser propostas aos alunos do 9º ano

Atividades para o mês de março
Situação-problema 1

A figura abaixo mostra duas peças de um jogo de dominó. Cada peça possui duas regiões, separadas pelo traço vertical no meio da peça.

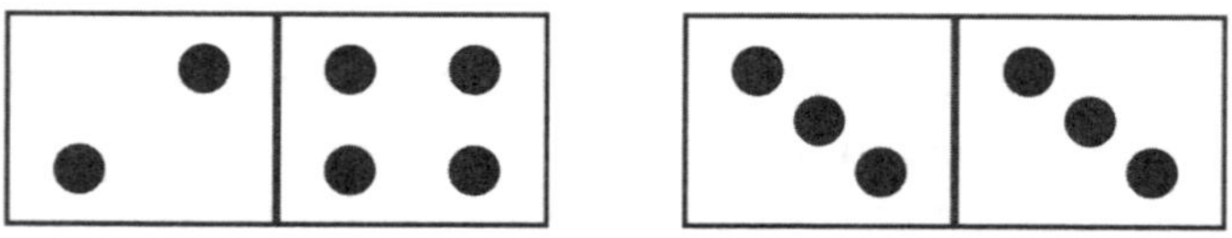

Existe uma peça para cada par de números de 0 a 6 possíveis de ser escolhidos, com números distintos ou não, e representados pelas bolinhas pretas. Para o número 0 a região fica em branco.

(a) Quantas são as peças representadas pelas escolhas de dois números iguais?

(b) Quantas são as peças representadas pelas escolhas de dois números distintos?

(c) Qual o número total de peças?

(d) Preencha a tabela de dupla entrada abaixo escrevendo somente nos espaços em que é possível determinar o conjunto de todas as peças de um conjunto de dominó, conforme a quantidade obtida no item (c).

	0	1	2	3	4	5	6
0							
1							
2							
3							
4							
5							
6							

(e) Você quer jogar dominó com seus colegas de turma, mas na sala de aula, só há um conjunto de peças de dominó. Qual o número máximo de colegas que podem participar de um jogo se, para haver mais emoção, recomenda-se que cada jogo tenha até o máximo de quatro rodadas?

(f) Preencha a tabela a seguir, mostrando todas as possibilidades de distribuição igualitária de peças por grupos de colegas da turma que poderiam participar de um jogo de dominó.

Número de participantes	Número de peças para cada participante

(g) Complete o esquema a seguir - que pode servir para indicar todas as peças que constituem um jogo de dominó como o descrito acima - no qual cada **região** de cada uma das peças do jogo de dominó pode ser preenchida com um dos números 0, 1, 2, 3, 4, 5 ou 6.

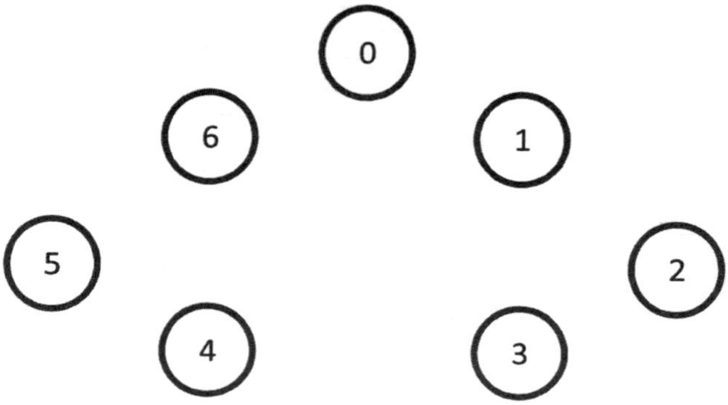

Para o caso de peças com números iguais, use a representação por meio de uma "alça", como desenhado a seguir:

(h) Considere que cada bolinha acima seja um vértice de um heptágono. Quantos lados tem um heptágono?

(i) Considere que cada bolinha acima seja um vértice de um heptágono e que uma linha que liga uma bolinha a outra bolinha seja uma diagonal do heptágono. Quantas diagonais tem um heptágono?

Situação-problema 2

(a) De quantos modos quatro pessoas podem sentar-se em quatro cadeiras colocadas lado a lado?

(b) Um banco possui cinco lugares, colocados lado a lado, disponíveis para qualquer pessoa se sentar. De quantos modos quatro pessoas podem sentar-se nesse banco?

(c) Dois casais de amigos combinam ir ao cinema e sentam-se, todos juntos, na mesma fila, lado a lado. De quantos modos os amigos podem sentar-se, de maneira que cada casal esteja sentado junto de seu par?

(d) Regina e mais dois casais de amigos combinam ir ao cinema e sentam-se, todos juntos, na mesma fila, lado a lado. De quantos modos os amigos podem sentar-se, de maneira que cada casal esteja sentado junto de seu par?

Atividades para o mês de abril

Situação-problema 1 (OBMEP 2012 - Nível 3 - Questão 18 - modificado)

(a) Seis amigos, entre eles Alice e Bernardo, irão jantar em uma mesa triangular, cujos lados têm 2, 3 e 4 lugares - como mostram as setas na figura abaixo. De quantas maneiras esses amigos podem sentar-se à mesa de modo que Alice e Bernardo fiquem juntos, em um mesmo lado da mesa?

a) 288
b) 6.720
c) 10.080
d) 15.120
e) 16.800
f) 60.480

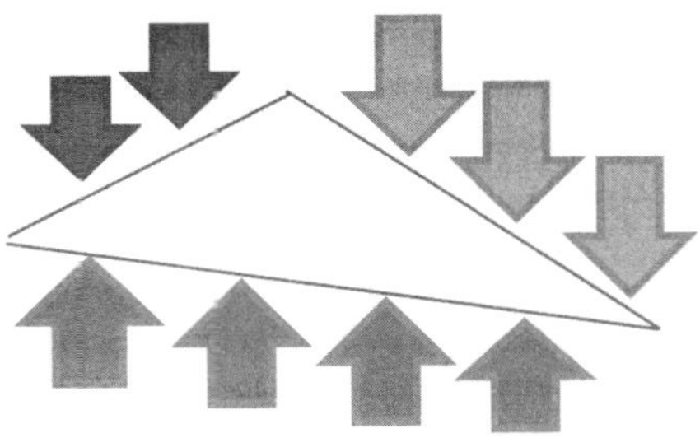

(b) Explique como você fez para resolver o item (a).

Situação-problema 2

Uma sala que possui três lâmpadas é dita "estar iluminada" se há uma, duas ou três lâmpadas acesas.

Portanto, para iluminar uma sala que possui três lâmpadas, basta fazer qualquer uma das ações listadas acima: ligar uma, duas ou três lâmpadas.

(a) De quantos modos é possível iluminar uma sala que possui três lâmpadas?

(b) Em uma sala que possui quatro lâmpadas, de quantos modos é possível iluminar essa sala?

(c) Em uma sala que possui k lâmpadas, de quantos modos é possível iluminar essa sala?

Atividades para o mês de maio

Situação-problema 1

Considere quadrados como os que estão desenhados abaixo com os vértices coloridos:

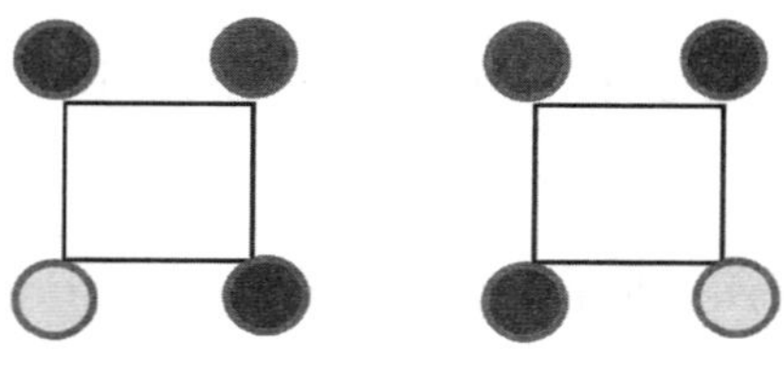

Para resolver as situações-problema propostas a seguir, considere a seguinte informação: Os dois quadrados pintados acima representam o mesmo quadrado, uma vez que basta fazer um giro de 90º no sentido anti-horário para que o primeiro quadrado coincida com o segundo quadrado. Assim, os quadrados são considerados iguais quando um giro, tanto no sentido horário quanto no sentido anti-horário, fizer com que um coincida com o outro.

(a) Queremos pintar os vértices dos quadrados de tal modo que os vértices adjacentes (vértices juntos um do outro) não tenham a mesma cor (como é o caso do quadrado desenhado acima). Para fazer isso, dispomos de lápis de cor nas cores amarela, verde e vermelha. Quantos quadrados diferentes podem ser pintados utilizando as três cores?

(b) Queremos pintar os vértices dos quadrados de tal modo que os vértices adjacentes (vértices juntos um do outro) não tenham a mesma cor (como é o caso do quadrado desenhado acima). Para fazer isso, dispomos de lápis de cor nas cores amarela verde e vermelha. Quantos quadrados diferentes podem ser pintados utilizando, pelo menos, duas entre as três cores?

(c) Queremos pintar os vértices dos quadrados de tal modo que os vértices adjacentes (vértices juntos um do outro) não tenham a mesma cor (como é o caso do quadrado desenhado acima). Para fazer isso, dispomos de lápis de cor nas cores amarela, verde, azul e vermelha. Quantos quadrados diferentes podem ser pintados utilizando todas as quatro cores?

(d) Queremos pintar os vértices dos quadrados de tal modo que os vértices adjacentes (vértices juntos um do outro) não tenham a mesma cor (como é o caso do quadrado desenhado acima). Para fazer isso, dispomos de lápis de cor nas cores amarela, verde, azul e vermelha. Quantos quadrados diferentes podem ser pintados utilizando, pelo menos, duas entre essas cores?

Situação-problema 2

Com os algarismos 0, 2, 3, 4 e 9, queremos escrever números com dois algarismos. Para isso, devemos escolher um algarismo para ocupar a posição das unidades simples e outro (ou o mesmo) algarismo para ocupar a posição das dezenas simples.

(a) De quantas maneiras posso escolher o algarismo que ocupará a posição das unidades simples?

(b) De quantas maneiras posso escolher o algarismo que ocupará a posição das dezenas simples?

(c) Quantos números com dois algarismos podem ser formados quando se dispõem os algarismos 0, 2, 3, 4 e 9?

(d) Explique como você obteve o resultado do item (c).

(e) Complete a tabela de dupla entrada desenhada a seguir com os números de dois algarismos que podem ser formados quando se dispõem os algarismos 0, 2, 3, 4 e 9.

		Algarismo das unidades simples				
		0	2	3	4	9
Algarismo	0					
das	2					
dezenas	3					
simples	4					
	9					

(f) Construa uma árvore de possibilidades que apresente todos os números com dois algarismos que podem ser formados quando dispomos dos algarismos 0, 2, 3, 4 e 9.

(g) Escreva uma expressão que determine o total de números com dois algarismos formados com a escolha entre os algarismos 0, 2, 3, 4 e 9.

(h) Quantos números com dois algarismos iguais podem ser formados com as escolhas entre os algarismos 0, 2, 3, 4 e 9?

(i) Explique como você obteve o resultado do item (h).

(j) Escreva uma expressão que determine o total de números com dois algarismos iguais formados com a escolha entre os algarismos 0, 2, 3, 4 e 9.

(k) Quantos números com dois algarismos distintos podem ser formados com a escolha entre os algarismos 0, 2, 3, 4 e 9?

(l) Explique como você obteve o resultado do item (k).

(m) Escreva uma expressão que determine o total de números com dois algarismos distintos, formados com a escolha entre os algarismos 0, 2, 3, 4 e 9.

(n) De quantas maneiras podemos escolher o algarismo que ocupará a posição das dezenas simples, de modo que seja possível determinar o total de números com dois algarismos distintos formados com a escolha entre os algarismos 0, 2, 3, 4 e 9?

(o) De quantas maneiras podemos escolher o algarismo que ocupará a posição das unidades simples, de modo que seja possível determinar o total de números com dois algarismos distintos formados com a escolha entre os algarismos 0, 2, 3, 4 e 9?

(p) Quantos números com dois algarismos distintos podem ser formados quando se dispõem os algarismos 0, 2, 3, 4 e 9?

(q) Explique como você obteve o resultado do item (p).

(r) De quantas maneiras podemos escolher o algarismo que ocupará a posição das unidades simples, de modo que seja possível determinar o total de *números pares com dois algarismos distintos* formados com a escolha entre os algarismos 0, 2, 3, 4 e 9?

(s) De quantas maneiras podemos escolher o algarismo que ocupará a posição das dezenas simples - após ter feito a escolha de um algarismo que ocupará a posição das unidades simples -, de modo que seja possível determinar o total de *números pares com dois algarismos distintos* formados com a escolha entre os algarismos 0, 2, 3, 4 e 9?

(t) Quantos números pares com dois algarismos distintos podem ser formados quando se dispõem os algarismos 0, 2, 3, 4 e 9?

(u) Explique como você obteve o resultado do item (t).

(v) Construa uma tabela de dupla entrada que mostre todos os *números pares com dois algarismos distintos* formados com a escolha entre os algarismos 0, 2, 3, 4 e 9.

(w) Construa uma árvore de possibilidades que mostre todos os *números pares com dois algarismos distintos* formados com a escolha entre os algarismos 0, 2, 3, 4 e 9.

(x) Quantos números pares com dois algarismos iguais podem ser formados quando se dispõem os algarismos 0, 2, 3, 4 e 9?

(y) Quantos números pares com dois algarismos podem ser formados quando se dispõem os algarismos 0, 2, 3, 4 e 9?

(z) Quantos números ímpares com dois algarismos podem ser formados quando se dispõem os algarismos 0, 2, 3, 4 e 9?

Atividades para o mês de junho

Situação-problema 1

O Estádio de São Januário pertence ao Clube de Regatas Vasco da Gama. Ele possui seis portões para a entrada e saída dos torcedores. De quantas maneiras um torcedor pode entrar e sair do estádio por qualquer um dos portões?

Situação-problema 2

A torcida Força Jovem - do Clube de Regatas Vasco da Gama - quer pintar uma bandeira para levar aos estádios, que contenha cinco faixas: em uma faixa será escrito "*FORÇA JOVEM DO VASCO*", em outra faixa será escrito "*COM O VASCO SEMPRE!*" e as outras três faixas serão pintadas com as cores do clube, que são branca, preta e vermelha.

a) De quantas maneiras diferentes essa bandeira pode ser pintada?

b) De quantas maneiras diferentes a bandeira poderá ser pintada se a indicação "*FORÇA JOVEM DO VASCO*" estiver na faixa central da bandeira?

Atividades para o mês de agosto

Situação-problema 1

As cidades de Niterói, Maricá e Araruama estão interligadas por estradas da seguinte maneira: de Niterói para Maricá, há quatro estradas; de Maricá a Araruama, há duas estradas; e de Niterói a Araruama, há quatro estradas, todas com sentidos de ida e volta.

(a) Faça um esquema que mostre todas as possibilidades de locomoção entre as três cidades por meio de estradas.

(b) De quantas maneiras diferentes uma pessoa pode viajar de Niterói até Araruama, passando por Maricá?

(c) De quantas maneiras diferentes uma pessoa pode viajar de Niterói até Araruama e depois retornar a Niterói, passando sempre por Maricá, sem repetir, na volta, as escolhas de estradas feitas no trajeto de ida?

Situação-problema 2

Considere losangos não quadrados como os que estão desenhados abaixo.

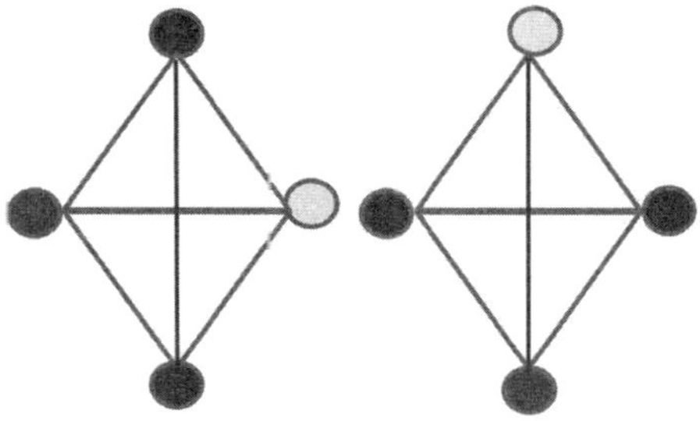

Para resolver as situações-problema propostas a seguir, considere a seguinte informação: Os dois losangos não quadrados, pintados acima, não identificam um mesmo losango, uma vez que não é possível fazer um giro em um deles e coincidir as cores dos vértices com as cores dos vértices do outro losango.

(a) Queremos pintar os vértices dos losangos não quadrados de tal modo que os vértices adjacentes (vértices juntos um do outro) não tenham a mesma cor (como é o caso dos losangos desenhados acima). Para fazer isso, dispomos de lápis de cor nas cores amarela, verde e vermelha. Quantos losangos não quadrados diferentes podem ser pintados utilizando todas as três cores?

(b) Queremos pintar os vértices dos losangos não quadrados de tal modo que os vértices adjacentes (vértices juntos um do outro) não tenham a mesma cor (como é o caso dos losangos não quadrados desenhados acima). Para fazer isso, dispomos de lápis de cor nas cores amarela, verde e vermelha. Quantos losangos não quadrados diferentes podem ser pintados utilizando apenas duas entre essas três cores disponíveis?

(c) Queremos pintar os vértices dos losangos não quadrados de tal modo que os vértices adjacentes (vértices juntos um do outro) não tenham a mesma cor (como é o caso dos losangos desenhados acima). Para fazer isso, dispomos de lápis de cor nas cores amarela, verde e vermelha. Quantos losangos não quadrados diferentes podem ser pintados utilizando, pelo menos, duas entre essas cores?

(d) Queremos pintar os vértices dos losangos não quadrados de tal modo que os vértices adjacentes (vértices juntos um do outro) não tenham a mesma cor (como é o caso do losango desenhado acima). Para fazer isso, dispomos de lápis de cor nas cores amarela, verde, azul e vermelha. Quantos losangos não quadrados diferentes podem ser pintados utilizando todas as quatro cores?

(e) Queremos pintar os vértices dos losangos não quadrados de tal modo que os vértices adjacentes (vértices juntos um do outro) não tenham a mesma cor (como é o caso do losango desenhado acima). Para fazer isso, dispomos de lápis de cor nas cores amarela, verde, azul e vermelha. Quantos losangos não quadrados diferentes podem ser pintados utilizando, pelo menos, duas cores entre essas quatro cores disponíveis?

Atividades para o mês de setembro
Situação-problema 1

(a) Quantos anagramas podem ser formados com as letras da palavra ***PERDÃO***?

(b) Quantos anagramas da palavra ***PERDÃO*** começam com a letra ***P***?

(c) Quantos anagramas da palavra ***PERDÃO*** começam com a letra ***P*** e terminam com a letra ***A***?

(d) Quantos anagramas da palavra ***PERDÃO*** começam e terminam com uma vogal?

(e) Construa a estrutura de uma árvore de possibilidades que mostre como será possível obter todos os anagramas da palavra ***PERDÃO*** que começam e terminam com uma vogal.

(f) Quantos anagramas da palavra ***PERDÃO*** começam e terminam com uma consoante?

(g) Construa a estrutura de uma árvore de possibilidades que mostre como será possível obter todos os anagramas da palavra ***PERDÃO*** que começam e terminam com uma consoante.

(h) Quantos anagramas da palavra ***PERDÃO*** começam com uma vogal e terminam com uma consoante?

(i) Construa a estrutura de uma árvore de possibilidades que mostre como será possível obter todos os anagramas da palavra ***PERDÃO*** que começam com uma vogal e terminam com uma consoante.

(j) Quantos anagramas da palavra ***PERDÃO*** **têm as letras** ***P*** e ***D*** juntas, nessa ordem, no início?

(k) Quantos anagramas da palavra ***PERDÃO*** **têm as letras** ***P*** e ***D*** juntas, nessa ordem?

(l) Quantos anagramas da palavra ***PERDÃO*** **têm as letras** ***P*** e ***D*** juntas, em qualquer ordem?

(m) Quantos anagramas da palavra ***PERDÃO*** **têm as letras** ***P, R*** e ***D*** juntas, em qualquer ordem?

Situação-problema 2

(a) De quantas maneiras diferentes seis pessoas podem sentar-se, lado a lado, para tirar uma fotografia?

(b) De quantas maneiras diferentes seis pessoas podem formar uma fila tipo "indiana" (uma a seguir da outra)?

(c) De quantas maneiras diferentes seis pessoas podem sentar-se para tirar uma fotografia, com três delas sentadas em um banco de três lugares **à frente e três delas** em outro banco de três lugares, sentadas atrás?

(d) De quantas maneiras diferentes as amigas Ana, Bia, Carla, Diva, Eva e Fabi podem sentar-se para tirar uma fotografia obedecendo à condição de que Ana, Bia e Carla devem sentar-se em um banco de três lugares à frente e as outras três, Diva, Eva e Fabi, sentadas em outro banco de três lugares, atrás?

Atividades para o mês de outubro
Situação-problema 1

Os veículos, no Brasil, são emplacados conforme o modelo de placa apresentada abaixo:

LKC - 6544

As três letras escolhidas devem ser letras do nosso alfabeto - que dispõe de 26 letras -, admitindo-se a repetição de uma mesma letra em duas ou três posições possíveis nas placas, bem como em relação aos quatro números que podem ser escolhidos - admite-se, também, a repetição de qualquer um dos números em duas, três ou quatro posições possíveis nas placas.

Assim, é possível que seja confeccionada a placa abaixo:

AAA - 8888

(a) Com o sistema de emplacamento de veículos, conforme explicado acima, quantos veículos podem ser emplacados?

(b) Explique como você fez para determinar a totalidade de veículos que podem ser emplacados segundo esse sistema.

(c) Iremos propor um procedimento para resolver esta situação-problema de contagem:

(Também poderá ser resolvido de maneira diferente.)

Devem-se escolher três letras para compor uma placa. A primeira das letras da placa poderá ser escolhida de quantas maneiras? Escreva esse total de possibilidades no espaço destinado à primeira das letras da placa, no diagrama a seguir, abaixo da seta.

1ª letra	2ª letra	3ª letra	1º número	2º número	3º número	4º número
↓	↓	↓	↓	↓	↓	↓

(d) Uma vez escolhida a primeira letra da placa, para cada escolha feita, a segunda letra poderá ser escolhida de quantas maneiras?

Escreva esse total de possibilidades no espaço destinado à segunda das letras da placa, no diagrama a seguir, abaixo da seta.

1ª letra	2ª letra	3ª letra	1º número	2º número	3º número	4º número
↓	↓	↓	↓	↓	↓	↓

(e) Uma vez escolhidas as duas primeiras letras da placa, para cada escolha feita em relação às duas primeiras letras, a terceira letra poderá ser escolhida de quantas maneiras?

Escreva esse total de possibilidades no espaço destinado à terceira e última das letras da placa, no diagrama a seguir, abaixo da seta.

1ª letra	2ª letra	3ª letra	1º número	2º número	3º número	4º número
↓	↓	↓	↓	↓	↓	↓

(f) Assim, por exemplo, qual o total de placas que têm o número 6793?

(g) Agora, considerando todas as placas com as letras ABC, por exemplo, nessa ordem, qual o total de placas?

Você deve escolher um número para colocar no primeiro dos espaços em branco destinado aos números. Quantas opções de escolha há?

(h) Repetindo o que foi feito na opção anterior, agora para o segundo número a ser escolhido, quantas opções de escolha há?

(i) Repetindo o que foi feito na opção anterior, agora para o terceiro número a ser escolhido, quantas opções de escolha há?

(j) Repetindo o que você fez na opção anterior, agora para o quarto número a ser escolhido, quantas opções de escolha há?

(k) Assim, quantas placas com as letras ABC, nessa ordem, podem ser confeccionadas?

(l) Portanto, combinando as situações anteriores, a totalidade de placas possíveis após a escolha de três letras ter sido fixada e a totalidade de placas possíveis após a escolha de quatro números ter sido fixada, de maneira a fazer a contagem de todas as placas com três letras e quatro números possíveis de ser confeccionadas, obtém-se um total de quantas placas?

(m) Use o mesmo procedimento acima para determinar o total de placas que podem ser confeccionadas com três letras previamente disponíveis e três números também disponíveis. Qual o total de placas que podem ser confeccionadas?

(n) Os aparelhos celulares registrados na cidade de São Paulo têm oito dígitos após o número 9, que é comum a todos eles. Quantos números distintos de celulares podem ser habilitados na cidade de São Paulo?

(o) A senha de um cartão de crédito pode ser escolhida mediante a escolha de quatro números, cinco números ou seis números, sendo permitida a repetição dos números. Os únicos impedimentos são os relativos à escolha do ano de nascimento do dono do cartão (no caso da escolha de quatro números) e a escolha da data de nascimento do mesmo (no caso da escolha de seis dígitos como, por exemplo, 121187, para uma pessoa nascida em 12 de novembro de 1987). Essas duas possibilidades não serão aceitas pelo sistema.

De quantos modos o dono de um cartão de crédito dispõe para escolher sua senha?

Situação-problema 2

(a) Quantos números naturais pares com quatro algarismos, sem repetição, podem ser formados com os algarismos 1, 2, 3, 4, 7, 8 e 9?

(b) Quantos números naturais ímpares com quatro algarismos, sem repetição, podem ser formados com os algarismos 1, 2, 3, 4, 7, 8 e 9?

(c) Quantos números naturais com quatro algarismos, sem repetição, podem ser formados com os algarismos 1, 2, 3, 4, 7, 8 e 9?

(d) Como você fez para responder ao item (c)?

(e) Quantos números naturais pares com quatro algarismos, sem repetição, podem ser formados com os algarismos 0, 2, 3, 4, 7, 8 e 9?

(f) Quantos números naturais ímpares com quatro algarismos, sem repetição, podem ser formados com os algarismos 0, 2, 3, 4, 7, 8 e 9?

(g) Quantos números naturais com quatro algarismos, sem repetição, podem ser formados com os algarismos 0, 2, 3, 4, 7, 8 e 9?

(h) Como você fez para responder ao item (g)?

Atividades para o mês de novembro
Situação-problema 1

João quer determinar o total de anagramas da palavra ***VASCO***, mas de um modo organizado para não correr o risco de esquecer de contar algum (contagem a menor) ou encontrar uma quantidade maior que a contagem correta do total de anagramas possíveis (contagem a maior).

Iremos ajudá-lo nessa empreitada.

(a) Para formar um anagrama, começa-se por escolher uma letra inicial. De quantas maneiras você poderá escolher essa letra inicial?

(b) Imagine que você escolheu a letra S como a primeira letra para formar os primeiros anagramas. De quantas maneiras poderá escolher a segunda letra para formar os anagramas começados com a letra S?

(c) Faça o esboço parcial de uma árvore de possibilidades que mostre como é possível computar os resultados obtidos nos itens (a) e (b).

(d) Escolhidas as duas primeiras letras para os primeiros anagramas a serem formados, de quantas maneiras uma terceira letra pode ser escolhida?

(e) Complete o esboço parcial da árvore de possibilidades que você começou a construir no item (c), contendo o resultado apresentado no item (d).

(f) Continuando com esse procedimento, de maneira a formar os primeiros anagramas, de quantas maneiras é possível escolher uma quarta letra dos anagramas?

(g) Complete o esboço parcial da árvore de possibilidades que você continuou a construir no item (e), contendo o resultado apresentado no item (f).

(h) Continuando com esse procedimento, de maneira a formar os primeiros anagramas, de quantas maneiras é possível escolher uma quinta e última letra dos anagramas?

(i) Complete o esboço parcial da árvore de possibilidades que você continuou a construir no item (g), contendo o resultado apresentado no item (h).

(j) Assim, considerando a letra S como a escolha da letra inicial dos anagramas a serem formados, quantos anagramas da palavra VASCO podem ser formados?

(k) Para a escolha da letra V como a letra inicial dos anagramas, quantos anagramas da palavra VASCO podem ser formados?

(l) Para a escolha da letra A como a letra inicial dos anagramas, quantos anagramas da palavra VASCO podem ser formados?

(m) Para a escolha da letra O como a letra inicial dos anagramas, quantos anagramas da palavra VASCO podem ser formados?

(n) Para a escolha da letra C como a letra inicial dos anagramas, quantos anagramas da palavra VASCO podem ser formados?

(o) Quantos anagramas da palavra VASCO existem?

(p) Justifique o cálculo que foi obtido no item (o).

Situação-problema 2

(a) Jogam-se no chão, simultaneamente, três moedas: uma de R$ 100, outra de R$ 0,50 e a terceira de R$ 0,25. De quantos modos as faces dessas moedas podem ser visualizadas?

(b) Desenhe uma árvore de possibilidades que mostre todas as maneiras como as faces das três moedas jogadas no chão podem ser visualizadas.

(c) Qual a chance de visualizar duas moedas com as faces "cara" voltadas para cima, quando se jogam três moedas distintas no chão?

(d) Qual a chance de que a face da moeda de R$ 1,00 voltada para cima seja a face "coroa", quando se jogam três moedas distintas no chão?

(e) Qual a chance de as faces das moedas de R$ 1,00 e R$ 0,50 voltadas para cima sejam as faces "cara", quando se jogam três moedas distintas no chão?

(f) Desenhe uma árvore de probabilidades que mostre todas as maneiras como o evento "face da moeda voltada para cima" ocorre, quando se visualizam as faces de três moedas jogadas no chão.

(g) Jogam-se ao chão, simultaneamente, quatro moedas: uma de R$ 1,00, outra de R$ 0,50, a terceira de R$ 0,25 e a quarta de R$ 0,10. De quantos modos as faces dessas moedas podem ser visualizadas?

(h) Desenhe uma árvore de possibilidades que mostre todas as maneiras como as faces das quatro moedas jogadas no chão podem ser visualizadas.

(i) Qual a chance de visualizar duas moedas com as faces "cara" voltadas para cima, quando se jogam quatro moedas distintas no chão?

(j) Qual a chance de que a face da moeda de R$ 1,00 voltada para cima seja a face "coroa", quando se jogam quatro moedas distintas no chão?

(k) Qual a chance de as faces das moedas de R$ 1,00 e R$ 0,50 voltadas para cima sejam as faces "cara", quando se jogam quatro moedas distintas no chão?

(l) Desenhe uma árvore de probabilidades que mostre todas as maneiras como o evento "face da moeda voltada para cima" ocorre, quando se visualizam as faces de quatro moedas jogadas no chão.

(m) Considerando o evento "visualizar as faces das moedas voltadas para cima" para o cálculo de probabilidades, há diferença entre jogar as quatro moedas no chão, simultaneamente, e jogar, uma a uma, cada uma das quatro moedas?

Situação-problema 3

(a) Considere todos os anagramas da palavra FLAMENGO. Quantos anagramas há?

(b) Em alguns anagramas de FLAMENGO aparece FLA, escrito dessa maneira. Quantos anagramas de FLAMENGO não têm escrito FLA?

Situação-problema 4

Ana faz estampas em camisas e tem condições de preparar, por dia de trabalho, até 12 camisas com diferentes estampas, mas recebeu uma encomenda para fazer estampas em 10 camisas e a entrega deve ser feita em até quatro dias, recebendo quando entregar todas as camisas.

Considerando que nos próximos quatro dias Ana não tem nenhuma outra tarefa a fazer, para que ela efetue a entrega até a data limite estipulada, de quantas maneiras ela poderá escolher os dias em que poderá trabalhar com as estampas das camisas?

Situação-problema 5

Para pintar a bandeira abaixo, há quatro cores disponíveis: verde, vermelha, azul e amarela.

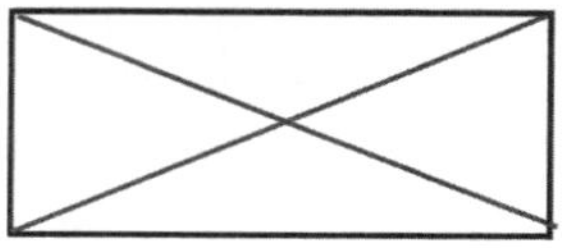

(a) De quantos modos a bandeira pode ser pintada, de maneira que as regiões com uma fronteira (linha) em comum tenham cores distintas e todas as regiões sejam pintadas?

(b) Qual o número mínimo de cores necessárias para pintar a bandeira acima, com as condições de que as regiões com uma fronteira (linha) em comum tenham cores distintas e todas as regiões sejam pintadas?

Capítulo 6
Considerações finais

As experiências do autor em sala de aula e nas pesquisas que realizou mostraram que a proposição de jogos desperta o interesse de alguns alunos (outros, nem tanto) para a apropriação de conceitos e tem o propósito de incentivar os alunos a raciocinarem e prepará-los para a tomada de decisões, por vezes rapidamente.

Em alguns jogos, a componente sorte é um fator que não motiva alguns alunos participantes, uma vez que eles preferem jogos em que podem mobilizar táticas, estratégias e exercitar o raciocínio.

Por conta disso, aí está uma questão que o professor deve levar em conta quando pensar em propor um jogo em sala de aula: escolher um jogo que tenha propósitos definidos e que contribua para a melhoria da aprendizagem dos alunos.

Uma vez que o leitor/professor teve a oportunidade de conhecer diversas sugestões apresentadas ao longo de todo o livro, são importantes e necessárias constantes reflexões e considerações, tanto pessoais quanto coletivas, acerca de diversos elementos e ações que interagem entre si antes do trabalho em sala de aula, ao longo do desenvolvimento das atividades propostas e após as experiências com os alunos.

O autor aponta duas questões principais que devem permear as reflexões pessoais do professor nas discussões que deve promover com seus pares e nas reflexões com seus alunos. São elas:

❖ A primeira refere-se aos conhecimentos de conteúdo que um aluno do ensino fundamental precisa, de fato, conhecer e apropriar-se relativamente das noções básicas de combinatória (problemas de contagem) de modo que se prepare para, no ensino médio, compreender e apropriar-se de novos conceitos, e sistematizar esses e outros conhecimentos de conteúdo concernentes a essas noções.

Diferentemente dos objetivos próprios para os alunos do ensino fundamental, no ensino médio, os conteúdos serão desenvolvidos de maneira a atender outros objetivos, quais sejam os relativos aos conceitos de combinatória, que devem ser sistematizados; as fórmulas, que deverão ser deduzidas; a proposição de problemas de contagem, que servem de motivação e base para os conteúdos de Probabilidade e Estatística, e a proposição de problemas cuja resolução permite aprofundar acerca de novos conhecimentos que servem como exemplos de modelos para outros conteúdos relacionados a eles.

❖ A segunda questão diz respeito aos conhecimentos necessários a um professor para auxiliar seus alunos da educação básica a compreenderem os conceitos concernentes aos problemas de contagem, tanto os conhecimentos de conteúdo quanto os conhecimentos pedagógicos de conteúdo e os conhecimentos curriculares, na perspectiva de Shulman (1986), à luz do que é prescrito nas orientações constantes nos currículos estaduais e municipais, e as que são sugeridas pelos autores dos PCN, conforme Brasil (1997, 1998, 1999).

O autor sugere que os professores se reúnam com seus pares durante a fase de planejamento das atividades que serão desenvolvidas a cada bimestre (relacionadas ao desenvolvimento dos conteúdos dos problemas de contagem) de maneira que, juntos, reflitam a respeito de quais situações-problema devem ser propostas, os objetivos que precisam/devem ser alcançados, as ações que precisam ser planejadas e seguidas por todos (inclusive a organização e a preparação de material para os jogos) e os momentos oportunos para fazê-las.

O autor considera a intuição - a presença da ideia intuitiva pelo aluno durante a resolução dos problemas de contagem - uma ação legítima e oportuna que traz consigo raízes de um pensamento particular, carregado de simbolismos e associados às formações pessoal e familiar de cada aluno.

Por essas razões, aproveito para pedir que o professor reflita a esse respeito no sentido de que possa vir a dar uma atenção especial a essas demonstrações, vindas dos alunos.

Assim, quando o professor estiver convicto da importância que uma solução ou uma ideia intuitiva tem para a formação do aluno, que a leve em conta enquanto moderador da aprendizagem, valorizando-a e quantificando-a, como também a considere legítima e importante para iniciar a ampliação conceitual que se dará às considerações feitas a respeito.

O uso de esquemas, árvore de possibilidades, tabela de dupla entrada, produto cartesiano, enumeração de possibilidades - representações gráficas - para a contagem direta das possibilidades que atendem à solução de uma situação-problema de contagem deve ser uma constante ao longo das aulas com os alunos dos anos do ensino fundamental, mormente quando forem disponibilizados pequenos quantitativos de objetos no enunciado.

Igualmente, o exercício do raciocínio combinatório deve estar sempre presente para dar conta de resolver um problema de contagem não somente durante a construção de uma representação gráfica, mas também em uma representação numérica oriunda da aplicação direta do Princípio Multiplicativo ou do Princípio Multiplicativo em conjunto com o Princípio Aditivo.

Assim, há três ferramentas combinatórias que constituem o tripé necessário para que o aluno se aproprie dos conceitos, procedimentos e estratégias que o permitirão adquirir confiança e segurança para resolver os problemas de contagem.

Eis as ferramentas combinatórias importantes:

❖ Raciocínio combinatório sendo exercitado permanentemente;

❖ Construção de uma representação gráfica para compreender os tipos de agrupamentos-solução que atendem à solução e de uma representação numérica que dará conta de contabilizar a totalidade de possibilidades;

❖ Aplicação do Princípio Multiplicativo ou Principio Multiplicativo em conjunto com o Princípio aditivo.

Embora os professores estejam na posição de ensinar, é fato que eles aprendem muito com as crianças e os jovens, segundo resultados apresentados em algumas pesquisas.

Os professores devem ajustar seus textos à capacidade de as crianças poderem compreendê-los, de maneira que eles favoreçam a leitura atenta do enunciado de uma situação-problema e provoquem reflexões acerca de como poderão ser encaminhados os procedimentos e as estratégias para a resolução.

Em sala de aula, é fundamental que o professor escute a criança e o jovem com interesse, não interrompa a exposição enquanto ele está posicionando-se a respeito de algo que tenha feito ou sobre aquilo que está pensando.

O autor espera que o leitor, os alunos e os professores tenham aproveitado bem a leitura de todo o livro e apropriado-se de todos os conceitos, orientações, experiências, procedimentos e estratégias que permitem adquirir confiança e desenvoltura para resolver as situações-problema de contagem, não somente as que foram propostas, mas quaisquer outras.

Igualmente, o autor espera que a leitura e a compreensão do conteúdo do livro tenham proporcionado aos leitores novas motivações associadas àquela de haver apropriado-se de conceitos e de ter compreendido procedimentos e estratégias que, por sua vez, oportunizam condições para resolver as situações-problema propostas.

O autor considera que a obra cumpre os papéis educativo e formativo, no sentido de que a leitura e a compreensão do texto permitem que o leitor se sinta seguro para propor e resolver outros problemas de contagem, ampliando, dessa maneira, a imagem conceitual que tinha a respeito da temática Análise Combinatória.

Um dos propósitos da obra - que, espera-se, seja alcançado pelos leitores – é mostrar para o leitor, alunos e professores que resolver problemas de contagem não é uma tarefa difícil e todos têm condições de compreender os conceitos e resolver as situações de contagem, mas para tal, é preciso ter determinação, interesse e diligência.

É claro, também, que é preciso que cada um que deseja resolver os problemas de contagem seja estudioso, atento e engenhoso, além de não agir impulsivamente para determinar a solução, ou seja, é preciso pensar e exercitar o raciocínio combinatório antes de agir.

Diferentemente de outros conteúdos da Matemática fortemente amparados por alguma fórmula ou procedimentos padronizados, cada problema de contagem é único, é particular e, por vezes, exige cautela e engenhosidade.

Como tal, a resolução de um problema de contagem requer a leitura atenta do seu enunciado pelo sujeito que se propõe a resolvê-lo, de maneira que decida que tipo de agrupamento de objetos interessa formar para, em seguida, mobilizar procedimentos e estratégias que deem conta de obter a contagem de todos os agrupamentos – agora, considerados agrupamentos-solução.

Para resolver um problema de contagem, também é preciso um particular olhar e uma atenta leitura e compreensão do enunciado, de modo que o sujeito selecione adequadamente quais ferramentas combinatórias devem ser usadas para dar conta de encaminhar a resolução e, assim, obter a solução.

São esses conhecimentos combinados que tornam o ensino da Análise Combinatória atraente, motivador e desafiador - para leitores, professores e alunos.

Finalmente, o autor entende que um aluno ou professor terá apropriado-se de um conceito, procedimento ou estratégia, ou, ainda, terá pleno domínio acerca de determinado conhecimento quando é capaz de aplicá-lo adequadamente em uma situação nova, com o propósito de resolvê-la, e consegue atingir esse objetivo.

Significa que, quando um sujeito interage com um novo conhecimento - presente em uma situação nova -, ele precisa mobilizar os conhecimentos de maneira apropriada, modificá-los (ou não) com o propósito de se preparar para ter novo(s) conhecimento(s), e possivelmente poder articular esse(s) conhecimento(s) em outras áreas do conhecimento.

Ao professor, cabe o papel de propor, encaminhar e mediar situações que exijam de seu aluno a necessidade de mobilizar os conhecimentos adquiridos para resolver situações novas e, com isso, apropriar-se de novos conhecimentos.

O professor que prepara listas de exercícios com os quais o aluno exercita procedimentos idênticos aos que foram apresentados por ele no(s) exemplo(s) não dá sua contribuição para que o aluno amplie a visão conceitual e, assim, vislumbre um novo horizonte.

Propor tarefas como a comentada acima não exigem do aluno refletir, mobilizar estratégias de resolução e pensar no novo, importantes e necessárias motivações para a apropriação de novos conhecimentos. Também não permite que o professor verifique até que ponto o aluno se apropriou corretamente dos conceitos, procedimentos e estratégias concernentes à temática.

Com o propósito de contribuir para que o professor reflita acerca de seu importante papel na sociedade com vistas à formação de novas gerações de alunos que reflitam, questionem e pensem, o autor sugere que cada coletivo de professores se reúna para refletir, discutir e identificar as necessidades para ressignificar a prática docente de todos.

Mas será preciso que o professor faça sacrifícios. É preciso muito estudo, trabalhar com alegria, dedicação, afinco e pesquisar para se renovar, dia após dia.

Ser professor é um sacerdócio, todos sabem disso.

Sobretudo, será preciso que o professor não se esqueça de refletir pessoal e coletivamente acerca de sua prática docente para não cair na tentação de ensinar a seus alunos apenas "o que" e "como lhe foi ensinado" na educação **básica** e no ensino superior.

É preciso que o professor se inquiete todos os dias em sala de aula, fora dela, em casa.

Aquele professor que faz de suas inquietudes um combustível para seu trabalho docente acerca daquilo que emerge de sua prática é um professor reflexivo. É um professor que busca, incessantemente, subsídios que o ajudem a compreender sua ação docente e os problemas ao seu redor para poder enfrentá-los com determinação e coragem - desafios próprios do trabalho docente.

Assim, as palavras de ordem em ambientes escolares devem/deveriam ser:

MENOR QUANTIDADE DE REUNIÕES DE CUNHO ADMINISTRATIVO

e

MAIOR NÚMERO DE ENCONTROS PARA REFLEXÕES, QUESTIONAMENTOS E DISCUSSÕES acerca de como melhorar a prática docente e melhor preparar os alunos para que eles também reflitam, questionem e enfrentem novos desafios.

É o que o autor gostaria que ocorresse em todas as escolas de nosso imenso Brasil.

Quem sabe, em breve, o cenário de nossas escolas não se modifique?

O autor aposta que acontecerá.

REFERÊNCIAS

BACHX, A. de C., POPPE, L. M. B.; TAVARES, R. N. O. *Prelúdio à Análise Combinatória*. Companhia Editora Nacional. Rio de Janeiro.RJ.1975.

BATANERO, C.; NAVARRO-PELAYO, V. *Razonamiento combinatório em alumnos de Bachilerato*. Educación Matemática. Madrid, 1996.

BATANERO, C.; GODINO, J.D. *Azar y probabilidad*. Madrid: Stesis, 1996b.

BATANERO, C., GODINO, J. D. e NAVARRO-PELAYO, V. *Combinatorial reasoning and its assessment*. In: GAL, I., GARFIELD, J. B. (Ed.). The assessment challenge in statistics education. Minnesota: IOS Press, 1997. P. 239-252. Disponível em <www.stat.auckland.ac.nz/~iase/publications/assessbkref>. Acesso em 20/12/2011.

BRASIL. Lei nº 4.024, de 20 de dezembro de 1961. Fixa as diretrizes e bases da educação nacional. Brasília: 1961. Disponível em <https://www.planalto.gov.br/ccivil_03/leis/l4024.htm>. Acesso em 27 ago. 2011.

______. Lei nº 5.692, de 11 de agosto de 1971. Fixa as diretrizes e bases para o ensino de 1º e 2º graus. Disponível em <https://www.planalto.gov.br/ccivil_03/leis/l5692.htm>. Acesso em 27 ago. 2011.

______. Lei nº 7.044, de 18 de abril de 1982. Altera os dispositivos da Lei nº 5.692, de 11 de agosto de 1971 referentes à profissionalização do ensino do 2º grau. Disponível em <https://www.planalto.gov.br/ccivil_03/leis/l5692.htm>. Acesso em: 27 ago. 2011.

______. Lei nº 9.394, de 20 de dezembro de 1996. Estabelece as diretrizes e bases da educação nacional. Diário Oficial [da] União, Brasília, 23 dez. 1996. Disponível em <http://portal.mec.gov.br/arquivos/pdf/ldb.pdf>. Acesso em: 18 set. 2011.

______. Secretaria de Educação Fundamental. Parâmetros Curriculares Nacionais: Matemática / Secretaria de Educação Fundamental. - Brasília: MEC/SEF, 1997. 142 p., volume 3.

———. Ministério da Educação. Secretaria de Educação Fundamental. Parâmetros Curriculares Nacionais para o Ensino Fundamental: Matemática. Brasília: MEC/SEF, 1998.

———. Ministério da Educação. Secretaria de Educação Média e Tecnologias. Parâmetros Curriculares Nacionais para o Ensino Médio. Brasília: MEC/Semtec, 1999.

———. Parâmetros Curriculares Nacionais (Ensino Médio): Parte III – Ciências da Natureza, Matemática e suas Tecnologias. Brasília: MEC/Semtec, 2000. Disponível em <http://portal.mec.gov.br/seb/arquivos/pdf/ciencian.pdf>. Acesso em: 20 ago. 2011.

———. Secretaria de Educação Média e Tecnológica. PCN+ Ensino Médio: Orientações Educacionais Complementares aos Parâmetros Curriculares Nacionais. Ciências da Natureza, Matemática e suas Tecnologias. Brasília: MEC; SEMTEC, 2002.

———. Ministério da Educação. Secretaria da Educação Básica. PCN+ Ensino Médio: Orientações Educacionais Complementares aos Parâmetros Curriculares Nacionais – Ciências da Natureza, Matemática e suas Tecnologias. Brasília: MEC/SEB, 2002. Disponível em <http://portal.mec.gov.br/seb/arquivos/pdf/CienciasNatureza.pdf>. Acesso em: 20 ago. 2011.

———. Ministério da Educação. Secretaria de Educação Fundamental. Referenciais para Formação de Professores. Brasília: MEC/SEF, 2002.

———. Ministério da Educação. PDE: Plano de Desenvolvimento da Educação: SAEB: ensino médio: matrizes de referência, tópicos e descritores. Brasília: MEC. SEB; INEP, 2008. 127 p.: il.

CARAÇA, B. de J. *Conceitos fundamentais da Matemática*. Livraria Sá da Costa Editora. 1ª edição, Lisboa, Portugal, 1984.

CHEVALLARD, Y. *Conceitos fundamentais da Didáctica: as perspectivas trazidas por uma abordagem antropológica*. In: BRUN, J. (Org). Didática das Matemáticas. Lisboa: Instituto Piaget, 1996. p. 115-153.

COBB, P. CONFREY, J., di SESSA, A., LEHRER, R. & SCHAUBLE, L. *Design Experiments in Educational Research*. Educational Researcher, vol. 32, nº 1, pp. 9-13, jan/fev, 2003.

FERREIRA, A. C. *Metacognição e desenvolvimento profissional de professores de Matemática: uma experiência de trabalho colaborativo.* Tese (doutorado em Educação). 411 p. FE/UNICAMP, Universidade Estadual de Campinas, Campinas, SP, 2003.

FISCHBEIN, Efraim. *The intuitive sources of probabilistic thinking in children.* Dordrecht: Reidel, 1975.

FISCHBEIN, Efraim. GAZIT, A. *The combinatorial solving capacity in children and adolescents.* Zentralblatt fur Didaktik der Mathematik, v. 5, pp. 193-198,1988.

FISCHBEIN, E. *The interaction between the formal, the algorithmic and the intuitive components in a mathematical activity.* In: Didactics of Mathematics as a Scientific Discipline. Mathematics Education Library. Dordrecht: Kluwer Academic Publishers. 1994.

MIZUKAMI, M. da G.N. *Aprendizagem da docência: algumas contribuições de L. S. Shulman.* Revista Centro de Educação, Santa Maria, v. 29, nº 02, 2004. Disponível em <http://coralx.ufsm.br/revce/revce/2004/02/a3.htm>. Acesso em: out. 2009.

NAVARRO-PELAYO, V.; BATANERO, C.; GODINO, J. D. *Razonamiento combinatório em alumnos de secundaria, Educación Matemática.* Grupo Editorial Ibero América. 8(1), 26-39, Madrid, 1996.

NAVARRO-PELAYO, V.; BATANERO, Carmem; GODINO, Juan D. *Razonamiento combinatorio em alumnos de secundaria.* 1996. Educación Matemática. 8(1). 26-39. Disponível em <http: //www.ugr.es/~batanero>. Acesso em: 27/12/2012.

NUNES, T. e BRYANT, P. *Crianças fazendo Matemática.* Editora Artes Médicas Sul. Porto Alegre. 1997.

PIAGET, J. *Psicologia da inteligência.* Routledge e Kegan Paul. Londres, 1951.

______. *Psicologia e Epistemologia: Por uma teoria do conhecimento.* Trad. Agnes Cretella. Forense Universitária. 158 p. Rio de Janeiro, 1973.

______. *Formação do Símbolo na Criança.* Editora Guanabara Koogan. S.A., 1978.

______. *Seis estudos de Psicologia*. Rio de Janeiro: Forense Universitária, 1987.

PIETROPAOLO, R. C. *Parâmetros Curriculares Nacionais*: um estudo dos pareceres. Dissertação (Mestrado em Educação) – Pontifícia Universidade Católica de São Paulo, São Paulo, 1999.

______. *Parâmetros Curriculares de Matemática para o Ensino Fundamental*. Educação Matemática em Revista. São Paulo: SBEM, edição especial, ano 9, nº 11A, p. 34-8, abr. 2002.

PLACHA, Kelly Cristine, MORO, Maria Lucia Faria. *Problemas de Produto Cartesiano, Raciocínio Combinatório e Intervenção do Professor*. Psicologia: Teoria e Pesquisa. Jan-mar 2009, Vol. 25, nº 1, pp. 7-17.

ROA, Rafael; BATANERO, Carmem; GODINO, Juan D.; CAÑIZARES, M. Jesús. *Estrategias em la Resolución de Problemas Combinatorios por Estudiantes com Preparación Matemática Avanzada*. Revista Epsilon, 36, 433-446.

SÃO PAULO (Estado). Secretaria da Educação. Coordenadoria de Estudos e Normas Pedagógicas. Subsídios para a implementação da proposta curricular de Matemática para o 2º grau. Coord. Almerindo Marques Bastos. São Paulo, SE/CENP/CESISP, 1980. 697 p.

______. Subsídios para a implementação da proposta curricular de Matemática para o 2º grau. Coord. Suzana Laino Cândido. São Paulo: SE/CENP, 1982.

______. Proposta curricular para o ensino de matemática: 2º grau. 3ª ed. São Paulo: SE/CENP, 1992 (1ª ed. 1986).

______. Proposta curricular para o ensino de Matemática: ensino fundamental. 5ª ed. São Paulo: SE/CENP, 181 p.il., 1997.

______. Proposta curricular do Estado de São Paulo: Matemática. Coordenação de Maria Inês Fini. São Paulo: SEE, 2008.

______. Caderno do professor: Matemática, ensino médio – 2ª série, volume 3/Secretaria da Educação; coordenação geral, Maria Inês Fini; equipe, Carlos Eduardo de Souza Campos Granja, José Luiz Pastore Mello, Nilson José Machado, Roberto Pericles Moisés, Walter Spinelli. - São Paulo: SEE, 2009.

______. Currículo do Estado de São Paulo: Matemática e suas tecnologias. Coordenação de Maria Inês Fini; coordenação de área, Nilson José Machado. São Paulo: SEE, 2010.

SCHÖN, D.A. *The Reflective Practitioner: How Professionals Think in Action.* London: Temple Samith, 1983.

______. *The Reflective Practitioner.* New York: Basic Books, 1983.

______. *Educating the reflective practitioner.* San Francisco: Jossey-Bass, 1987.

SHULMAN, L.S. *Paradigms and research programs for the study of teaching.* In Wittrock, M.C. (Ed). The Handbook of Research on Teaching. 3rd. edition. New York: Macmillan, 1986.

______. *Those who understand: knowledge growth in teaching.* Educational Researcher, 15 (2), p. 4-14, 1986.

______. *Knowledge and teaching foundations of the new reform.* Educational Rewiew, 57 (1), p. 1-22, 1987.

______. L. S. *Just in case: reflections on learning from experience.* In COLBERT, J.; TRIMBLE, K.; DESBERG, P. (Eds.). The case for education. Contemporary approaches for using case methods. Needham Height: Allyn Bacon, p. 197-217, 1996.

______. L. S. *Professing the liberal arts.* In: ORILL (Ed.). Education and democracy: Reimagining liberal learning in America. New York: The College Entrance Examination Board, 1997. In: SHULMAN, L.S. Teaching as community property. Essays on higher education. San Francisco: Jossey-Bass, p. 12-31, 2004.

______. *Research on teaching. A historical and personal perspective.* In: OSER, F.K.; DICK, A.; PATRI, J.L. (Eds). Effective and responsible teaching: The new synthesis. San Francisco: Jossey-Bass, 1992, p. 14-29. In: SHULMAN, L. S. The wisdom of practice. Essays on teaching, learning, and learning to teach. San Francisco: Jossey-Bass, p. 364-381, 2004a.

SOARES, M. T. C. & MORO, M. L. F. *Psicogênese do raciocínio combinatório e problemas de produto cartesiano na escola fundamental.* In: Anais do III Seminário Internacional de Pesquisa em Educação Matemática, Águas de Lindóia, SP, 2006.

SPERRY, R. Wolcott. *Lateral specialization in the surgically separated hemispheres.* In: F. Schmitt & F. Worden (Eds.). The different faces of the hemispheres. The presentation of the Nobel Prize for Medicine and Physiology 1981 to the neurobiologists Sperry, Hubel and Wiesel". Fortschritte der Medizin 99 (47–48): 1978–1982. (Cambridge: MIT Press) 3: 5-19, 1974.

STAREPRAVO, A.R. *A resolução de problemas de estrutura multiplicativa por crianças da 3ª série do ensino fundamental.* Dissertação (mestrado). Universidade Federal do Paraná, Curitiba, 2001.

TALL, D. e VINNER, S.. *Concept image and concept definition in mathematics with particular reference to limits and continuity.* Educational Studies in Mathematics. 1981.

TEIXEIRA, P.J.M. *Um estudo sobre os conhecimentos necessários ao professor de Matemática para a exploração de problemas de contagem no ensino fundamental.* São Paulo: UNIBAN, 2012. 424 p. Tese (doutorado) – Programa de pós-graduação em Educação Matemática. Universidade Bandeirante de São Paulo. São Paulo. 2012.

______. Professores de Matemática e problemas de contagem no ensino fundamental. Anais do XI ENEM - Encontro Nacional de Educação Matemática. Educação Matemática: Retrospectivas e Perspectivas. PUC-PR. Curitiba, PR - 18 a 21 de julho de 2013.

______. Os Blocos Lógicos e o desenvolvimento do raciocínio combinatório. Anais do XI ENEM - Encontro Nacional de Educação Matemática. Educação Matemática: Retrospectivas e Perspectivas. PUC-PR. Curitiba, PR - 18 a 21 de julho de 2013.

______. Resolvendo problemas de Análise Combinatória nos anos iniciais do ensino fundamental. Editora Ciência Moderna. 1ª edição. 173 p.. ISBN-13: 978-85-399-0574-4. Rio de Janeiro. RJ. 2014.

______. *Práticas acerca do raciocínio combinatório no ensino fundamental.* NEA – Novas Edições Acadêmicas. 1ª edição. 439 p.. ISBN-13: 978-3-639-69293-8. ISBN-10: 3639692934. EAN: 9783639692938. São Paulo. SP. 2015a.

______. *Ensino de Análise Combinatória na educação básica: uma trajetória.* NEA – Novas Edições Acadêmicas. 1ª edição. 368 p. ISBN-13: 978-3-639-83624-0. ISBN-10: 3639692934. EAN: 9783639692938. São Paulo. SP. 2015b.

______. Problemas básicos de Matemática financeira: Pagar à vista ou pagar parcelado? Qual a taxa de juros? Qual a melhor decisão a tomar? Editora Ciência Moderna. 1ª edição. 173 p.. ISBN-13: 978-85-399-0574-4. Rio de Janeiro. RJ. 2015c.

VERGNAUD, Gèrard. *El niño, las matemáticas y la realidad: problemas de la enseñanza de las matemática en la escuela primária*. Editorial Trillas. México,1991.

ZEICHNER, K.M. *Formação reflexiva de professores: ideias e práticas*. Educa, Lisboa, 1993.

______. *Formando professores reflexivos para a educação centrada no aluno: possibilidades e contradições*. In: BARBOSA, Raquel L. L. (Org.). Formação de educadores: desafios e perspectivas. Editora UNESP, p. 35-55. São Paulo, 2003.

______. *Uma análise crítica sobre a "reflexão" como conceito estruturante na formação docente*. Educ. Soc. vol. 29, nº 103, p. 535-544, mai/ago, Campinas, 2008. Disponível em http://www.cedes.unicamp.br, Acesso em: 7 nov. 2011.

WILSON, S.; SHULMAN, L. S.; RICHERT, A. E. *150 ways of knowing: Representations of knowledge in teaching*. In: CALDERHEAD, J. (Ed.). Exploring teachers thinking. Grã-Bretanha: Cassel Educational Limited, p.104-124, 1987.

ANEXO A

ATIVIDADES A SEREM DESENVOLVIDAS COM A UTILIZAÇÃO DO MATERIAL DIDÁTICO "BLOCOS LÓGICOS"

Considerações para o professor

O material didático conhecido como "Blocos Lógicos" constitui-se de 48 peças distribuídas em quatro formatos geométricos, quadrados, retângulos, triângulos e círculos (12 de cada), nas cores amarela, azul e vermelha, com dois tamanhos, pequeno e grande, e duas espessuras, fino e grosso.

Assim, para a separação das peças, podem-se levar em conta quatro atributos, a saber: forma, cor, espessura e tamanho.

O material didático "Blocos Lógicos" foi criado por volta da década de 1950 pelo matemático húngaro Dienes (Zoltan Paul Dienes). Constitui-se de material pedagógico que estimula as crianças na percepção e na análise, favorecendo o raciocínio lógico (desenvolve noções com operações lógicas e suas relações, como correspondência e classificação), que pode levar a situações de raciocínio abstrato.

O material didático "Blocos Lógicos" também auxilia na aprendizagem desde a educação infantil, sendo utilizado didaticamente por meio do manuseio, observação e identificação das peças até a exploração dos quatro atributos, peça por peça.

Trabalhar com o material didático "Blocos Lógicos" favorece o desenvolvimento cognitivo da criança nas primeiras noções abstratas de classificação, seriação, ordem e sistematização de padrões.

No particular uso do material para promover o desenvolvimento das primeiras noções relacionadas com o raciocínio combinatório, sugerimos que o professor utilize o material em conjunto com a construção de árvores de possibilidades em duas situações (também pode ser utilizado em outras situações):

- ✓ Uma situação em que o professor sugere diferentes classificações e a separação entre as peças, e pede que os alunos identifiquem-nas por meio de uma representação gráfica, como a construção de uma árvore de possibilidades, por exemplo;
- ✓ Em outras situações nas quais a árvore de possibilidades é desenhada pelo professor ou por algum aluno no quadro de giz (ou quadro branco) ou em fichas de atividades, em seguida, o professor pede que os alunos identifiquem os elementos constituintes dos "galhos", "ramos da árvore" e "folhas", nomeando cada um deles e contabilizando o total de peças, indicando na árvore de possibilidades. Para estas situações, os alunos contam com o manuseio do material para resolver as atividades.

Segundo Guy Brousseau (1986), ao longo das atividades didáticas com as quais o estudante é confrontado, é desejável que ele "produza, formule, prove, construa modelos, linguagens, conceitos e teorias".

Por meio das situações-problema de contagem sugeridas ao professor para aplicar - apresentadas a seguir -, pode-se considerar que elas se adequam àquilo que Brousseau (1986) indica para o professor desenvolver, propor e promover discussões com seus alunos em sala de aula.

A utilização de diversas atividades envolvendo o uso de material concreto - também em relação à proposta de sugestão de jogos - no ensino da Matemática permite que o aluno participe de atividades em grupos e aproprie-se de conhecimentos dos conteúdos com interesse e desenvoltura, enquanto sujeito que é protagonista de sua própria aprendizagem.

Por essas razões, o autor entende que o estimulo gradual com o uso do raciocínio combinatório em um ambiente lúdico, por meio da proposição e da resolução de diferentes situações-problema, promove o pensar de forma criativa e crítica pelos alunos.

Ademais, as atividades promovem o desenvolvimento de habilidades e competências cognitivas as quais passam a fazer parte da estrutura mental de cada aluno - que serão importantes para o enfrentamento de outros desafios no futuro.

Em algumas situações-problema propostas, é possível que alguns resultados possam ser intuídos por algum aluno, discutidos em grupos menores, se for o caso, ser generalizados com a mediação do professor e até servir para outros contextos, matemáticos ou não.

O autor acredita que o desenvolvimento do raciocínio combinatório durante a fase de construção dos conceitos básicos de Análise Combinatória constitui-se de importante ferramenta pedagógica para que o aluno, inserido em um mundo globalizado de múltiplas informações e novas tecnologias, reúna condições para se apropriar de novos conhecimentos matemáticos enquanto promove a reflexão, o pensar.

O pensar de modo combinatório permite que o aluno faça reflexões (pessoais e coletivas) e desenvolva habilidades e competências para a resolução de problemas de contagem, que, por sua vez, promovem o pensar e a necessidade de tomar decisões em Matemática.

Quando o professor oportuniza a seus alunos o conhecer e o desenvolver de algumas ou todas as atividades propostas, ele está ofertando condições que permitem que cada um deles fique mais autônomo e seja capaz de resolver alguns problemas reais que estão ao seu alcance, por meio de adequadas tomadas de decisões. Ademais, também permitem que o aluno compreenda outras tantas situações, presentes em seu dia a dia.

Quando se trata da ideia combinatória da multiplicação, como sugerida pelos autores dos PCN, em Brasil (1997, p.109-112), algumas vezes ela é pouco explorada pelo professor.

Por vezes, as atividades ficam restritas a alguns poucos exemplos de contagem que relacionam saias, blusas e/ou sapatos (talvez por serem objetos muito próximos do cotidiano dos alunos), e o uso de procedimentos associados diretamente à utilização da operação da multiplicação sem que alguma representação gráfica e o raciocínio combinatório sejam adequadamente explorados.

Assim, propor situações-problema de contagem como as que serão apresentadas a seguir, fora de um contexto exploratório dos conceitos básicos da Análise Combinatória, por vezes pode ser confundido como simples atividades do tipo recreação e/ou curiosidade.

Por conta disso, o professor deixa de oportunizar que os alunos explorem diferentes representações gráficas – por exemplo, a construção e a exploração de árvores de possibilidades – para encaminhar a resolução de problemas de contagem e promover o desenvolvimento do raciocínio combinatório.

A construção e a exploração de algumas representações gráficas constituem-se de procedimentos importantes para que o aluno se aproprie de outros conceitos da Matemática enquanto resolve problemas de contagem, simples ou complexos, bem como em relação a outros contextos presentes em conteúdos dos anos seguintes da educação básica como, por exemplo, os conteúdos de Probabilidade.

Assim, depois de construir e explorar as árvores de possibilidade, o professor pode apresentar as potencialidades de sua utilização na resolução de situações-problema de contagem (ideias básicas de Análise Combinatória), nas quais o raciocínio combinatório se faz presente para encaminhar a resolução.

Portanto, quando o aluno manipula materiais concretos (por exemplo, quadrados e triângulos, objetos distintos dos "Blocos Lógicos") é muito importante que ele compreenda o raciocínio combinatório - o raciocínio da "combinação" entre os objetos - no sentido de "combinar, arrumar, agrupar, compor", presente quando ele se vê diante da necessidade de fazer cada uma dessas ações com os objetos que estão à sua mão e a necessidade de tomar decisões para prosseguir com as "combinações" que se fazem necessárias.

As atividades são exploradas com o objetivo de que, nas situações em que a quantidade de objetos a "combinar" é grande, o aluno não encontre dificuldades em realizar a contagem de todas as possibilidades que devem ser "combinadas" (os agrupamentos-solução), principalmente naquelas situações que exigem a "combinação" de quantidades grandes pertencentes a alguns diferentes tipos de elementos (objetos, letras, algarismos etc.), diferentemente de quando ele realiza as "combinações" apenas entre dois tipos de objetos.

O autor espera que os professores se convençam de que a utilização de diferentes representações gráficas, para a resolução de uma situação-problema de contagem, envolve o desenvolvimento do raciocínio combinatório em situações muito próximas. Igualmente, favorecem a apropriação das ideias associadas ao Princípio Multiplicativo (Princípio Fundamental da Contagem ou Princípio da Multiplicação) o qual, por sua vez, é imprescindível para o desenvolvimento do pensamento abstrato e de questões que estão ligadas aos aspectos relacionados com a generalização de alguns conceitos.

Por vezes, os alunos lançam mão de ideias intuitivas quando estão lidando com a resolução de problemas de contagem e tais ideias estão muito próximas da aplicação do Princípio Multiplicativo. O professor precisa atentar para essas situações que vêm dos alunos, incentivando a exploração e o uso.

Por conta disso, este trabalho tem como sustentação teórica a Teoria dos Campos Conceituais de Vergnaud (1991). Essa teoria leva em conta uma série de fatores que influenciam e interferem no ensino e na aprendizagem dos alunos quando se procura oportunizar condições apropriadas para identificar, formar e desenvolver determinado conceito.

O trabalho com situações-problema de contagem é propício para as ideias apresentadas na Teoria dos Campos Conceituais no sentido de ser um instrumento facilitador para que a apropriação de conhecimentos conceituais possa emergir a partir da exploração de atividades desafiadoras, desencadeadas a partir de procedimentos, estratégias e habilidades, com a manipulação de algum material concreto, em conjunto, e quando possível.

A intenção do autor *é ofer*tar ao professor opções de situações-problema e atividades com as quais ele possa contar, em conjunto com o material didático "Blocos Lógicos", que oportuniza poder explorar conceitos básicos relacionados à resolução de problemas de contagem (ideias básicas de Análise Combinatória) desde os primeiros anos do ensino fundamental, devendo ser continuamente explorados pelos anos seguintes da educação b*ásica*.

As atividades apresentadas a seguir foram inicialmente propostas a um grupo formado por quatro professoras, que se reuniu em dois encontros, de três horas cada, em sala de aula de um colégio de educação básica, onde as professoras exercem o magistério em turmas de 4º e 5º anos do ensino fundamental, em horário diferente daquele que atuam em sua prática docente.

O convite partiu do autor deste livro a uma das professoras, e esta convidou as demais colegas de trabalho. Foram distribuídos dois conjuntos do material didático "Blocos Lógicos", um para cada dupla de professoras, material esse de uso das referidas professoras e pertencentes ao colégio. No primeiro encontro, foi distribuída uma ficha que continha as situações-problema 2, 3 e 4.

No segundo encontro, uma semana após, no mesmo local e horário, uma nova ficha foi distribuída, contendo as situações-problema de 5 a 9.

Inicialmente, foi proposto que as professoras trabalhassem com a situação-problema 9 e pedido que resolvessem a situação da mesma maneira como se estivessem desenvolvendo-a com seus alunos, explorando ao máximo a construção de algumas representações gráficas que conheciam para a resolução e a obtenção dos agrupamentos-solução e a contagem deles.

A dinâmica foi acordada entre o autor e as professoras, de maneira que as professoras pudessem refletir e discutir entre si - tendo o autor como mediador e interferindo apenas quando solicitado –, e que, para cada dupla de professoras, fossem apresentadas as resoluções no quadro de giz, bem como quaisquer sugestões de alterações de enunciados, inclusão de perguntas e outras questões pedagógicas que fomentassem discussões no grupo maior e fossem socializadas por todo o grupo. O autor fez os registros de todos os momentos.

O autor gravou as falas das professoras (algumas não foram totalmente compreendidas na audição) e anotou os registros feitos no quadro de giz de maneira a identificar, conhecer e compreender quais procedimentos, habilidades e competências foram utilizados pelas professoras durante o desenrolar dos processos de apropriação de conceitos, ensino e aprendizagem.

Ademais, o autor esteve atento a questões que se referem à ressignificação das práticas das professoras diante de atividades diferentes, mas não uma novidade.

Partiu do grupo de professoras a sugestão da proposição da situação -problema 1, bem como o encaminhamento sugerido, com pequenas alterações.

As situações-problema de 2 a 9 foram, então, sistematizadas pelo autor, tomando por base a experiência didática resultante das reflexões e discussões ocorridas nos dois encontros e nos relatórios que as referidas professoras fizeram após a aplicação de algumas das situações em seus alunos.

Cada professora escolheu até quatro situações-problema - entre as nove que estão apresentadas a seguir - para aplicar em seus alunos. A situação -problema 1 foi desenvolvida por todas as professoras.

As professoras disseram já ter feito um trabalho similar com o uso do material didático "Blocos Lógicos", mas não com ênfase na construção de árvores de possibilidades, embora a conhecessem.

Situação-problema 1

De modo a descontrair a turma e interagir os alunos com a temática, sugerimos ao professor que peça a eles que fiquem sentados no chão da sala ou de um pátio.

A seguir, o professor pede que os alunos se dividam em grupos de meninas e meninos. Depois, o professor pede que os alunos reflitam sobre a necessidade de fazer um registro da divisão feita com os dois grupos de alunos, representando essa divisão por meio do desenho de uma árvore de possibilidades que deve ser construída no chão (da sala ou do pátio), utilizando pedaços de fita tipo crepe para representar os "galhos" da árvore de possibilidades e registrar a quantidade de alunos de cada grupo nos ramos (galhos) da árvore de possibilidades.

Em prosseguimento, pede aos alunos que se dividam em grupos, por idade (anos completos), independentemente do gênero, e que representem essa situação por meio de uma árvore de possibilidades construída no chão com a ajuda de fita tipo crepe, indicando as quantidades de alunos de cada grupo.

Depois, o professor pede que os alunos se dividam por gênero e, para cada um dos grupos que eles se dividem por idade (anos completos), representem a situação por meio de uma árvore de possibilidades construída no chão com a ajuda de fita tipo crepe, indicando os quantitativos nos respectivos galhos e nas folhas da árvore de possibilidades.

Em seguida, o professor pede que os alunos se dividam em grupos por bairros onde moram e construam uma árvore de possibilidades, nomeando os galhos da árvore com os nomes dos bairros e os respectivos quantitativos de alunos.

Por fim, o professor pede que os alunos se dividam em grupos de acordo com o clube de futebol que torcem, incluindo um grupo daqueles que não torcem por nenhum clube, caso existam alunos nessas condições, e construam uma árvore de possibilidades, nomeando os galhos da árvore com os nomes dos clubes e os respectivos quantitativos de alunos.

Em todas as situações sugeridas acima, o professor pede que um dos alunos construa a árvore de possibilidades no quadro de giz (ou no quadro branco), fazendo questionamentos a respeito da construção e do tipo de árvore de possibilidades que foi construída (se simétrica ou não, conforme a repartição dos alunos pelos galhos da árvore), e acerca dos quantitativos de alunos por galhos e nas folhas da árvore, indicando-os em relação à distribuição dos alunos que estão sentados no chão, com os quantitativos nos respectivos lugares.

Depois de cada uma das situações propostas, conforme acima, ser analisada pelo coletivo, o professor faz os respectivos complementos de registros no quadro de giz.

Todas as situações sugeridas para as discussões no grupo maior devem ser relatadas em uma ficha de atividades preparada pelo professor e completada pelos alunos, depois de concluídas as discussões com os alunos ainda sentados no chão.

Depois de completada a ficha de atividades sugerida acima, o professor pede sugestões aos alunos quanto às novas situações de partição do total de alunos da turma em outros grupos, com o propósito de que eles construam novas árvores de possibilidades.

À medida que os alunos apresentam sugestões quanto às divisões deles em novos grupos, segundo características particulares que eles desejam consideradas, novas árvores de possibilidades são construídas por eles.

Situação-problema 2

Considerando que o quantitativo de peças do material didático conhecido como "Blocos Lógicos" é de 48 peças, ao fatorar o número 48 em primos, obtêm-se 48 = 2 x 2 x 3 x 4.

Os divisores de 48 são D(48) = {1, 2, 3, 4, 6, 8, 12, 16, 24, 48}.

Com base nessas informações, o professor pode sugerir atividades que estão relacionadas com a construção de árvores de possibilidades por meio de situações-problema que levam em conta a repartição das peças do material didático "Blocos Lógicos", em relação aos valores dos divisores de 48.

Primeiramente, o professor divide os alunos em grupos menores, de até quatro, e disponibiliza um conjunto completo de peças dos "Blocos Lógicos".

Em seguida, o professor pede aos alunos que dividam o conjunto de peças de cada caixa de "Blocos Lógicos" em dois grandes grupos, indicando essa divisão por meio dos ramos (galhos) de uma árvore de possibilidades que eles devem construir. Em prosseguimento, o professor pede que os alunos indiquem nos galhos da árvore de possibilidades o quantitativo de peças que cada um dos ramos da árvore tem, bem como as características das peças desses grupos.

As peças do material didático "Blocos Lógicos" podem ser repartidas em dois grupos de duas maneiras distintas, segundo o atributo espessura - peças finas e peças grossas - ou o atributo tamanho - peças grandes e peças pequenas - representadas por árvores de possibilidades, como as que são mostradas a seguir:

Figura 8: Árvores de possibilidades da situação-problema 2.

Se os alunos apresentarem árvores de possibilidades que representam apenas uma das repartições de peças entre as duas que foram sugeridas acima, o professor deve questionar os alunos acerca de outra possibilidade segundo a qual todas as peças do material didático "Blocos Lógicos" podem ser separadas.

Situação-problema 3

Nesta situação-problema o professor pede que os alunos escrevam nos três "ramos" (galhos) da árvore de possibilidades - que foram por eles desenhados na ficha de atividades entregue - o que cada um dos galhos ali desenhados representa e o total de peças que há em cada galho.

Os galhos da árvore de possibilidades representam as três cores segundo as quais as peças do material didático "Blocos Lógicos" foram pintadas. Uma árvore de possibilidades deve ser construída, como a árvore que está desenhada a seguir:

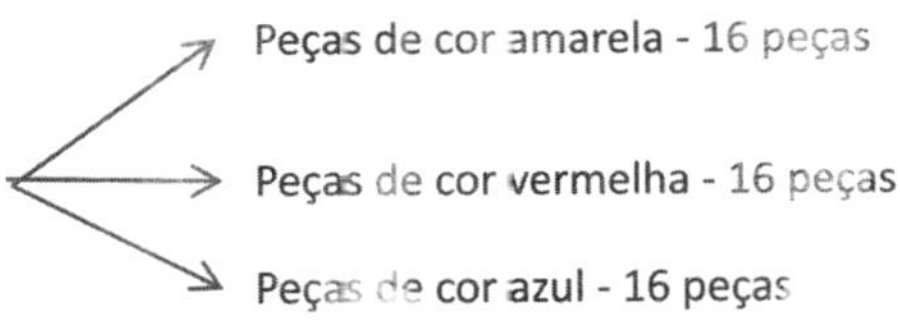

Figura 9: Árvore de possibilidades da situação-problema 3

Situação-problema 4

Nesta situação-problema, o professor pede para os alunos dividirem as peças do material didático “Blocos Lógicos” em quatro grandes grupos, em seguida, que representem essa divisão por meio de uma árvore de possibilidades que eles deveriam desenhar na ficha de atividades entregue, indicando o que cada um dos galhos da árvore representa, bem como que determinem a totalidade de peças que há em cada um dos galhos da árvore de possibilidades.

Os galhos da árvore de possibilidades representam as quatro formas como as peças foram construídas. Uma árvore de possibilidades, como a desenhada a seguir, pode representar a situação em questão:

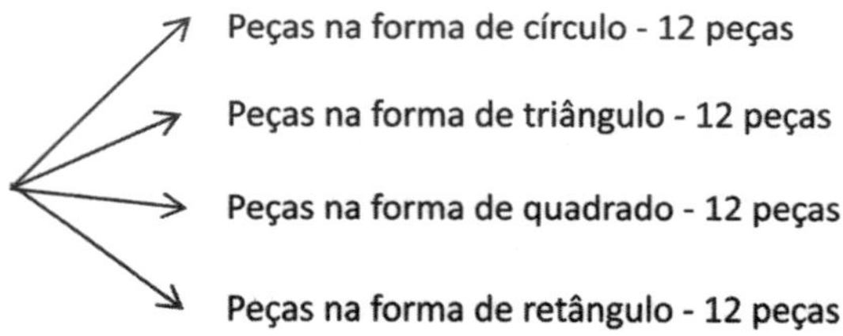

Figura 10: Árvore de possibilidades da situação-problema 4.

Situação-problema 5

Nesta situação-problema, o professor pede para que alguns grupos de alunos dividam todas as peças do material didático “Blocos Lógicos” em dois grandes grupos, em seguida, que cada um desses dois grupos se divida em três grupos cada.

Para os outros grupos de alunos, o professor pede que eles dividam a totalidade das peças do material didático “Blocos Lógicos” em três grandes grupos, em seguida, que cada um desses três grupos se divida em dois grupos cada.

Para cada um dos grupos de alunos que fizeram as tarefas acima, o professor pede que eles representem essas subdivisões das peças do material didático “Blocos Lógicos” segundo uma árvore de possibilidades, quantificando as totalidades de peças por galhos e folhas.

As árvores de possibilidades que os alunos deverão construir são iguais às árvores apresentadas nos desenhos mostrados a seguir, uma vez que 6 pode ser escrito como 6 = 2 x 3 ou escrito como 6 = 3 x 2.

Os alunos deverão registrar as características de cada um dos galhos e de cada uma das folhas da árvore de possibilidades, e a totalidade de peças que cada um deles possui.

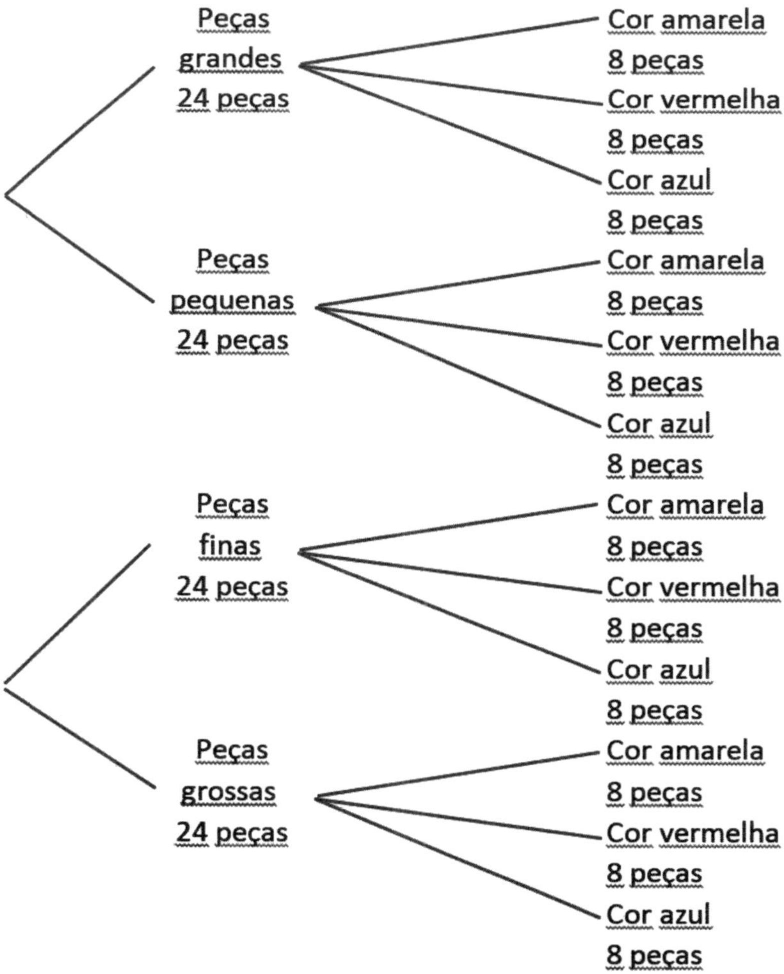

Figura 11: Árvores de possibilidades da situação-problema 5

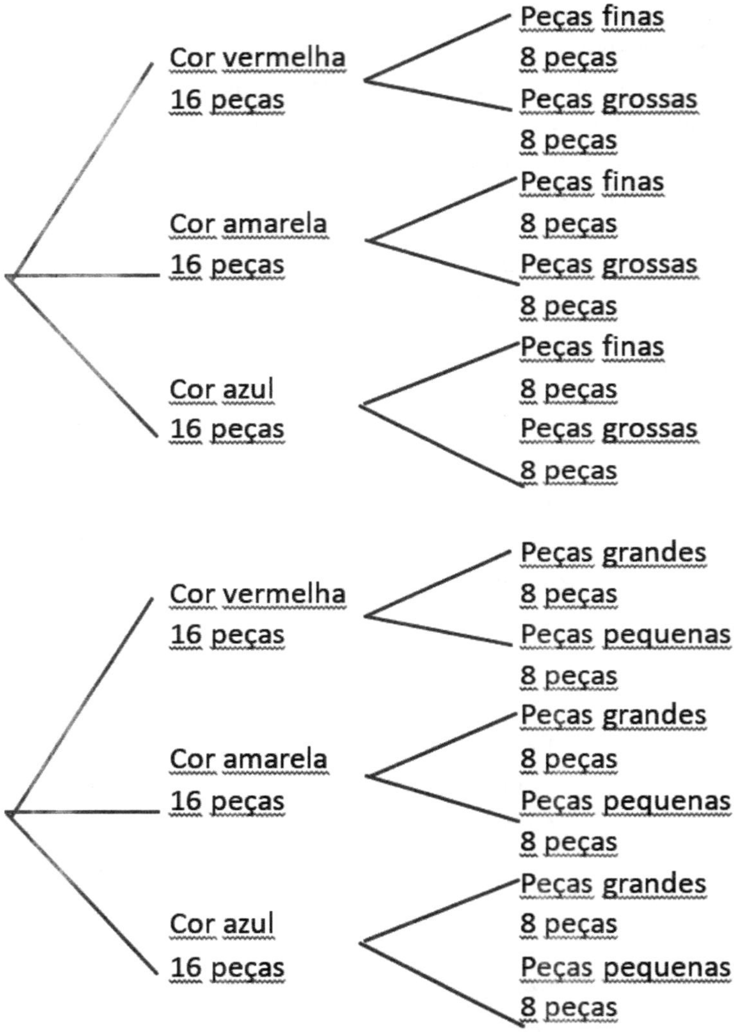

Figura 12: Árvores de possibilidades da situação-problema 5.

Para o professor

É preciso que o aluno aprenda a fazer a "leitura" das informações contidas em uma árvore de possibilidades. Assim, é preciso que ele saiba identificar o que cada um dos "ramos" e "folhas" da árvore está representando.

Por exemplo, na árvore de possibilidades acima, o professor pode perguntar o que os alunos entendem pela identificação – cor azul-Peças grandes – 8 peças, apontando para essa folha da árvore desenhada no quadro de giz (ou quadro branco). Espera-se que os alunos respondam que no material didático "Blocos Lógicos" há oito peças de tamanho grande na cor azul.

Situação-problema 6

Assim como na situação-problema anterior, o mesmo pode ser feito quando se escreve 8 = 2 x 4, ou seja, que é a divisão da totalidade de peças do material didático "Blocos Lógicos" em duas partes segundo os atributos tamanho ou espessura - peças grandes e peças pequenas ou peças finas e peças grossas -, em seguida, dividir cada um dos dois grupos em quatro partes - divisão das peças segundo o atributo forma: retângulos, quadrados, círculos e triângulos.

Ainda, quando se escreve 8 = 4 x 2: divisão da totalidade de peças do material didático "Blocos Lógicos" em quatro partes segundo o atributo forma - retângulos, quadrados, círculos e triângulos -, em seguida, dividir cada um desses quatro grupos de peças em duas partes, de acordo com os atributos de tamanho ou espessura - peças finas e peças grossas ou peças pequenas e peças grandes.

Ou então, quando se considera 12 = 2 x 6 = 2 x (3 x 2) = 2 x (2 x 3): a divisão da totalidade de peças do material didático "Blocos Lógicos" em duas partes segundo os atributos de tamanho ou espessura - peças grandes e peças pequenas ou peças finas e peças grossas. Em seguida, a divisão de cada um dos dois grupos em seis partes: divisão das peças segundo o atributo de espessura - peças finas e peças grossas - ou segundo o atributo de tamanho - peças pequenas e peças grandes (considerando a primeira repartição feita). Depois, dividi-las de acordo com o atributo de cor da peça: amarela, vermelha e azul.

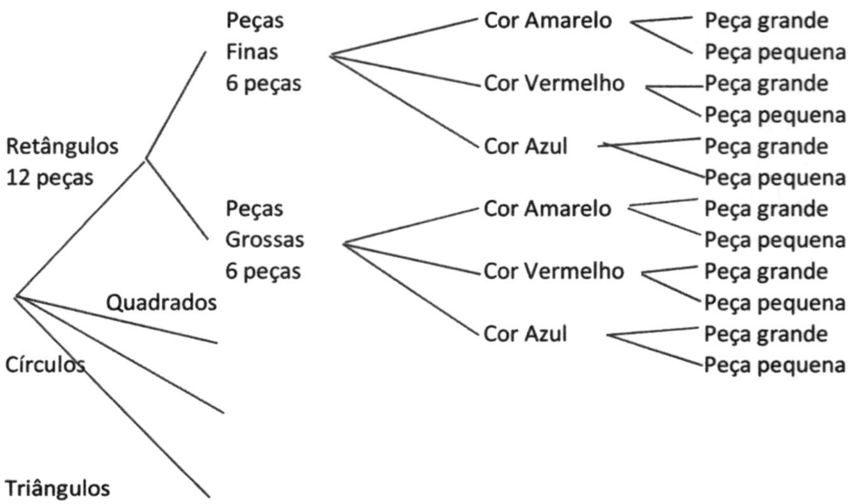

Ou então, dividir cada um dos dois grupos iniciais em três partes segundo o atributo de cor da peça - amarela, azul e vermelha -, em seguida, dividir cada uma dessas partes em duas novas partes de acordo com os atributos de espessura e tamanho - peças finas e peças grossas ou peças pequenas e peças grandes.

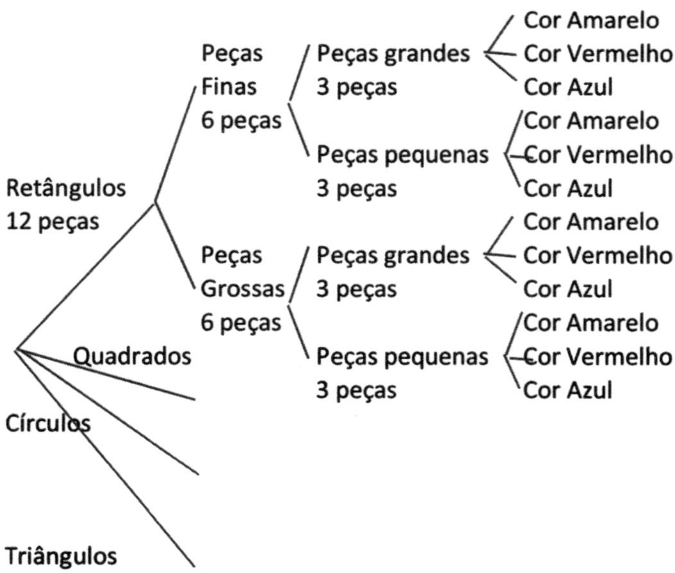

Ainda, quando se considera 12 = 6 x 2 = (2 x 3) x 2 = (3 x 2) x 2: divisão da totalidade de peças do material didático "Blocos Lógicos" em duas partes, em seguida, dividir cada um dos grupos em três partes e, depois, cada um desses grupos divididos em duas partes.

Ou então, a divisão da totalidade de peças do material didático "Blocos Lógicos" em três partes, em seguida, dividir cada um dos três grupos em duas partes e, depois, cada um desses grupos divididos em duas partes.

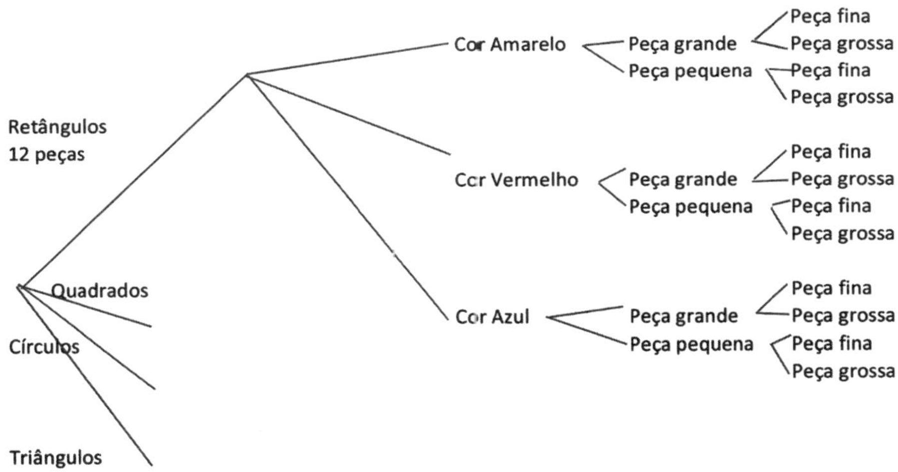

Na situação 8 = 2 x 4 = 4 x 2, o professor pode aproveitar para utilizar a representação gráfica na forma de produto cartesiano, até mesmo as árvores de possibilidades ou, ainda, escrever os agrupamentos sob a forma de enumeração dos elementos de um conjunto, a saber:

A x B = {{fino, círculo}, {fino, triângulo}, {fino, quadrado}, {fino, retângulo}, {grosso, círculo}, {grosso, triângulo}, {grosso, quadrado}, {grosso, retângulo}}.

Pede-se ao professor especial atenção para o fato de que os elementos do produto cartesiano A x B, acima indicado, são conjuntos (agrupamentos de peças). Cada um desses conjuntos contém seis peças.

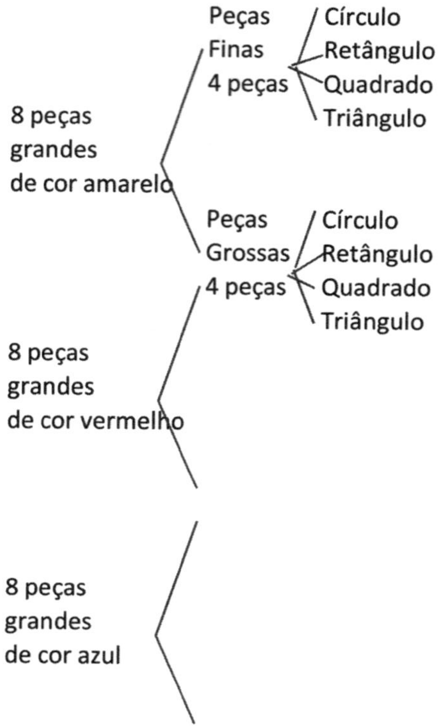

As peças têm atributos diferentes daqueles que foram objeto do produto cartesiano, por exemplo: se o conjunto A possui o atributo espessura (peças finas ou peças grossas) e B possui o atributo forma (círculo, triângulo, quadrado, retângulo), o produto cartesiano A x B é um conjunto que possui seis elementos, cada um dos conjuntos com peças que têm os atributos tamanho (peças pequenas, peças grandes) e cor da peça (amarela, vermelha, azul), a saber:

Quando se considera o conjunto (agrupamento) {fino, círculo}, têm-se as seguintes peças:

círculo - espessura fina - tamanho pequeno da peça - cor amarela; círculo - espessura fina - tamanho pequeno da peça - cor azul; círculo - espessura fina - tamanho pequeno da peça - cor vermelha; círculo - espessura fina - tamanho grande da peça - cor amarela; círculo - espessura fina - tamanho grande da peça - cor azul;

círculo - espessura fina - tamanho grande da peça - cor vermelha.

A figura abaixo é de uma árvore de possibilidades cujas possibilidades estão, também, presentes no produto cartesiano A x B apresentado conforme acima.

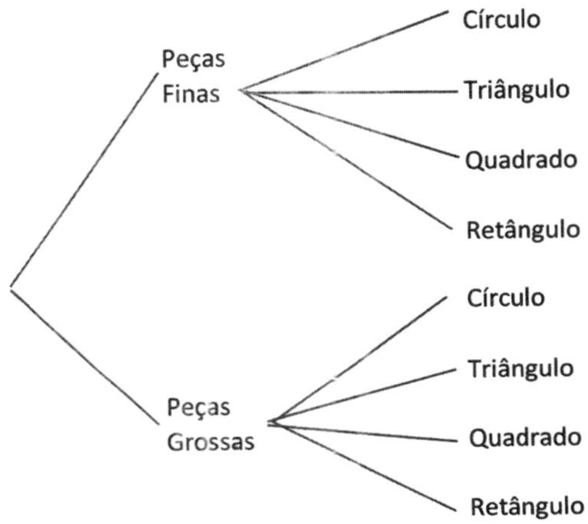

Figura 12: Árvores de possibilidades da situação-problema 6

De maneira semelhante à análise feita acima, a árvore de possibilidades desenhada abaixo poderia também ser considerada:

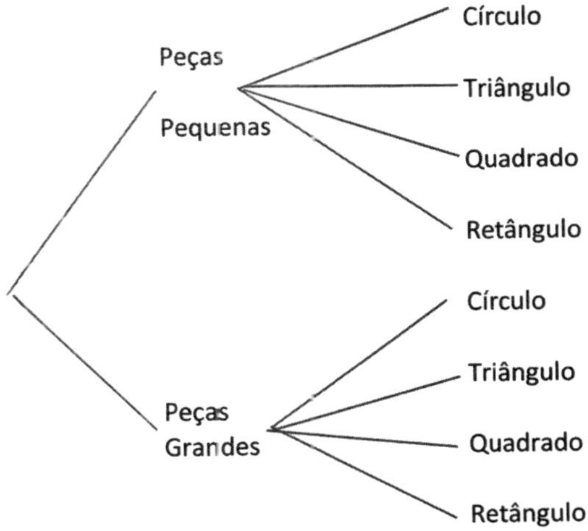

Figura 13: Árvores de possibilidades da situação-problema 6

Situação-problema 7

Como nas situações-problema 4 e 5, o mesmo pode ser feito quando escrevemos:

16 = 2 x 2 x 4 = 2 x 4 x 2 = 4 x 2 x 2

24 = 2 x 3 x 4 = 2 x 4 x 3 = 3 x 2 x 4 = 3 x 4 x 2 = 4 x 3 x 2 = 4 x 2 x 3 = 2 x 8 x 3 = 2 x 3 x 8

48 = 2 x 2 x 3 x 4 =2 x 2 x 4 x 3 = 3 x 2 x 2 x 4 = 3 x 4 x 2 x 2 = 3 x 2 x 4 x 2.

Para o professor

É preciso que o professor faça reflexões com os alunos a respeito dos fatores presentes em cada um dos produtos. Por exemplo, 24 = 2 x 3 x 4 pode indicar a repartição de todas as peças finas segundo o atributo de tamanho, em seguida, ele pode repartir cada grupo segundo o atributo de cor e, por fim, repartir cada um dos grupos segundo o atributo de forma.

Cada conjunto de 16 peças é formado por peças de uma mesma cor. Assim, quando se considera cada um dos produtos 16 = 2 x 2 x 4; 16 = 2 x 4 x 2; 16 = 4 x 2 x 2, o professor pode questionar os alunos quanto às possibilidades de repartir as 16 peças do material didático "Blocos Lógicos" segundo os produtos indicados acima.

Assim, cabe perguntar:

Haveria mais alguma possibilidade de repartir as 16 peças?

Quantas e quais são essas possibilidades?

Considere a seguinte legenda:

FG – peças finas e grossas; PG – peças pequenas e grandes; FO – formas, para fazer as possíveis repartições das peças.

Assim, é possível considerar:

2 x 2 x 4: (PG; FG; FO)

2 x 4 x 2: (PG; FO; FG)

2 x 2 x 4: (FG; PG; FO)

2 x 4 x 2: (FG; FO; PG)

4 x 2 x 2: (FO; FG; PG)

4 x 2 x 2: (FO; PG; FG)

Situação-problema 8

Nesta situação-problema, sugerimos ao professor que apresente o desenho de algumas árvores de possibilidades e peça que os alunos indiquem os atributos em cada um dos galhos das árvores de possibilidades, bem como façam a indicação do total de peças presentes em cada uma das folhas.

Depois, é conveniente que os alunos indiquem cada uma dessas totalidades segundo o resultado de uma expressão numérica multiplicativa em que os fatores presentes nos produtos guardem estreita relação com os quantitativos de galhos e o total de peças em cada um dos galhos.

Como exemplos, sugerimos ao professor que proceda com os alunos tal qual é indicado em cada uma das árvores de possibilidades desenhadas em seguida (as árvores devem ser apresentadas aos alunos apenas com os galhos, sem qualquer indicação):

(a) - 4 = 2 x 2:

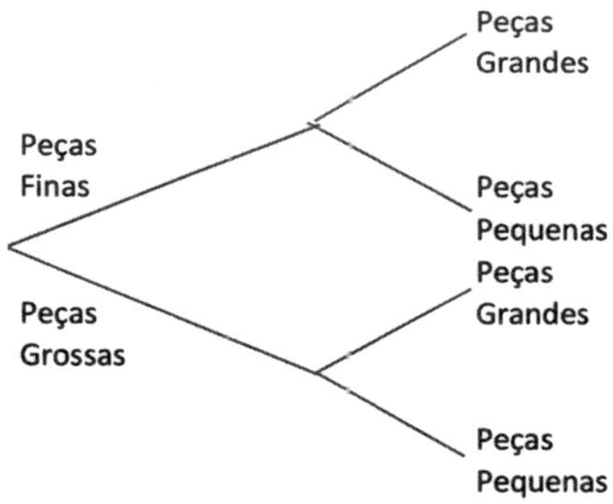

Figura 14: Árvore de possibilidades da situação-problema 8 (a)

A totalidade de peças dos "Blocos Lógicos" deve ser distribuída pelos alunos em um grupo segundo uma das quatro formas, em seguida, esse grupo deve ser repartido segundo uma das cores (ou segundo a ordem inversa). Ao final, sobram quatro peças, que podem ser distribuídas segundo a árvore de possibilidades acima ou, então, trocando o atributo espessura pelo atributo tamanho e o atributo tamanho pelo atributo espessura.

Assim, 4 = 2 x 2. São escolhidas uma forma e uma cor, por exemplo, para os círculos amarelos, há dois círculos amarelos finos e dois círculos amarelos grossos. Dos dois círculos amarelos finos, há um no tamanho grande e outro no tamanho pequeno.

(b) - 12 = 3 x 2 x 2

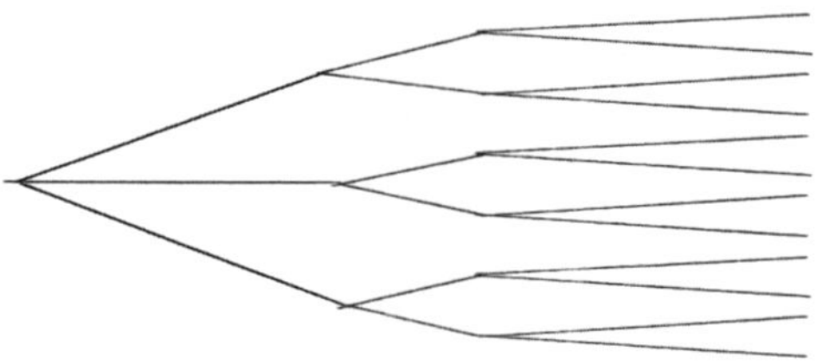

Figura 15: Árvores de possibilidades da situação-problema 8 (b)

A totalidade de peças dos "Blocos Lógicos" deve ser distribuída pelos alunos em um grupo segundo uma das quatro formas.

É escolhida uma forma, por exemplo, para os círculos, há quatro deles na cor amarela, quatro na cor vermelha e quatro na cor azul. Assim, têm-se 12 peças que podem ser distribuídas segundo a árvore de possibilidades acima.

Logo, 12 = 3 x 2 x 2. É escolhida uma forma, assim, esse conjunto de peças deve ser distribuído pelas três cores, por exemplo, círculos amarelos. Há quatro círculos amarelos finos e dois círculos amarelos grossos. Dos dois círculos amarelos finos, há um no tamanho grande e outro no tamanho pequeno.

(c) - 8 = 4 x 2

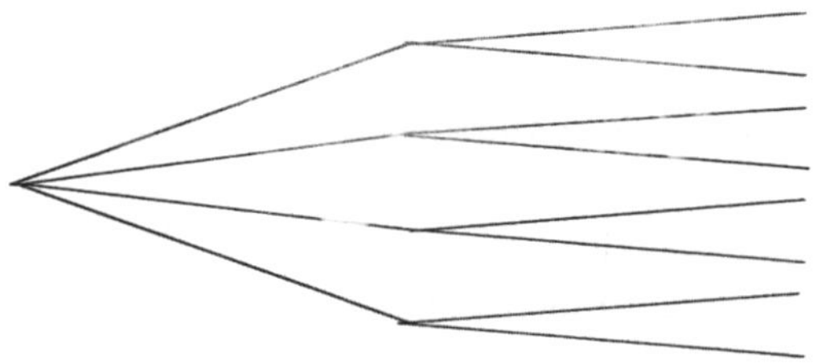

Figura 16: Árvores de possibilidades da situação-problema 8 (c)

A totalidade de peças dos "Blocos Lógicos" deve ser distribuída pelos alunos em um grupo segundo uma das três cores.

Escolhida uma cor, por exemplo, vermelha, há oito delas no tamanho grande e oito no tamanho pequeno. Assim, têm-se oito peças que podem ser distribuídas segundo a árvore de possibilidades acima.

Logo, 8 = 4 x 2. São escolhidas todas as peças, havendo dois retângulos, dois círculos, dois quadrados e dois triângulos. Para cada um dos atributos de forma, há uma peça na espessura fina e outra peça na espessura grossa.

É claro que o professor também poderá sugerir novas experiências para a classificação de outros diferentes objetos que não seja unicamente com as peças dos Blocos Lógicos segundo a utilização em conjunto com o uso de árvores de possibilidades.

Assim, o professor poderá caracterizar os atributos que julgar conveniente, desde que não utilize um quantitativo muito grande de peças (ou objetos) que inviabilize desenhar uma árvore.

Como uma sugestão de possibilidades de repartição de um quantitativo de peças (objetos) não muito grande, o professor pode trabalhar com os seguintes produtos:

$3 \times 4 \times 3 = 36$ ou $2 \times 3 \times 6 = 36$ ou $2 \times 2 \times 9 = 36$

Situação-problema 9

Considere o atributo forma com as peças do material didático "Blocos Lógicos": quadrados, retângulos, triângulos e círculos.

Utilizando somente peças grossas e pequenas, o professor pode indagar os alunos quanto à totalidade de possibilidades que se têm para "montar" diferentes "casinhas", como as que estão desenhadas a seguir.

Para cada um dos desenhos abaixo, o professor deve pedir aos alunos que construam árvores de possibilidades representativas da repartição das peças do material didático "Blocos Lógicos" que permitam poder construir cada uma das possíveis casinhas (como cada uma que foi desenhada) e calculem o total de possibilidades em que essas construções podem ser feitas.

Figura 17: "Casinha" para a resolução da situação-problema 9 (a)

a) Com quadrados e triângulos, cujas medidas dos lados sejam iguais – tal qual mostra a figura acima –, quantas diferentes casinhas é possível montar?

b) Explique como você fez para obter o resultado acima?

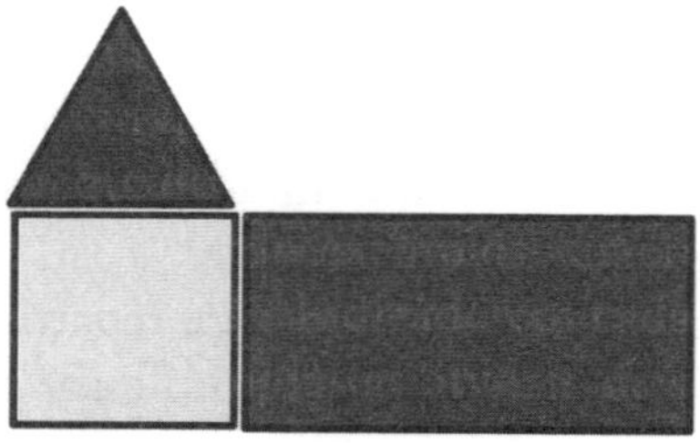

Figura 18: "Casinha" para a resolução da situação-problema 9 (b)

c) Com quadrados, triângulos e retângulos, cujas medidas dos lados sejam iguais – tal qual mostra a figura acima –, quantas diferentes casinhas é possível montar?

d) Explique como você fez para obter o resultado acima?

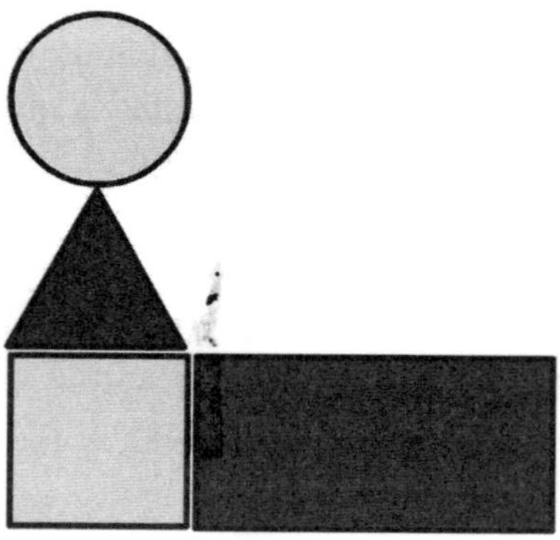

Figura 19: "Casinha" para a resolução da situação-problema 9 (c)

e) Com círculos, quadrados, triângulos e retângulos, cujas medidas dos lados sejam iguais – tal qual mostra a figura acima –, quantas diferentes casinhas é possível montar?

f) Explique como você fez para obter o resultado acima?

Ao professor, pede-se que reflita sobre a amplitude e a variedade de possibilidades que se têm para explorar atividades tais quais as que foram apresentadas acima com seus alunos.

Tanto os momentos de análise quantitativa das possibilidades de ramificação de cada um dos galhos e das "folhas terminais" - especificação dos elementos constitutivos - quanto a fase de construção de uma árvore de possibilidades constituem-se de importantes momentos de reflexão e de tomadas de decisão pelos alunos.

Esses momentos, por sua vez, vêm ao encontro das múltiplas oportunidades que permitem o desenvolvimento do raciocínio combinatório.

Portanto, consideramos muito importante que o professor conheça algumas maneiras com as quais ele pode oferecer a seus alunos a oportunidade deles explorarem algumas atividades que têm o propósito de construir representações gráficas que contabilizam todas as possibilidades que atendem à solução de um problema de contagem, como aqueles que foram sugeridas aqui.

É preciso que o professor faça uso de atividades com um pequeno quantitativo de objetos (como as que foram aqui propostas) e também leve em conta a quantidade (também pequena) de agrupamentos-solução (possibilidades) que atendem à solução de um problema de contagem quando for explorar a construção e a análise de uma representação gráfica, como uma árvore de possibilidades, por exemplo.

Explorar a construção e as informações contidas em uma árvore de possibilidades configura-se um procedimento didático que será muito útil ao aluno quando ele se encontrar diante da necessidade de resolver muitos outros problemas de contagem, complexos ou não.

O conhecimento acerca da relação direta que há entre uma árvore de possibilidades e uma árvore de probabilidades – conteúdo que será abordado formalmente no ensino médio – também pode ser desenvolvido desde as primeiras atividades de contagem propostas.

Turmas em que essas atividades podem ser aplicadas: 4º, 5º ou 6º anos do ensino fundamental.

Material a ser utilizado: Conjuntos do material didático "Blocos Lógicos", fita crepe, folha de papel pardo grande, ficha de atividades.

Objetivos

Um dos objetivos das fichas de atividades é permitir que o aluno se aproprie de conhecimentos necessários à construção de árvores de possibilidades mediante o manuseio de peças do material didático "Blocos Lógicos".

Depois, em prosseguimento à apresentação de uma árvore de possibilidades - já previamente construída, e contando com o material didático "Blocos Lógicos" - tem-se o propósito de que os alunos identifiquem quais os tipos de peças, e totalidade delas, que podem ser usados para a identificação dos galhos e das "folhas terminais" da árvore de possibilidades.

ANEXO B

Respostas das situações-problema propostas no Capítulo 5

1. Respostas para as atividades propostas para os alunos do 4º Ano Ensino Fundamental

Atividades para o mês de março
Situação-problema 1

(a)

Branco \ Verde	V	B
V	(V,V)	(V,B)
B	(B,V)	(B,B)

(b)

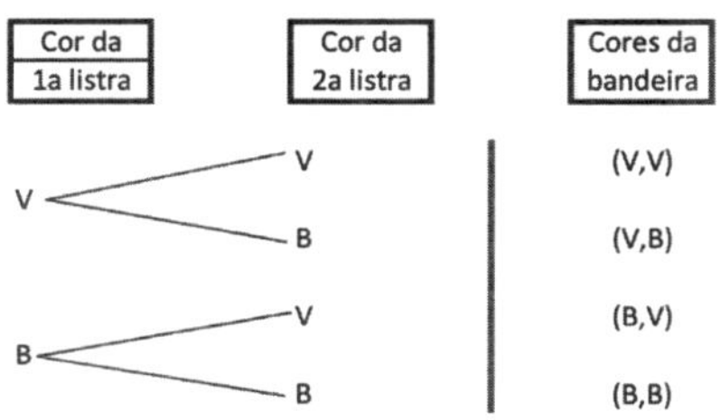

Situação-problema 2

(a)

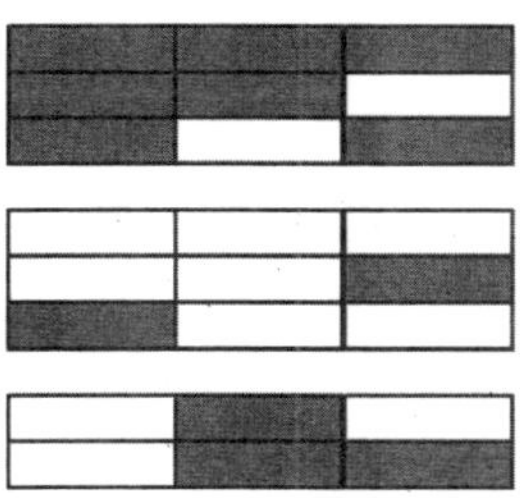

(b)

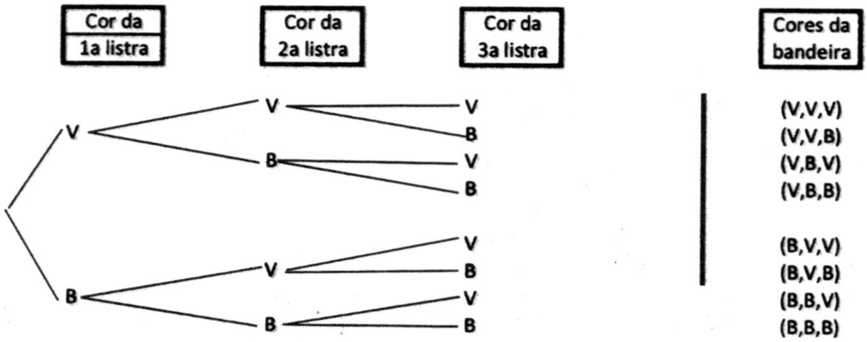

Atividades para o mês de abril

Situação-problema 1

(a)

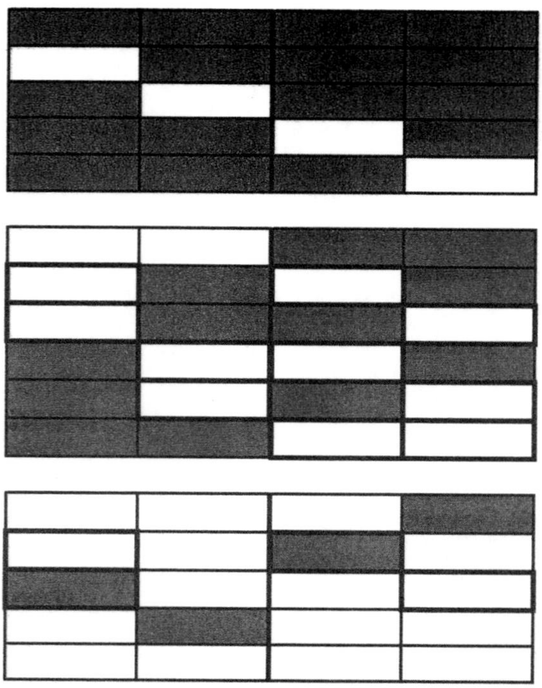

(b)

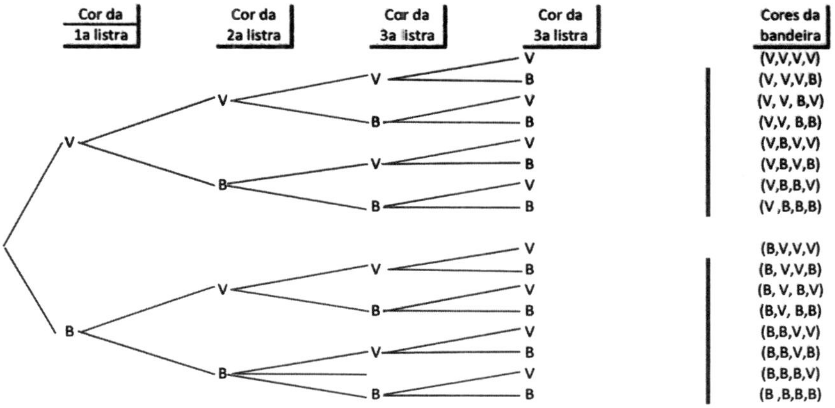

Situação-problema 2

(a) 2.3.1.1 = 6
(b) 2.2.1.1 = 4

Atividades para o mês de maio
Situação-problema 1

(a)

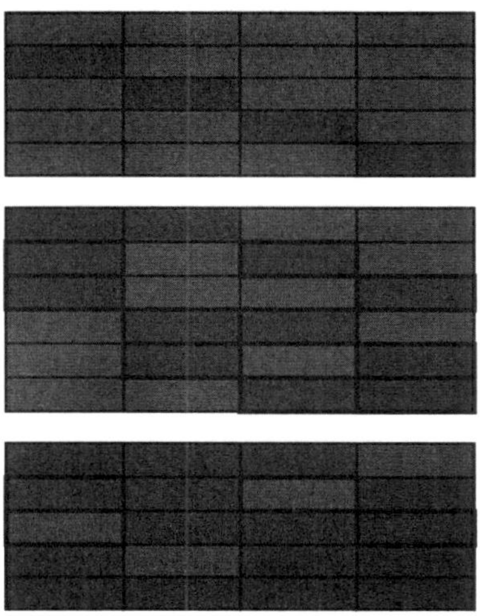

(b) Sim. Não faltam trevos para ser pintados.

(c) Inicialmente, todas as folhas de cor verde; depois, uma folha de cor vermelha e as demais de cor verde; depois, duas folhas de cor verde e duas folhas de cor vermelha; depois, três folhas de cor vermelha e uma folha de cor verde; finalmente, todas as folhas de cor vermelha.

(d) 2.2.2.2 = 16

(e) (VD,VM,VM,VM)

(f) 2.1.2.1 = 4

(g) (VD,VM,VD,VM), (VD,VM,VM,VM), (VM,VM,VD,VM), (VM,VM,VM,VM)

(h) Construa uma árvore de possibilidades.

(i) 8 + 8 =16

(j) de quatro folhas com a 2ª folha pintada de vermelho e as demais folhas pintadas de verde.

(k) 16

(l) 2.2.2.2 = 16

(m) 2.2.1.1 (1ª e 3ª folhas de cores iguais e 2ª e 4ª folhas de cores iguais) + 2.2.1.1 (somente a 1ª e 3ª folhas têm cores iguais) + 2.2.1.1. (somente a 2ª e a 4ª folhas têm cores iguais) = 4 + 4 + 4 = 12 ou 2.2.1.2 + 2.2.1.1 = 8 + 4 = 12.

(n)

(VD,VD,VD,VD)
(VM,VD,VD,VD)
(VD,VM,VD,VD)
(VD,VD,VM,VD)
(VD,VD,VD,VM)

(VM,VD,VM,VD)
(VD,VM,VD,VM)

(VM,VM,VM,VD)
(VM,VM,VD,VM)
(VD,VM,VM,VM)
(VM,VD,VM,VM)
(VM,VM,VM,VM)

(o) Primeiramente, considerando que 2.2.1.1 indica o total de trevos em que a 1ª e 3ª folhas têm cores iguais e, no mesmo trevo, que a 2ª e 4ª folhas também têm cores iguais. Depois, considerando que 2.2.1.1 indica o total de trevos em que somente a 1ª e 3ª folhas têm cores iguais, considerando que 2.2.1.1 indica o total de trevos em que somente a 2ª e 4ª folhas têm cores iguais e, por fim, determinando o total de possibilidades: 4 + 4 + 4 = 12.

De outro modo, pode-se considerar que a 1ª e 3ª folhas têm cores iguais e que 2ª e 4ª folhas têm cores iguais e cores diferentes: 2.2.1.2 + 2.2.1.1 (com a 1ª e 3ª folhas de cores diferentes) = 8 + 4 = 12.

(p) 2.2.1.1 = 4 possibilidades

(q) (VD,VD,VM,VM)
(VD,VM,VM,VD)
(VM, VD,VD,VM)
(VM,VM,VD,VD)

Situação-problema 2

Abaixo, foram desenhadas nove bandeiras com mastros, cada uma delas contendo duas listras horizontais que devem ser pintadas.

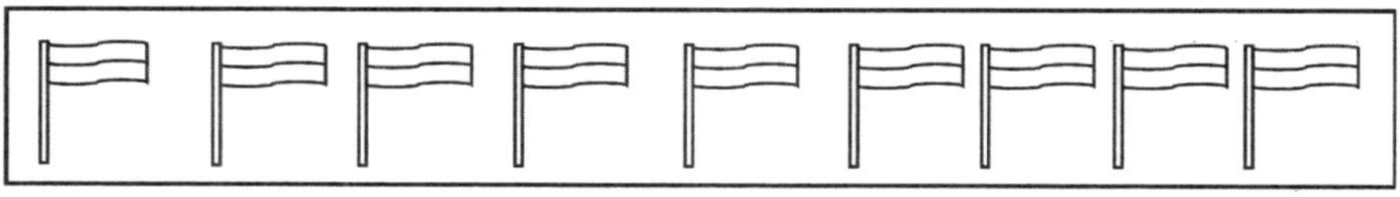

(a) Resposta pessoal
(b) Sim
(c) Sim
(d) Falta desenhar e pintar sete bandeiras.
(e) Resposta pessoal
(f) 4.4 = 16
(g) Para a 1ª listra, há quatro opções de cores e para a 2ª listra, há as mesmas quatro opções de cores para a pintura.
(h) 4.1 = 4
(i) 4.3 = 12
(j) Construa uma árvore de possibilidades.

Atividades para o mês de junho
Situação-problema 1

(a) Resposta pessoal
(b) Não
(c) Sobraram cinco trevos sem ser pintados.
(d) A primeira folha foi pintada na cor verde (mas poderia ser pintada de qualquer uma das outras duas cores), em seguida, para a 2ª e 3ª folhas, foram usadas as cores verde, vermelha e amarela uma única vez ou repetindo as cores. Em seguida, o procedimento é repetido para o caso em que a 1ª folha do trevo é pintada de amarelo. Finalmente, repete-se o procedimento quando a 1ª folha do trevo é pintada na cor vermelha, finalizando as pinturas.
(e) Construa uma árvore de possibilidades.
(f) 1.3.3 = 9 modos
(g) 1.1.3 = 3 modos
(h) 9 + 9 + 9 = 27
(i) Três maneiras
(j) Três maneiras
(k) De cada um dos galhos da árvore de possibilidades, abrem-se três novos galhos da árvore, conforme as opções de escolhas de novas cores para a próxima folha do trevo a ser pintada.
(l) 3.3.1 = 9 possibilidades
(m) 3.3.2 = 18 possibilidades
(n) Construa uma árvore de possibilidades a partir do resultado obtido no item (m).
(o) Construa uma árvore de possibilidades a partir do resultado obtido no item (l).

Situação-problema 2
(a)

Lado a	Lado b	Lado c
BR-BR	SV	SV
SV	BR-BR	SV
SV	SV	BR-BR
BR	BR	SV
BR	SV	BR
SV	BR	BR

(b) 3 + 3 = 6
(c) (BR-BR, SV, SV), (SV, BR-BR, SV), (SV, SV, BR-BR)
(BR, SV, BR), (BR, BR, SV), (SV, BR, BR).

Atividades para o mês de agosto
Situação-problema 1

(a)

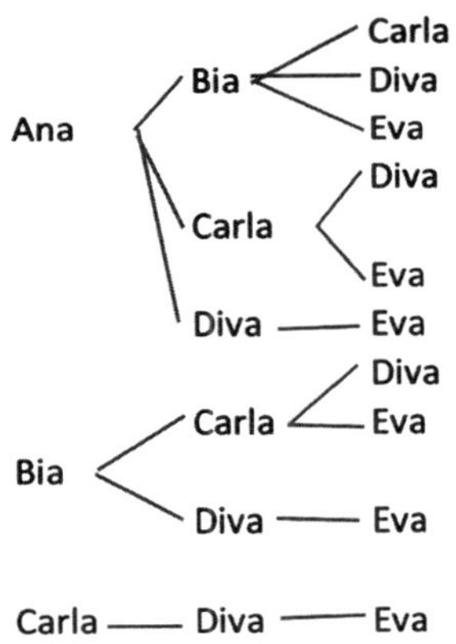

(b) Em seis trios.

(c) Como Diva participa do trio, resta escolher mais duas amigas entre as quatro amigas restantes. Isso pode ser feito de modos. Essa solução é para os leitores e professores, não para os alunos do 4º ano.

Para os alunos do 4º ano, possivelmente eles venham a construir uma árvore de possibilidades que mostre as escolhas de duas amigas, entre as quatro amigas restantes.

(d) diferentes trios de alunos. Essa solução é para os leitores e professores, não para os alunos do 4º ano.

Para os alunos do 4º ano, possivelmente eles venham a construir uma árvore de possibilidades que mostre as escolhas de três amigas, entre as quatro amigas restantes.

Situação-problema 2

(a) 6

(b) 3.2.1 = 6 ou 2 + 2 + = 6

(c)

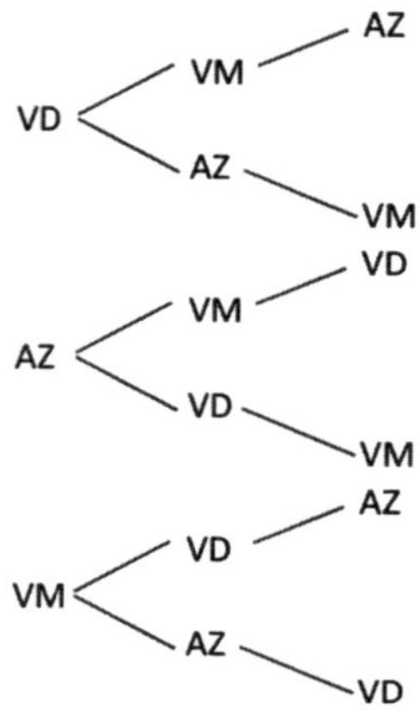

Atividades para o mês de setembro
Situação-problema 1

(a)

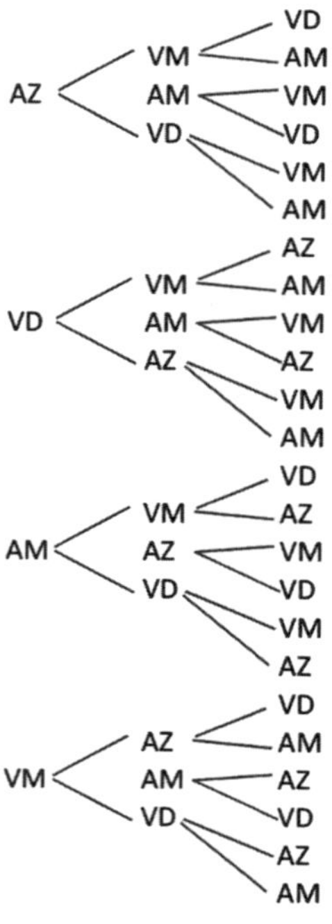

(b)

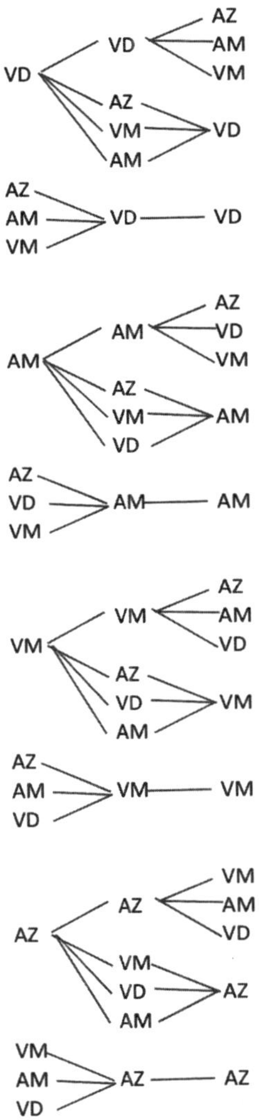

Situação-problema 2

(a)

	P1	P2	P3	P4	P5
P1	(P1,P1)	(P1,P2)	(P1,P3)	(P1,P4)	(P1,P5)
P2	(P2,P1)	(P2,P2)	(P2,P3)	(P2,P4)	(P2,P5)
P3	(P3,P1)	(P3,P2)	(P3,P3)	(P3,P4)	(P3,P5)
P4	(P4,P1)	(P4,P2)	(P4,P3)	(P4,P4)	(P4,P5)
P5	(P5,P1)	(P5,P2)	(P5,P3)	(P5,P4)	(P5,P5)

(b)

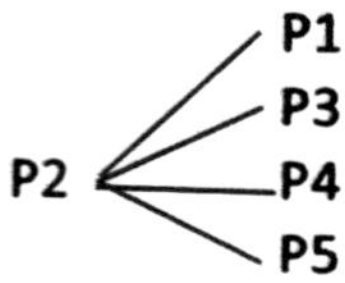

(c) 4

(d) 1.4 = 4 ou 1 + 1 + 1 = 1 = 4

(e)

	P1	P2	P3	P4	P5
P1	(P1,P1)	(P1,P2)	(P1,P3)	(P1,P4)	(P1,P5)
P2	(P2,P1)	(P2,P2)	(P2,P3)	(P2,P4)	(P2,P5)
P3	(P3,P1)	(P3,P2)	(P3,P3)	(P3,P4)	(P3,P5)
P4	(P4,P1)	(P4,P2)	(P4,P3)	(P4,P4)	(P4,P5)
P5	(P5,P1)	(P5,P2)	(P5,P3)	(P5,P4)	(P5,P5)

(f) 5.1 = 5

(g) 5.4 = 20

(h) 25

(i) 5.5 = 25 ou 5 + 5 + 5 + 5 = 25

Atividades para o mês de outubro

Situação-problema 1

(a)

	0		1		2		3		4		5		6	
0	0	0												
1	1	0	1	1										
2	2	0	2	1	2	2								
3	3	0	3	1	3	2	3	3						
4	4	0	4	1	4	2	4	3	4	4				
5	5	0	5	1	5	2	5	3	5	4	5	5		
6	6	0	6	1	6	2	6	3	6	4	6	5	6	6

(b) 7

(c)

número de participantes	número de peças para cada participante
2	14
4	7
7	4
14	2

(d)

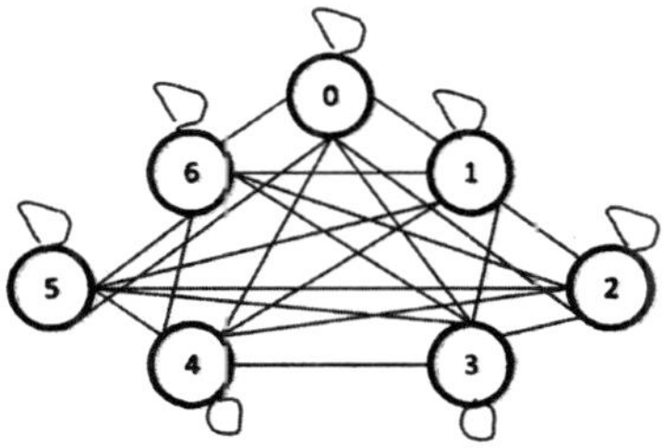

(e) 7
(f) 21
(g) 7 + 21 = 28

Situação-problema 2

(a)

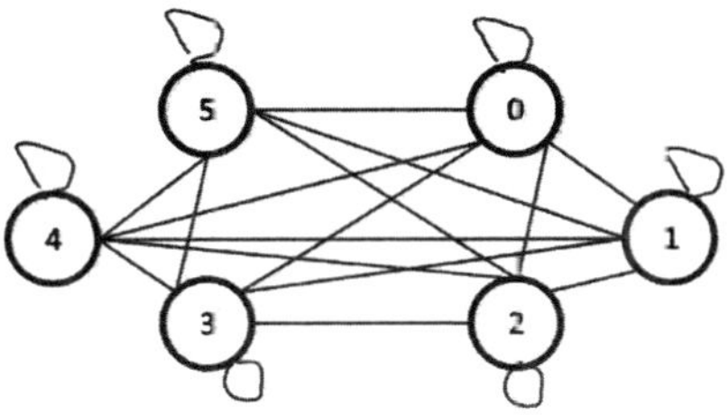

(b) 6
(c) 15
(d)
(e)

número de participantes	número de peças para cada participante
3	7
7	3

Atividades para o mês de novembro

Situação-problema 1

(a)

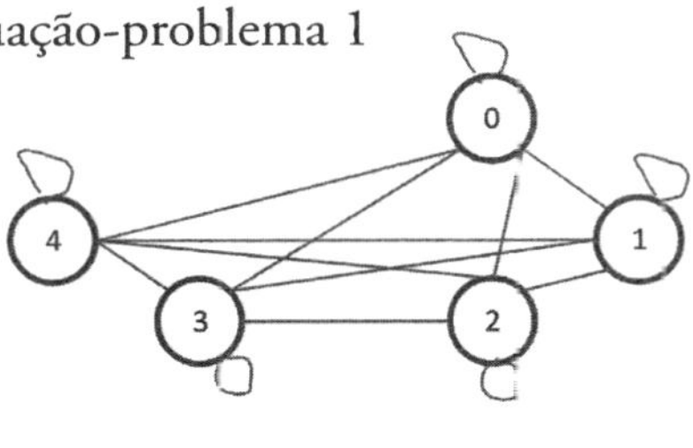

(b) 5
(c) 10
(d) 5 + 10 = 15
(e)

número de participantes	número de peças para cada participante
3	5
5	3

Situação-problema 2

(a)

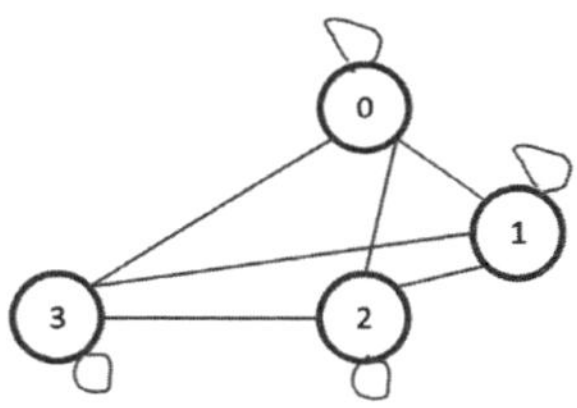

(b) 4
(c) 6
(d) 4 + 6 =10
(e)

número de participantes	número de peças para cada participante
2	5
5	2

(f)

Algarismos do jogo de dominó	Total de peças do jogo de dominó	Quantidade máxima possível de participantes	Quantidade mínima de peças para cada participante	Quantidade máxima de peças para cada participante
0,1,2,3,4,5,6	28	14	2	14
0,1,2,3,4,5	21	7	3	7
0,1,2,3,4	15	5	3	5
0,1,2,3	10	5	2	5

(g) Sim
(h) Talvez porque seja possível organizar os participantes ao redor de uma mesa de quatro lugares e, em outra situação, apenas dois amigos po-

dem enfrentar-se.

(i) As apresentadas na resposta do item (g).

(j) 8 + 28 = 36

(k) 2, 3, 4, 6, 9, 12 ou 18 jogadores

(l) 9 + 36 = 45

(m) 3, 5, 9 ou 15 jogadores

(n) Total de peças com números iguais: 8; total de peças com números diferentes: $\frac{8.7}{2.1} = 28$; total de peças: 8 + 28 = 36.

Total de peças com números iguais: 9; total de peças com números diferentes: $\frac{9.8}{2.1} = 36$; total de peças: 9 + 36 = 45.

2. Respostas para as atividades propostas para os alunos do 5º ano do ensino fundamental

Atividades para o mês de março
Situação-problema 1

(a)

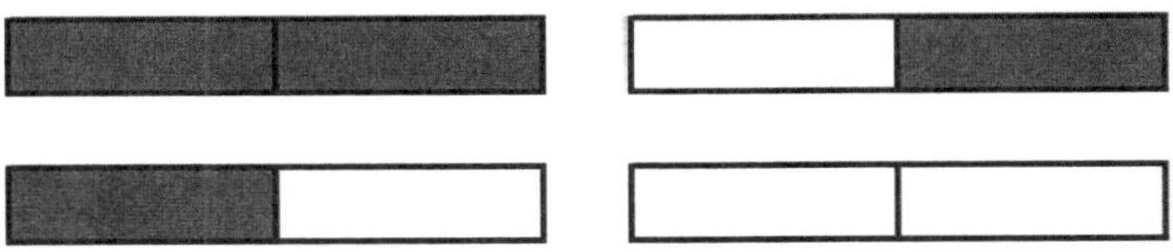

(b) Não. Quatro bandeiras devem ser desconsideradas na contagem de bandeiras distintas.

(c) Quatro

(d) Duas bandeiras

(e) Três bandeiras: Não pintar uma listra: duas possibilidades; não pintar as duas listras: uma possibilidade. Total de três possibilidades.

(f) A primeira decisão pode recair sobre as possibilidades de pintar ou não a primeira lista: isso pode ser feito de dois modos; para cada uma dessas possibilidades, há dois modos de decidir o que fazer em relação à segunda listra, totalizando 2.2 = 4 modos distintos de visualizar a bandeira quando se dispõe uma cor.

(g)

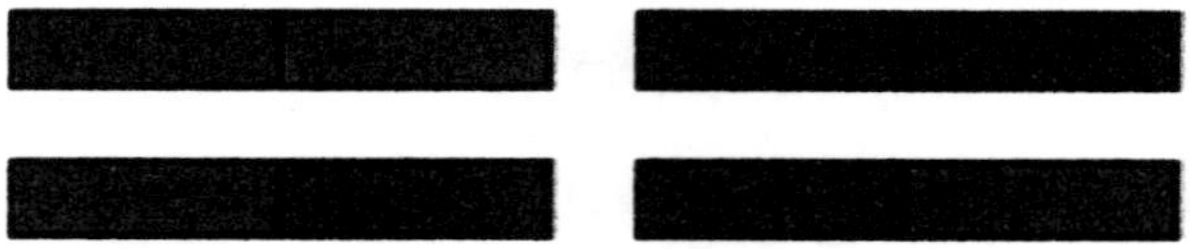

(h) 2.2 = 4

(i) A primeira decisão pode recair sobre as possibilidades de pintar a primeira lista: isso pode ser feito de dois modos, conforme a disponibilidade de duas cores distintas; para cada uma dessas possibilidades, há dois modos de decidir o que fazer em relação à pintura da segunda listra, totalizando 2.2 = 4 modos distintos de visualizar a bandeira quando se dispõem duas cores e as listras não podem ficar sem ser coloridas.

(j) Quantas: 2.2 = 4

Quais bandeiras:

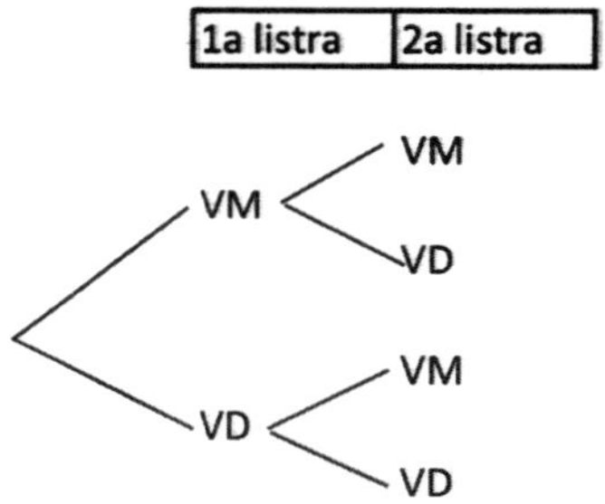

(k)

	VERDE	VERMELHO
VERDE	(VERDE, VERDE)	(VERDE, VERMELHO)
VERMELHO	(VERMELHO, VERDE)	(VERMELHO, VERMELHO)

(l) A primeira listra foi pintada com a cor verde e a segunda listra foi pintada com a cor vermelha.

(m) A primeira listra foi pintada com a cor vermelha e a segunda listra foi pintada com a cor verde.

(n) Toda a bandeira foi pintada de verde.

(o) 4.4 = 16

	VERDE	VERMELHO	AMARELO	AZUL
VERDE	(VERDE, VERDE)	(VERDE, VERMELHO)	(VERDE, AMARELO)	(VERDE, AZUL)
VERMELHO	(VERMELHO, VERDE)	(VERMELHO, VERMELHO)	(VERMELHO, AMARELO)	(VERMELHO, AZUL)
AMARELO	(AMARELO, VERDE)	(AMARELO, VERMELHO)	(AMARELO, AMARELO)	(AMARELO, AZUL)
AZUL	(AZUL, VERDE)	(AZUL, VERMELHO)	(AZUL, AMARELO)	(AZUL, AZUL)

(p)

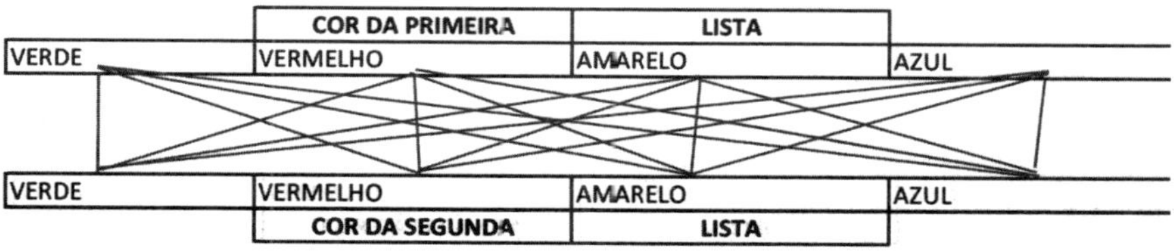

(q)

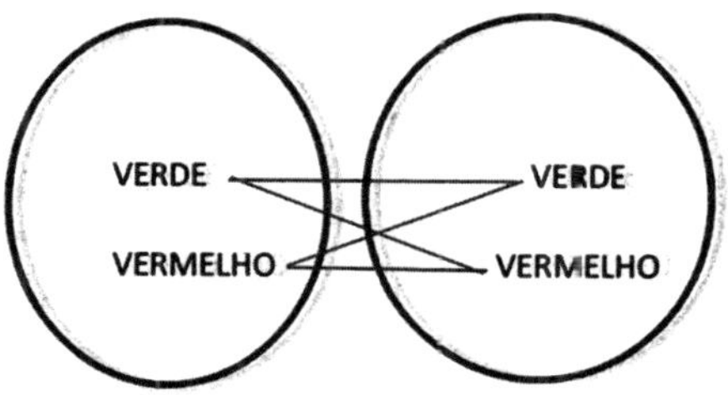

2.2 = 4

(r)

(s) 4.4 = 16

Situação-problema 2

(a) 2 (pintar de verde ou deixar em branco).2.2.2 = 16

(b) 1.2.2.2 = 8

(c) Para as demais três folhas, há duas possibilidades para cada uma delas: pintar de verde ou deixar em branco, sem pintura.

(d) 1.1.2.2 = 4

(e) Para as demais duas folhas, há duas possibilidades para cada uma delas: pintar de verde ou deixar em branco, sem pintura.

Atividades para o mês de abril

Situação-problema 1

(a) Construa uma árvore de possibilidades; 2.3 = 6 possibilidades de Ana se vestir.

(b) Construa uma tabela de dupla entrada.

(c) 2.3 = 6

(d) 3.4 = 12

Situação-problema 2

(a) Construa uma árvore de possibilidades; 3.3 = 9.

(b) 1.3 = 3

(c) A segunda listra da bandeira pode ser pintada de vermelho ou de verde, ou ser deixada em branco, sem pintura.

Atividades para o mês de maio

Situação-problema 1

(a) Construa uma árvore de possibilidades; 3.3.3 = 27.

(b) 1.3.3 = 9

(c) A segunda e a terceira folhas do trevo de três folhas podem ser pintadas de vermelho ou verde, ou ser deixadas em branco, sem pintura.

(d) 1.1.3 = 3

(e) Uma vez que as duas folhas já estejam definidas quanto à cor ou não pintada, para a terceira folha do trevo é possível pintá-la de vermelho ou verde, ou ser deixada em branco, sem pintura.

Situação-problema 2

(a) A indicação  mostra que os dois vasos estão juntos nesse lado e a linha que liga um lado ao outro indica a distribuição de cada um dos vasos em lados distintos.

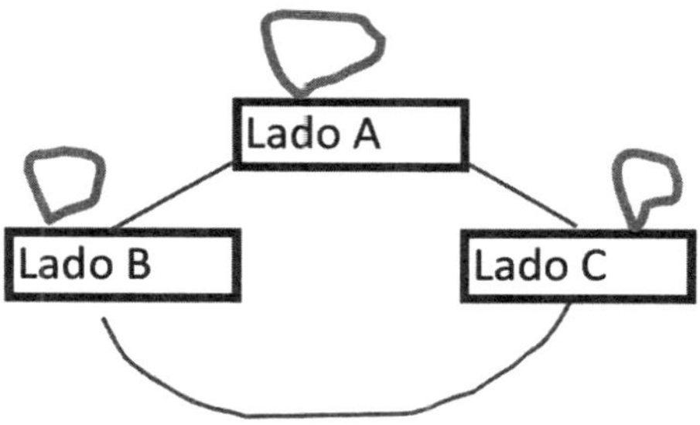

(b) Construa uma tabela de dupla entrada.

(c) Construa uma árvore de possibilidades.

(d) 3 + (2 + 1) = 6 ou 3 + 3.1 = 6 ou 3.3 – 3 = 6

(e) 4 + (3 + 2 + 1) = 10 ou 4 + 4.2 = 10 ou 4.4 – (3.2.1) = 10

Atividades para o mês de junho

Situação-problema 1

(a) 3.(2.1) + 3.2 = 6 + 6 = 12

(b) Há três modos de colocar os dois vasos juntos. Para cada lado, é possível arrumar os vasos de duas maneiras; há três modos de colocar um dos vasos em um dos lados. O outro vaso pode ser arrumado de duas maneiras.

(c) Construa uma árvore de possibilidades.

(d) 4.(2.1) + 4(3) = 8 + 12 = 20

Situação-problema 2

(a)

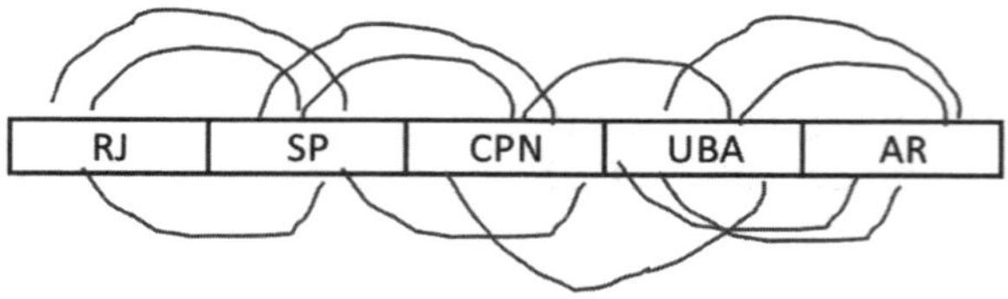

(b) 2.4 = 8

(c)

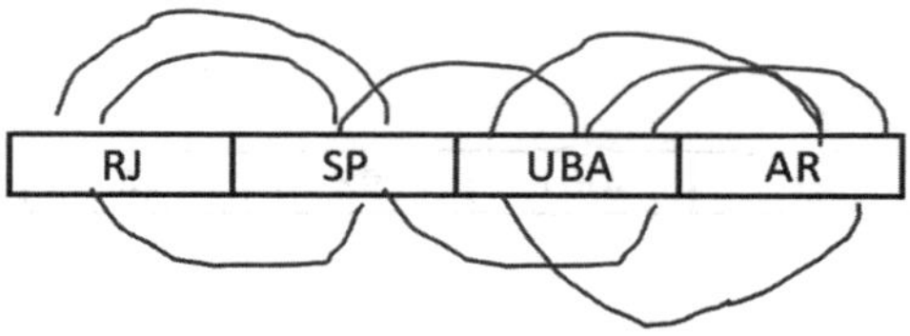

(d) Tomando por base o esquema do item (a), foram atendidas as condições impostas.

(e)

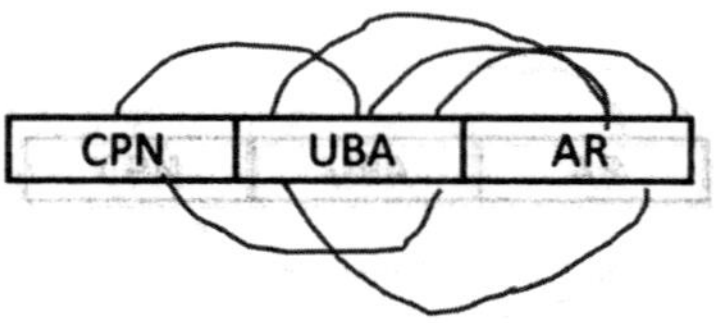

(f) 3.1.2.2 = 12

(g) Atendendo às condições impostas.

(h)

(h1) 3

(h2) 1

(h3) 2

Uma vez escolhida uma combinação de meios de transporte para se locomover de Angra dos Reis até Campinas, passando por Ubatuba, Ana identificou todas as diferentes maneiras de se locomover de Campinas até São Paulo usando um dos meios de transporte diferente daquele que usou no percurso de ida, e registrou-os na mesma árvore de possibilidades. De quantas maneiras diferentes esse trajeto de volta, Campinas a São Paulo, pode ser feito?

(h4) 2
(h5) 3.1.2.2 = 12
(h6) Pela construção de uma árvore de possibilidades ou o produto anterior.

Atividades para o mês de junho
Situação-problema 1

(a) 3.3 = 9
(b)

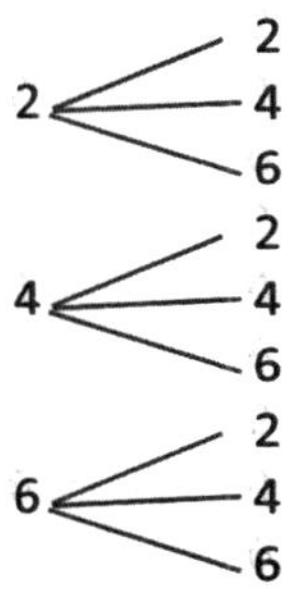

(c)

	2	4	6
2	22	24	26
4	42	44	46
6	62	64	66

Situação-problema 2

(a) 3.2 = 6
(b)

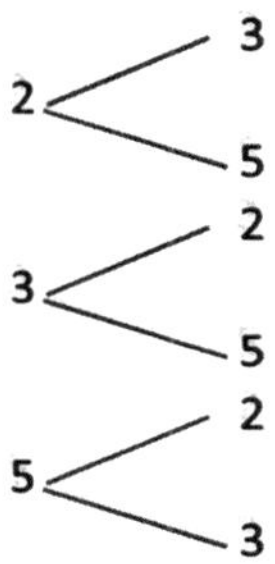

(c)

	2	4	6
2		24	26
4	42		46
6	62	64	

(d) 3.3 = 9
(e) 3.3.3 = 27
(f) 4.4.4 = 64
(g) 3.1 = 3
(h)

	2
1	12
2	
3	32

(i) 4.2 = 8
(j)

	1	3
1	11	13
2	21	23
3	31	33
4	41	43

(k) 3.2 = 6
(l)

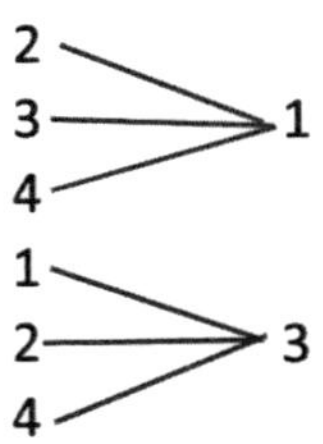

(m) 2.3.1 = 12
(n) 2.1.1 = 2

Atividades para o mês de agosto
Situação-problema 1

Branco \ Verde	V	B
V	(V,V)	(V,B)
B	(B,V)	(B,B)

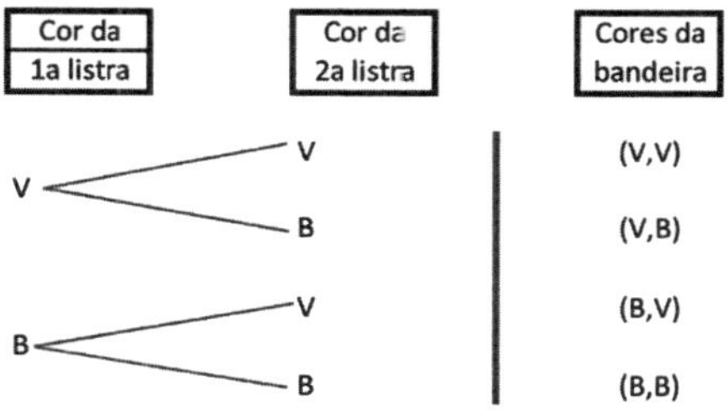

Situação-problema 2

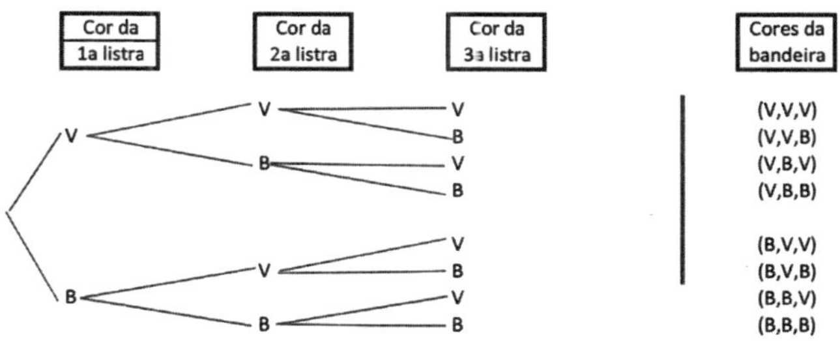

Atividades para o mês de setembro
Situação-problema 1

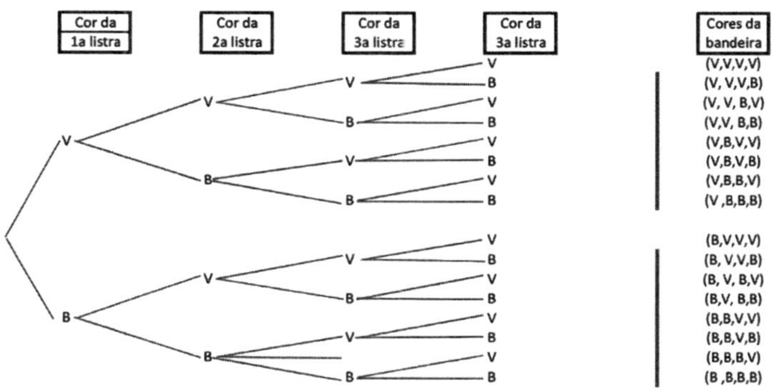

Situação-problema 2

2.3.1.1 = 6

Atividades para o mês de outubro
Situação-problema 1

(a)

	0	1	2	3	4	5	6
0	0 0	0 1	0 2	0 3	0 4	0 5	0 6
1		1 1	1 2	1 3	1 4	1 5	1 6
2			2 2	2 3	2 4	2 5	2 6
3				3 3	3 4	3 5	3 6
4					4 4	4 5	4 6
5						5 5	5 6
6							6 6

(b) 7

(c)

número de participantes	número de peças para cada participante
2	14
4	7
7	4

(d)

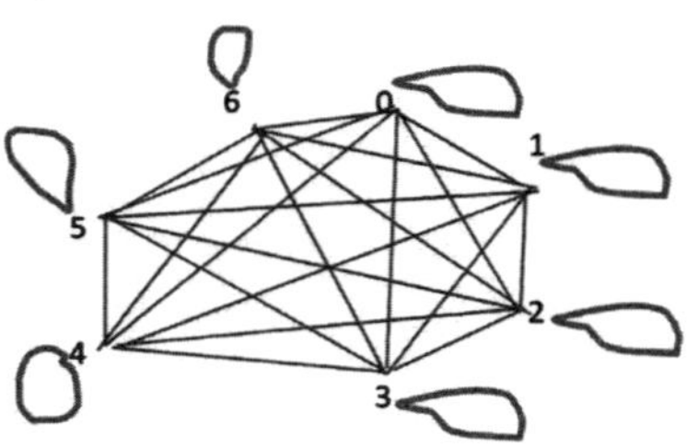

(e) $7.1 = 7$

(f) $\frac{7.6}{2.1} = 21$

(g) $7 + 21 = 28$

Situação-problema 2

(a)

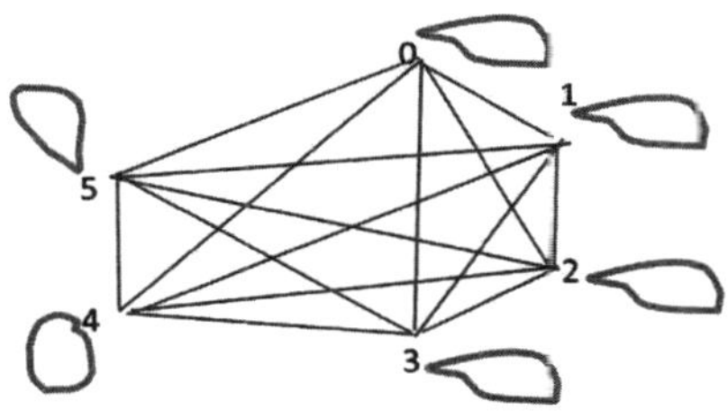

(b) $6.1 = 6$

(c) $\frac{6.5}{2.1} = 15$

(d) $6 + 15 = 21$ peças

(e)

número de participantes	número de peças para cada participante
3	7
7	3

Atividades para o mês de novembro
Situação-problema 1

(a) 4
(b) 3

(c) 4
(d) 3
(e) Não **há** nenhuma diferença.
(f) Vermelho, azul e preto
(g) Verde, azul e preto
(h) Verde, vermelho e preto
(i) Verde, vermelho e azul
(j) 4.3 = 12 ou 3 + 3 + 3 + 3 = 12
(k) 4.3 = 12

(l) Há quatro opções para pintar uma das regiões. Uma vez que essa região tenha sido pintada, restam três opções para a escolha da cor da outra região.

(m)

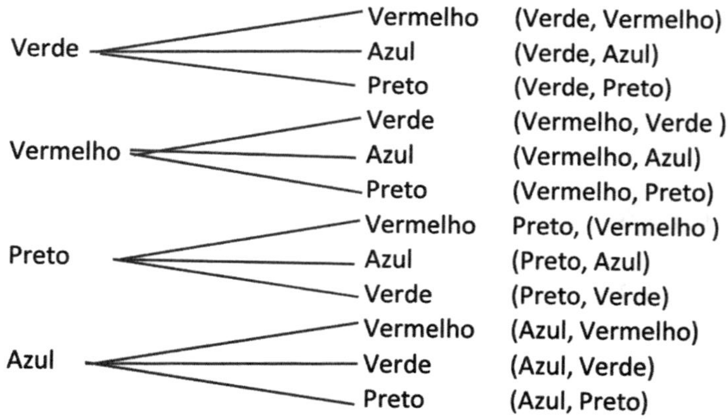

(n) $\frac{2}{12} = \frac{1}{6}$

(o) $\frac{6}{12} = \frac{1}{2}$

Situação-problema 2

(a) 2.2.2 = 8

(b) Para cada uma das listras da bandeira, **há** duas opções de cor a escolher: verde ou vermelha.

(c) 3.3.3 = 27

(d) Para cada uma das listras da bandeira, **há** três opções: deixar em branco ou escolher uma das cores, verde ou vermelha.

(e) 2.1.1 = 2

(f) Há duas opções de cor para a escolha da 1ª listra. A cor da listra seguinte deve ser diferente da cor escolhida para a 1ª listra e a cor da listra seguinte deve ser diferente da cor escolhida para a 2ª listra.

(g) (Verde, Vermelho, Verde) e (Vermelho, Verde, Vermelho)

(h)

Verde —— Vermelho —— Verde

Vermelho —— Verde —— Vermelho

(i) 3.2.2 = 12

(j) Há três opções para a escolha da 1ª listra: deixá-la em branco ou pintá-la com uma das cores: verde ou vermelha. A cor da listra seguinte, ou deixá-la em branco, deve ser diferente da escolhida para a 1ª listra e a cor da terceira listra deve ser diferente da escolha para a 2ª listra, podendo ser a mesma escolha para a 1ª listra.

(k)

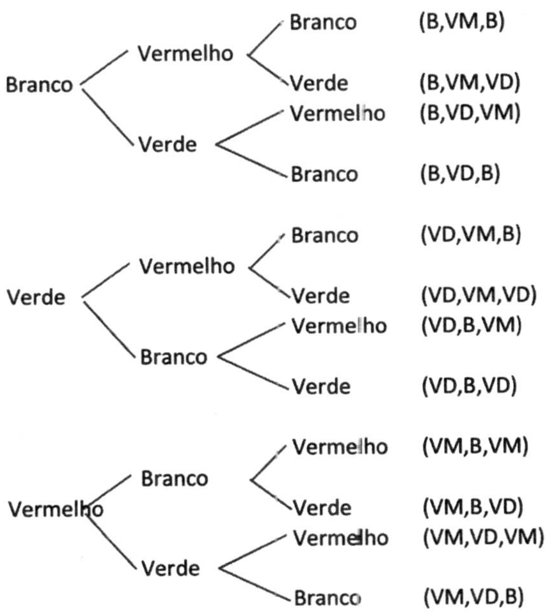

(l)

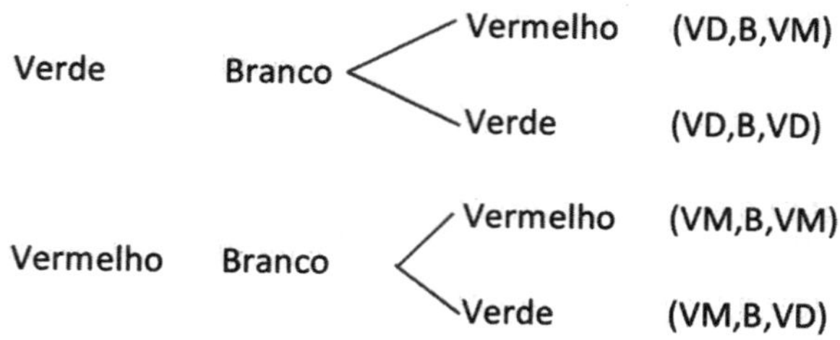

(m) $\frac{8}{27}$

(n) $\frac{3}{8}$

3. Respostas para as atividades propostas para os alunos do 6º ano do ensino fundamental

Atividades para o mês de março

Situação-problema 1

(a)

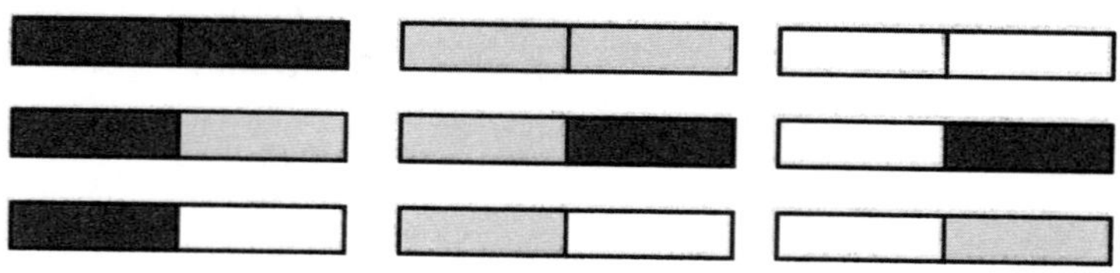

(b) Sim. Falta.

(c) 9

(d) 9

(e) Não pintar uma listra: duas possibilidades; não pintar duas listras: uma possibilidade. Total de três possibilidades.

(f) A primeira decisão pode recair sobre as possibilidades de pintar ou não a primeira lista: isso pode ser feito de três modos; para cada uma dessas possibilidades, há três modos de decidir o que fazer em relação à segunda listra, totalizando 3.3 = 9 modos distintos de visualizar a bandeira quando se dispõem duas cores.

(g)

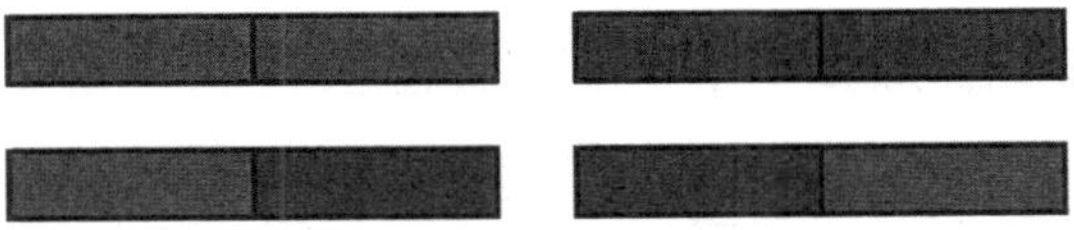

(h) 2.2 = 4

(i) A primeira decisão pode recair sobre as possibilidades de pintar a primeira lista: isso pode ser feito de dois modos; para cada uma dessas possibilidades, há dois modos de decidir o que fazer em relação à segunda listra, totalizando 2.2 = 4 modos distintos de visualizar a bandeira quando se dispõem duas cores e as listras não podem ficar sem ser coloridas.

(j) Quantas: 2.2 = 4; quais bandeiras:

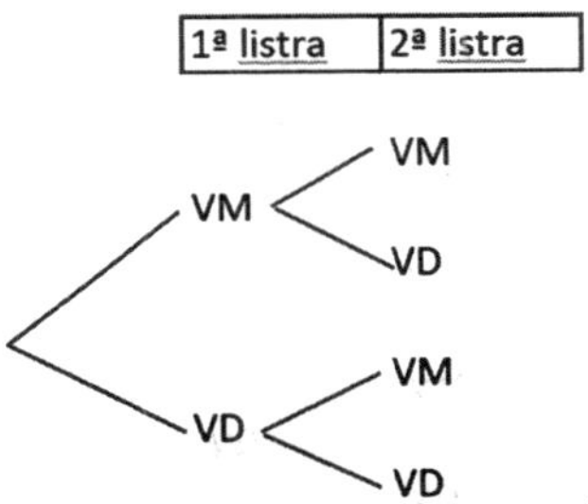

(k)

	VERDE	VERMELHO
VERDE	(VERDE, VERDE)	(VERDE, VERMELHO)
VERMELHO	(VERMELHO, VERDE)	(VERMELHO, VERMELHO)

(l) A primeira listra foi pintada com a cor verde e a segunda listra foi pintada com a cor vermelha.

(m) A primeira listra foi pintada com a cor vermelha e a segunda listra foi pintada com a cor verde.

(n) Toda a bandeira foi pintada de verde.

(o) 4.4 = 16

	VERDE	VERMELHO	AMARELO	AZUL
VERDE	(VERDE, VERDE)	(VERDE, VERMELHO)	(VERDE, AMARELO)	(VERDE, AZUL)
VERMELHO	(VERMELHO, VERDE)	(VERMELHO, VERMELHO)	(VERMELHO, AMARELO)	(VERMELHO, AZUL)
AMARELO	(AMARELO, VERDE)	(AMARELO, VERMELHO)	(AMARELO, AMARELO)	(AMARELO, AZUL)
AZUL	(AZUL, VERDE)	(AZUL, VERMELHO)	(AZUL, AMARELO)	(AZUL, AZUL)

(p)

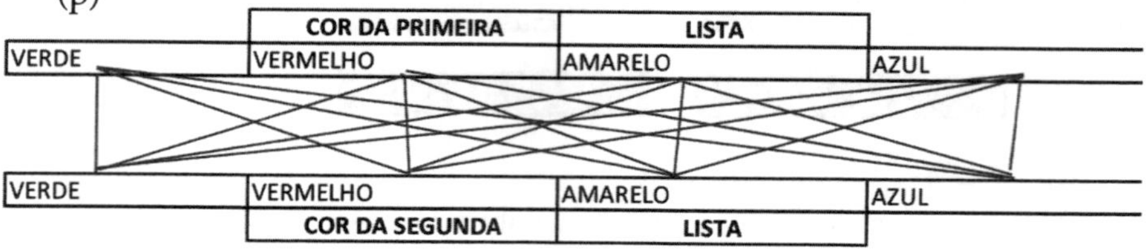

(q)

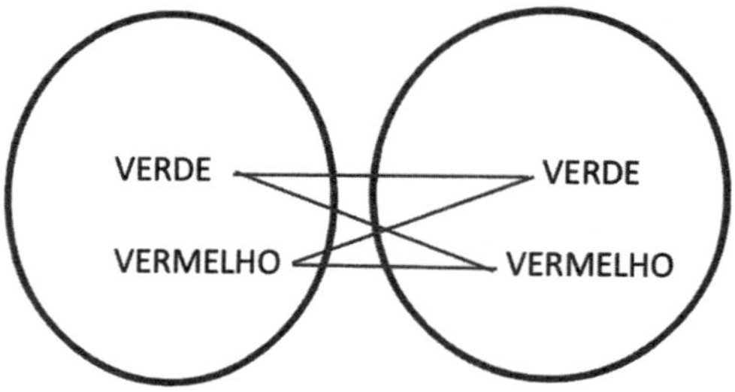

2.2 = 4

(r)

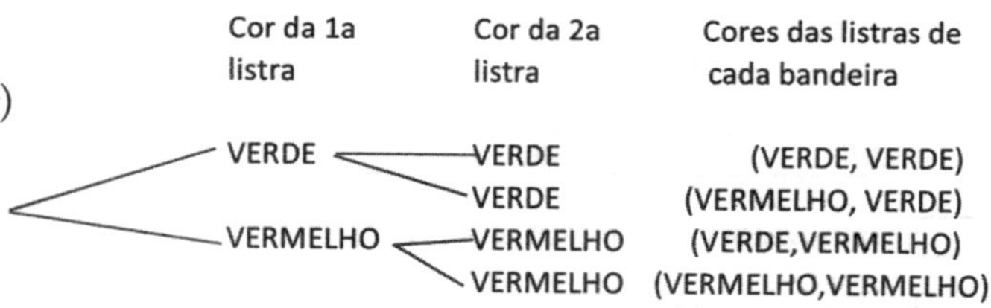

(s) 4.4 = 16

Situação-problema 2

(a) 2.2.1 + 1.4.2 = 12

(b)

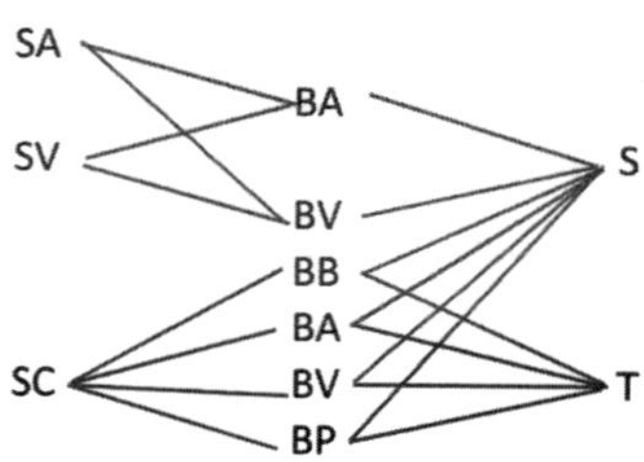

(c) 2.2.1 + 1.4.2 = 12

Atividades para o mês de abril
Situação-problema 1

(a)

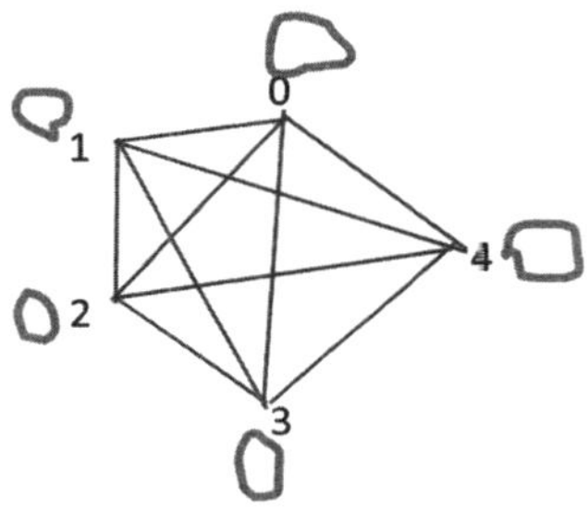

(b) 5

(c) $\frac{5.4}{2.1} = 10$

(d) 5 + 10 = 15

(e)

NÚMERO DE PARTICIPANTES	NÚMERO DE PEÇAS PARA CADA PARTICIPANTE
3	5
5	3

Situação-problema 2
(a)

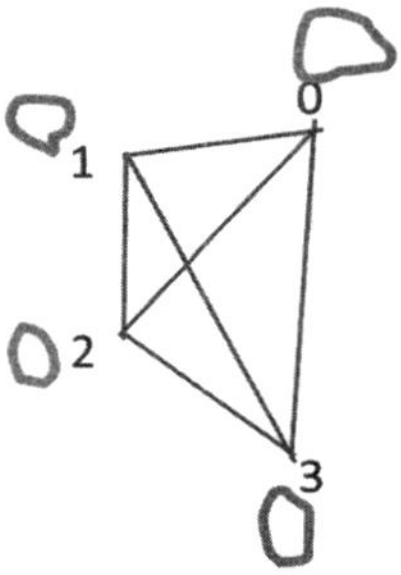

(b) 4

(c) $\frac{4.3}{2.1} = 6$

(d) 4 + 6 = 10

(e)

NÚMERO DE PARTICIPANTES	NÚMERO DE PEÇAS PARA CADA PARTICIPANTE
2	5
5	2

Atividades para o mês de maio
Situação-problema 1

(a)

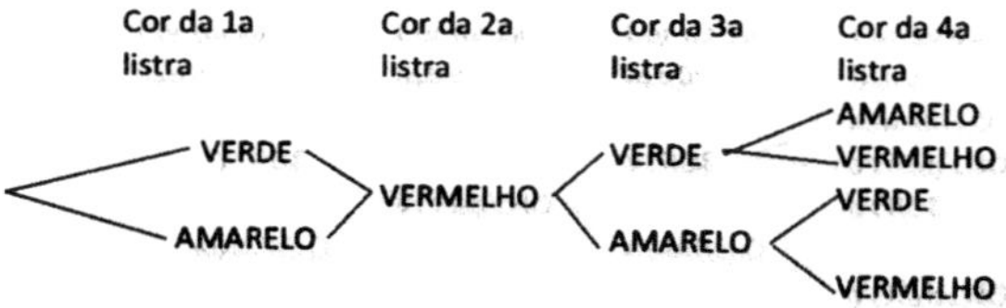

CORES DA BANDEIRA

(VERDE,VERMELHO, VERDE, AMARELO)
(VERDE,VERMELHO, VERDE, VERMELHO)
(VERDE,VERMELHO, AMARELO, VERDE)
(VERDE,VERMELHO, AMARELO, VERMELHO)
(AMARELO,VERMELHO, VERDE, AMARELO)
(AMARELO,VERMELHO, VERDE, VERMELHO)
(AMARELO,VERMELHO, AMARELO, VERDE)
(AMARELO,VERMELHO, AMARELO, VERMELHO)

(b) 2.1.2.2 = 8

(c) Para a 1ª listra, **há** duas opções de cores: amarela e verde; para cada escolha da 1ª listra, há duas opções de cores para a 3ª listra: amarela e verde; para cada escolha das **1ª e 3ª listras**, em um total de quatro opções, há duas opções de cores para a 4ª listra: amarela e verde.

(d) 4 + 4 = 8

Situação-problema 2

(a) 2.1.1 = 2
(b) 2.1.1 = 2

(c) A 1ª listra pode ser pintada com qualquer uma das duas cores disponíveis; uma vez que a 1ª listra tenha sido pintada, só resta uma cor para pintar a 2ª listra; a cor da 3ª listra deve ser diferente da cor da 2ª listra.

(d) 3.2.2 = 12

(e) A possibilidade de haver listras sem ser pintadas é equivalente a dispor da cor branca para pintar as listras. Daí, passa-se a dispor de três diferentes cores de tintas.

(f)

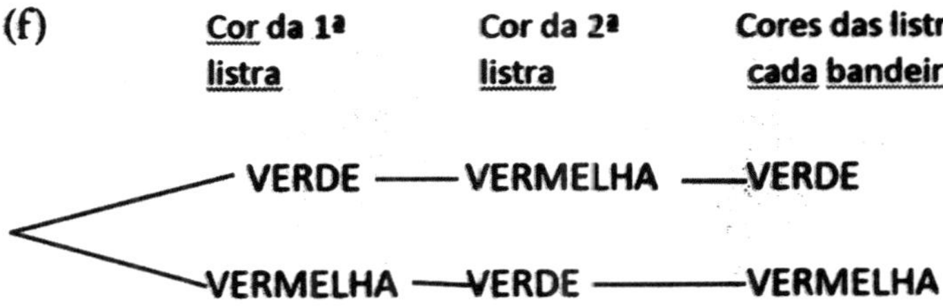

Atividades para o mês de junho
Situação-problema 1

(a) 2.1.2.2 = 8

(b)

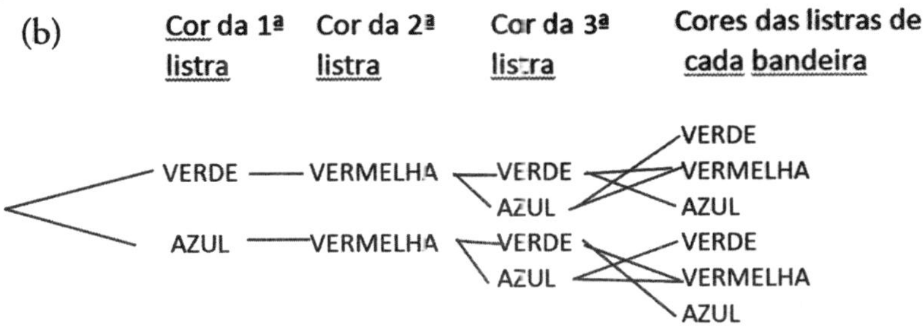

Situação-problema 2

(a) 6

(b) 1, 2, 3, 4, 6 e12

(c) $60 = 2^2.3^1.5^1$. Logo, 60 tem $(2 + 1).(1 + 1).(1 + 1) = 3.2.2 = 12$ divisores.

(d) Para ter um divisor par, os expoentes do fator 2 devem ser 0 e 2. Logo, há 2.2.2 = 8 divisores pares de 60.

(e) $900 = 2^2.3^2.5^2$. Para que um divisor de 900 seja um quadrado perfeito, os expoentes dos fatores primos 2, 3 e 5 devem ser 0 e 2 combinados entre si. Assim, há 2.2.2 = 8 divisores quadrados perfeitos: $2^0.3^0.5^0$, $2^0.3^0.5^2$, $2^0.3^2.5^0$, $2^0.3^2.5^2$, $2^2.3^0.5^0$, $2^2.3^0.5^2$, $2^2.3^2.5^0$, $2^2.3^2.5^2$.

Atividades para o mês de agosto
Situação-problema 1

(a)

	P1	P2	P3	P4	P5
P1	(P1,P1)	(P1,P2)	(P1,P3)	(P1,P4)	(P1,P5)
P2	(P2,P1)	(P2,P2)	(P2,P3)	(P2,P4)	(P2,P5)
P3	(P3,P1)	(P3,P2)	(P3,P3)	(P3,P4)	(P3,P5)
P4	(P4,P1)	(P4,P2)	(P4,P3)	(P4,P4)	(P4,P5)
P5	(P5,P1)	(P5,P2)	(P5,P3)	(P5,P4)	(P5,P5)

(b)

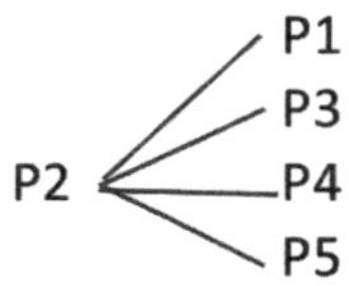

(c) 4

(d) 1 + 1 + 1 + 1 = 4 ou 1.4 = 4

(e)

	P1	P2	P3	P4	P5
P1	(P1,P1)	(P1,P2)	(P1,P3)	(P1,P4)	(P1,P5)
P2	(P2,P1)	(P2,P2)	(P2,P3)	(P2,P4)	(P2,P5)
P3	(P3,P1)	(P3,P2)	(P3,P3)	(P3,P4)	(P3,P5)
P4	(P4,P1)	(P4,P2)	(P4,P3)	(P4,P4)	(P4,P5)
P5	(P5,P1)	(P5,P2)	(P5,P3)	(P5,P4)	(P5,P5)

(f) 5.1 = 5

(g) 20; uma pessoa pode entrar por qualquer uma das cinco portas existentes e há quatro modos de sair da sala, exceto pela porta que havia entrado; 5.4 = 20.

(h) Uma pessoa pode entrar por qualquer uma das cinco portas existentes e há cinco modos de sair da sala (sair por quaisquer uma das cinco portas),

(i) 5.5 = 25 ou 5 + 5 + 5 + 5 + 5 = 25

Situação-problema 2

(a) 6

(b) 3.2.1 = 6

(c)

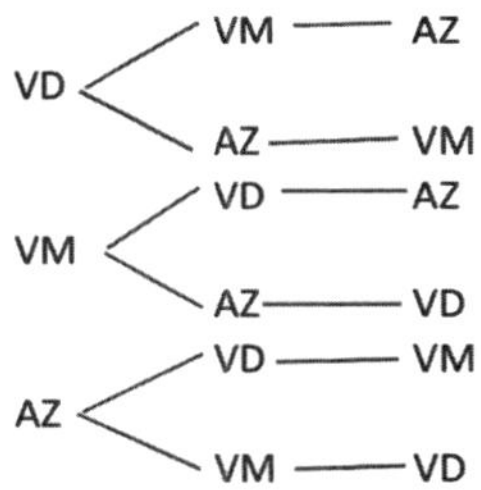

Atividades para o mês de setembro

Situação-problema 1

(a) 4.3.2 = 24

(b)

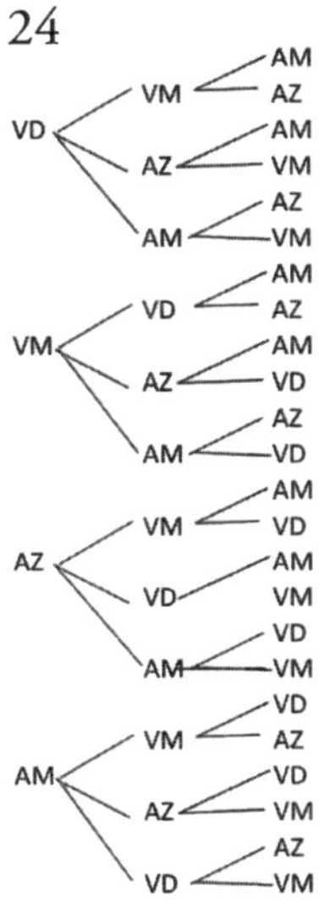

(c) 4.3.1 = 12

(d) Há quatro opções de cor para a região mais interna e três opções para a região mais central. Para a região mais externa, só há uma opção: repetir a mesma cor da região mais interna.

(e) 4.3.3 = 36

Situação-problema 2

(a) 1 - - - 3.2.1 = 6 números

(b) 5 - - - 3.2.1 = 6 números

(c) 1 - - - 3.2.1 = 6 números

4 - - - 3.2.1 = 6 números

Número 5146

Total de números: 6 + 6 + 1 = 13 números

(d) 1 - - - 3.2.1 = 6 números

4 - - - 3.2.1 = 6 números

5 - - - 3.2.1 = 6 números

O 18º número é o maior número começado por 5, ou seja, é o número 5641.

(e) Cada um dos algarismos 1, 4, 5 e 6 aparece 3.2.1 = 6 vezes em cada uma das posições do número.

(f) Cada um dos algarismos 1, 4, 5 e 6 aparece 3.2.1 = 6 vezes em cada uma das posições do número. Logo, a soma de todos os algarismos é dada por 6.(1 + 4 + 5 + 6) = 6.16 = 96.

(g) Cada um dos algarismos 1, 4, 5 e 6 aparece 3.2.1 = 6 vezes em cada uma das posições do número. Logo, a soma de todos os algarismos é dada por 6.(1 + 4 + 5 + 6) = 6.16 = 96.

(h) Sim

(i) 96 unidades simples + 96 dezenas simples + 96 centenas simples + 96 unidades de milhar

(j) 96 + 960 + 9600 + 96000 = 106656

Atividades para o mês de outubro
Situação-problema 1

(a) 3.(3.2.1) = 18

(b) Em - - - 0, há 3.2.1 = 6 números pares terminados em 0 e em - - - 2, há 2.2.1 = 4 números pares terminados em 2. Total de números: 6 + 4 = 10 números pares.

(c) 1 - - - , nesses casos, há 1.3.2.1 = 6 números começados por 1;
2 0 - -, nesses casos, há 1.1.2.1 = 2 números começados por 20 - -;
2 1 - -, nesses casos, há 1.1.2.1 = 2 números começados por 21 - -.
O próximo número em ordem crescente é o número 2501.
Assim, o número 2501 ocupa a posição (6 + 2 + 2 + 1) = 11, ou seja, a 11ª posição.

(d) 1 - - - , nesses casos, há 1.3.2.1 = 6 números começados por 1;
2 0 - -, nesses casos, há 1.1.2.1 = 2 números começados por 20 - -;
2 1 - -, nesses casos, há 1.1.2.1 = 2 números começados por 21 - -.
Assim, o número 2150 ocupa a posição (6 + 2 + 2) = 10, ou seja, a 10ª posição.

(e) 2.(0 + 2 + 5) + 2.(0 + 1 + 5) + 2.(0 + 1 + 2) = 2.(7 + 6 + 3) = 2.16 = 32 (soma dos algarismos da posição das unidades simples, das dezenas simples e das centenas simples)
Para a posição das unidades de milhar, tem-se: 1 + 2 + 5 = 8 milhares simples = 8000 unidades simples.
A soma de todos os números é: 32 + 320 + 3200 + 8000 = 11552.

(f) (3.2.1). (1 + 2 + 3 + 5) = 6.11 = 66
66 + 660 + 6600 + 66000 = 73326

Situação-problema 2

5.4.4.4 = 20.16 = 320

Atividades para o mês de novembro
Situação-problema 1

(a)

(b) 4.3.2 = 24
(c) (4.3.2).(1.2.3) = 24.6 = 144

Situação-problema 2

(a) 6.5.4 = 120

(b) $\frac{6.5.4.}{3.2.1} = 20$

(c)

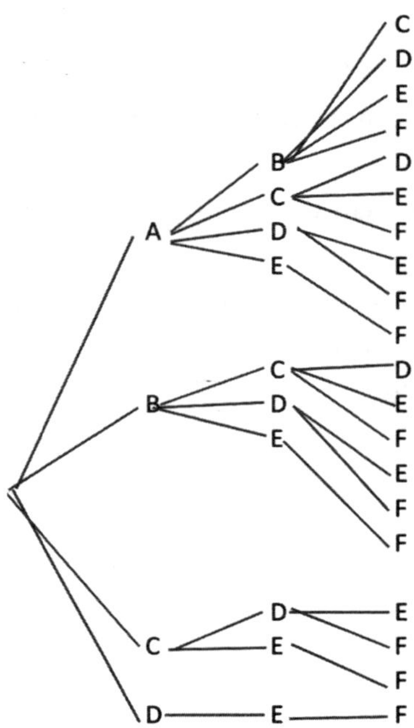

(d) 6.5 = 30

(e) $\frac{6.5.}{2.1} = 15$

(f)

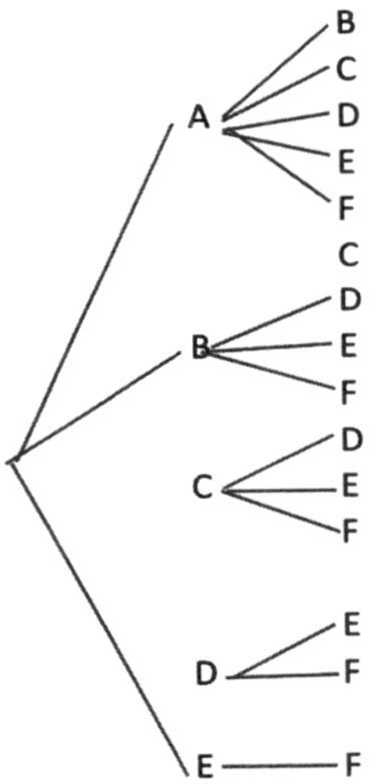

(g) Cada trio de amigos pode determinar seis ordenações de premiações com três colegas cada e vice-versa. Logo, como há 120 ordenações de premiação, há trios de amigos.

De maneira similar, cada dupla de amigos pode determinar duas ordenações de premiações com dois colegas cada e vice-versa. Logo, como há 30 ordenações de premiação, há duplas de amigos.

4. Respostas para as atividades propostas para os alunos do 7º ano do ensino fundamental

Atividades para o mês de março
Situação-problema 1

(a) 6

(b)

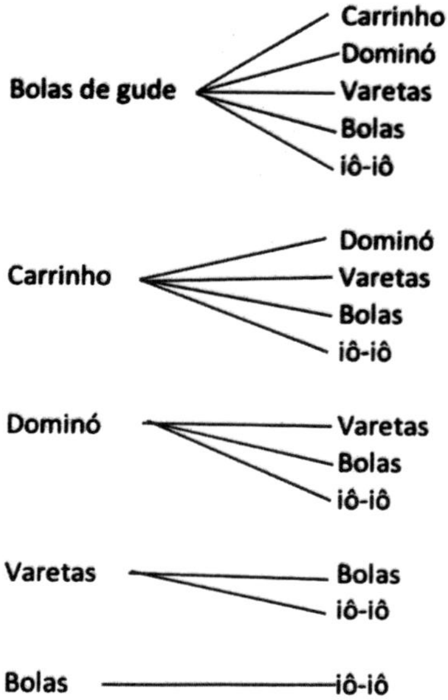
Bolas de gude
Carrinho
Dominó
Varetas
Bolas
iô-iô
Carrinho
Dominó
Varetas
Bolas
iô-iô
Dominó
Varetas
Bolas
iô-iô
Varetas
Bolas
iô-iô
Bolas
iô-iô

(c)

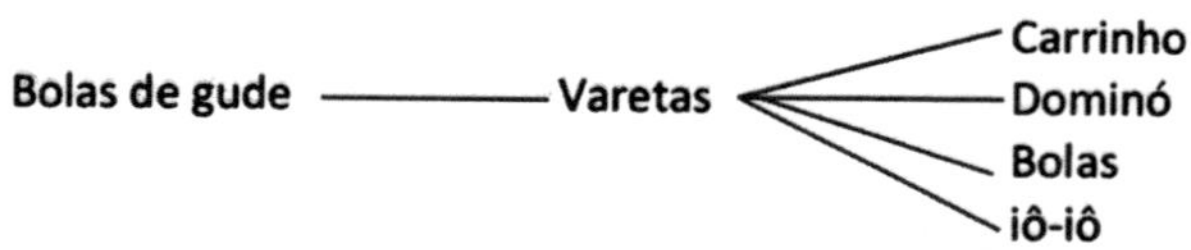
Bolas de gude
Varetas
Carrinho
Dominó
Bolas
iô-iô

(d)

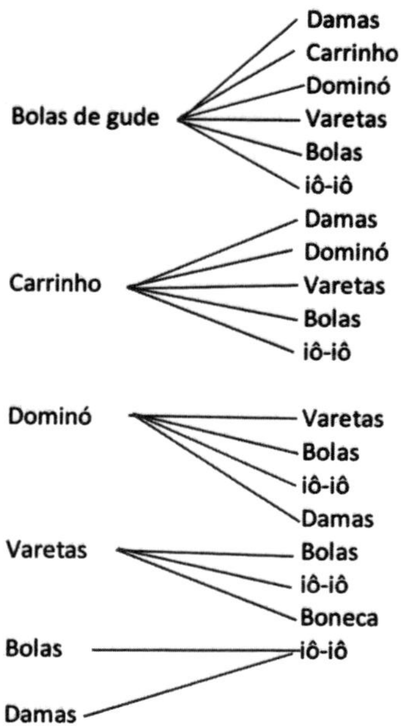
Bolas de gude
Damas
Carrinho
Dominó
Varetas
Bolas
iô-iô
Carrinho
Damas
Dominó
Varetas
Bolas
iô-iô
Dominó
Varetas
Bolas
iô-iô
Damas
Varetas
Bolas
iô-iô
Boneca
Bolas
iô-iô
Damas

(e)

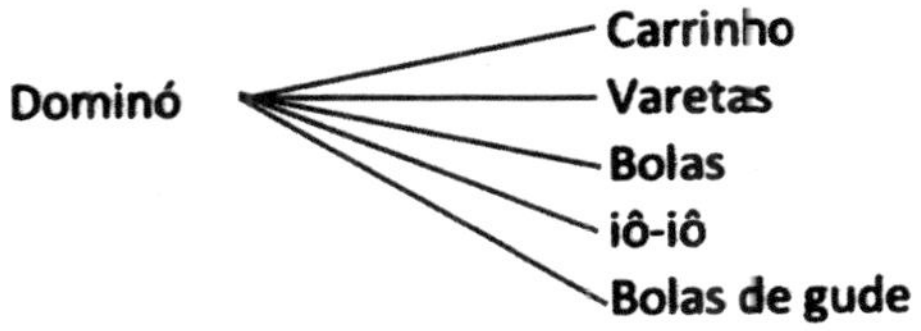

Situação problema 2

(a) 3.3 = 9
(b) 3.3.3 = 27
(c) 4.3 = 12
(d) (AM, VM), (AM, AZ), (AM, VD), (VM, AM), (VM, AZ), (VM, VD), (AZ, VM), (AZ, AM), (AZ, VD), (VD, VM), (VD, AZ), (VD, AM)

(e) $\frac{4.3.}{2.1} = 6$

(f) {AM, VM}, {AM, VD}, {AM, AZ}, {VM, VD}, {VM, AZ}, {VD, AZ}
(g) 4.3.2 = 24

(h) $\frac{4.3.2.}{3.2.1} + 4.3. + 4 = 20$

(i) {VD, VM, AM}, {VD, VM, AZ}, {VD, AM, AZ}, {VM, AM, AZ}, {VD, VD, VD}, {AM, AM, AM}, {VM, VM, VM}, {AZ, AZ, AZ}, {AM, AM, AZ}, {AM, AM, VM}, {AM, AM, VD}, {VM, VM, AM}, {VM, VM, VD}, {VM, VM, AZ}, {VD, VD, VM}, {VD, VD, AM}, {VD, VD, AZ}, {AZ, AZ, AM}, {AZ, AZ, VM}, {AZ, AZ, VD}
(j) 4.3.2.1 = 24
(k) Construa uma árvore de possibilidades.
(l) Construa um produto cartesiano.

(m) 5.4.3 = 60

(n) $\frac{5.4.3.}{3.2.1}$ = 5.2. = 10

(o) Construa uma árvore de possibilidades.
(p) Complete a tabela de dupla entrada.

Atividades para o mês de abril
Situação-problema 1

(a) Como há três pessoas e três lugares disponíveis, a primeira pessoa pode sentar-se de três modos; uma vez que a primeira pessoa esteja sentada, a segunda pessoa pode sentar-se de duas maneiras distintas e, finalmente, à última pessoa resta o lugar que está vago.
(b) 3.2.1 = 6
(c) 5.4.3 = 60
(d) 4.(1).3 = 12
(e) Uma vez que Ana já tem um lugar cativo no banco, restam dois lugares e qualquer uma das quatro amigas pode ocupar um deles. Uma vez que uma das amigas se sente, resta um só lugar que pode ser ocupado por uma das três amigas restantes.

Situação-problema 2

(a) $\frac{6.5.}{2.1}$ = 15

(b) Cada um dos seis produtos pode ser "combinado" com qualquer um dos cinco produtos restantes, formando 6.5 = 30 duplas ordenadas de produtos. Cada conjunto de duas duplas ordenadas corresponde a um presente. Logo, há tipos diferentes de presentes.

(c) $\frac{4.3.}{2.1}$ = 6

(d) Restam quatro produtos e o procedimento é o mesmo utilizado no item (b).

(e)

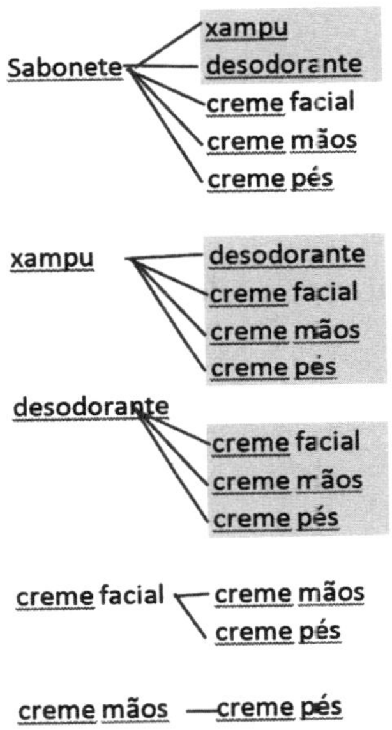

(f)

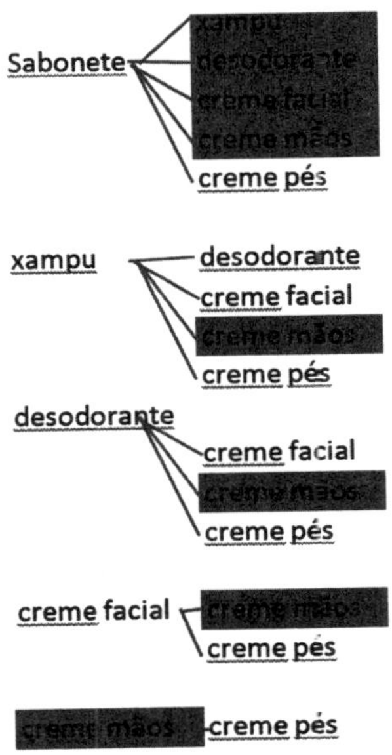

(g) $\frac{3.2.}{2.1} = 3$

Atividades para o mês de maio
Situação-problema 1

(a) 3.3.3 = 27

(b) Cada região pode ser pintada com qualquer uma das três cores disponíveis.

(c)

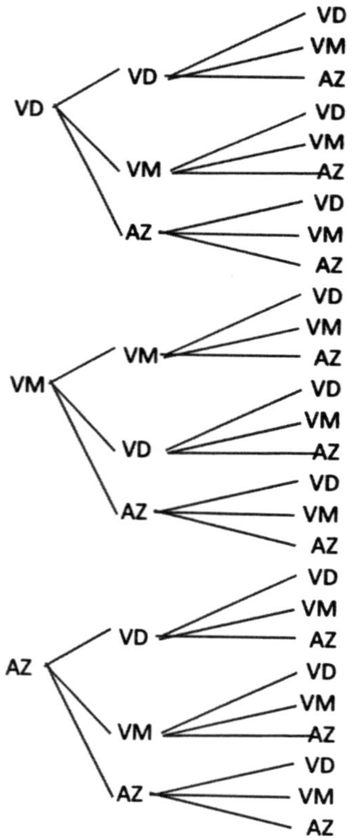

(d) 3.2.1 = 6

(e) 3.2.2 = 12

(f)

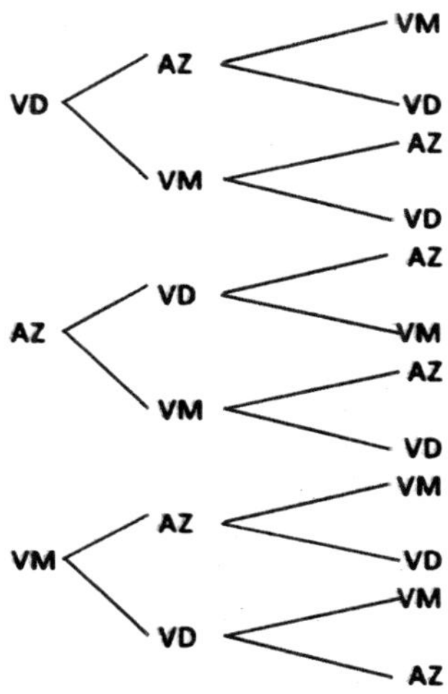

(g) 6
(h) 3.2.1 = 6

(i)

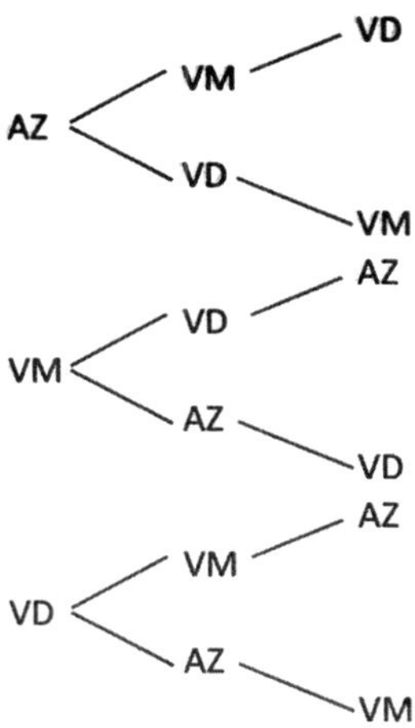

(j) 4.3.2 = 24

(k)

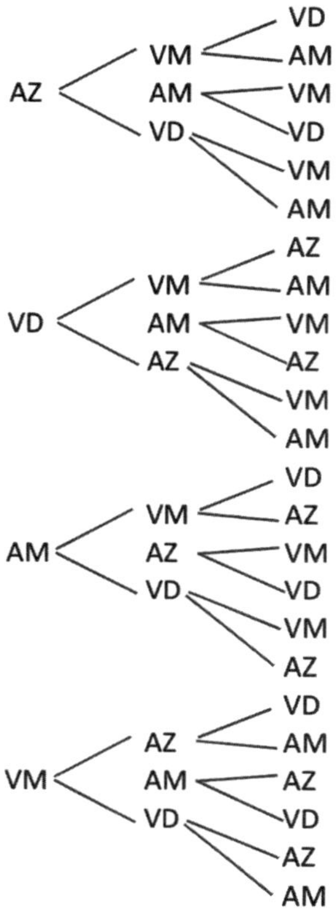

(l) 4.4.4 = 64

(m) 4 (número de modos de escolher a cor que se repete) . 3 (número de modos de escolher as duas regiões que serão pintadas com as duas cores iguais). (1.1.3) = 4.3.3 = 36.

(n)

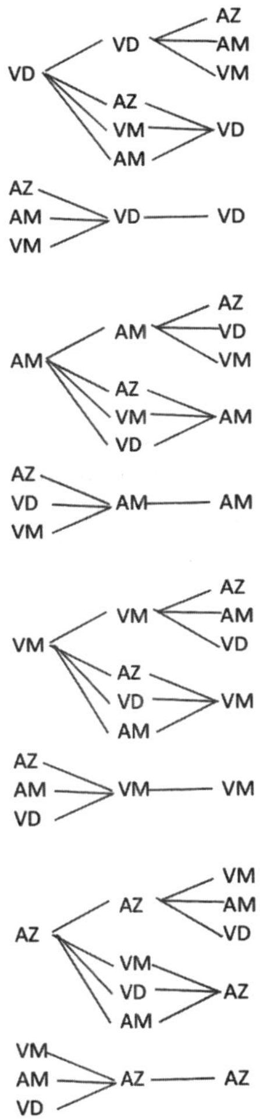

(o) (1.3.1) (a cor amarela é repetida) + (3.1.3) (a cor amarela está na região central) = 3 + 9 = 12 possibilidades.

(p) 4.3.3 = 36

(q) Não são os mesmos, pois entre os agrupamentos-solução do item (l), há pinturas de todas as regiões com a mesma cor.

(r) Todos os agrupamentos-solução que atendem ao item (l), que contabiliza todas as possibilidades de pinturas em que todas as regiões estão pintadas, dispondo de quatro cores.

Situação-problema 2

(a) 2
(b) 2
(c) 2
(d) 2 + 2 + 2 = 6 ou 3.2 = 6
(e) 3.2.1 = 6
(f) 3.2.1 – 1.2.1 = 6 – 2 = 4 ou 2.2.1 = 4
(g) 5.4.3 = 60
(h) 3.(4.3) = 36

(i) Há três opções para a posição das centenas simples: 3, 6 ou 8. Para cada escolha de um algarismo para a posição das centenas simples, há quatro opções para a escolha do algarismo para a posição das dezenas simples e três opções de algarismos para a posição das unidades simples.

(j)

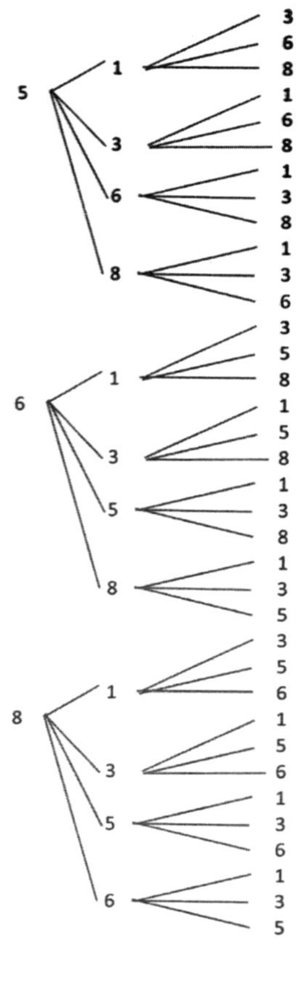

(k) 3.(4.3) + 1.(2).3 + 1 = 36 + 6 + 1 = 43

(l) Há três opções para a posição das centenas simples: 1, 3 5. Para cada escolha, há quatro opções para a posição das dezenas simples e três opções para a posição das unidades simples. Total de 36; com a centena simples ocupada pelo algarismo 6 e a dezena simples ocupada por 1 ou 3, há três possibilidades, para cada uma das opções, para ocupar a posição das unidades simples, 3, 5 ou 8 (1, 5 ou 8), e quando a posição das dezenas simples for ocupada pelo algarismo 5, haverá uma possibilidade, totalizando mais 3 + 3 + 1 = 7 opções.

(m)

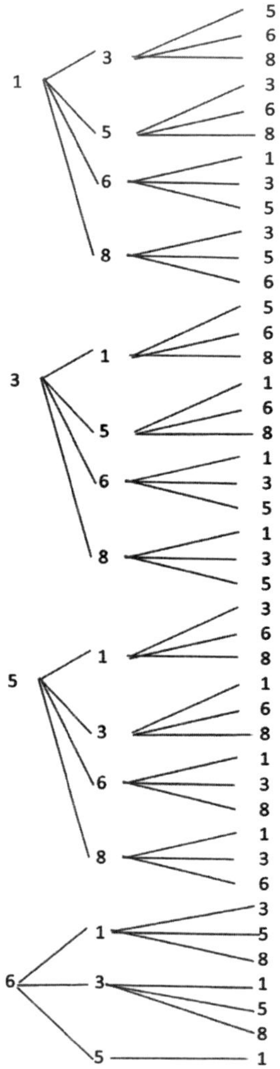

Atividades para o mês de junho
Situação-problema 1

- Quantas vezes a soma (1 + 3 + 5) ocorre na posição das unidades simples? Duas vezes.
- Quantas vezes a soma (1 + 3 + 5) ocorre na posição das dezenas simples? Duas vezes.
- Quantas vezes a soma (1 + 3 + 5) ocorre na posição das centenas simples? Duas vezes.
- A qual conclusão acerca da soma total é possível chegar? Que a soma total é obtida por meio do conhecimento de que as somas parciais de cada uma das posições, unidades simples, dezenas simples e centenas simples, são iguais. A partir daí, é possível obter a soma total do mesmo modo que se somam os números, posição a posição, e uma vez que o resultado ultrapasse o valor 10, é possível substituir esse valor por quantidades inteiras da ordem imediatamente superior, por exemplo.

Situação-problema 2

Quantos números com três algarismos distintos podem ser formados, quando se dispõem os algarismos 1, 3 e 5? 6.

Quantas vezes a soma (1 + 3 + 5) ocorre na posição das unidades simples? 2.

Quantas vezes a soma (1 + 3 + 5) ocorre na posição das dezenas simples? 2.

Quantas vezes a soma (1 + 3 + 5) ocorre na posição das centenas simples? 2.

A qual conclusão acerca da soma total é possível chegar a partir desses resultados? Um dos dois procedimentos apresentados.

Atividades para o mês de agosto
Situação-problema 1

(a) 3.3.3 = 27
(b) 3.3 = 9

(c) 3.3 = 9
(d) 3.3 = 9
(e) Em cada posição do número, unidades, dezenas e centenas simples, a soma é 9.(1 + 3 + 5) = 9.9 = 81.
(f) 4.3.2.1 = 24
(g) (3.2.1).(1 + 2 + 3 + 4).(1 + 10 + 100 + 1000) = 6.10.1111 = 66660
(h) 4.4.4.4 = 256
(i) 4.4.4 = 64
(j) 4.4.4 = 64
(k) 4.4.4 = 64
(l) Em cada posição do número, unidades, dezenas, centenas simples, e unidades de milhar, a soma é 64.(1 + 2 + 3 + 4) = 64.10 = 640.

Situação-problema 2

640 + 6400 + 64000 + 640000 = 711104

Atividades para o mês de setembro
Situação-problema 1

(a) 3.2.1 = 6
(b) 3.2.1 = 6
(c) 3.2.1 = 6
(d) 3.2.1 = 6
(e) 4.3.2.1 = 24
(f) 3.(3.2.1) = 3.6 = 18 ou (4.3.2.1) – (3.2.1) = 24 - 6 = 18

Situação-problema 2 (OBMEP 2012 – Nível 2 – Questão 16)

0 a9
10 a 19
40 a 49
50 a 59
60 a 649
70 a 79
80 a 89
90 a 99

→ 1 x 8 = 8 números

20 a 29 → 9 números

100 a 199
400 a 499
500 a 599
600 a 699
700 a 799
800 a 899
900 a 999

→ 7 x 17 = 119 números

200 a 299 → **9 x 9 = 81 números**

Total: 217 números

Atividades para o mês de outubro
Situação-problema 1

(a) 3.(3.2.1) = 3.6 = 18 (total de números menores que 6000); o número 6145 é o primeiro número maior que 6000. Logo, o número 6145 está na 19º posição.

(b) 1- - -, números começados pelo algarismo 1: 3.2.1 = 6 números; 41 - -, números começados por 41: 2.1 = 2 números; 45 - -, números começados por 45: 2.1 = 2. 6 + 2 + 2 = 10 números; e o maior desses números é o 4561.

(c) (3.2.1).(1 + 4 + 5 + 6) = 6.16 = 96
Logo, 96 + 960 + 9600 + 96000 = 106656.

(d) 70º lugar; 70÷4 = 17, logo é o 18º número.

1 - - -
4 - - -
5 - - -
3.(3.21.) = 3.6 = 18; o maior número é 5641 e o segundo algarismo do 18º número, 70º algarismo escrito, é o algarismo 4.

(e)
4 - - -
5 - - -
6 - - -
3.(3.21.) = 3.6 = 18

(f)
1 - - -
2 - - -
5 - - -
3.(3.21.) = 3.6 = 18

(g) - - - 0: total de números terminados em 0: 3.2.1 = 6 números; - - - 2: total de números terminados em 2: 2.2.1 = 4 números. Logo, há 6 + 4 = 10 números pares.

(h) - - - 0: total de números terminados em 0: 3.2.1 = 6 números; - - - 5: total de números terminados em 5: 2.2.1 = 4 números. Logo, há 6 + 4 = 10 números divisíveis por 5.

Situação-problema 2

(a) 4.7.4.6.3 = 28.24.3 = 28.72 = 2016
(b) 7.4.3 = 28.3 = 84
(c) 4.7.4.6 = 28.24 = 672

Atividades para o mês de novembro
Situação-problema 1 (modificado) (OBMEP 2012 - Nível 3 - Questão 18)

(a) 2.[7.6.5.4 + 2.(7.6.5.4.) + 3. (7.6.5.4)] = 2.(7.6.5.4).(1+ 2 + 3) = 2.(7.6.5.4).(6) = 10080

(b) No lado em que há dois lugares, há (2.1) (troca de posição de Alice e Bernardo entre si) modos de Alice e Bernardo se sentarem. Sobram sete lugares para os quatro amigos restantes se sentarem, o que pode ser feito de 7.6.5.4 modos; no lado em que há três lugares, há dois (lugares possíveis de Alice e Bernardo se sentarem juntos, um do lado do outro, neste mesmo lado).(2.1) (troca de posição de Alice e Bernardo entre si) modos de Alice e Bernardo se sentarem. Sobram sete lugares para os quatro amigos restantes se sentarem, o que pode ser feito de 7.6.5.4 modos; no lado em que há quatro lugares, há três (lugares possíveis de Alice e Bernardo se sentarem juntos, um do lado do outro, neste mesmo lado). (2.1) (troca de posição de Alice e Bernardo entre si) modos de Alice e Bernardo se sentarem. Sobram sete lugares para os quatro amigos restantes se sentarem, o que pode ser feito de 7.6.5.4 modos.

Logo,

2(troca de posição de Alice e Bernardo entre si).[7.6.5.4 + 2.(7.6.5.4.) + 3. (7.6.5.4)] = 10080.

(c) 2.{[7.6.5.4 + [(3.2)÷(2.1)].(7.6.5.4.) + [(4.3)÷(2.1)].(7.6.5.4)} = 2.(7.6.5.4).(1+ 3 + 6) = 2.42.20.10 = 20.20.42 = 16800

(d) No lado em que há dois lugares, há (2.1) (troca de posição de Alice e Bernardo entre si) modos de Alice e Bernardo se sentarem. Sobram sete lugares para os quatro amigos restantes se sentarem, o que pode ser feito de 7.6.5.4 modos; no lado em que há três lugares, há (3.2)÷(2.1) (lugares possíveis de Alice e Bernardo se sentarem do mesmo lado).(2.1) (troca de posição de Alice e Bernardo entre si) modos de Alice e Bernardo se sentarem. Sobram sete lugares para os quatro amigos restantes se sentarem, o que pode ser feito de 7.6.5.4 modos; no lado em que há quatro lugares, existem (4.3)÷(2.1) (lugares possíveis de Alice e Bernardo se sentarem neste mesmo lado).(2.1) (troca de posição de Alice e Bernardo entre si) modos de Alice e Bernardo se sentarem. Sobram sete lugares para os quatro amigos restantes se sentarem, o que pode ser feito de 7.6.5.4 modos.

Logo,

2 (troca de posição de Alice e Bernardo entre si).(7.6.5.4).(1 + 3 + 6) = 2.(7.6.5.4).10 = 2.42.20.10 = 20.20.42 = 16800.

Situação-problema 2

(a) 5
(b) 5
(c) 5.5 = 25
(d) Há cinco possibilidades de escolha de um algarismo para ocupar a posição das dezenas simples. Uma vez que essa posição tenha sido ocupada, igualmente há cinco possibilidades de escolha de um algarismo para ocupar a posição das unidades simples.

(e)

	1	2	3	4	9
1	11	12	13	14	19
2	21	22	23	24	29
3	31	32	33	34	39
4	41	42	43	44	49
9	91	92	93	94	99

(f)

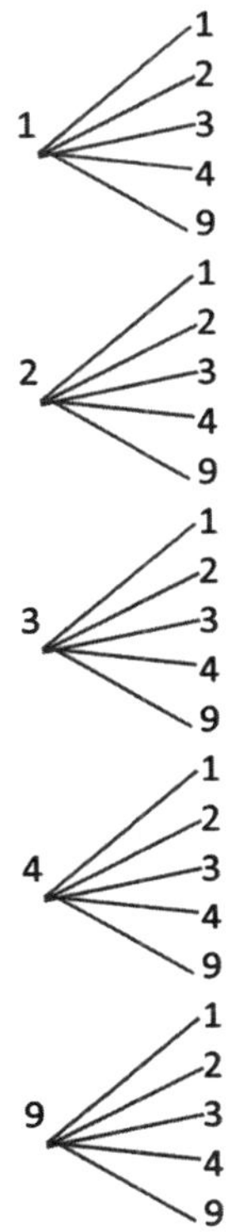

(g) 5.1 = 5

(h) Há cinco possibilidades de escolha de um algarismo para ocupar a posição das dezenas simples. Para cada escolha feita, o algarismo da posição das unidades simples deverá ser o mesmo.

(i) 5.4 = 20

(j) Há cinco possibilidades de escolha de um algarismo para ocupar a posição das dezenas simples. Para cada escolha feita, o algarismo da posição das unidades simples deverá ser um algarismo diferente do escolhido, restando, então, quatro possibilidades.

(k) 5.5 = 25

(l) 5.4 = 20

(m) 5.1 = 5

5. Respostas para as atividades propostas para os alunos do 8º ano do ensino fundamental

Atividades para o mês de março
Situação-problema 1

(a) Vasos juntos (do mesmo lado do jardim): 3 (número de lados do jardim).2 (modos de arrumar os dois vasos, juntos, no mesmo lado do jardim) = 6; vasos separados (cada vaso em um lado do jardim): para o vaso vermelho, há três lados possíveis para colocá-lo; para cada uma das possibilidades de colocação do vaso vermelho, há dois lados possíveis para colocar o vaso azul. Há, portanto, 3.2 = 6 arrumações distintas com os dois vasos separados. Assim, o total de arrumações possíveis é de 6 + 6 = 12 (aplicação do Princípio Aditivo).

(b) Por exemplo, faça conforme a explicação acima. O problema teve de ser repartido em duas etapas devido às possíveis considerações que precisam ser feitas em relação **às arrumações d**os vasos entre si: estarem juntos ou em lados separados.

Outra possível resolução: há 3 modos de colocar o vaso vermelho. 3 (modos de colocar o vaso azul).2 (troca de posição dos vasos entre si) = 18.

Essa contagem foi feita a maior, pois para cada vez que a arrumação dos dois vasos separados é considerada duas possibilidades a mais de arrumações foram computadas. É preciso, então, desconsiderar essa contagem a maior. Então, 2 + 2 + 2 = 6 possibilidades contadas em duplicidade. Total de arrumações possíveis: 18 – 6 = 12.

(c) Os três vasos juntos: 3.(3.2.1) = 18; um vaso de cada lado do jardim: 3.2.1 = 6; dois vasos em um dos lados e o vaso restante em outro lado: 2.(3.2.1).3 = 2.6.3 = 36. Total: 18 + 6 + 36 = 60 arrumações possíveis.

(d) Os três vasos juntos: 3.() = 9; um vaso de cada lado do jardim: = 3; dois vasos em um dos lados e o vaso restante em outro lado: os dois vasos de mesma cor estão juntos: 3.2 = 6; os dois vasos de mesma cor estão em lados separados: 3.2.2 = 12. Total: 9 + 3 + 6 + 12 = 30 arrumações possíveis.

Situação-problema 2

(a) 3.2 = 6 ou 2.3 = 6

(b) Há três modos de pintar a região mais interna. Para cada cor escolhida para essa região, há duas possibilidades de escolher a cor da região mais externa. Como a escolha da primeira região a ser pintada de primeira é indiferente (não há restrição a esse respeito, pois tanto poderia ser a região mais interna como a região mais externa), a escolha da primeira cor pode recair sobre quaisquer das duas regiões. Escolhida a região a ser pintada primeiro, há três cores possíveis para que isso seja feito. Resta, agora, uma região a ser pintada e duas cores disponíveis. Logo, 2.3 = 6 maneiras de pintar a bandeira.

As escolhas também poderiam recair sobre as cores, e não sobre as regiões; nesse caso, há três cores disponíveis para pintar a primeira região e uma vez escolhida uma cor para a primeira região, ela poderá ser usada em quaisquer das duas regiões. Desde que a cor e a região iniciais tenham sido escolhidas, restam agora duas cores para pintar a região restante. Logo, há 3.2 = 6 maneiras de pintar a bandeira.

(c) Como visto acima, não faz diferença iniciar a pintura pela região mais interna, em seguida, a região externa, ou vice-versa. O total de possibilidades é o mesmo, pois 3.2 = 2.3 = 6.

Atividades para o mês de abril
Situação-problema 1

(a) 4.3.1.3 (primeira e terceira regiões com a mesma cor) + 4.3.2.2 (primeira e terceira regiões com cores distintas) = 36 + 48 = 84.

(b) 4.3.3 = 36 (a última faixa deve ter uma cor diferente da segunda faixa, mas pode ou não ter uma cor igual à da primeira faixa).

Situação-problema 2

(a) 4.3.2.1 = 24

(b)

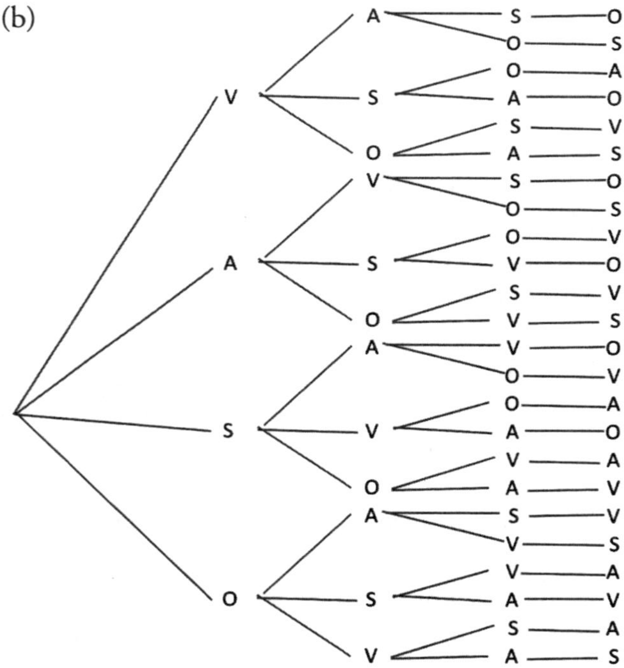

(c) (3.2.1).1 = 6
(d) 4
(e) Sim

(f) Pois é uma possível "arrumação" das letras V, A, S e O.

(g) 4.3.2.1 = 24

(h)

VASO	VAOS	VOAS	VOSA	VSAO	VSOA
OVAS	OVSA	OSVA	OSAV	OVSA	OVAS
AVSO	AVOS	ASVO	ASOV	AOVS	AOSV
SAVO	SAOV	SVAO	SVOA	SOAV	SOVA

(i) 2.(3.2.1) = 12

(j) 2.2.2 = 8

(k) Partindo da letra V, há duas maneiras de chegar à letra A; partindo de cada letra A, é possível chegar à letra S de dois modos; partindo de cada letra S, é possível chegar à letra O de dois modos.

(l) 2.2.2 = 8

(m)

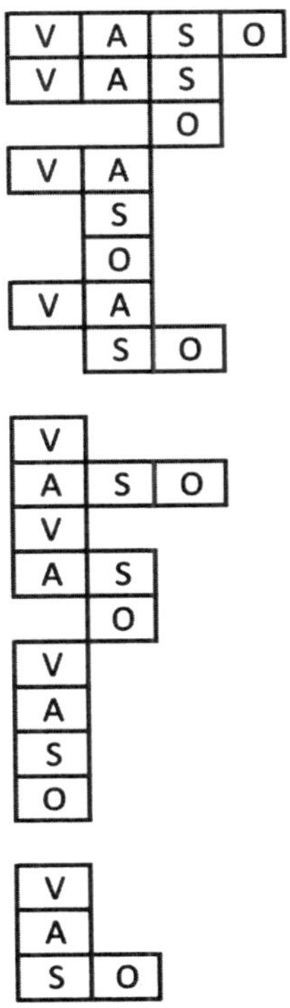

(n) 2.2.2.2 = 16

(o) Partindo da letra V, há duas maneiras de chegar à letra A; partindo de cada letra A, é possível chegar à letra S de dois modos; partindo de cada letra S, é possível chegar à letra C de dois modos; partindo de cada letra C, é possível chegar à letra O de dois modos.

(p)

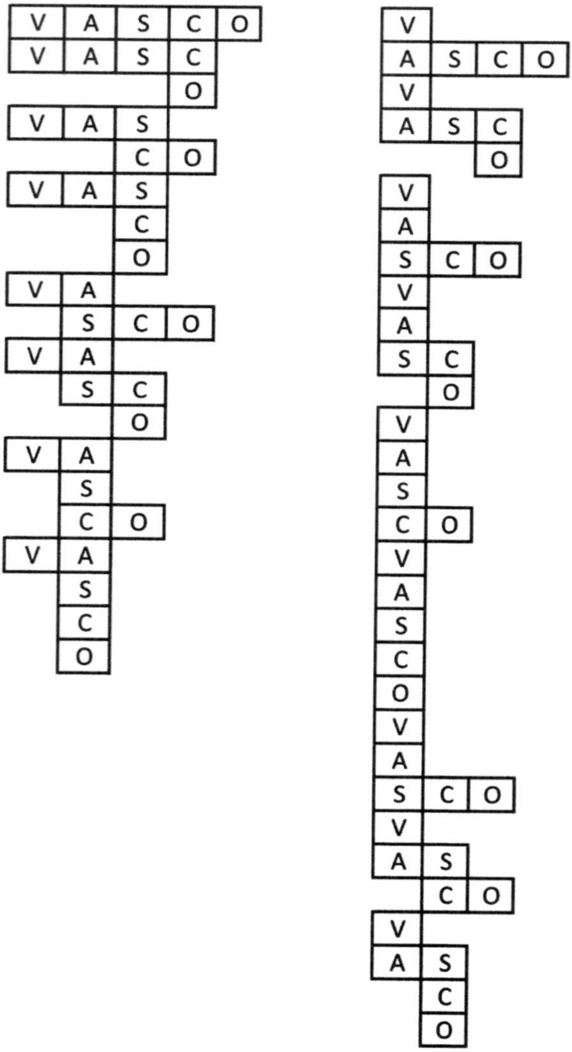

(q) 2.2.2.2 = 16

(r) Se n é a quantidade de letras diferentes da palavra, há 2^{n-1} possibilidades de escrever a palavra segundo as condições impostas.

(s) 2^{m-1}

Atividades para o mês de maio

Situação-problema 1

(a) 6.5.4.3.2.1 = 720

(b) Há seis maneiras de escolher a primeira letra do anagrama; escolhida a primeira letra, há cinco modos de escolher a segunda letra, e assim sucessivamente, até que a última letra só tem uma maneira de ser escolhida.

(c) 3.(3.2.1).2 = 36

(d) 3.(3.2.1).2 = 36

(e) (3.2.1). (3.2.1) = 6.6 = 36

(f) (3.2.1). (4.3.2.1) = 6.24 = 144

(g) 2.(3.3.2.2.1.1) = 2.36 = 72

(h) (3.2.1). (4.3.2.1) = 6.24 = 144

Situação-problema 2

(a) 1.(3.2.1) = 6

(b) (3.2.1).(3.2.1) = 12

(c) 2.(2.1) = 4

Atividades para o mês de junho

Situação-problema 1

(a) 4.3.2.1 = 24

(b) (3.2.1). (4.3.2.1) = 6.24 = 144

(c) 2.1.1.1 = 2

(d) 2.(2.1).(3.2.1) = 2.2.6 = 24

(e) (2.1).(4.3.2.1) = 2.24 = 48

Situação-problema 2

(a) (2.1).(3.2.1) = 2.6 = 12
(b) 4.3.2.1 = 24

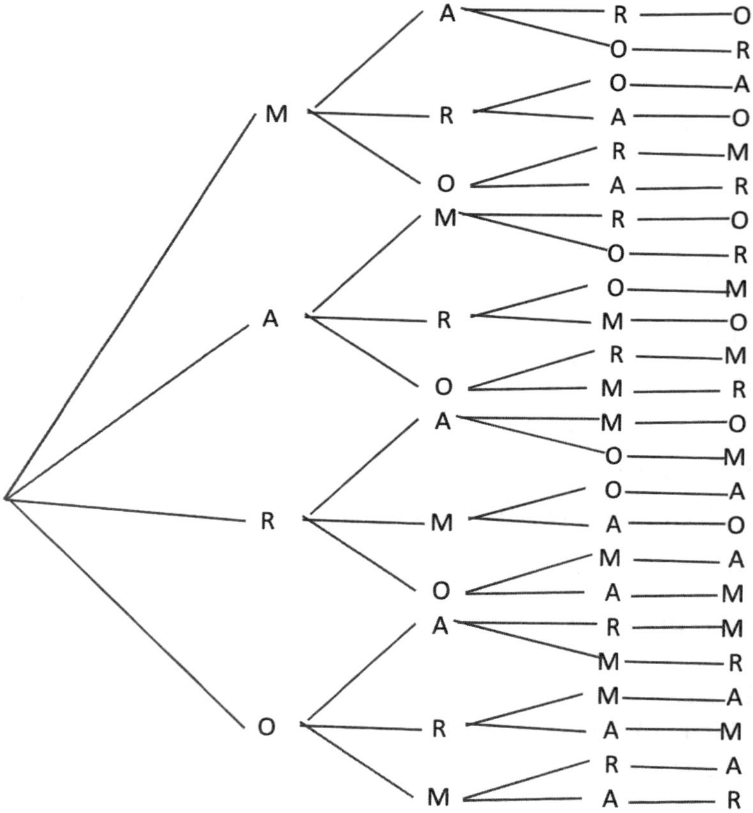

Podem ser tiradas 24 fotografias.

(c) 2.2.2 = 8

(d) Partindo da letra A, há duas maneiras de chegar à letra M; a partir da letra M, há duas maneiras de chegar à letra O; partindo da letra O, há duas maneiras de chegar à letra R.

(e) 2.2.2 = 8

(f) 2.2.2.2.2.2.2.2.2 = 2^9 = 512

Atividades para o mês de agosto
Situação-problema 1

(a)

	P1	P2	P3	P4	P5
P1	(P1,P1)	(P1,P2)	(P1,P3)	(P1,P4)	(P1,P5)
P2	(P2,P1)	(P2,P2)	(P2,P3)	(P2,P4)	(P2,P5)
P3	(P3,P1)	(P3,P2)	(P3,P3)	(P3,P4)	(P3,P5)
P4	(P4,P1)	(P4,P2)	(P4,P3)	(P4,P4)	(P4,P5)
P5	(P5,P1)	(P5,P2)	(P5,P3)	(P5,P4)	(P5,P5)

(b)

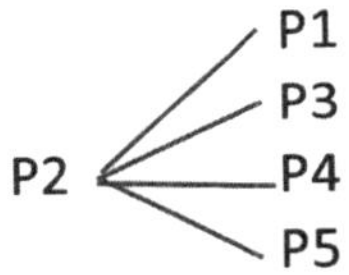

(c) 4
(d) 1 + 1 + 1 + 1 = 4
(e) 1.4 = 4

(f)

NÚMERO DE MODOS DE ENTRAR PELA PORTA P2	NÚMERO DE MODOS DE SAIR DA SALA
↓	↓
1	4

Total de maneiras? 4.

(g)

	P1	P2	P3	P4	P5
P1	(P1,P1)	(P1,P2)	(P1,P3)	(P1,P4)	(P1,P5)
P2	(P2,P1)	(P2,P2)	(P2,P3)	(P2,P4)	(P2,P5)
P3	(P3,P1)	(P3,P2)	(P3,P3)	(P3,P4)	(P3,P5)
P4	(P4,P1)	(P4,P2)	(P4,P3)	(P4,P4)	(P4,P5)
P5	(P5,P1)	(P5,P2)	(P5,P3)	(P5,P4)	(P5,P5)

(h) 5.1 = 5

(i)

NÚMERO DE MODOS DE ENTRAR NA SALA	NÚMERO DE MODOS DE SAIR DA SALA PELA PORTA P2
↓	↓
5	1

Qual o total de maneiras? 5.1 = 5.

(j) Uma pessoa pode entrar por qualquer uma das cinco portas existentes e há um modo de sair da sala, pela porta P_2.

(k) 20

(l) Uma pessoa pode entrar por qualquer uma das cinco portas existentes e há quatro modos de sair da sala, exceto pela porta que havia entrado.

(m) 25

(n) Uma pessoa pode entrar por qualquer uma das cinco portas existentes e há cinco modos de sair da sala (sair por qualquer uma das cinco portas).

(o) 5 + 5 + 5 + 5 + 5 = 25

(p) 5.5 = 25

(q) 2

(r) Porta P_2: Ana e porta P_4: Clara ou porta P_2: Clara e porta P_4: Ana.

(s) 6

(t) Porta P_1: Beto, porta P_3: Davi e porta P_5: Fernando;
Porta P_1: Beto, porta P_3: Fernando e porta P_5: Davi;
Porta P_1: Davi, porta P_3: Beto e porta P_5: Fernando;
Porta P_1: Davi, porta P_3: Fernando e porta P_5: Beto;
Porta P_1: Fernando, porta P_3: Davi e porta P_5: Beto;
Porta P_1: Fernando, porta P_3: Beto e porta P_5: Davi.

(u)

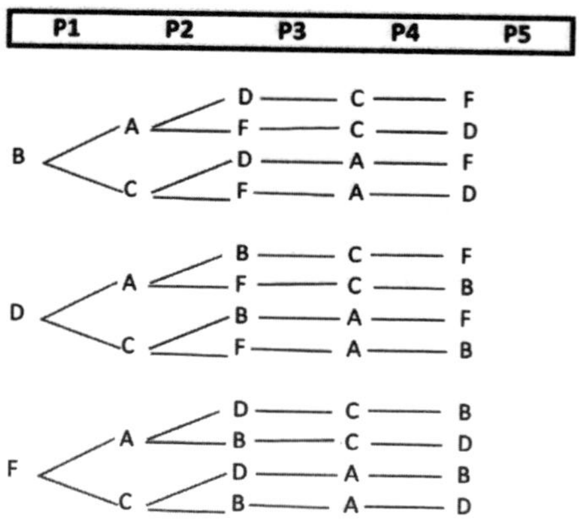

(v) (3.2.1).(2.1) = 12

(x) Há dois modos de A e C se sentarem junto às portas P1 e P3. Para cada um desses dois modos, há três possibilidades para cada um dos três amigos: B, D e F na porta P1; para cada uma dessas seis possibilidades, há duas possibilidades de um dos dois colegas restantes se sentarem junto à porta P3. Finalmente, há um modo de o colega restante se sentar junto à porta P5.

Situação-problema 2

(a)

	1	2	3	4	7
1	11	12	13	14	17
2	21	22	23	24	27
3	31	32	33	34	37
4	41	42	43	44	47
7	71	72	73	74	77

(b) 5.5 = 25

(c)

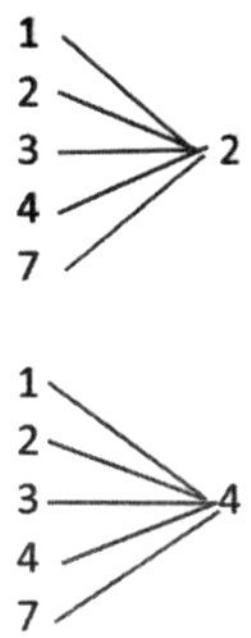

(d) 5.5 = 25

(e)

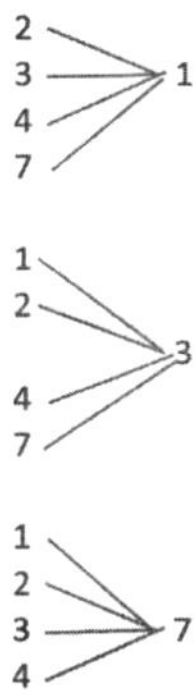

(f) 5.4 = 20

(g) 3.5 = 15

(h) Se os números devem ser maiores que 40, há três possibilidades para a posição das dezenas simples: 4, 6 e 7. A posição das unidades simples pode ser ocupada por quaisquer dos cinco algarismos disponíveis. Pelo Princípio Multiplicativo, há 3.5 = 15 números maiores que 40.

Atividades para o mês de setembro

Situação-problema 1

(a) 3.3.3 = 27

(b) o primeiro retângulo pode ser escolhido de três modos: verde (VD), amarelo (AM) e vermelho (VM), e o mesmo ocorre para os dois outros retângulos.

(c)

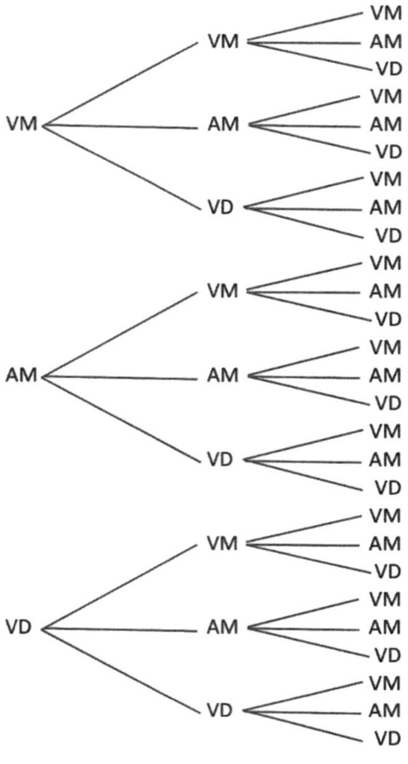

(d) Para cada um dos retângulos, há três opções de cores. Como cada trenzinho contém três retângulos, há 3.3.3 = 27 diferentes trenzinhos.

(e) 3.2.1 = 6

(f) Para o primeiro retângulo, há três opções de escolha; uma vez escolhida a cor do primeiro retângulo, há duas opções de escolha da cor do segundo retângulo e, finalmente, para o terceiro retângulo, há a opção de cor restante.

(g)

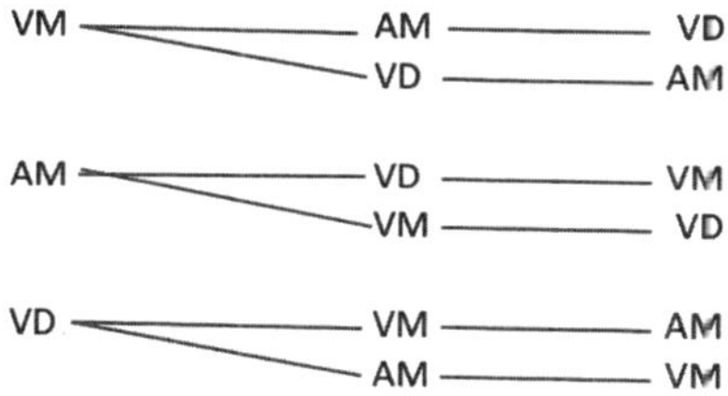

(h) Para o primeiro retângulo, há três opções de escolhas de cores; escolhida uma cor para o primeiro retângulo, essa cor pode ser "combinada" com quaisquer das duas cores restantes e, finalmente, o terceiro retângulo terá a cor restante.

(i) Há três modos de repetir as cores de dois retângulos: 1º e 2º, 1º e 3º ou 2º e 3º; como há três cores disponíveis, há 3.3 = 9 trenzinhos com dois retângulos de cores iguais. Para cada um desses nove trenzinhos, há duas possibilidades para escolher a cor de retângulo restante, totalizando 9.2 = 18 diferentes trenzinhos.

(j)

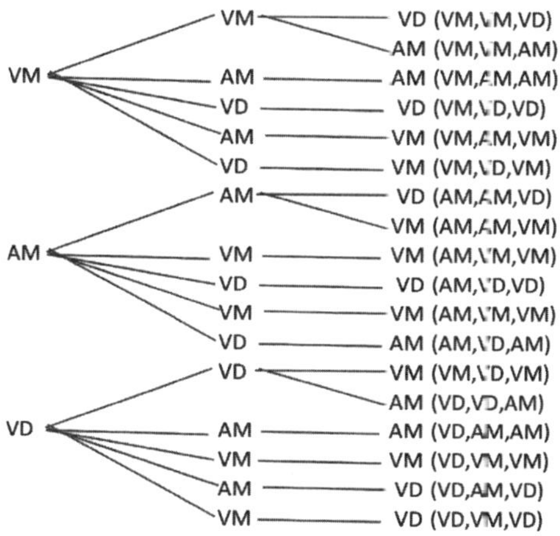

(k) 3.(3).(2) = 18
(l) 3.(4).(3) = 36
(m) Há três modos de repetir as cores de dois retângulos: 1º e 2º, 1º e 3º ou 2º e 3º; como há quatro cores disponíveis, há 3.4 = 12 trenzinhos com dois retângulos de cores iguais. Para cada um desses 12 trenzinhos, há três possibilidades para escolher a cor de retângulo restante, totalizando 12.3 = 36 diferentes trenzinhos.

Situação-problema 2

(a) 4.3.2.1 = 24

(b)

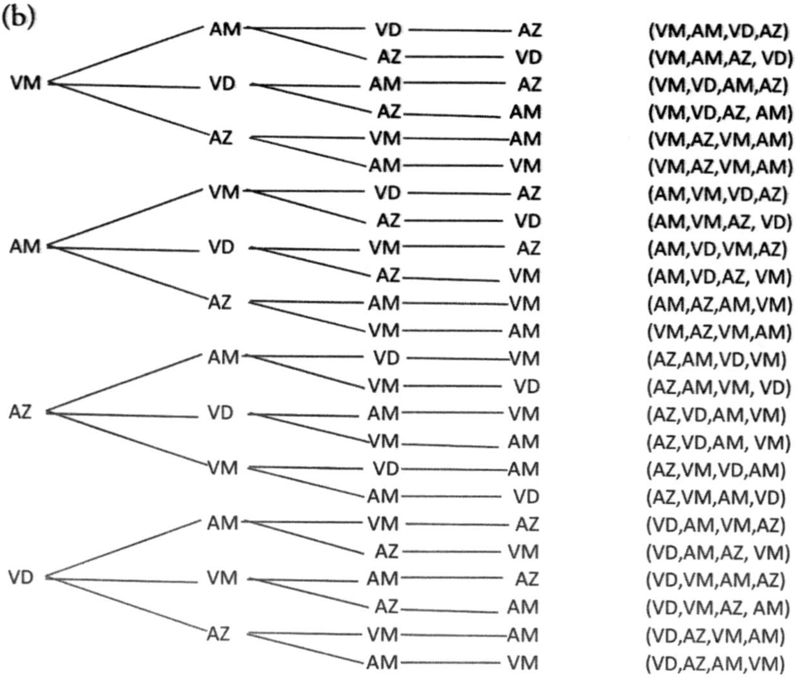

(c) Há quatro cores disponíveis para pintar as partes do avião. Uma vez escolhida uma das partes do avião para pintar com uma das quatro cores, sobram três cores para pintar uma das três partes restantes do avião. Uma vez escolhidas as duas cores e pintadas duas partes do avião, sobram duas cores e duas partes; uma vez escolhida a parte a ser pintada, resta uma cor e a última parte do avião a ser pintada.

(d) (4.1).4.4 = 64

(e) (4.1).(4.1) = 16

(f)

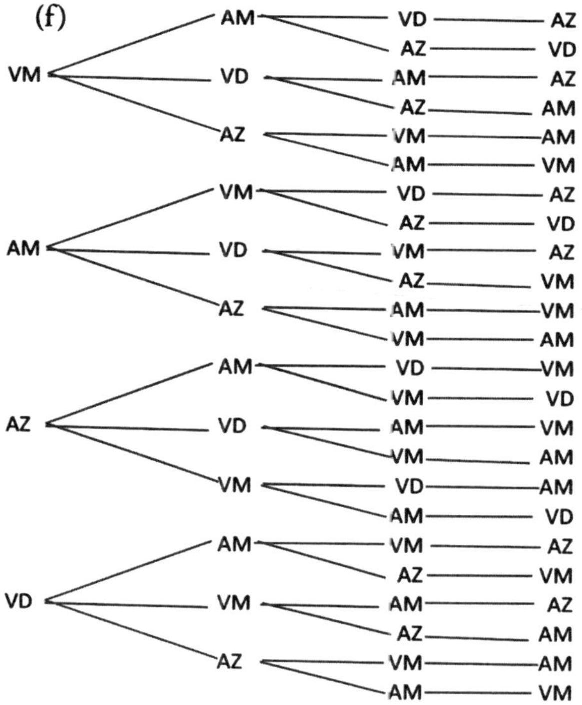

(VM,AM,VD,AZ)
(VM,AM,AZ, VD)
(VM,VD,AM,AZ)
(VM,VD,AZ, AM)
(VM,AZ,VM,AM)
(VM,AZ,VM,AM)
(AM,VM,VD,AZ)
(AM,VM,AZ, VD)
(AM,VD,VM,AZ)
(AM,VD,AZ, VM)
(AM,AZ,AM,VM)
(VM,AZ,VM,AM)
(AZ,AM,VD,VM)
(AZ,AM,VM, VD)
(AZ,VD,AM,VM)
(AZ,VD,AM, VM)
(AZ,VM,VD,AM)
(AZ,VM,AM,VD)
(VD,AM,VM,AZ)
(VD,AM,AZ, VM)
(VD,VM,AM,AZ)
(VD,VM,AZ, AM)
(VD,AZ,VM,AM)
(VD,AZ,AM,VM)

(g) Há quatro cores disponíveis para pintar as asas do avião, o mesmo ocorrendo em relação à cauda e à cabine. Escolhida uma cor para pintar uma asa do avião, a cor da outra asa deve ser a mesma. O mesmo ocorre em relação às cores da cabine e da cauda.

Atividades para o mês de outubro

Situação-problema 1

(a) 10 + 5 + 3 + 1 = 19 jogos

(b)

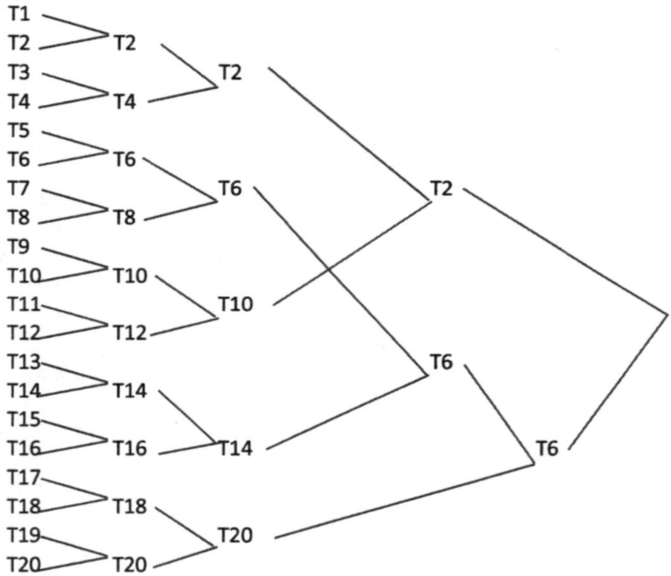

(c) Como há 20 times disputando a competição, na primeira rodada haverá 10 jogos; na segunda rodada, os 10 times disputam cinco jogos; sobram cinco times; por meio de sorteio, quatro times disputam mais dois jogos e os vencedores decidem, também por sorteio, quem jogará com o outro time, totalizando mais um jogo; finalmente haverá o jogo final.

(d) 5 + 3 + 1 = 9 jogos

(e) 3 + 1 = 4 jogos

(f) 1 + 1 = 2 jogos

Situação-problema 2

(a) 3

(b) (1,4); (4,1); (2,3); (3,2)

(c) 2.2 = 4
(d) 2.2 = 4

(e)

	1	2	3	4	5	6
1	(1,1)	(1,2)	(1,3)	(1,4)	(1,5)	(1,6)
2	(2,1)	(2,2)	(2,3)	(2,4)	(2,5)	(2,6)
3	(3,1)	(3,2)	(3,3)	(3,4)	(3,5)	(3,6)
4	(4,1)	(4,2)	(4,3)	(4,4)	(4,5)	(4,6)
5	(5,1)	(5,2)	(5,3)	(5,4)	(5,5)	(5,6)
6	(6,1)	(6,2)	(6,3)	(6,4)	(6,5)	(6,6)

(f) $\frac{4}{36} = \frac{1}{9}$

(g) Soma igual a 7, correspondente às possibilidades (1,6); (6,1); (2,5); (5,2); (3,4); (4,3).

(h) $\frac{6}{36} = \frac{1}{6}$

Atividades para o mês de novembro
Situação-problema 1

(a) 3.2.1 = 6
(b) Uma das amigas pode sentar-se em quaisquer dos três lugares do banco; uma vez que a primeira amiga se senta no banco, restam duas amigas e dois lugares no banco; uma das amigas tem, então, duas opções para se sentar. Uma vez que as duas amigas já estejam sentadas, sobrará um único lugar no banco para a última amiga se sentar.
(c) 2.1 = 2
(d) Uma vez que Ana esteja sentada na posição central do banco, restam dois lugares para que uma das amigas, Bia ou Carla, se sente em seguida. Após uma das amigas ter sentado-se no banco, só sobrará um lugar para que a outra amiga se sente no banco.

(e) **Bia —— Ana —— Carla**
Carla —— Ana —— Bia

(f) 5.4.3.2.1 = 120
(g) 4.3.(1).2.1 = 24
(h) Uma vez que Ana esteja sentada na posição central do banco, restam quatro lugares para que uma das amigas, Bia, Carla, Eva e Flávia se sente em seguida, o que poderá ser feito de quatro modos. Após uma das amigas ter sentado-se no banco, sobrarão três lugares e três amigas, e uma delas poderá sentar-se, dispondo de três opções; após uma das três amigas ter sentado-se no banco, sobrarão dois lugares e duas amigas, e uma delas poderá sentar-se, dispondo de duas opções; finalmente, sobrará um lugar para que a última amiga se sente no banco.

Situação-problema 2

(a)

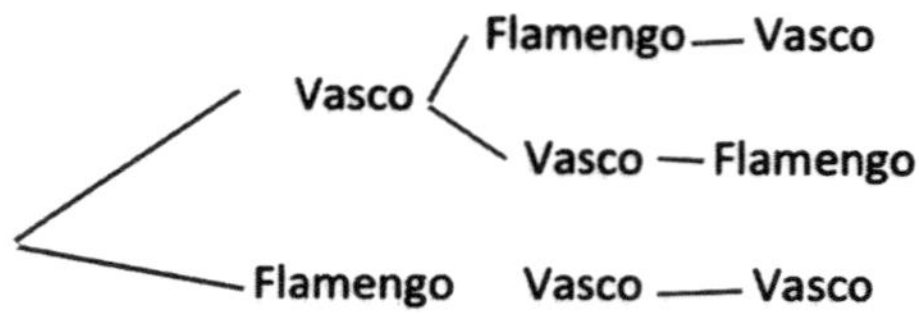

(b) 3
(c) 2
(d) 1

(e) $\frac{1}{3}$

(f)

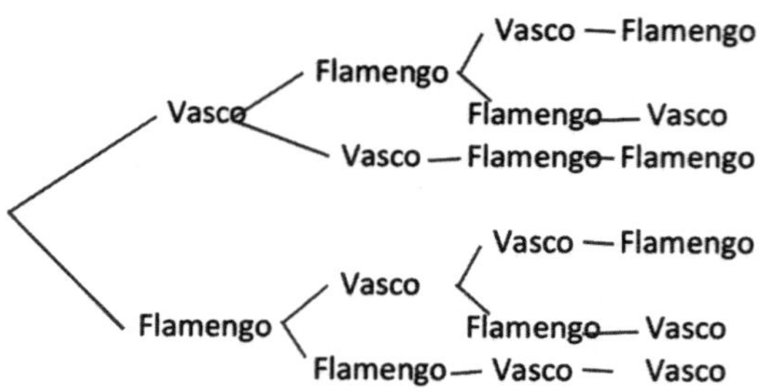

(g) $\frac{1}{2}$ = 50%

(h) $\frac{1}{2} = 50\%$

(i) $\frac{1}{2} = 50\%$

(j) $\frac{1}{2} = 50\%$

(k) $\frac{1}{2} = 50\%$

(j) $\frac{9}{10}$

(k) $\frac{1}{10}$

(j) $\frac{9}{10}$

(k) $\frac{1}{10}$

Situação-problema 3 (OBMEP 2012 – Nível 1 – Questão 13)

(a) 3.2 = 6 ou 3 + 3 = 6

(b) O círculo pintado de azul é o que contém o maior número de círculos interligados a ele, em um total de seis. Portanto, é a cor dele que determina as cores dos demais círculos. Como esse círculo pode ser pintado de três modos distintos, conforme as cores azul, amarela ou vermelha, e há dois modos de distribuir as cores dos círculos vizinhos no círculo azul, conforme as cores amarela e vermelha, o total de maneiras de colorir os círculos é 3.2 = 6.

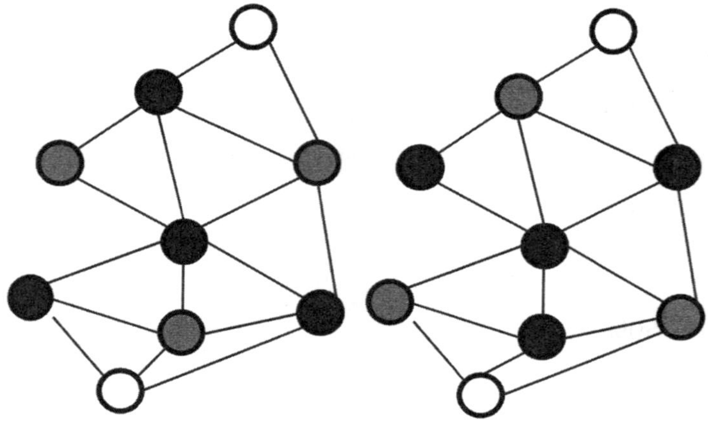

Situação-problema 4 (OBMEP 2012 – Nível 2 – Questão 5)

(a) 73%

(b) Iremos supor que a caixa contém 100 bolas. Conforme o enunciado, é possível fazer o esquema abaixo:

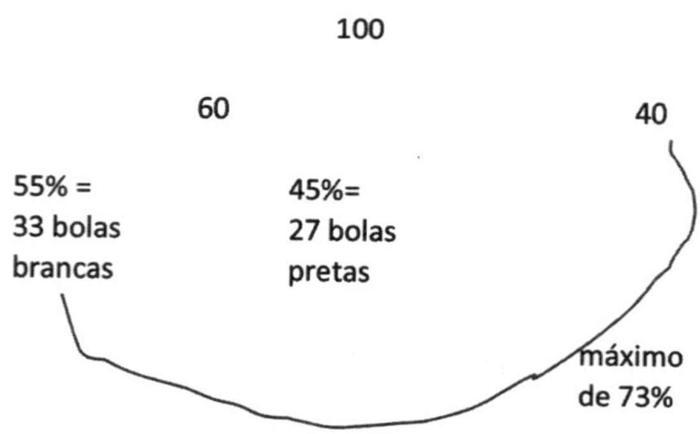

Assim, supondo que o total de bolas que ficaram na caixa - correspondente a 40% do total de bolas - seja todo formado de bolas brancas, o percentual máximo de bolas brancas é de 40% + 33% = 73%.

Outra maneira: considere que a caixa contém x bolas brancas e y bolas pretas.

40% de (x + y) bolas ficam na caixa. Supondo que todas sejam bolas brancas, este seria o maior percentual possível de bolas brancas deixadas na caixa.

Mas, 60% de (x + y) bolas foram retiradas da caixa e, desse total, 55% representam as bolas brancas, ou seja, 55% das (60% de (x + y) = 0,55.0,60.(x + y) = 0,33.(x + y) = 33% de (x + y)) bolas têm a cor branca. Logo, o máximo de bolas brancas é [40% de (x + y)] + [33% de (x + y)] = 73% de (x + y).

6. Respostas para as atividades propostas para os alunos do 9º ano do ensino fundamental

Atividades para o mês de março
Situação-problema 1

(a) 7
(b) (7.6)÷(2.1) = 21
(c) 7 + 21 = 28

(d)

	0		1		2		3		4		5		6	
0	0	0												
1	1	0	1	1										
2	2	0	2	1	2	2								
3	3	0	3	1	3	2	3	3						
4	4	0	4	1	4	2	4	3	4	4				
5	5	0	5	1	5	2	5	3	5	4	5	5		
6	6	0	6	1	6	2	6	3	6	4	6	5	6	6

(e) 14

(f)

4	7
7	4
2	14
14	2

(g)

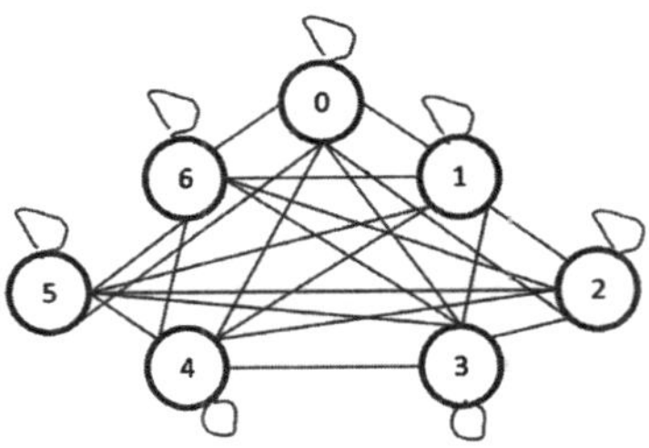

(h) 7
(i) 21

Situação-problema 2

(a) 4.3.2.1 = 24
(b) 5. (4.3.2.1) = 5.24 = 120 ou 5.4.3.2. = 120.
(c) 2.2.2 = 8
(d) (3.2.1).2.2 = 24

Atividades para o mês de abril
Situação-problema 1

(a) 2.[7.6.5.4 + 2.(7.6.5.4.) + 3. (7.6.5.4)] = 2.(7.6.5.4).(1+ 2 + 3) = 2.(7.6.5.4).(6) = 10080

(b) No lado em que há dois lugares, há (2.1) (troca de posição de Alice e Bernardo entre si) modos de Alice e Bernardo se sentarem. Sobram sete lugares para os quatro amigos restantes se sentarem, o que pode ser feito de 7.6.5.4 modos; no lado em que há três lugares, há 2 (lugares possíveis de Alice e Bernardo se sentarem juntos, um do lado do outro, neste mesmo lado).(2.1) (troca de posição de Alice e Bernardo entre si) modos de Alice e Bernardo se sentarem. Sobram sete lugares para os quatro amigos restantes se sentarem, o que pode ser feito de 7.6.5.4 modos; no lado em que há quatro lugares, há 3 (lugares possíveis de Alice e Bernardo se sentarem juntos, um do lado do outro, neste mesmo lado).(2.1) (troca de posição de Alice e Bernardo entre si) modos de Alice e Bernardo se sentarem. Sobram sete lugares para os quatro amigos restantes se sentarem, o que pode ser feito de 7.6.5.4 modos.

Logo,

2(troca de posição de Alice e Bernardo entre si).[7.6.5.4 + 2.(7.6.5.4.) + 3. (7.6.5.4)] = 10080.

(c) 2.{[7.6.5.4 + [(3.2)÷(2.1)].(7.6.5.4.) + [(4.3)÷(2.1)].(7.6.5.4)} = 2.(7.6.5.4).(1+ 3 + 6) = 2.42.20.10 = 20.20.42 = 16800

(d) No lado em que há dois lugares, há (2.1) (troca de posição de Alice e Bernardo entre si) modos de Alice e Bernardo se sentarem. Sobram sete lugares para os quatro amigos restantes se sentarem, o que pode ser feito de 7.6.5.4 modos; no lado em que há três lugares, há (3.2)÷(2.1) (lugares possíveis de Alice e Bernardo se sentarem do mesmo lado).(2.1) (troca de posição de Alice e Bernardo entre si) modos de Alice e Bernardo se sentarem. Sobram sete lugares para os quatro amigos restantes se sentarem, o que pode ser feito de 7.6.5.4 modos; no lado em que há quatro lugares, há (4.3)÷(2.1) (lugares possíveis de Alice e Bernardo se sentarem neste mesmo lado).(2.1) (troca de posição de Alice e Bernardo entre si) modos de Alice e Bernardo se sentarem. Sobram sete lugares para os quatro amigos restantes se sentarem, o que pode ser feito de 7.6.5.4 modos.

Logo,

2 (troca de posição de Alice e Bernardo entre si).(7.6.5.4).(1 + 3 + 6) = 2.(7.6.5.4).10 = 2.42.20.10 = 20.20.42 = 16800

Situação-problema 2

(a) 2 (duas ações possíveis em relação à lâmpada 1: ligar ou deixar desligada).2(duas ações possíveis em relação à lâmpada 2: ligar ou deixar desligada).2(duas ações possíveis em relação à lâmpada 3: ligar ou deixar desligada) – 1 (possibilidade de as três lâmpadas não terem sido ligadas) = 2.2.2 – 1 = 2^3 -1 = 7 modos de a sala estar iluminada ou, então, **há** três modos de ligar uma lâmpada por vez; há três modos de ligar duas lâmpadas por vez; há um modo de ligar as três lâmpadas juntas. Logo, há 3 + 3 + 1 = 7 modos de a sala estar iluminada.

(b) 2 (duas ações possíveis em relação à lâmpada 1: ligar ou deixar desligada).2(duas ações possíveis em relação à lâmpada 2: ligar ou deixar desligada).2(duas ações possíveis em relação à lâmpada 3: ligar ou deixar desligada).2(duas ações possíveis em relação à lâmpada 4: ligar ou deixar desligada) – 1 (possibilidade de as quatro lâmpadas não terem sido ligadas) = 2.2.2.2 – 1 = 2^4 – 1 = 16 - 1 = 15.

(c) 2 (duas ações possíveis em relação à lâmpada 1: ligar ou deixar desligada).2(duas ações possíveis em relação à lâmpada 2: ligar ou deixar desligada). ... 2(duas ações possíveis em relação à lâmpada k: ligar ou deixar desligada) – 1 (possibilidade de as k lâmpadas não terem sido ligadas) = $2^k - 1$.

Atividades para o mês de maio
Situação-problema 1

(a) Para cada quadrado que deve ser considerado como um agrupamento-solução, uma cor deve estar repetida. Logo, há três modos de escolher a cor que se repete. Escolhida a cor que deve estar repetida, ela deve pintar vértices opostos. Isso pode ser feito de um único modo devido ao fato de que a rotação faz coincidirem os quadrados. Nos outros dois vértices, basta pintá-los com as outras duas cores disponíveis e isso, também, só pode ser feito de um único modo devido ao fato de que a rotação faz coincidirem os quadrados. Assim, há um total de 3.1.1 = 3 distintos quadrados que podem ser pintados atendendo a essas condições. Apresentamos os quadrados a seguir.

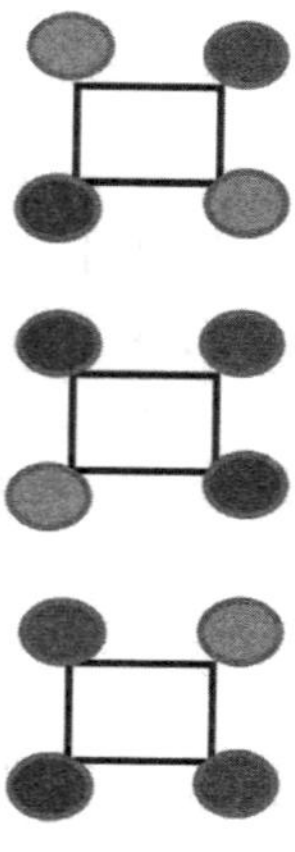

(b) Iremos dividir a resolução em duas partes:

- 1ª parte: usando exatamente duas cores. Para cada escolha de duas cores, só há um modo de pintar os vértices do quadrado. Como há modos distintos de escolher duas cores entre as três cores disponíveis, para pintar os quadrados com duas cores há um total de 1.3 = 3 modos distintos de fazer isso.

- 2ª parte: usando exatamente três cores. Quantidade calculada para o item (a), ou seja, três possibilidades.

Portanto, há um total de 3 + 3 = 6 possibilidades para pintar os quadrados com as condições estabelecidas.

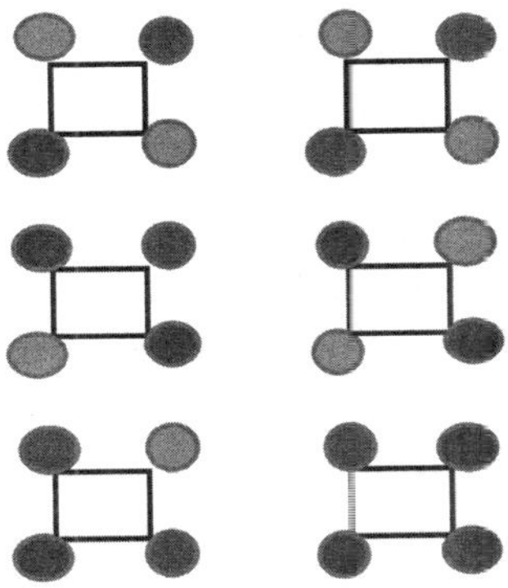

(c) Inicialmente, qualquer vértice pode ser escolhido para ser pintado com uma cor, considerando a rotação dos quadrados; para o segundo vértice, há três modos de escolher aquele que será pintado com outra cor, considerando a rotação dos quadrados; para cada uma das três escolhas feitas em relação aos dois primeiros vértices, há dois modos de escolher o terceiro vértice a ser pintado, considerando a rotação dos quadrados. Finalmente, para a última cor, só resta um vértice a ser pintado com a cor que sobrou.

Logo, há 1.3.2.1 = 6 distintos quadrados que podem ser pintados com quatro cores distintas, atendendo às condições impostas.

O desenho a seguir mostra todas as possibilidades de pintura.

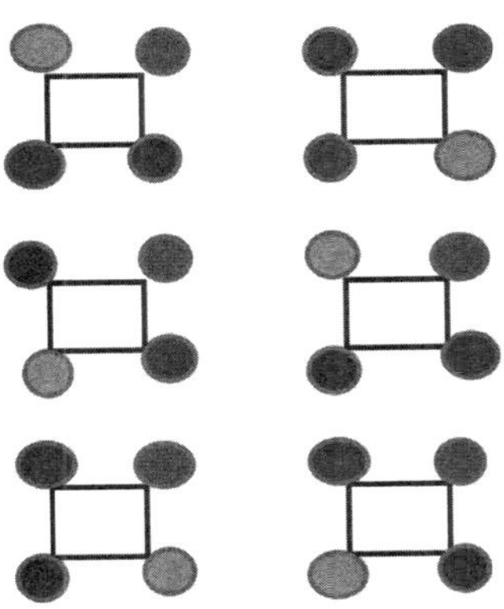

(d) Iremos dividir a resolução em três partes:

- 1ª parte: usando exatamente duas cores. Primeiramente, deve-se fazer a escolha das duas cores que pintarão os quadrados. Como há quatro cores disponíveis, o número de modos de escolher duas dessas quatro cores é calculado como modos distintos. Para cada uma dessas seis escolhas, há um só modo de pintar o quadrado (item (a)).

Portanto, para pintar os quadrados com duas cores, há um total de 1.6 = 6 modos distintos de fazer isso.

- 2ª parte: usando exatamente três cores. Primeiramente, deve-se fazer a escolha das três cores que pintarão os quadrados. Como há quatro cores disponíveis, o número de modos de escolher três dessas quatro cores é calculado como modos distintos. Para cada uma dessas quatro escolhas, há três modos de pintar o quadrado (item (b)).

Portanto, para pintar os quadrados com três cores, há um total de 4.3 = 12 modos distintos de fazer isso.

- 3ª parte: usando todas as quatro cores. Quantidade calculada para o item (c), ou seja, seis possibilidades.

Portanto, há um total de 6 + 12 + 6 = 24 possibilidades para pintar os quadrados com até quatro cores, atendendo às condições estabelecidas.

Situação-problema 2

(a) 5

(b) 4

(c) 5.4 = 20 ou 4.5 = 20

(d) Aplicação do Princípio Multiplicativo ou a construção de uma árvore de possibilidades.

(e)

	0	2	3	4	9
0					
2	20	22	23	24	29
3	30	32	33	34	39
4	40	42	43	44	49
9	90	92	93	94	99

(f)

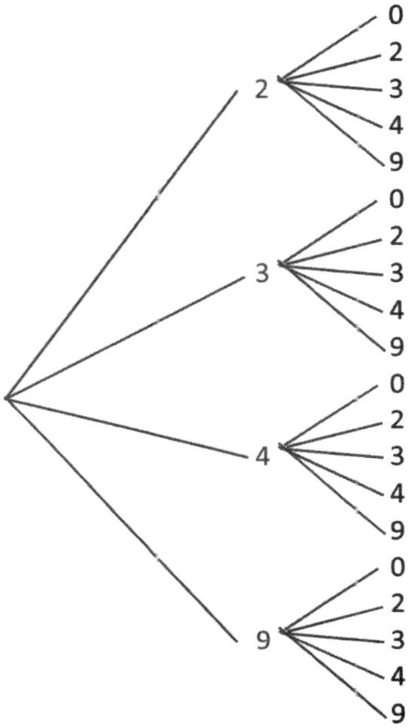

(g) 4.5 = 20 ou 5.4 = 20

(h) 4.1 = 4

(i) Há quatro possibilidades para a posição das dezenas simples e uma possibilidade para a posição das unidades simples. Ou, então, computando as possibilidades presentes na tabela de dupla entrada ou na árvore de possibilidades.

(j) 4.1 = 4 ou (1 + 1 + 1 + 1) = 4 (aplicação do Princípio Aditivo nas folhas da árvore de possibilidades).

(k) 4.4 = 16 ou (4 + 4 + 4 + 4) = 16 (aplicação do Princípio Aditivo nas folhas da árvore de possibilidades).

(l) Há quatro possibilidades para a posição das dezenas simples (o algarismo 0 não pode ocupar essa posição) e quatro possibilidades para a posição das unidades simples (o algarismo 0 pode ocupar a posição das unidades simples). Ou, então, computando as possibilidades presentes na tabela de dupla entrada ou na árvore de possibilidades.

(m) 4.4 = 16 ou (4 + 4 + 4 + 4) = 16 (aplicação do Princípio Aditivo nas folhas da árvore de possibilidades).

(n) Quatro maneiras

(o) Quatro maneiras

(p) 4.4 = 16

(q) 4.4 = 16 ou (4 + 4 + 4 + 4) = 16 (aplicação do Princípio Aditivo nas folhas da árvore de possibilidades).

(r) Três maneiras: 0, 2 ou 4.

(s) Depende da escolha que foi feita para a posição das unidades simples. Se a escolha recair no algarismo 0, haverá quatro possibilidades para o algarismo da posição das dezenas simples; se a escolha recair entre os algarismos 2 ou 4,haverá três possibilidades: 3, 4 ou 9 (2, 3 ou 9) para o algarismo da posição das dezenas simples.

(t) **Números terminados em 0: 20,** 30, 40 e 90; números terminados em 2: 32, 42 e 92; números terminados em 4: 24, 34 e 94.

(u) 4.1 + 3.2 = 4 + 6 = 10

(v)

	0	2	3	4	9
0					
2	20			24	
3	30	32		34	
4	40	42			
9	90	92		94	

(w)

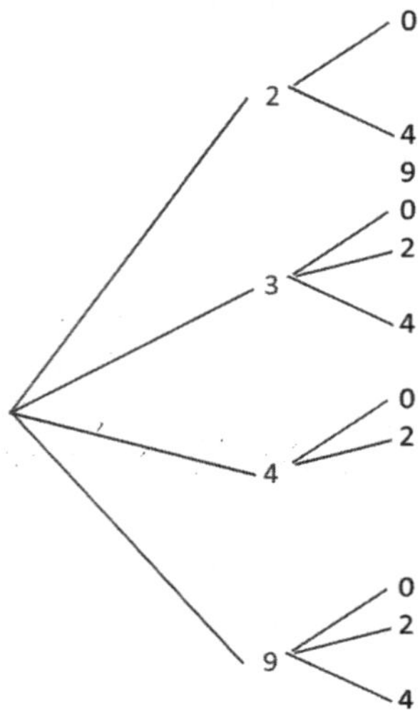

(x) Dois números: 22 e 44
(y) 10 + 2 = 12 ou 4.1 + 4.2 = 12
(z) 4.2 = 8 números

Atividades para o mês de junho
Situação-problema 1

6.6 = 36

Situação-problema 2

(a) 5.4.3.2.1 = 120
(b) 4.3.2.1 = 24

Atividades para o mês de agosto
Situação-problema 1

(a)

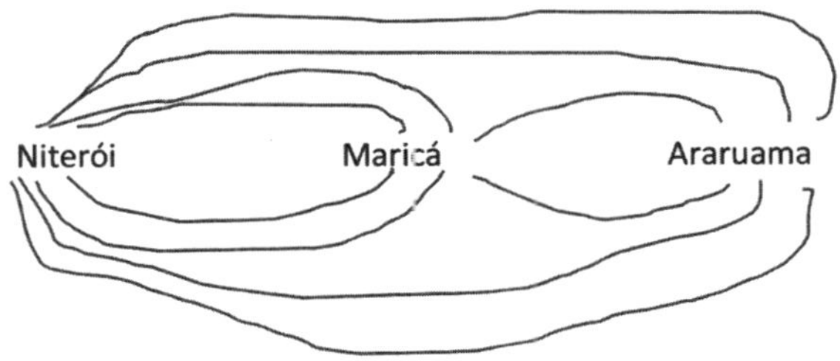

(b) 4.2 = 8
(c) (4.2).(1.3) = 8.3 = 24

Situação-problema 2

(a) Iremos dividir a resolução da situação-problema em duas partes:

1ª parte: os vértices de cima e de baixo têm a mesma cor: 3.2.1.1 = 6 modos distintos;

2ª parte: os vértices de cima e de baixo têm cores diferentes: 3.2.1.1 = 6 modos distintos. Portanto, há um total de 6 + 6 = 12 modos distintos de pintar os losangos não quadrados, quando se dispõem 3 cores.

Outro modo de resolver: Para o primeiro vértice, há três modos de escolher a cor; para o 2º vértice (imediatamente a seguir do outro), há dois modos de escolher a cor da pintura; para o 3º vértice (imediatamente a seguir do 2º vértice), há duas opções de escolha da cor: repetir a cor do primeiro vértice ou não. Para o quarto vértice, resta uma única possibilidade, independentemente das cores utilizadas no 1º e no 3º vértices serem iguais ou diferentes (se iguais, a cor que sobrou deve ser usada e se as cores do 1º e 3º vértices forem diferentes, a cor do 4º vértice deve ser diferente das cores desses dois vértices). Portanto, há um total de 3.2.2.1 = 12 possibilidades distintas de pintura.

(b) Primeiramente, é preciso calcular o número de modos de escolher duas cores entre as três cores disponíveis. Isso pode ser feito de $\frac{3.2}{2.1} = 3$ modos distintos. Para cada uma das escolhas das duas cores, há dois modos de pintar o 1º vértice conforme cada uma das cores; feita essa escolha de cor, o vértice seguinte só pode ser pintado com a outra cor, e o mesmo ocorre para cada um dos dois vértices restantes.

Portanto, há 3.(2.1.1.1) = 6 modos distintos de pintar os vértices de losangos não quadrados quando há apenas duas cores disponíveis.

(c) Iremos dividir a resolução da situação-problema em duas partes:

1ª parte: utilizando duas das três cores disponíveis:

Primeiramente, é preciso calcular o número de modos de escolher duas cores entre as três cores disponíveis. Isso pode ser feito de $\frac{3.2}{2.1} = 3$ modos distintos. Para cada uma das escolhas das duas cores, há 3.(2.1.1.1) = 6 modos distintos de pintar os vértices de losangos não quadrados quando há apenas duas cores disponíveis (item (b)).

2ª parte: utilizando as três cores disponíveis:

Conforme o item (a), há 12 modos distintos de pintar os losangos não quadrados, quando se dispõem três cores.

O resultado total de maneiras como é possível pintar os losangos não quadrados, com pelo menos duas cores, quando há três cores distintas disponíveis é de 6 + 12 = 18 modos distintos.

(d) Os desenhos dos dois losangos não quadrados a seguir, e suas respectivas pinturas dos vértices, identificam o mesmo losango não quadrado.

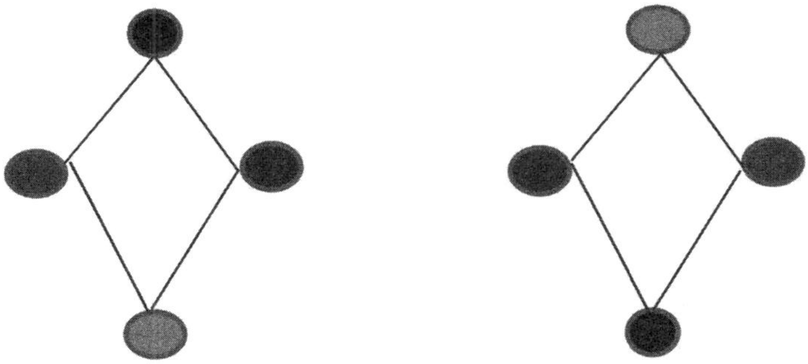

Assim, a contagem de 4.3.2.1 = 24 possibilidades correspondentes às 24 quádruplas, como as que representariam desenhos como os dois acima, está contada em duplicidade.

Por exemplo: (azul, vermelho, amarelo, verde) e (amarelo, verde, azul, vermelho) representam a mesma pintura de um losango não quadrado.

Temos, então, a seguinte proporcionalidade:

2 quádruplas do tipo (a,b,c,d) representam um losango não quadrado pintado com quatro cores diferentes.

24 quádruplas do tipo (a,b,c,d) representam X losangos não quadrados pintados com quatro cores diferentes.

Daí, 2.X = 24.1. Então, X = 12.

Portanto, o total de modos de pintar os losangos não quadrados quando há quatro diferentes disponíveis é $\frac{3.4.2.1}{2} = 12$.

(e) Devemos dividir o problema em três partes, conforme estejam disponíveis duas, três e quatro cores.

1ª parte: utilizando duas das quatro cores disponíveis:

Primeiramente, é preciso calcular o número de modos de escolher duas cores entre as quatro cores disponíveis. Isso pode ser feito de $\frac{4.3}{2.1} = 6$ modos distintos. Para cada uma das escolhas das duas cores, há dois modos distintos de pintar os vértices de losangos não quadrados quando há apenas duas cores disponíveis. Total de possibilidades com duas cores: 6. 2 = 12 modos distintos.

Abaixo, apresentam-se dois deles:

2ª parte: utilizando três das quatro cores disponíveis:

Primeiramente, é preciso calcular o número de modos de escolher três cores entre as quatro cores disponíveis. Isso pode ser feito de modos distintos. Para cada uma das escolhas das três cores, e conforme calculado no item (a), há 12 modos distintos de pintar os losangos não quadrados quando há três cores. Total de possibilidades com três cores: 4. 12 = 48 modos distintos.

3ª parte: utilizando as quatro cores disponíveis:

Conforme calculado no item (d), há 12 modos distintos de pintar os losangos não quadrados quando há quatro cores.

O resultado total de maneiras como é possível pintar os losangos não quadrados, com pelo menos duas cores, quando há quatro cores distintas é de 12 + 48 + 12 = 72 modos distintos.

Atividades para o mês de setembro

Situação-problema 1

(a) 6.5.4.3.2.1 = 720

(b) 5.4.3.2.1 = 120

(c) 4.3.2.1 = 24

(d) 3.(4.3.2.1).2 = 3.24.2 = 144

(e)

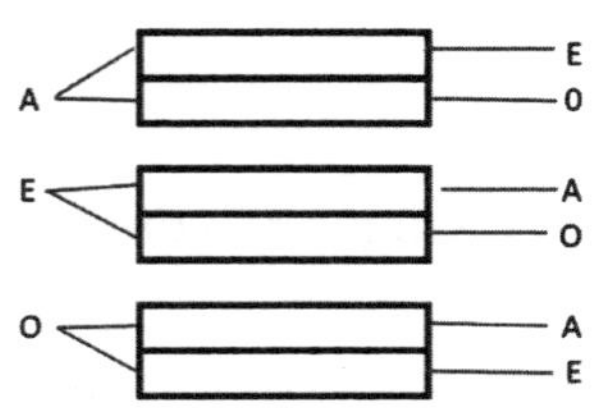

(f) 3.(4.3.2.1).2 = 3.24.2 = 144

(g)

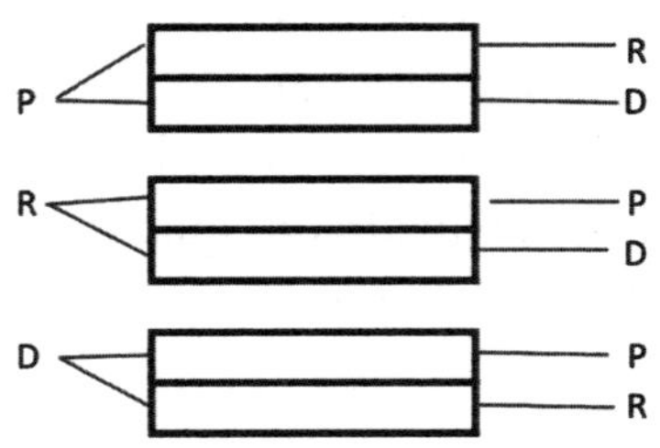

(h) 3.(4.3.2.1).3 = 3.24.3 = 216

(i)

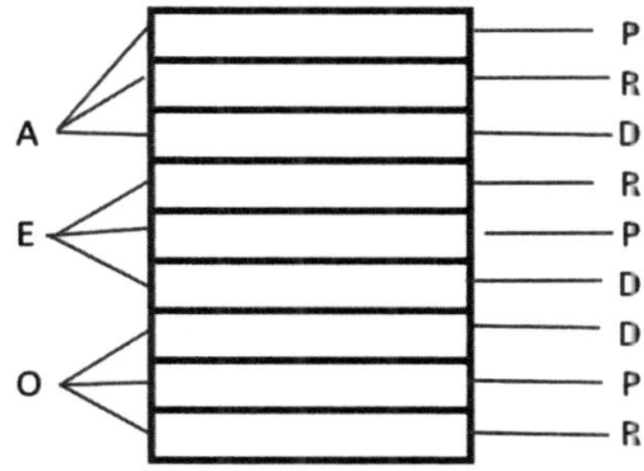

(j) 4.3.2.1 = 24
(k) 5.4.3.2.1 = 120
(l) (2.1).(5.4.3.2.1) = 2.120 = 240
(m) (3.2.1).(4.3.2.1) = 6.24 = 144

Situação-problema 2

(a) 6.5.4.3.2.1 = 720
(b) 6.5.4.3.2.1 = 720
(c) 6.5.4.3.2.1 = 720
(d) (3.2.1).(3.2.1) = 6.6 = 36

Atividades para o mês de outubro
Situação-problema 1

(a) 26.26.26.10.10.10.10 = 17576.10000 = 175760000

(b) Há 26 possibilidades de escolha da primeira letra, 26 possibilidades de escolha da segunda letra e 26 possibilidades de escolha da terceira letra. Para cada escolha do trio de letras, há 10 possibilidades de escolha do primeiro número, 10 possibilidades de escolha do segundo número, 10 possibilidades de escolha do terceiro número e 10 possibilidades de escolha do quarto número, totalizando o resultado acima.

(c) 26

(d) 26
(e) 26
(f) 26.26.26 = 17576
(g) 10.10.10.10 = 10000
Há 10 opções de escolha.
(h) 10
(i) 10
(j) 10
(k) 10.10.10.10 = 10000
(l) 26.26.26.10.10.10.10 = 17576.10000 = 175760000
(m) 3.3.3.3.3.3 = 3^6 = 729
(n) 10.10.10.10.10.10.10.10 = 10^8 = 100000000
(o) (10.10.10.10 + 10.10.10.10.10 + 10.10.10.10.10.10) – 2 = (10000 + 100000 + 1000000) – 2 = 1110000 – 2 = 1109998

Situação-problema 2

(a) (6.5.4).3 = 360
(b) (6.5.4).4 = 480
(c) 7.6.5.4 = 42.20 = 840 ou (6.5.4).3 + (6.5.4).4 = 360 + 480 = 840
(d) Contando, separadamente, a quantidade de números pares e números ímpares, e somando ou calculando diretamente.
(e) (6.5.4).1 = 120 (total de números pares terminados em 0) + (5.5.4).3 = 300 (total de números pares terminados em 2, 4 e 8) = 420.
(f) (5.5.4).3 = 300
(g) 6.6.5.4 = 720 ou (6.5.4).1 = 120 (total de números pares terminados em 0) + (5.5.4).3 = 300 (total de números pares terminados em 2, 4 e 8) + (5.5.4).3 = 300 (total de números ímpares terminados em 3, 7 e 9) = 720
(h) Calculando diretamente ou contando, separadamente, a quantidade de números pares e números ímpares e, depois, somando o total.

Atividades para o mês de novembro
Situação-problema 1

(a) 5
(b) 4

(c)

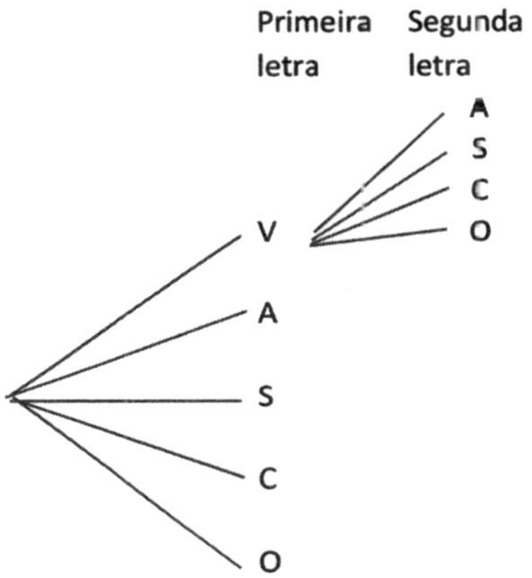

(d) 3

(e)

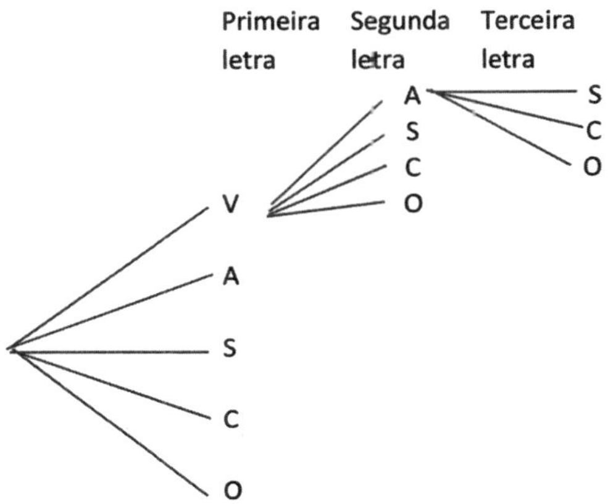

(f) 2

(g)

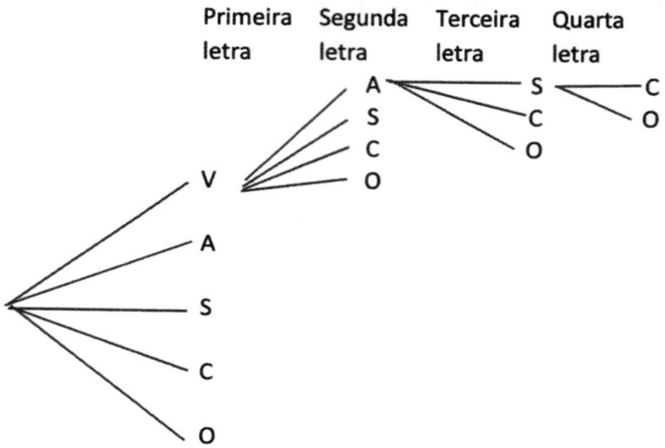

(h) 1

(i)

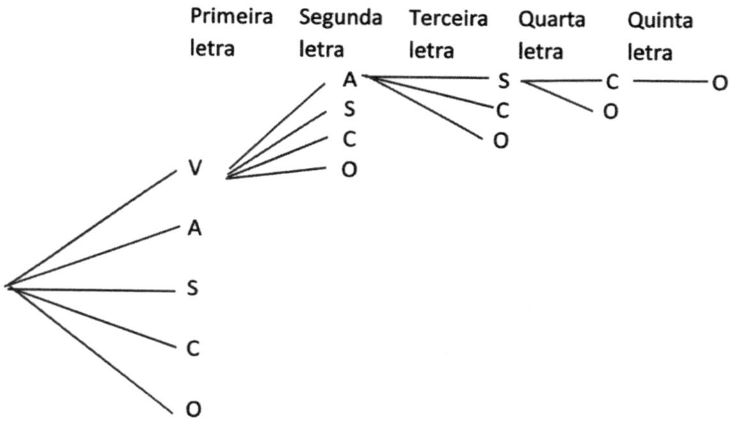

(j) 1.(4.3.2.1) = 24
(k) 24
(l) 24
(m) 24
(n) 24
(o) 24 + 24 + 24 + 24 + 24 = 5.24 = 120 = 5.4.3.2.1

(p) A quantidade de anagramas começados por quaisquer das letras V, A, S, C ou O é sempre a mesma: 24. Logo, o total é de 5.24 = 120 anagramas da palavra VASCO.

Situação-problema 2

(a) 2.2.2 = 8

(b)

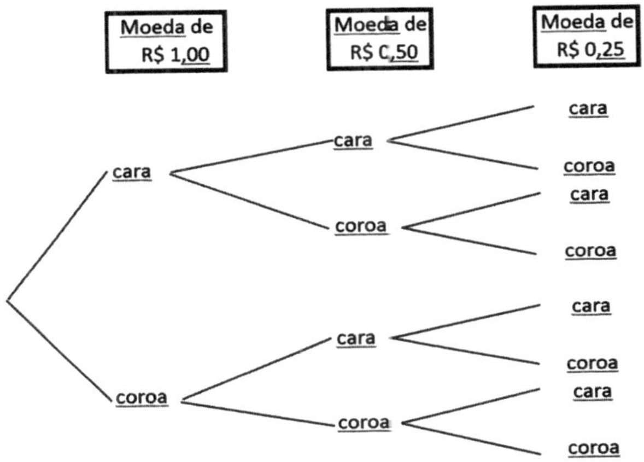

(c) 3/8 = 37,5%
(d) 4/8 = ½ = 50%
(e) 2/8 = ¼ = 25%

(f)

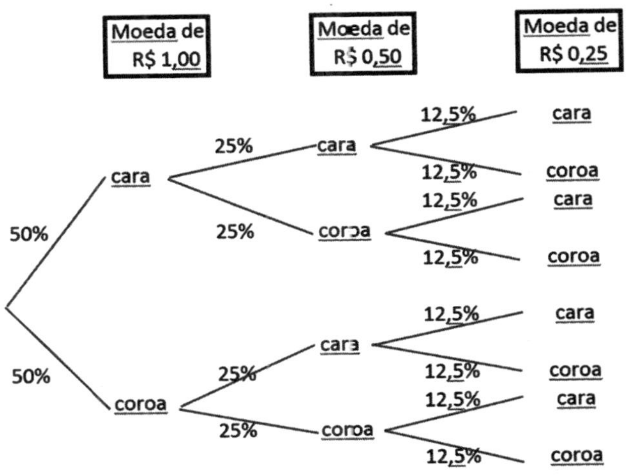

(g) 2.2.2.2 = 16

(h)

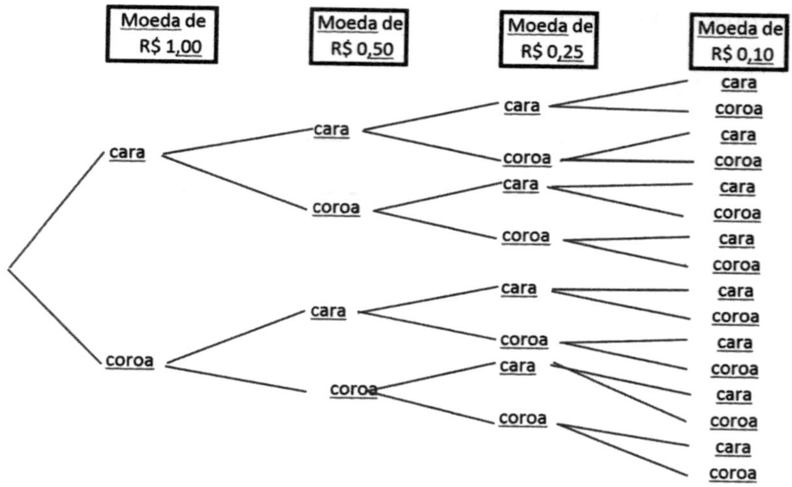

(i) 6/16 = 3/8 = 37,5%
(j) 8/16 = 50%
(k) 4/16 = ¼ = 25%

(l)

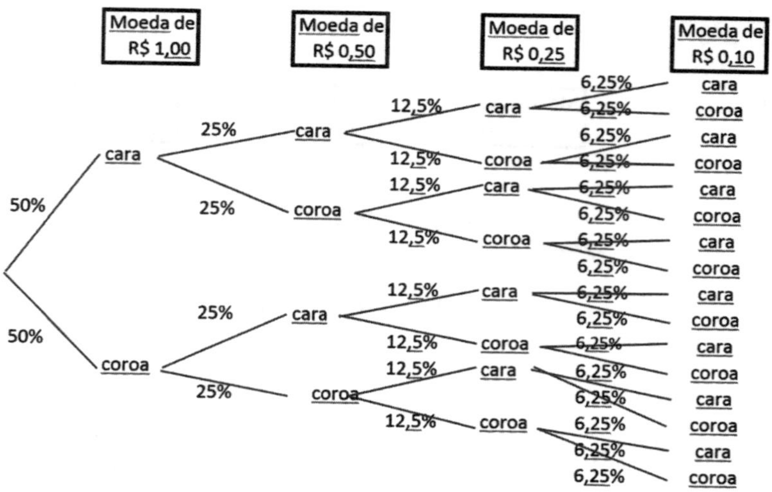

(m) Não há diferença alguma, uma vez que o que importa é a análise dos resultados possíveis das faces voltadas para cima de todas as moedas jogadas no chão.

Situação-problema 3

(a) 8.7.6.5.4.3.2.1 = 56.720 = 40320
(b) 40320 – (6.5.4.3.2.1) = 40320 – 720 = 39600

Situação-problema 4

$10 + \frac{10.9}{2.1} + \frac{10.9.8}{3.2.1} + \frac{10.9.8.7}{4.3.2.1} = 10 + 45 + 120 + 210 = 55 + 330 = 385$

Situação-problema 5

(a) 4.3.1.3 + 4.3.2.2 = 36 + 48 = 84
(b) p(m) = m.(m-1).1.(m-1) + m.(m-1).(m-2).(m-2) = m.(m-1).[m-1+ (m-2).(m-2)] = m.(m-1).[m-1+ m^2-4m+4)] = m.(m-1).(m^2 -3m+3)

p(0) = 0

p(1) = 1.0.1 = 0

p(2) = 2.1.1 = 2. Logo, com duas cores, é possível pintar a bandeira acima e ela pode ser pintada de dois modos distintos.

p(3) = 3.2.(9-9+3) = 3.2.3 = 18. Logo, com três cores, é possível pintar a bandeira acima e ela pode ser pintada de 18 modos distintos.

Impressão e acabamento
Gráfica da Editora Ciência Moderna Ltda.
Tel: (21) 2201-6662